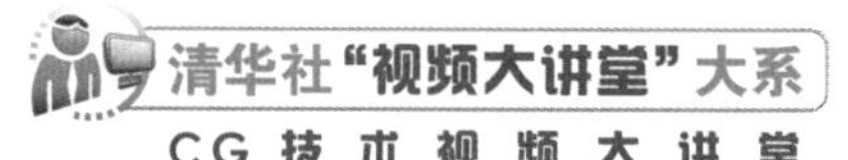

Illustrator 2022 从入门到精通

敬伟 ⊙编著

清华大学出版社
北京

内容简介

本书是学习Illustrator软件的参考用书。通过由浅入深地讲解，使读者从了解到精通该软件的各类工具与功能。读者通过学习形状、路径、颜色、文字、图形样式、对象、符号、3D功能、效果等软件功能，并配合一系列的案例练习，最终将成为精通该软件的高手。本书案例丰富，涉及多个领域，涵盖了低、中、高级技术要点。本书赠送精彩案例的配套高清教学视频，方便读者跟随视频动手练习。读者可通过本书基本理论了解原理，通过基本操作掌握软件技能，通过案例实战领会软件用法，将知识系统化并进行综合应用，实现创意的发挥，使自己的能力上升到一个新的水平。

本书可作为Illustrator入门读者的自学参考用书，也可帮助初中级读者进行深造，还可作为学校或培训机构的教学参考书籍。

图书在版编目（CIP）数据

Illustrator 2022从入门到精通 / 敬伟编著. 一北京：清华大学出版社，2022.10（2025.1 重印）
（清华社“视频大讲堂”大系CG技术视频大讲堂）
ISBN 978-7-302-60590-4

Ⅰ. ①I… Ⅱ. ①敬… Ⅲ. ①图形软件 Ⅳ. ①TP391.412

中国版本图书馆CIP数据核字（2022）第064786号

责任编辑：贾小红
封面设计：滑敬伟
版式设计：文森时代
责任校对：马军令
责任印制：曹婉颖

出版发行：清华大学出版社
网　　址：https://www.tup.com.cn, https://www.wqxuetang.com
地　　址：北京清华大学学研大厦 A 座　　邮　　编：100084
社 总 机：010-83470000　　邮　　购：010-62786544
投稿与读者服务：010-62776969，c-service@tup.tsinghua.edu.cn
质量反馈：010-62772015，zhiliang@tup.tsinghua.edu.cn
印 装 者：三河市君旺印务有限公司
经　　销：全国新华书店
开　　本：203mm×260mm　　**印　　张**：20　　**字　　数**：696 千字
版　　次：2022 年 11 月第 1 版　　**印　　次**：2025 年 1 月第 3 次印刷
定　　价：108.00 元

产品编号：093763-01

前言

Preface

Illustrator是应用非常广泛的矢量绘图软件，具有平面设计、UI设计、数码绘画等多方面的功能，广泛应用于视觉创意等相关行业。平面设计、UI设计、游戏/动画美术设计、漫画、插画、工业设计、服装设计、图案设计、包装设计等岗位的从业人员，或多或少都会用到Illustrator软件。使用Illustrator绘图是上述人员必备的一项技能。

关于本书

感谢读者选择本书学习Illustrator，无论你是零基础读者还是想要进修深造的初中级读者，本书都会满足你的要求。书中几乎涵盖当前最新版Illustrator软件的所有功能，从基本工具、基础命令讲起，让读者迅速学会基本操作。本书配有扩展知识讲解，可拓宽读者的知识面；本书对于专业的术语和概念，配有详细、生动而不失严谨的讲解；对于一些不易理解的知识，配有形象的动漫插图和答疑。在讲解完基础操作后，还配有实例练习、综合案例和作业练习等，有一定基础的读者可直接阅读本书案例的图文步骤，配合精彩的视频讲解，学会动手创作。

本书内容分为三大部分：A入门篇、B精通篇、C创意篇。另外，在本书的基础上，还有多门专业深化课程。

A入门篇偏重于介绍软件的必学基本知识，从零认识Illustrator，了解其主界面，掌握术语和概念。读者将学会使用基本工具和功能，包括形状、路径、选择和变换、颜色、文字、图形样式等。学完此部分，读者便可以应对一般绘图工作。

B精通篇侧重于讲解进阶知识，本篇深入讲解Illustrator软件，包括透明度、混合模式、混合对象、符号、图表工具、3D功能、效果、动作和批处理以及相关的系列案例，学完本部分，就能基本掌握Illustrator软件。

C创意篇提供了若干具有代表性的Illustrator综合案例，为读者提供了学习更为复杂的操作方面的思路。

读者还可以学习与本书相关联的专业深化课程，它集视频课、直播课、辅导群等多种组合服务于一体，其课程在本书的基础上追加了更多极具特色的Illustrator实战案例，更具有商业应用性，更贴近行业设计趋势。此外还有多套实战课程可以选择，都在持续更新中。另外对于深化课程，还会附赠海量资源素材，可进行就业水准的专业训练。读者可以关注“清大文森学堂”微信公众号了解更多内容。

视频教程

除了以图文方式学习之外，对于书中的综合案例，还配有二维码，扫描二维码即可观看对应的视频课程。作为本书的读者您不止得到了一本好书，还获得了一套优质的视频教程。视频中不仅有对重点基础知识的详细讲解，更完整展示了综合案例的操作过程，并配有详细的步骤讲解。视频教程为高清录制，制作精良，讲解清晰，十分利于学习。

本书模块

◆ 基础讲解：零基础入门的新手首先需要学习最基本的概念、术语等必要的知识，以及各种工具和功能命令的操作和使用方法。

◆ 扩展知识：提炼最实用的软件应用技巧以及快捷方式，可提高工作、学习效率。

◆ 豆包提问：汇聚初学者容易遇到的问题并给予解答。

◆ 实例练习：学习基础知识和操作之后的基础案例练习，是趁热打铁的巩固性训练，难度相对较小，制作步骤描述比较详细，一般没有视频讲解，是纸质书特有的案例，只需要跟随书中的详细步骤来操作，即可完成练习。

◆ 综合案例：综合运用多种工具和命令，制作创意与实践相结合的进阶案例。书中除了有步骤讲解，还配有高清视频教程，扫码即可观看，方便读者观摩与学习，使读者不会错过任何关键知识和细节操作。

◆ 作业练习：书中提供基础素材和参考效果文件，并介绍创作思路，由读者完成作业练习，实现学以致用。如果需要作业辅导与批改，请看下文“教学辅导”模块关于清大文森学堂在线教室的介绍。

◆ 本书配套素材：扫码本书封底二维码即可获取配套素材下载地址。

另外，本书还有更多增值延伸内容和服务模块，请读者关注清大文森学堂（www.wensen.online）了解更多内容。

◆ 微信公众号：清大文森学堂。

◆ 专业深化课程：扫码进入“清大文森学堂-设计学堂”，了解更详细的课程和培训内容，课程门类有商业美工、UI设计、平面设计、插画设计、摄影后期等，也可以专业整合一体化来学习，有着非常完善的培训体系。

清大文森学堂-设计学堂

◆ 教学辅导：清大文森学堂在线教室的教师可以帮助读者批改作业、完善作品、直播互动、答疑演示，提供“保姆级”的教学辅导工作，为读者梳理清晰的思路，矫正不合理的操作，以多年的实战项目经验为读者的学业保驾护航。详情可进入“清大文森学堂-设计学堂”了解。

◆ 读者社区：读者选择某门课程后，即加入了一群由志同道合的人组成的学习社区。清大文森学堂为读者架构了学习社区、超级QQ群、作品云空间等。读者可以在清大文森学堂认识诸多良师益友，让学习之路不再孤单。在社区中，还可以获得更多实用的教程、插件、模板等资源，福利多多、干货满满、交流热烈、气氛友好，期待你的加入。

加入社区

◆ 考试认证：清大文森学堂是Adobe中国授权培训中心，是Adobe官方指定的考试认证机构，可以为读者提供Adobe Certified Professional（ACP）考试认证服务，颁发Adobe国际认证ACP证书。

关于作者

敬伟，全名滑敬伟，Adobe国际认证讲师，清大文森学堂高级讲师，著有数百集设计教育系列课程。作者总结多年来的教学经验，结合当下最新软件版本，制作成系列软件教程图书与教学视频，以供读者参考学习，其中，包括《After Effects从入门到精通》《Premiere Pro从入门到精通》《Photoshop中文版从入门到精通》《Photoshop案例实战从入门到精通》等。

本书由清大文森学堂出品，清大文森学堂是融合课程创作、图书出版、在线教育等多方位服务于一体的综合教育平台。本书由敬伟完成主要编写工作，参与本书编写的其他人员还有李依诺、王玉楠、韩耀冰。本书部分素材来自图片分享网站freepik.com和pixabay.com，在此对提供素材的作者一并表示感谢。

本书在编写过程中虽力求尽善尽美，但由于作者能力有限，书中难免存在不足之处，还请广大读者批评指正。

目录

Contents

A 入门篇 基本功能 基础操作

目 录

C 创意篇 综合案例 创意欣赏

Learning Suggestions

学习建议

学习流程

本书包括入门篇、精通篇、创意篇三个篇章，由浅入深、层层递进地对 Illustrator 进行了细致全面的讲解，建议新手按顺序从入门篇开始一步步学起，有一定基础的读者可根据自身情况选择学习顺序。

高手

C 实战提升　C 创意篇

B 技能精通　B 精通篇

A 基础入门　A 入门篇

专业深化　在线课堂[1]

综合案例　视频精讲

作业练习　教学辅导[2]

实例练习

软件基础　基础课程

新手

配套素材

扫描封底左侧的素材二维码，即可查看本书配套素材的下载地址。本书配套素材包括图片、素材包、源文件等。

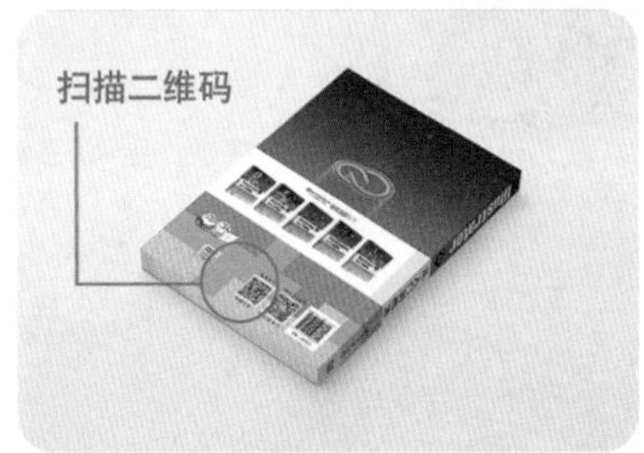

学习交流

扫描封底左侧的二维码或前言文末的二维码，即可加入本书读者的学习交流群，可以交流学习心得，携手共同进步，群内还有更多福利等你领取！

学习方式

软件基础、实例练习是主要的纸质书内容，读者可以根据书中的图文讲解学习基础理论与基本操作，并通过实例练习付诸实践。综合案例是进一步的实际操作训练，不仅可以在书中阅读步骤介绍，还可以通过扫描标题旁嵌入的二维码，观看视频教程进行学习。

书中每一个作业练习都配有作业思路提示，可以根据配套的作业素材和参考效果文件，进行作业项目的制作练习。还可以选择清大文森学堂的教学辅导服务，为读者答疑解惑，直播演示案例做法。清大文森学堂还开设了专业深化课程，请到公众号“清大文森学堂”了解更多。

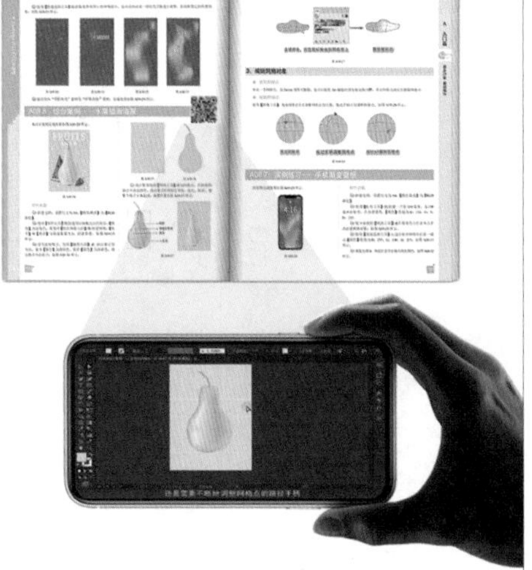

1 “在线课堂”是由清大文森学堂的设计学堂提供的多门专业深化课程，本书读者有优先报名权并可享多项优惠政策。

2 “教学辅导”服务由清大文森学堂教师团队有偿提供。

玩转矢量图形设计……

A
入门篇
基本功能 基础操作
本篇将带领读者从零认识 Illustrator，了解其主界面，掌握术语和概念。读者将学会使用基本工具和功能，包括形状、路径、选择和变换、颜色、文字、图形样式等。
扫码观看视频课

A01课

基本概述
开启 Illustrator 的旅程

Illustrator 的直译就是“插画师”，Illustrator 软件的诞生，是为了方便设计师绘制插图、插画、标识、字体等计算机图形图像，因为 Illustrator 是基于数学意义的点对点的矢量绘制图形，所以具有绝对的准确性，用 Illustrator 绘制的图形在计算机上可以无损地放大、缩小。除了绘制插画，Illustrator 还非常适合用于标志设计、广告海报设计、包装设计、图文版式设计等平面设计工作，它是一款集合了多种功能于一体的、专业的、强大的、易用的平面设计软件。

A01.1 Ai 和它的小伙伴们

Ai 是 Adobe Illustrator 的简称，是 Adobe 公司开发的一款矢量绘图软件，也是其产品系列 Creative Cloud 的重要软件，图 A01-1 所示为 Creative Cloud 部分视觉传达设计协作软件。

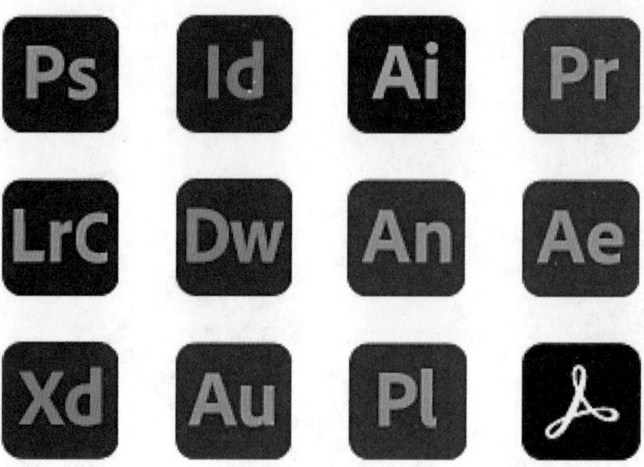

图 A01-1

- Ps 即 Photoshop，是著名的图像处理软件，广泛应用于各类设计行业。本系列丛书同样推出了《Photoshop 从入门到精通》和《Photoshop 实战案例从入门到精通》，以及对应的视频教程和延伸课程，建议读者拥有一定的 Photoshop 软件基础，这样学习 Illustrator 的过程会更加顺畅。
- Illustrator 与 Photoshop 是一对好搭档，因为是同一家公司出品，二者具有高度的相似性和互通性。它们处理图形的原理完全不同，各自有各自的特性，因此二者经常搭配工作，在学习的时候，两款软件也可以对比着学习。用户可以根据工作的实际需求，选择合适的软件处理相应的任务，将图形设计交给 Illustrator，将修图调色交给 Photoshop，最终交付文件格式根据客户或生产加工的需求而定。
- Id 即 Adobe InDesign，是用于印刷品和数字媒体的版面和页面设计的软件，InDesign 具备创建和发布书籍、数字杂志、电子书、海报和交互式 PDF 等内容所需的功能。本系列丛书即将推出《InDesign 从入门到精通》一书，以及对应的视频教程和延伸课程，推荐读者同步学习。
- Pr 即 Premiere Pro，是非线性剪辑软件，广泛用于视频剪辑和交付，本系列丛书同样推出了《Premiere Pro 从入门到精通》一书，以及对应的视频教程和延伸课程，推荐读者了解学习。
- Ae 即 After Effects，是图形视频处理软件，可以用于制作影视后期特效与图形动画，本系列丛书同样推出了《After Effects 从入门到精通》一书，以及对应的视频教程和延伸课程，推荐读者了解学习。

- LrC 即 Lightroom Classic，是简单易用的照片编辑与管理软件；Dw 即 Dreamweaver，是制作网页和编写相关代码的软件；An 即 Animate，是制作交互动画的软件；Xd 即 Adobe XD，是设计网站或应用的用户界面（UI/UX）原型的软件；Au 即 Adobe Audition，是音频编辑软件；Pl 即 Prelude，是视频记录和采集工具，可以快速完成粗剪或转码；Adobe Acrobat 是 PDF 文档的编辑软件。另外还有多种类型的设计制图软件，如 Coreldraw、Affinity Photo、Affinity Design、Affinity Publisher 等，本系列产品都将有相关图书或视频课程陆续推出，敬请关注。

A01.2 Ai 可以做什么

Ai 适合从事平面设计、品牌设计、用户界面设计和插画设计的机构和个人使用，包括平面设计机构、广告制作机构、出版印刷机构、品牌策略机构、插画艺术工作室、自由设计师等。

◆ 标志设计

Illustrator 可以用于设计标志、标识、徽标，以及以标志为核心的视觉识别系统（VIS），如图 A01-2 所示。

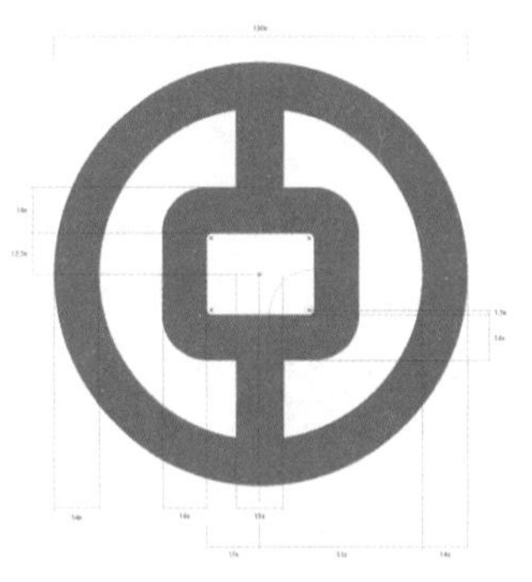
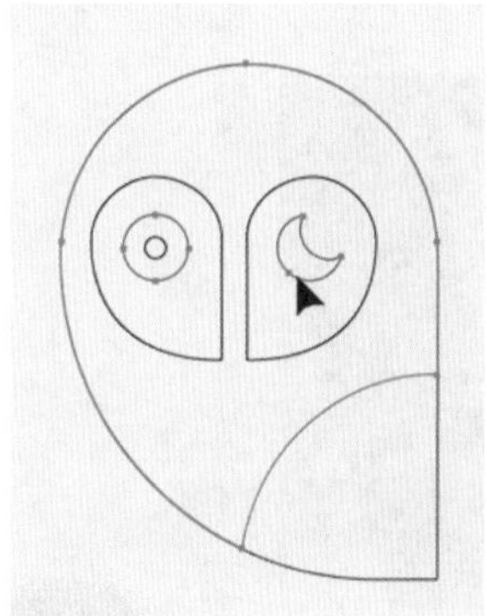

图 A01-2

◆ 字体设计

Illustrator 可以用于设计各类印刷字体、手写字体、装饰艺术字等，如图 A01-3 所示。

图 A01-3

图 A01-3（续）

◆ 图文排版

Illustrator 也被广泛用于页面、画册、卡片等的图文排版，如图 A01-4 所示。

图 A01-4

◆ 包装设计

Illustrator 同样可以用于设计包装图纸，设计产品形象，如图 A01-5 所示。

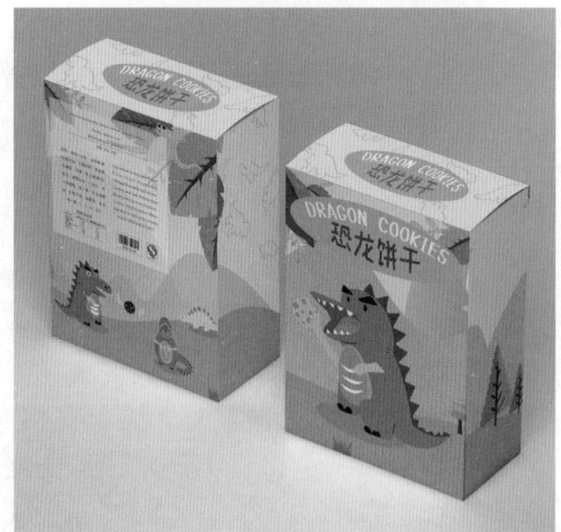

图 A01-5

◆ 界面设计

Illustrator 可以用于设计各类 App、软件、游戏、网站、设备的用户界面（UI）以及图标，如图 A01-6 所示。

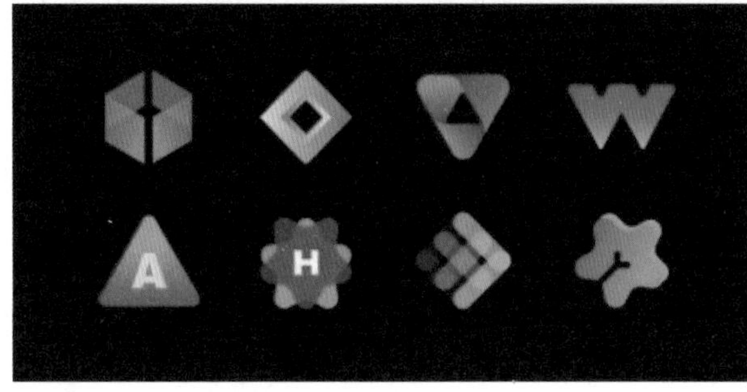

图 A01-6

◆ 信息图设计

Illustrator 的图表功能为信息图的设计提供了极大扩展空间，如图 A01-7 所示。

图 A01-7

◆ 海报设计

不论是传统印刷海报，还是网站、网店、App、公众号所需要的海报、横幅（Banner），都可以使用 Illustrator 完成设计，如图 A01-8 所示。

图 A01-8

◆ 插画设计

Illustrator 有着强大的图形绘制与编辑功能，是创作插画的最佳工具，如图 A01-9 所示。

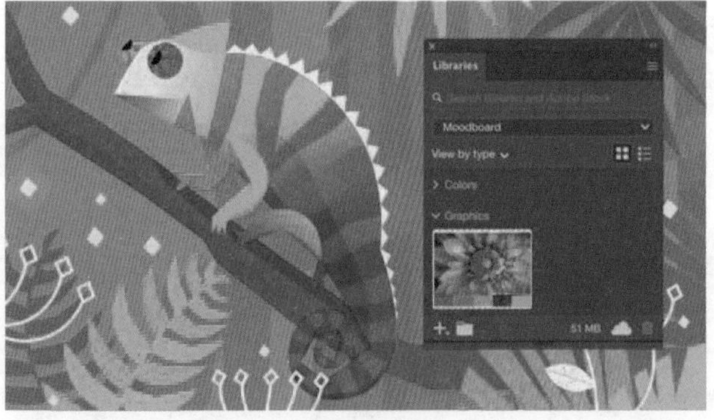

图 A01-9

设计师使用 Illustrator 与 Photoshop 几乎可以完成各类的平面设计工作，实现图形图像创意的完美展现，不论是学习、工作还是兴趣爱好，学习本书以及配套视频课程，都会为你带来实用的技能和收获。

A01.3 选择什么版本

本书基于 Adobe Illustrator 2022 进行讲解，从零开始，完整地讲解软件几乎全部的功能。推荐读者使用 Adobe Illustrator 2022 或近几年更新的版本学习，各版本的使用界面和大部分功能都是通用的，不用担心版本不符而有学习障碍。只要学会一款，即可学会全部。另外，Adobe 公司的官网会有历年 Illustrator 版本更新日志，可以登录 adobe.com 了解 Illustrator 目前的更新情况。

1987 年 Illustrator 首次发布，经过多年的发展，软件不断地完善和强化。下面了解一下近年来 Illustrator 的版本情况，如图 A01-10 所示，以下版本都可以使用本书学习。

Adobe Illustrator 2020

Adobe Illustrator 2021

Adobe Illustrator 2022

图 A01-10

A01.4 如何简单高效地学习 Illustrator

使用本书学习 Illustrator 大概需要以下流程，清大文森学堂可以为读者提供全方位的教学服务。

1. 了解基本概念

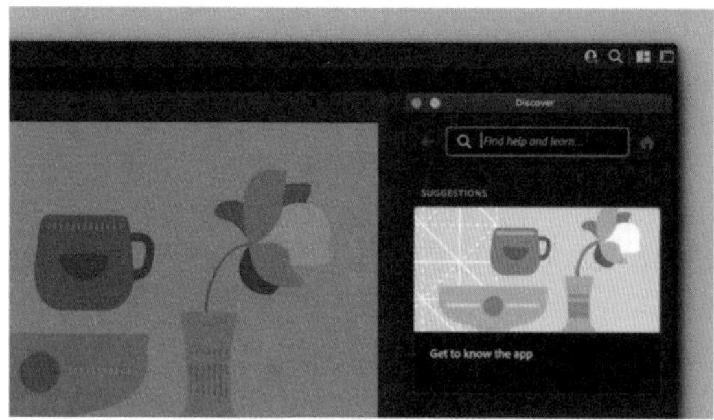

零基础入门的新手，可以通过阅读图书的文字讲解学习最基本的概念、术语等必要的知识，作为入行前的准备。

2. 掌握基础操作

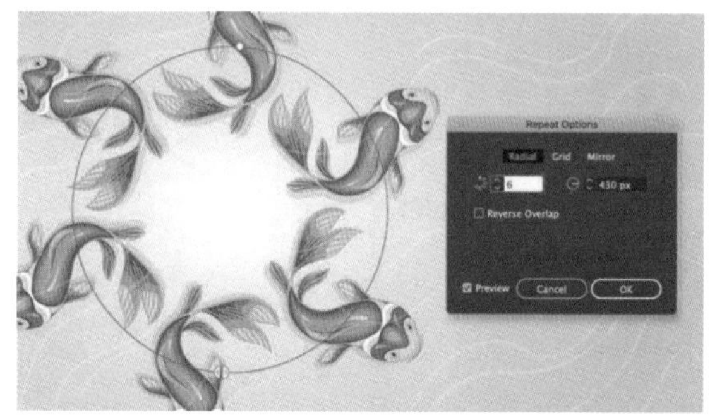

软件基础操作是最核心的内容，读者通过了解工具的用法、菜单命令的位置和功能，可以学会组合使用软件各类工具和命令。另外，熟练使用快捷键，还可以达到高效、高质量地完成制作的目的。一回生，二回熟，通过不断训练，相信您一定可以将软件应用得游刃有余。

3. 配合案例练习

本书配有大量案例，读者可以扫码观看案例的视频讲解，学习操作过程，以强化实际应用能力。只有不断地练习和创作，才能积累经验和技巧，发挥出最高的创意水平。

4. 搜集制作素材

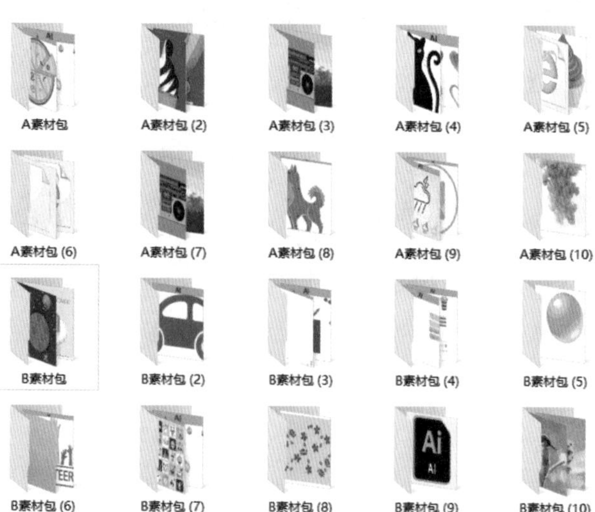

本书配有大量同步配套素材，包括案例素材和作业素材等，扫描封底二维码即可获取下载链接。读者在学习本书时，也可以自己搜集、绘制、制作各类素材，激活创作思维，独立制作原创作品。

5. 教师辅导教学

纵观本“CG 技术视频大讲堂”丛书，纸质图书是本课程体系中重要的组成部分，同时我们还提供了配套的同步视频课程，与图书内容有机结合，在教学方式上有多方面的互动和串联。图书具有系统化的章节和详细的文字描述，视频则生动直观，便于操作观摩。除此之外，还有直播课、在线教室等多种教学配套服务可供读者选择，在线教室有教师直播互动、答疑和演示，可以帮助读者解决诸多疑难问题，若想了解更多详情，可登录清大文森学堂官网或关注微信公众号。

6. 作业分析批改

初学者在学习和制作案例的时候，一方面会产生许多问题，另一方面也会对作品的完成度没有准确地把握。清大文森学堂在线教室的教师可以帮助读者批改作业，完善作品，提供“保姆级”的教学辅导工作，为读者梳理清晰的创作思路，矫正不合理的操作，以多年的实战项目经验为读者的学习保驾护航。

7. 社区学习交流

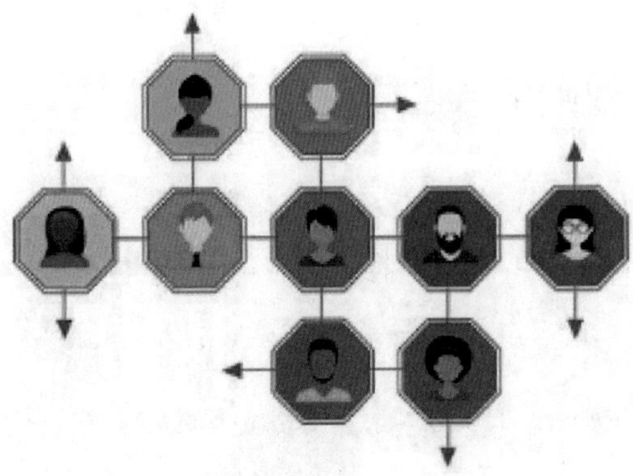

你不是一个人在战斗！读者选择某门课程后，即加入了由一群志同道合的人组成的学习社区。清大文森学堂为读者架构了学习社区、超级QQ群、作品云空间等。在清大文森学堂，读者可以认识诸多良师益友，让学习之路不再孤单。在社区中，还可以获得更多实用的教程、插件、模板等资源，福利多多、干货满满、交流热烈、气氛友好，期待你的加入。

8. 学习延伸课程

学完本书课程可以达到较好地掌握软件的程度，但只是掌握软件是远远不够的，对于行业要求而言，软件是敲门砖，作品才是硬通货，作品的质量水平决定了创作者的层次和收益。扫描前言中的二维码进入“清大文森学堂 - 设计学堂”对应的专业深化课程专区，可进一步了解相关的课程和培训，包括图书、视频课、直播课等，专业方向有商业美工、UI设计、插画设计、摄影后期等，具有非常完善的培训体系。

9. 获取考试认证

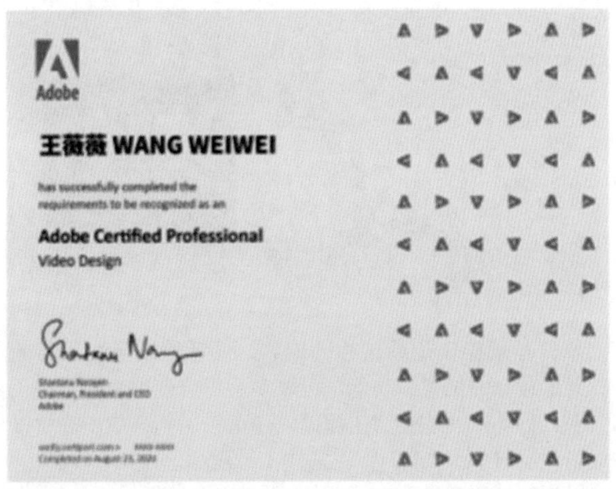

清大文森学堂是Adobe中国授权培训中心，是Adobe官方指定的考试认证机构，可以为读者提供Adobe Certified Professional（ACP）考试认证服务，颁发Adobe国际认证ACP证书。ACP是Adobe公司推出的国际认证服务，是面向全球Adobe软件的学习和使用者提供的一套全面科学、严谨高效的考核体系，为企业的人才选拔和录用提供了重要和科学的参考标准。ACP国际证书由Adobe全球首席执行官签发，能获得国际接纳和认可。

10. 发布 / 投稿 / 竞标 / 参赛

当你的作品足够成熟、完善时，可以考虑发布和应用，接受社会的评价。比如发布于个人自媒体或专业作品交流平台，或参加电影节、赛事活动等，还可以按活动主办方的要求创作作品进行投稿竞标。ACA 世界大赛（Adobe Certified Associate World Championship）是一项在创意领域面向全世界 13 ～ 22 岁青年学生的重大竞赛活动。清大文森学堂是 ACA 世界大赛的赛区承办者，读者可以直接通过清大文森学堂报名参赛。

总结

Illustrator 在设计行业被广泛地应用，可以说是设计师的必备软件。感谢你选择本书学习这款软件，在接下来的学习过程中，相信你会有满满的收获，让我们开启学习 Illustrator 的旅程吧！

读书笔记

A02课

软件安装

开工前的准备

登录 Adobe 中国官网 https://www.adobe.com/cn 即可购买 Illustrator 软件，也可以先免费试用，功能是完全一样的。下面介绍安装试用版的流程。

A02.1　Illustrator 下载和安装

打开 https://www.adobe.com/cn，在顶部导航栏打开【帮助支持】菜单，找到【下载并安装】按钮并单击，如图 A02-1 所示。

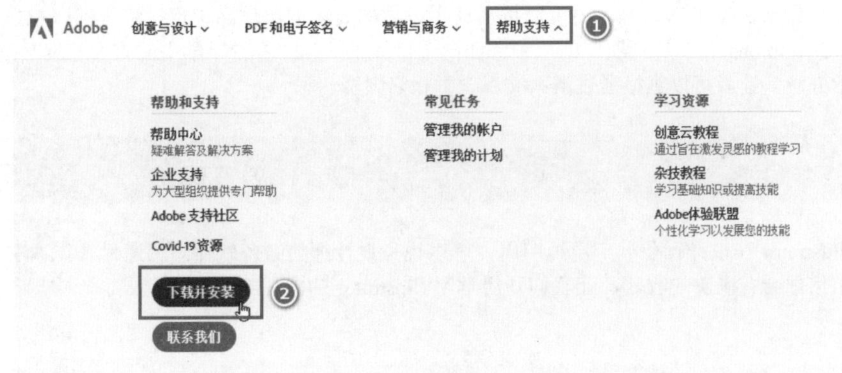

图 A02-1

在接下来的页面中就可以看到 Illustrator 的免费试用版，如图 A02-2 所示。

图 A02-2

单击【免费试用】按钮即可下载安装包，双击安装包就开始安装了。这种方法适用于 Windows 系统和 macOS。试用到期后可通过 Adobe 官网或软件经销商购买并激活。

A02.2　Illustrator 启动与关闭

软件安装完成后，在 Windows 系统的【开始】菜单中即可找到新安装的程序，单击 Illustrator 图标即可启动 Illustrator；在 macOS 中可以在 Launchpad（启动台）里找到 Illustrator 图标，单击即可启动。

启动 Illustrator 后，在 Windows 系统的 Illustrator 中执行【文件】-【退出】菜单命令，即可退出 Illustrator；直接单击右上角的 × 按钮也可退出 Illustrator。macOS 的 Illustrator 同样可以按此方法操作，还可以在 Dock（程序坞）的 Illustrator 图标上右击，选择【退出】选项即可。

保存好 Illustrator 项目并退出后，会生成项目文件，格式为 .ai，是 Illustrator 的专用格式，如图 A02-3 所示。

图 A02-3

A02.3　首选项

在使用软件之前，首先需要调整一下软件的【首选项】，使其更加符合个人的实际操作需求。执行【编辑】-【首选项】-【常规】菜单命令，打开【首选项】对话框，里面有很多功能设置及参数设置，如图 A02-4 所示，下面先介绍一些重要的软件设置。

图 A02-4

1. 增效工具和暂存盘

增效工具为 Illustrator 提供了许多特殊的效果，并自动安装在 Illustrator 文件夹的 Plug-ins 文件夹中。此外还可以选中【其他增效工具文件夹】复选框，单击【选取】按钮就可从本机导入其他增效工具，如图 A02-5 所示。

图 A02-5

Illustrator 在工作的时候，会产生临时文件，因为软件在运算的过程中，会产生大量的数据，要把数据暂时存储在硬盘空间上。【暂存盘】默认设置为第一个驱动器，对 Windows 系统来说，也就是 C 盘。当 C 盘内存不足时，Illustrator 会把数据暂时存在次要的暂存盘上，如图 A02-6 所示。

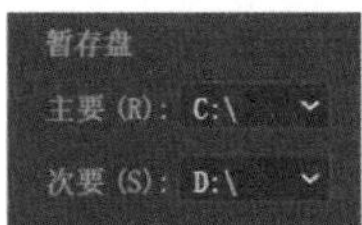

图 A02-6

2. 文件存储

当 Illustrator 因为意外情况被关闭时，不用担心，可通过【自动存储恢复数据的时间间隔】功能控制文档的自动存储时间，对文档进行备份，将风险降至最低。备份文件将不会覆盖原始文件，如图 A02-7 所示。虽然该功能可以显著降低丢失数据的风险，但还是需要养成勤按 Ctrl+S 快捷键保存的习惯，以防 Illustrator 出现问题，导致白忙一场。

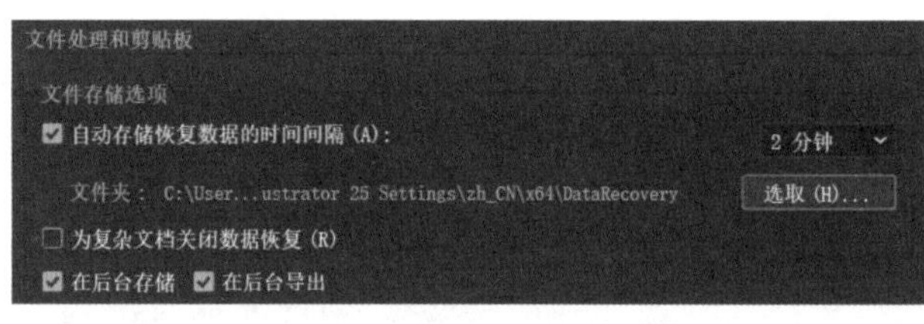

图 A02-7

在备份大型文件或复杂文件时，Illustrator 可能会无法工作甚至崩溃，并且会减慢工作文件的处理速度或中断用户的工作流程。默认情况下，【为复杂文档关闭数据恢复】复选框处于未选中的状态。

3. 性能

在默认情况下，【GPU 性能】复选框处于选中的状态，它可使缩放操作较为流畅和生动，如图 A02-8 所示。还可在【性能】中查看本机的【GPU 详细信息】，如图 A02-9 所示，单击【显示系统信息】按钮即可弹出【系统信息】对话框，其中显示了有关 Illustrator 的软件和硬件环境的信息。

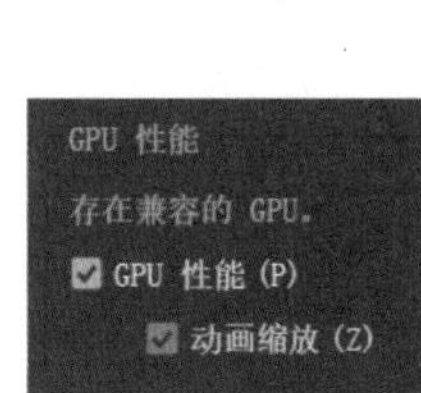

图 A02-8　　图 A02-9

【还原计数】的最小值为 50，最大值为 200，默认设定为 100。建议【还原计数】的值不要超过 100，因为过大的计数会对计算机运行速度造成较大的影响，如图 A02-10 所示。

图 A02-10

4．用户界面

为了呈现较好的印刷效果，方便读者阅读，本书使用软件的浅色界面进行讲解，在【首选项】对话框中打开【用户界面】，在其中选择【亮度】为浅色，如图 A02-11 所示。

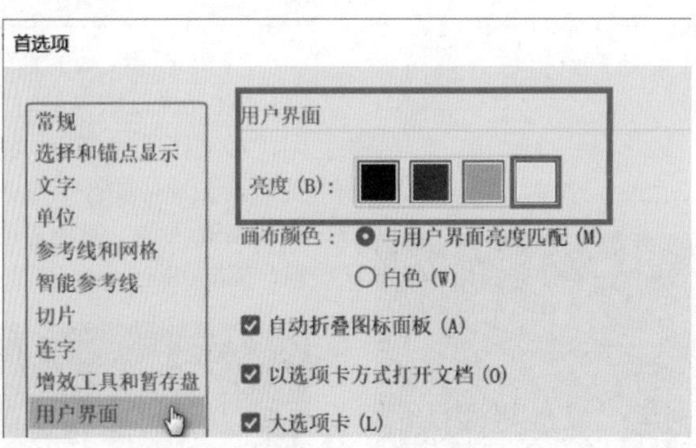

图 A02-11

A02.4 快捷键设置

使用快捷键可以让工作变得更加高效，Illustrator 中有默认的快捷键，用户也可以对快捷键进行自定义设置。

执行【编辑】-【键盘快捷键】菜单命令，打开【键盘快捷键】对话框，在其中可以看到所有默认快捷键，【工具】的快捷键如图 A02-12 所示，【菜单命令】的快捷键如图 A02-13 所示。

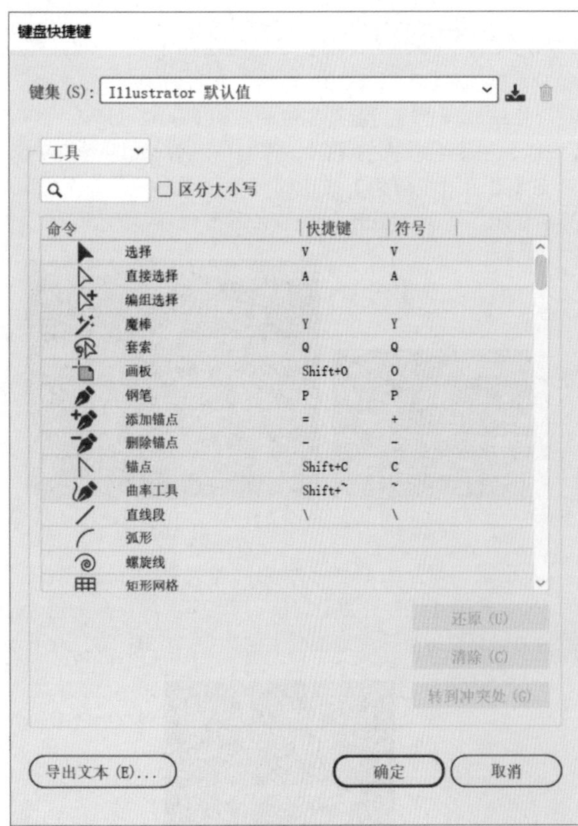

图 A02-12

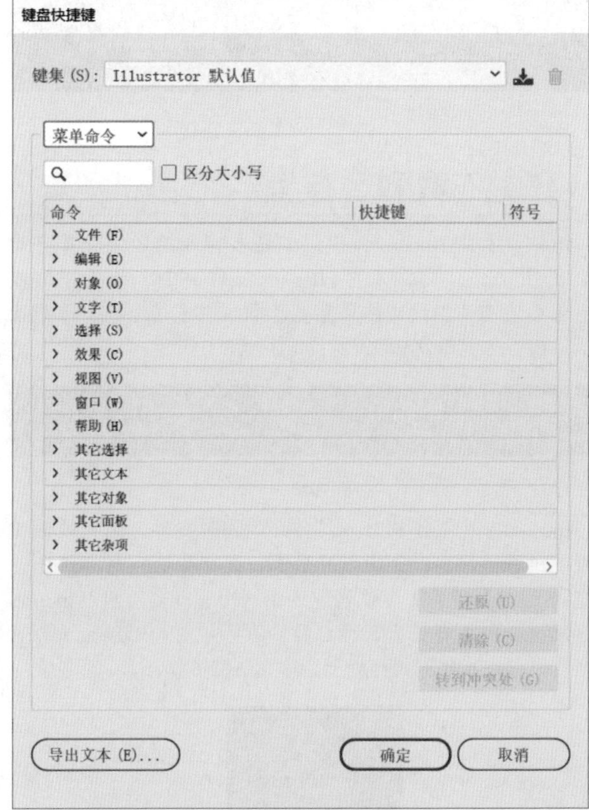

图 A02-13

如果要修改默认快捷键，可在右侧【快捷键】一栏中将原快捷键删除，然后直接在修改框中重新输入自定义的快捷键即可，前提是输入的快捷键没有被占用，如图 A02-14 所示。

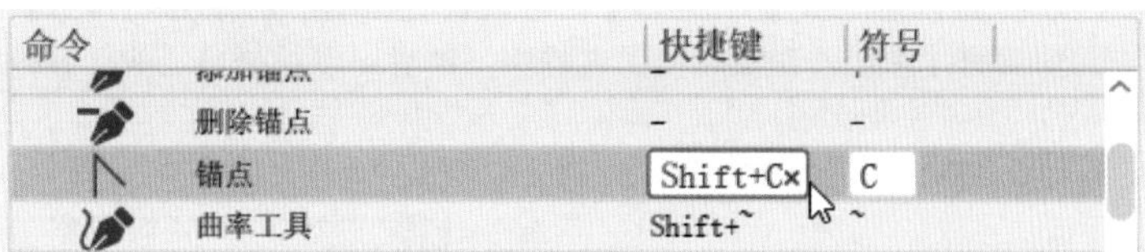

图 A02-14

若无特殊需求，尽量不要更改默认快捷键，本书的讲解都是基于默认快捷键的。

总结

软件安装完成后，设置好首选项可以使软件更加得心应手。另外，需要再次提示读者，为了得到最佳的印刷效果，本书接下来所展示的软件界面使用的是浅色界面，不论界面深浅，功能布局是完全相同的，读者可以根据自己的喜好设定界面的颜色。

读书笔记

A03课

认识界面

初次见面，请多了解

本课将介绍Illustrator的主界面，熟悉界面是学习软件的第一步。为了呈现较好的印刷效果，方便读者阅读，本书使用软件的浅色界面进行讲解，执行【编辑】-【首选项】-【用户界面】菜单命令，弹出【首选项】对话框，在【用户界面】中选择【亮度】为浅色，如图A03-1所示。在实际使用过程中，读者可以根据自己的喜好进行设置。

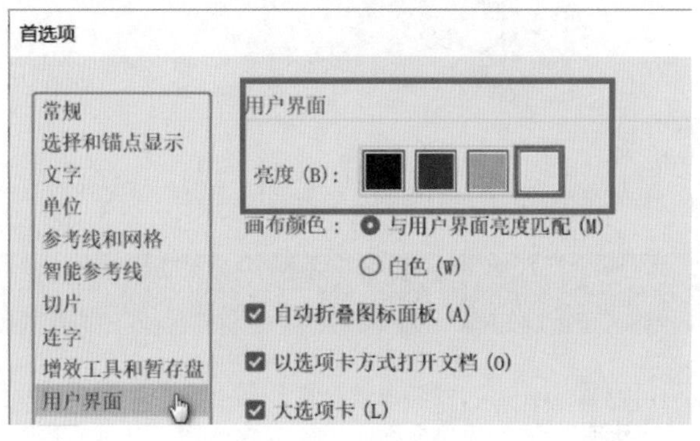

图 A03-1

启动Illustrator后会显示主屏幕，如图A03-2所示，其中包括新建、打开、创建新文件和最近使用项等。

图 A03-2

- 新建：单击此按钮可以创建新文档。
- 打开：单击此按钮可以打开现有的文档。
- 创建新文件：可以从下面提供的模板预设中选择一个预设创建新文档。
- 最近使用项：在这里可以看到最近打开过的项目文档，直接单击即可打开。
- 返回：位于主屏幕左上角第二排，单击可从主屏幕返回主界面，如图A03-3所示。

图 A03-3

A03.1　主界面构成

在主屏幕的【创建新文件】中单击【A4】预设文档进行新建，这样就可以看到Illustrator

的主界面，默认的主界面分为以下几个区域：最上面是菜单栏，左侧是工具栏，右侧是属性面板，中间是文档窗口，白色部分为画板，灰色部分为工作面，最下方是状态栏，如图 A03-4 所示。

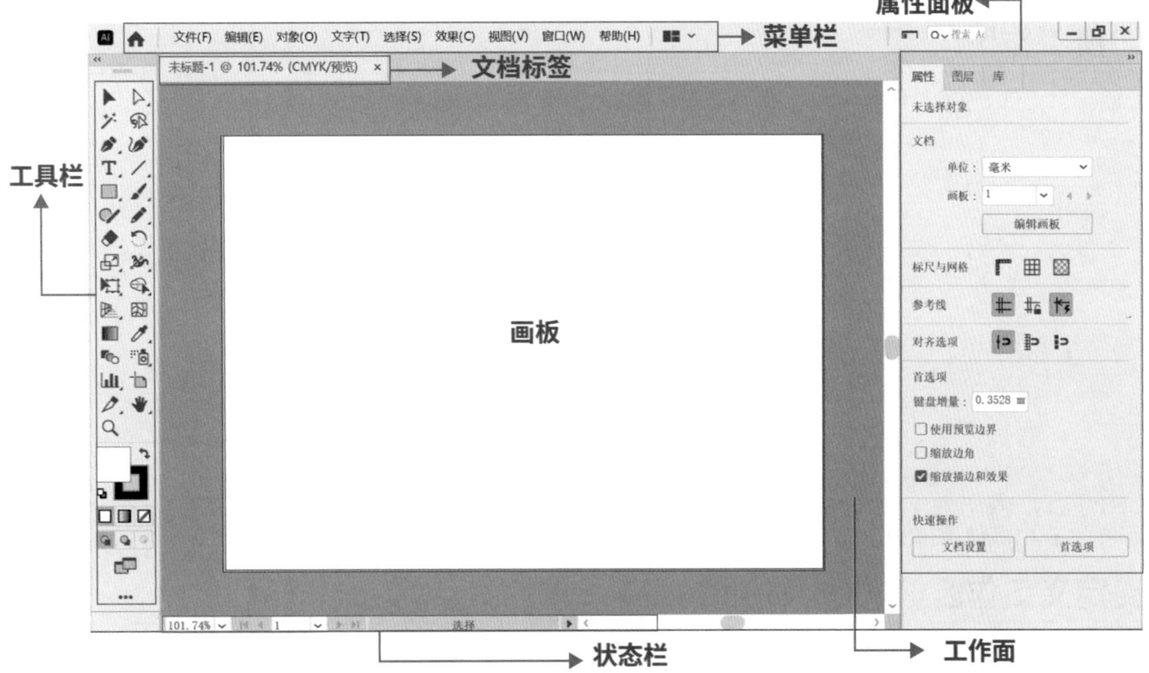

图 A03-4

- 菜单栏：位于主屏幕的顶部，包括【文件】【编辑】【对象】【文字】【选择】【效果】【视图】【窗口】【帮助】共 9 个菜单，这些菜单中还包含许多子菜单。
- 主页：菜单栏左边的第二个按钮，单击即可从主界面返回主屏幕。
- 文档标签：显示正在处理的文件。
- 工具栏：提供了很多用于创建和处理图稿的工具。
- 画板：创作的区域，相当于绘画时的纸张，可以设置画板大小及画板数量。
- 状态栏：位于主界面的左下方，用来显示缩放级别、画板数量、当前使用的工具及画板导航控件，如图 A03-5 所示。

缩放级别　画板数量　当前使用的工具　画板导航控件

66.67%　1　选择

图 A03-5

- 属性面板：可以根据当前任务查看相关的设置和控件。
- 变换和外观控件：宽度、高度、填充、描边、不透明度及对齐方式等。
- 动态控件：会根据选择的对象提供相关的控件，例如调整文本对象时的字符和段落属性，调整图像对象时的裁剪、蒙版、嵌入或取消嵌入，以及图像描摹控件等。在未选择对象的情况下会显示文档信息、标尺与网格、参考线、对齐选项及首选项。

豆包：当【工具栏】里的工具无法完全显示时，该怎样查看并使用未显示的工具呢？

单击【工具栏】顶部的按钮，可切换工具栏的单/双列显示。

A03.2 工作区设置

1. 切换工作区

Illustrator 共提供了 9 种工作区，默认工作区是【基本功能】。用户可以根据不同的创作需求选择合适的工作区，如图 A03-6 所示。

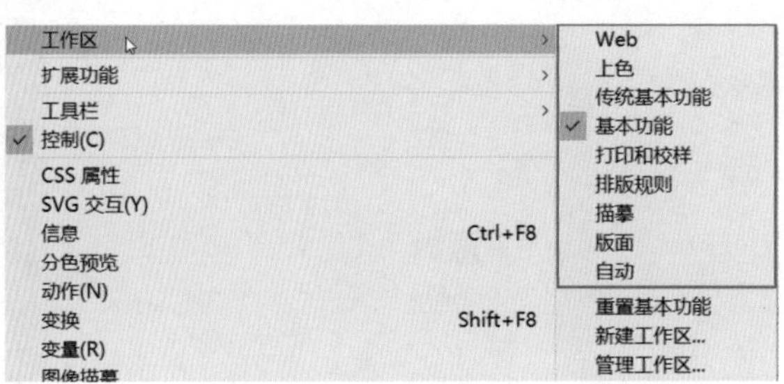

图 A03-6

打开【窗口】菜单，在【工作区】子菜单中选择合适的工作区选项就可以了。另外，单击菜单栏最右侧的 按钮，也会弹出同样的【工作区】菜单。

2. 自定义工作区

除了内置的 9 种工作区外，用户还可以根据习惯或工作性质，将工作区的各种面板随意搭配并将搭配好的工作区保存下来，方便使用。

首先打开【窗口】菜单，选择合适的面板并激活。例如，执行【窗口】-【控制】菜单命令，激活【控制栏】，如图 A03-7 所示，这样工作区就发生了变化，即进行了自定义调整。

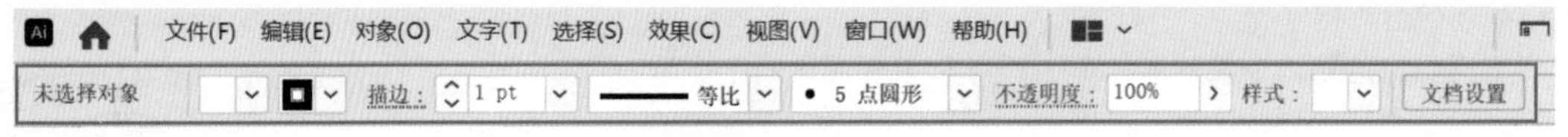

图 A03-7

然后再次执行【窗口】-【工作区】-【新建工作区】菜单命令，弹出【新建工作区】对话框，在【名称】中为工作区命名，例如命名为“ai”，如图 A03-8 所示，单击【确定】按钮，自定义工作区就设置完成了。

执行【窗口】-【工作区】菜单命令，就可以看到新建好的“ai”工作区。

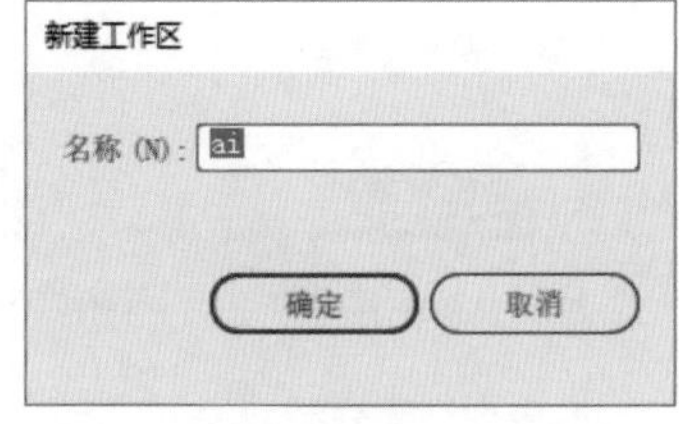

图 A03-8

SPECIAL 扩展知识

控制栏：可以通过【控制栏】对所选对象的属性进行更改，比如选择文本时可以更改颜色、不透明度、文本格式、对齐及变换选项；设置图形时除了可以更改颜色、不透明度外，还可以更改描边粗细、线型等。

3. 重置工作区

如果软件界面混乱了或者想恢复为初始工作区，执行【窗口】-【工作区】-【重置基本功能】菜单命令即可，如图 A03-9 所示。

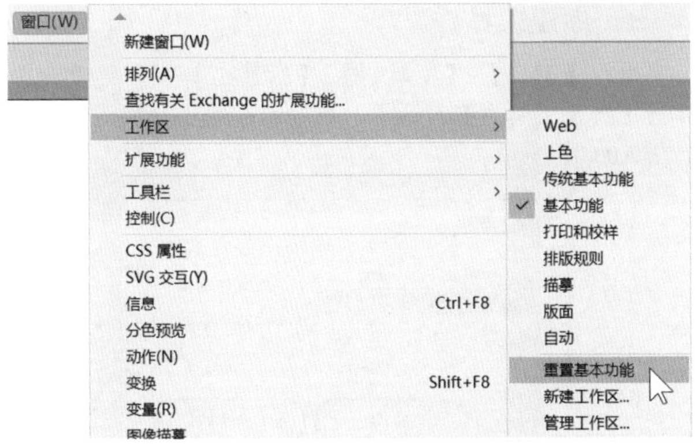

图 A03-9

4. 排列文档

【排列文档】是 Illustrator 为用户提供的多种文档排列方式，可以更方便地查看文档。在菜单栏的右侧可看到【排列文档】按钮，单击即可弹出浮动面板，如图 A03-10 所示。

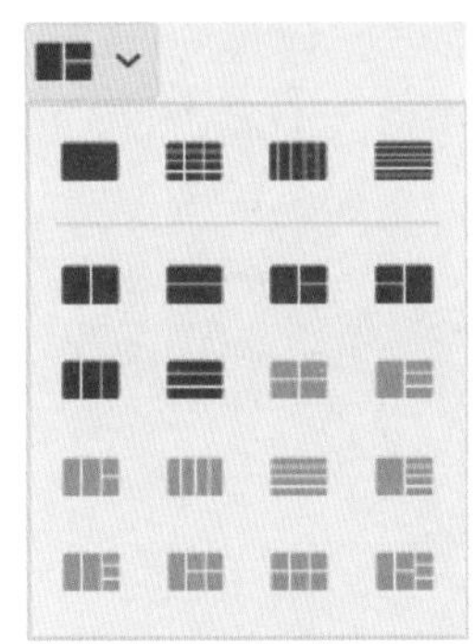

图 A03-10

当有多个文档并且想同时查看时，可以选择合适的【排列文档】方式。例如，单击【四联】按钮即可同时查看 4 个文档，如图 A03-11 所示。

图 A03-11

5. 调整控制栏

在控制栏中单击左侧的按钮，弹出的菜单如图 A03-12 所示。选择【停放到底部】选项，可将控制栏放置在主界面的底部，还可自定义选中菜单中的任意选项，选中后将在控制栏中显示这些工具。

图 A03-12

6. 工具栏

◆ 认识工具栏

Illustrator 提供了【基本】和【高级】两种工具栏，【基本】工具栏包括在设计创作中比较常用的一些工具，而【高级】工具栏中的工具比较全面，如图 A03-13 所示。

◆ 编辑工具栏

在【工具栏】的下方单击【编辑工具栏】按钮 •••，即可对【工具栏】中的工具进行删除或添加（按住某一工具，将其向外拖曳即可删除，向工具栏内拖曳即可添加），如图 A03-14 所示。

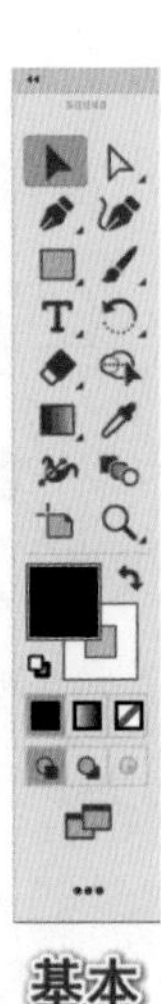

图 A03-13

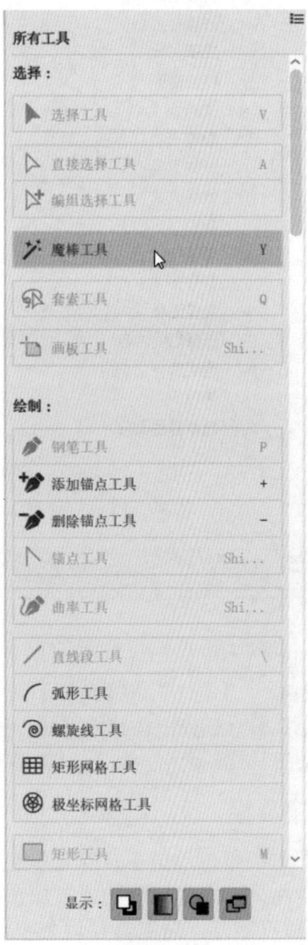

图 A03-14

◆ 新建工具栏

执行【窗口】-【工具栏】-【新建工具栏】菜单命令，弹出【新建工具栏】对话框，可对新建的工具栏进行命名，如图 A03-15 所示。

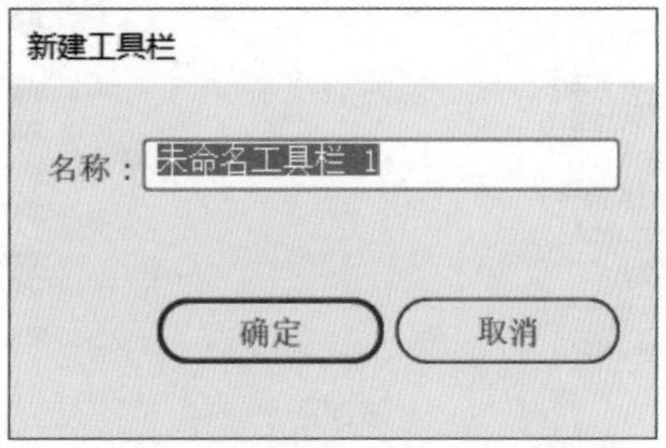

图 A03-15

新建后出现一个没有工具的面板，如图 A03-16 所示，单击下方的【编辑工具栏】按钮 ••• ，将面板中的工具拖曳到新建的工具栏中即可添加工具。

图 A03-16

SPECIAL 扩展知识

长按工具栏中带有小三角 ◢ 标识的工具可打开工具组。按Tab键可隐藏或显示所有面板，按Shift+Tab快捷键可隐藏除工具箱外的所有面板。

A03.3 界面辅助功能

Illustrator 提供了很多方便实用的辅助工具，包括标尺、参考线、网格等工具，下面一一介绍。

1. 标尺

在创建过程中，为了更精准地绘制图稿和移动图稿，会经常使用标尺工具。

◆ 开启标尺

执行【视图】-【标尺】-【显示标尺】菜单命令（快捷键为 Ctrl+R），或在【属性面板】-【标尺与网格】中单击按钮即可开启标尺，再次单击则隐藏标尺，如图 A03-17 所示。

图 A03-17

◆ 调整标尺坐标原点

Illustrator 标尺默认的标尺原点（归零点）在画布左上角的位置，将鼠标移动到标尺左上角的标尺交界处，按住鼠标并拖曳，画面中会显示出十字线，拖曳到自己想要的地方后，释放鼠标即可，如图 A03-18 所示。如果想要标尺原点恢复到初始位置，双击标尺左上角的标尺交界处即可。

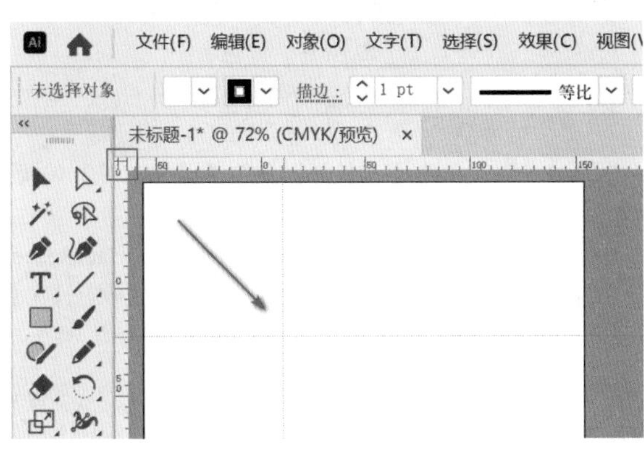

图 A03-18

◆ 画板标尺

默认画板标尺原点位于画板的左上角。执行【视图】-【标尺】-【更改为画板标尺】菜单命令（快捷键为 Alt+Ctrl+R），画板标尺的原点则显示在当前选中画板的左上角，如图 A03-19 所示。

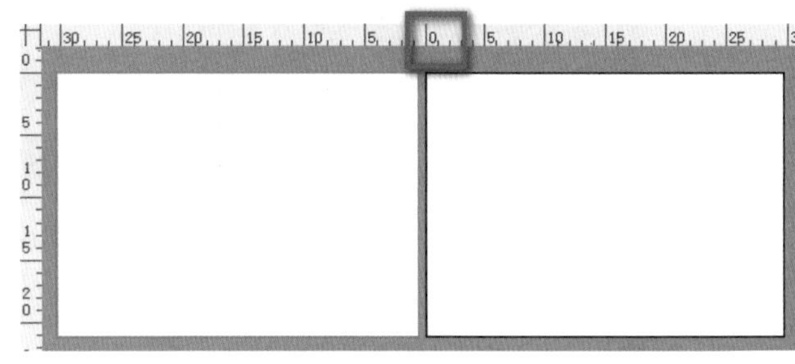

图 A03-19

◆ 全局标尺

执行【视图】-【标尺】-【更改为全局标尺】菜单命令（快捷键为 Alt+Ctrl+R），全局标尺的原点则显示在当前窗口的左上角，如图 A03-20 所示。

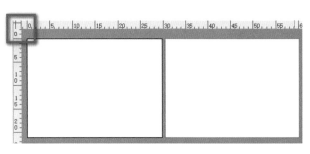

图 A03-20

◆ 设置标尺单位

将鼠标移动到标尺上，右击，调出菜单，即可选择相应的标尺单位，如图 A03-21 所示。

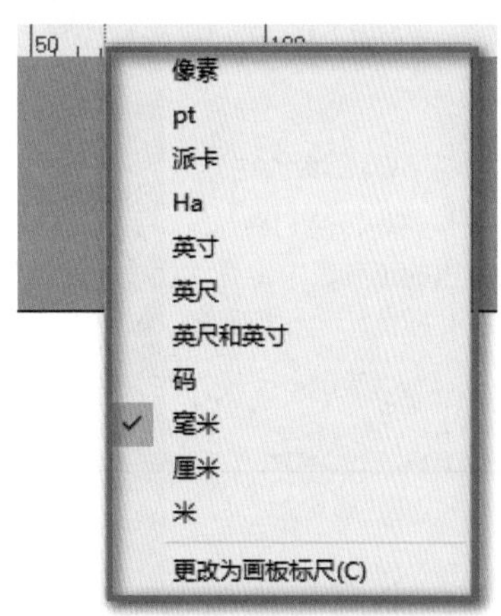

图 A03-21

◆ 视频标尺

执行【视图】-【标尺】-【显示视频标尺】菜单命令，则显示绿色的标尺，其长度和画板相等。视频标尺可以与标尺同时存在，也可以使用参考线，如图 A03-22 所示。

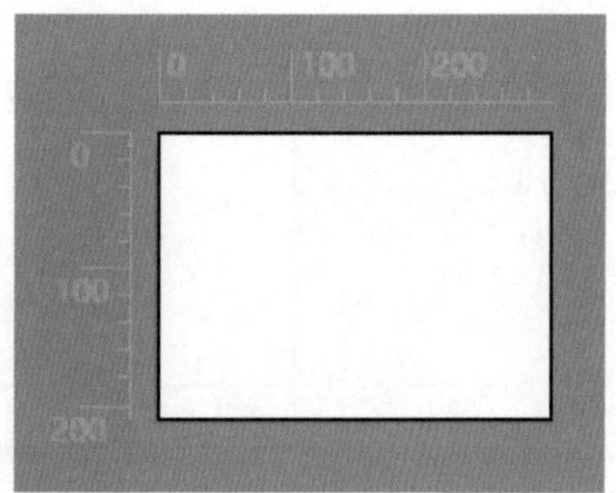

图 A03-22

2. 参考线

参考线可以用来对齐文本和图像，是创作时的辅助工具，不会被打印出来。

◆ 创建参考线

将鼠标光标放在标尺上，按住鼠标不放并拖曳，可以快捷地创建参考线，如图 A03-23 所示，从左侧拖曳可创建垂直参考线，从顶部拖曳则创建水平参考线。

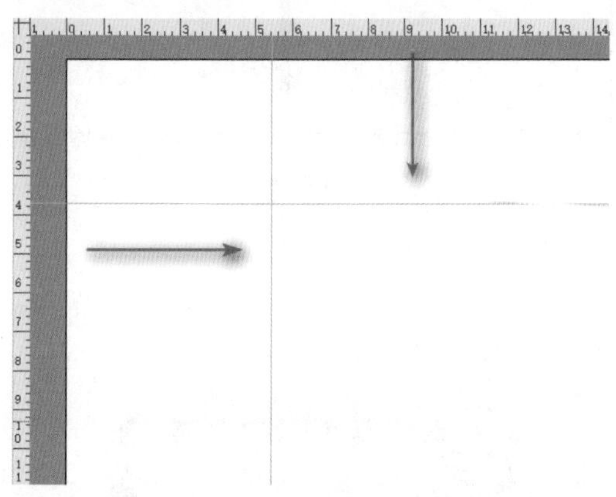

图 A03-23

还可以将矢量路径转换为参考线。右击工具栏中的【矩形工具】，在弹出的工具组中选择【直线段工具】，在画布上按住鼠标左键并拖曳，画一条直线，如图 A03-24 所示。

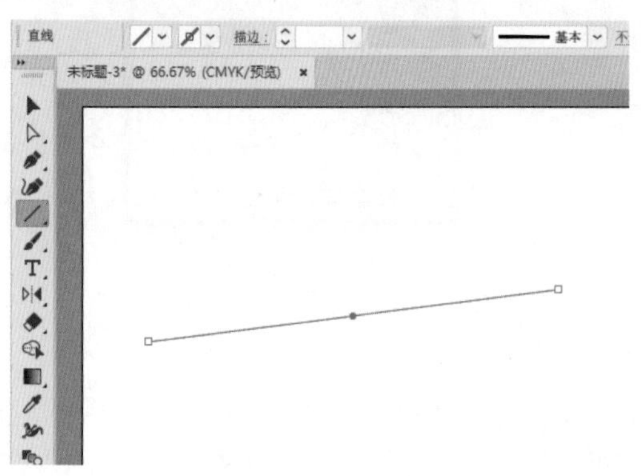

图 A03-24

然后执行【视图】-【参考线】-【建立参考线】菜单命令（快捷键为 Ctrl+5），如图 A03-25 所示。创建的参考线如图 A03-26 所示，任意形状都可以转换为参考线。

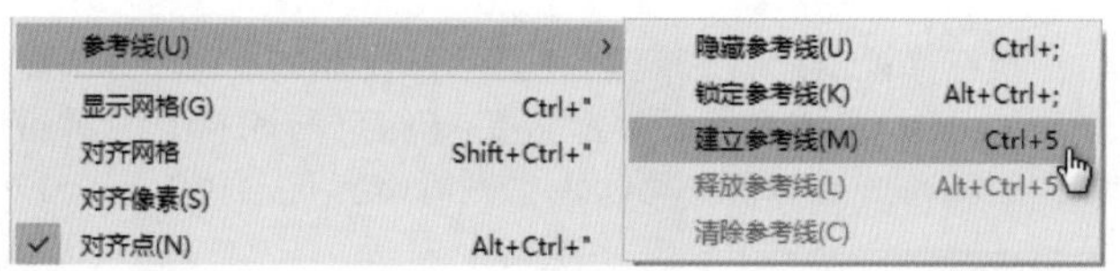

图 A03-25

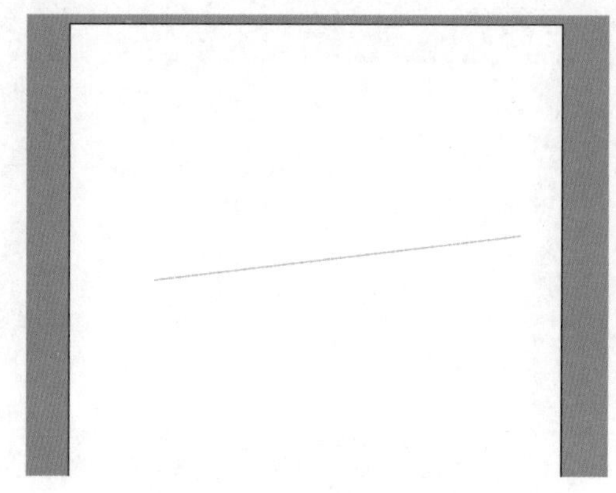

图 A03-26

同样执行【视图】-【参考线】-【释放参考线】菜单命令（快捷键为 Alt+Ctrl+5），如图 A03-27 所示，可以释放参考线，恢复到原来的形状。

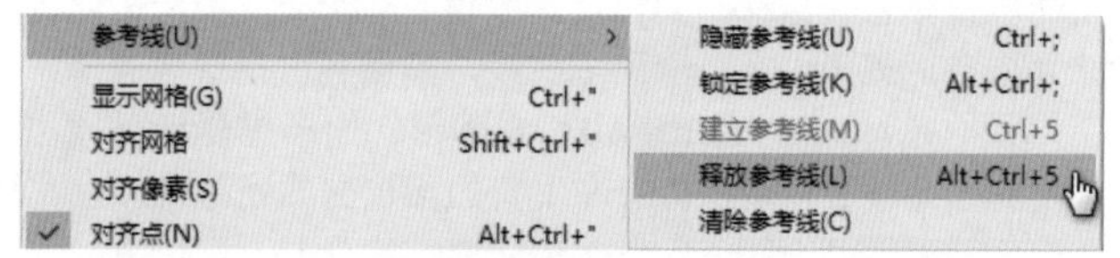

图 A03-27

◆ 移动及删除参考线

移动参考线：单击【工具栏】中的【选择工具】按钮，将光标移动到参考线上并按住鼠标拖曳，即可移动参考线。

删除参考线：选中参考线后，按 Delete 或 Backspace 键即可删除。如果要删除所有参考线，则执行【视图】-【参考线】-【清除参考线】菜单命令，如图 A03-28 所示。

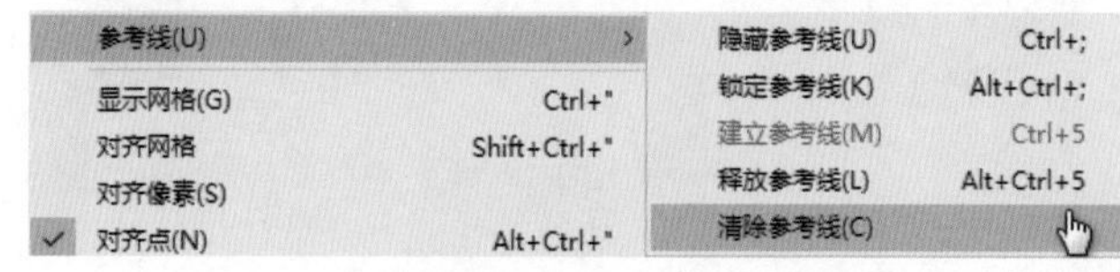

图 A03-28

◆ 锁定及隐藏参考线

执行【视图】-【参考线】-【锁定参考线】菜单命令（快捷键为 Alt+Ctrl+;），或单击右侧【属性】面板 -【参考线】-【锁定参考线】按钮，即可锁定参考线，再次执行相同操作即可解锁参考线。

◆ 智能参考线

智能参考线是临时对齐参考线，在建立或操作对象时显示，呈洋红色，利用智能参考线可以帮助对齐其他对象或画板，如图 A03-29 所示。

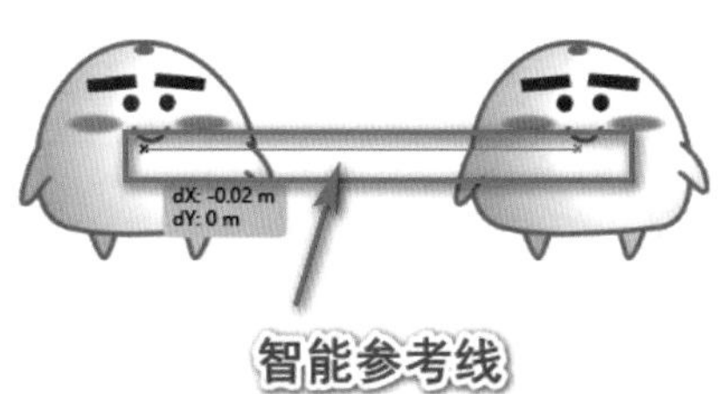

图 A03-29

执行【视图】-【智能参考线】菜单命令（快捷键为 Ctrl+U），或单击【属性面板】-【参考线】-【单击可显示智能参考】按钮，即可开启智能参考线，再次执行相同操作即可关闭参考线。

3. 网格

网格和参考线一样不会被打印出来。网格主要用来对齐对象，借助网格可以更精准地确定绘制图形的位置，是排版、平面设计的重要工具。

执行【视图】-【显示网格】菜单命令（快捷键为 Ctrl+'（引号）），或单击【属性面板】-【标尺与网格】按钮，即可开启网格，如图 A03-30 所示，再次执行相同操作即可关闭网格。

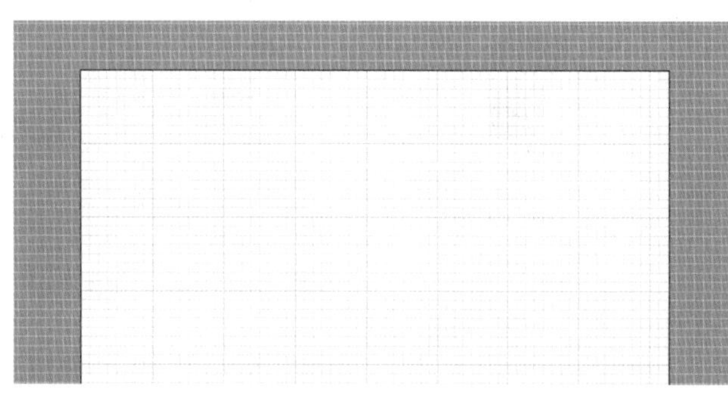

图 A03-30

扩展知识

执行【视图】-【对齐网格】菜单命令（快捷键为 Ctrl+Shift+"（双引号）），可开启对齐网络，可以借助【对齐网格】命令将图形对象或参考线自动吸附对齐网格点。此外，还可以通过执行【编辑】-【首选项】-【参考线和网格】菜单命令设置网格。

4. 度量工具

度量工具用来测量对象之间的距离，路径对象或形状的垂直、水平、倾斜或带有角度的信息。它是 Adobe 向 Illustrator 用户提供的用于精确测量的辅助工具。

单击工具栏中的【度量工具】，弹出【信息】面板，沿着需要测量的路径或形状画一条直线，即可测量该路径对象或形状的信息，这些信息可以在【信息】面板中找到，如图 A03-31 所示。

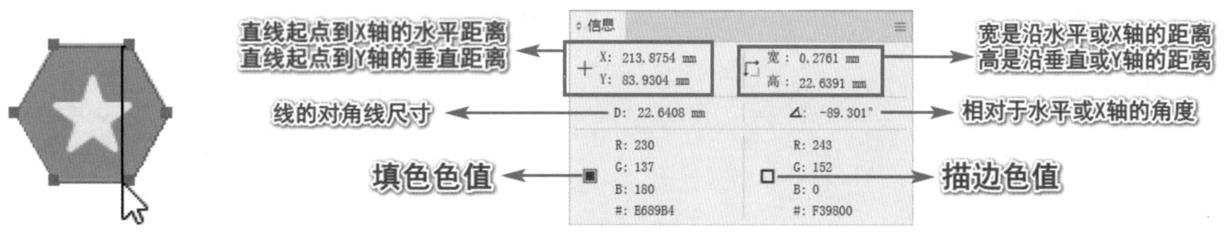

图 A03-31

总结

通过本课，我们熟悉了软件的工作界面，也了解了工作区的切换及自定义，开启了学习软件的第一步，接下来让我们继续学习吧！

A04课

文档设置与存储

建好文档，存好位置

通过 A03 课的学习，读者对 Illustrator 有了基本的认知。本课将学习新建、打开、存储、置入、查看等必要的基础操作。

A04.1 矢量图的创作流程

在学习如何新建、打开及存储前，先了解一下使用 Illustrator 绘制矢量图的整体流程。

首先，开始工作前需要新建空白文档或打开已有文档，然后在文档上绘制矢量图形或创建文字，也可以置入其他格式的图形，再将对象进行设计、调整、编辑（排列对齐等）。完成创作后，可以保存为 AI、PDF、EPS 等格式的文件，也可以导出如 JPG、PNG、PSD 等多种图像格式的文件以应用于更多领域，如图 A04-1 所示。

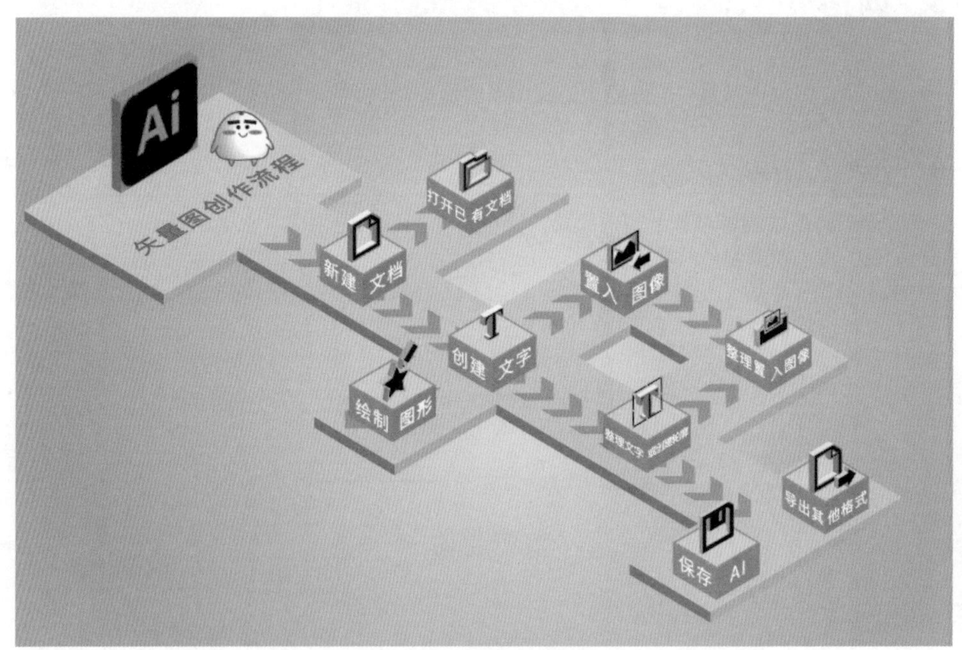

图 A04-1

A04.2 画板的创建与编辑

画板是 Illustrator 的文档操作界面，可以根据创作需求创建不同的画板，可以从预设中进行选择，还可以自定义画板大小，而且还可以创建多个画板。

1. 画板基本操作

单击【画板工具】按钮（快捷键为 Shift+O），会在画板的边缘显示定界框，同时也会出现 8 个控制点，如图 A04-2 所示。拖曳定界框上的控制点可以自由调整画板的大小。

还可以将光标移动到画板上，按住鼠标拖曳画板，如图 A04-3 所示。按住 Alt 键拖曳可以复制画板。

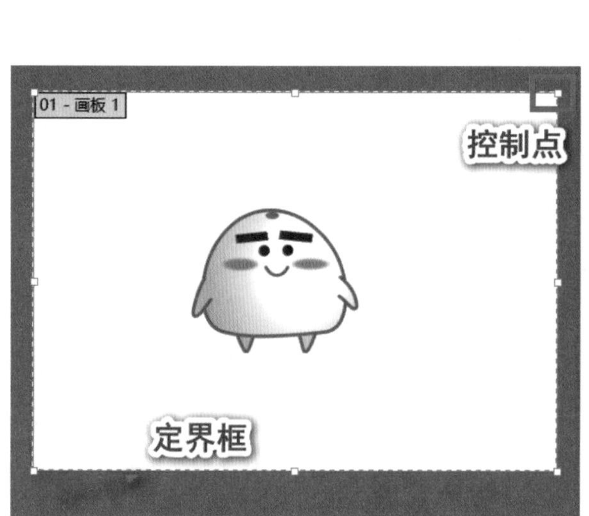

图 A04-2

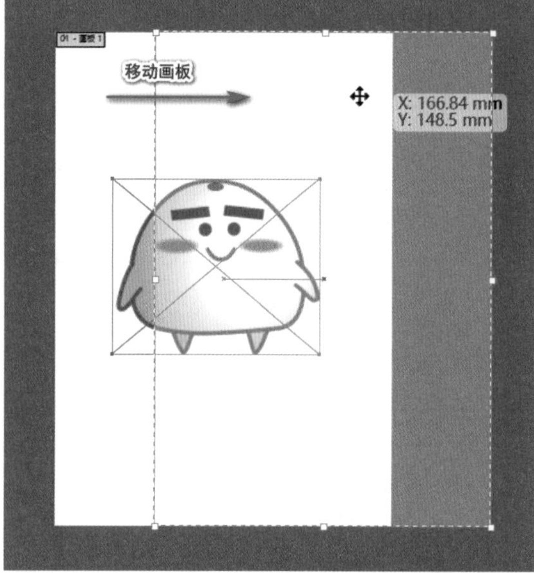

图 A04-3

2. 画板工具－控制栏

单击【画板工具】按钮，控制栏变为【画板】设置选项，可以设置预设尺寸、画板方向，新建 / 删除画板，设置画板名称、宽度 / 高度，移动 / 复制带画板的图稿，排列画板等，如图 A04-4 所示。

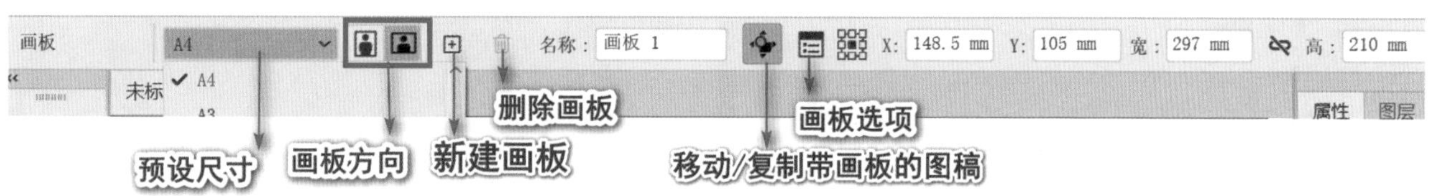

图 A04-4

◆ 预设尺寸：选择要修改的画板，单击该选项，在弹出的下拉菜单中选择所需预设尺寸即可，如图 A04-5 所示。

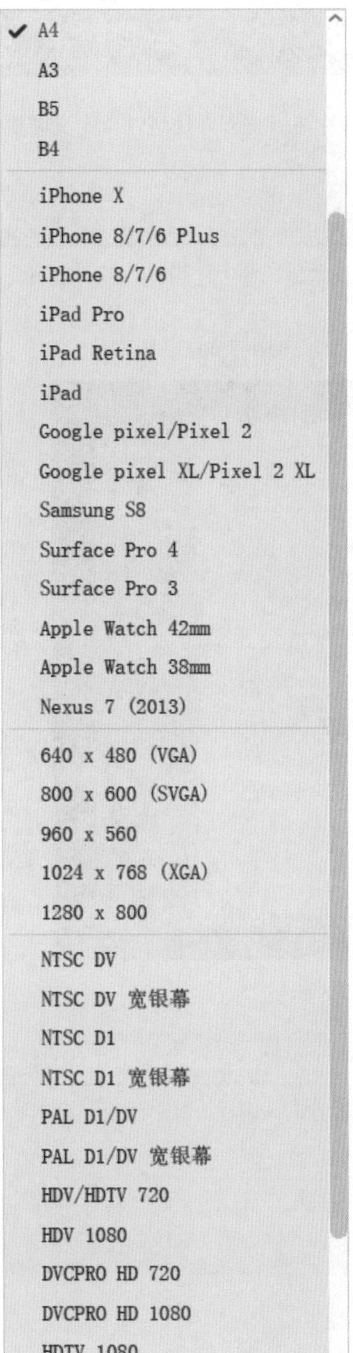

图 A04-5

- 纵向 / 横向：选择要修改的画板，单击【纵向】按钮，即可将其调整为纵向画板；单击【横向】按钮，即可将其调整为横向画板。
- 新建画板：单击【新建画板】按钮，即可创建相同尺寸的画板，如图 A404-6 所示。

图 A04-6

- 删除画板：选择要删除的画板，单击【删除画板】按钮或按 Delete 键（删除键）即可删除画板。
- 名称：在【名称】文本框中可以为画板重新命名。
- 移动 / 复制带画板的图稿：激活该按钮，在复制或移动画板时，画板上的图稿同时被移动或复制。
- 画板选项：单击该按钮，弹出【画板选项】对话框，可对画板参数进行设置（名称、宽度 / 高度、预设、辅助线等）。

3. 重新排列画板

执行【对象】-【画板】-【全部重新排列】菜单命令或单击【属性】面板中的【全部重新排列】按钮，都可以弹出【重新排列所有画板】对话框，如图 A04-7 所示，对版面、列数、间距进行调整即可。

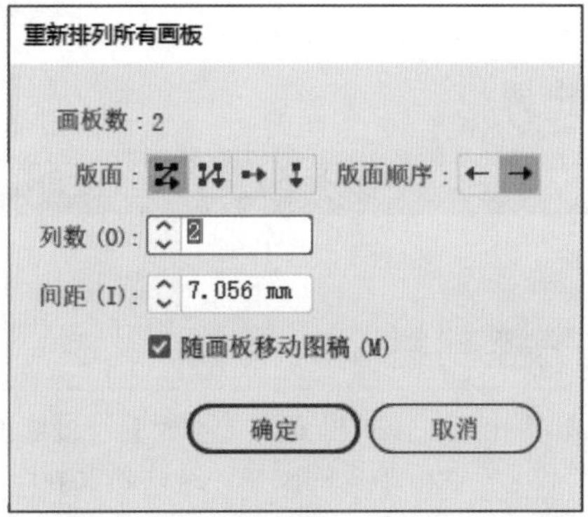

图 A04-7

- 版面：设置画板的排列方式。
  - 【按行设置网格】：设置【行数】对画板进行排列。
  - 【按列设置网格】：设置【列数】对画板进行排列。
  - 【按行排列】：将画板排成一行。
  - 【按列排列】：将画板排成一列。
- 版面顺序：更改为从右至左 / 左至右排列画板。
- 间距：画板之间的距离。
- 随画板移动图稿：选中该复选框，在复制或移动画板时，画板上的图稿同时被移动。

4. 画板选项

单击工具栏上的【画板选项】按钮，双击工具栏中的【画板工具】，或者直接双击画板，都可以打开【画板选项】对话框，如图 A04-8 所示。

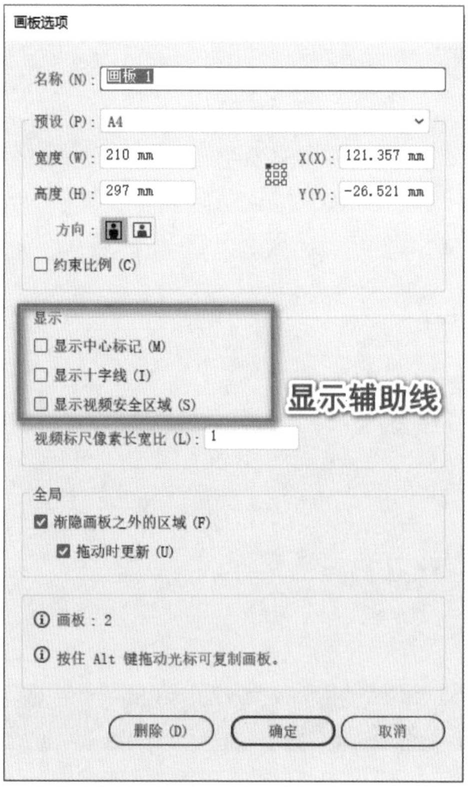

画板选项

名称（N）：画板 1

预设（P）：A4

宽度（W）：210 mm　　X(X)：121.357 mm

高度（H）：297 mm　　Y(Y)：-26.521 mm

方向：

□ 约束比例（C）

显示

□ 显示中心标记（M）

□ 显示十字线（I）

□ 显示视频安全区域（S）

显示辅助线

视频标尺像素长宽比（L）：1

全局

☑ 渐隐画板之外的区域（F）

☑ 拖动时更新（U）

ⓘ 画板：2

ⓘ 按住 Alt 键拖动光标可复制画板。

删除（D）　确定　取消

图 A04-8

- 名称：设置画板名称。
- 预设：从预设中选择画板大小。
- 宽度 / 高度：自定义画板大小。
- X/Y：设置画板位置。
- 方向：选择画板横向或纵向。
- 约束比例：选中该复选框，在设置宽度时，Illustrator 会根据比例自动调整高度。
- 显示中心标记：在画板中心显示一个点，如图 A04-9 所示。

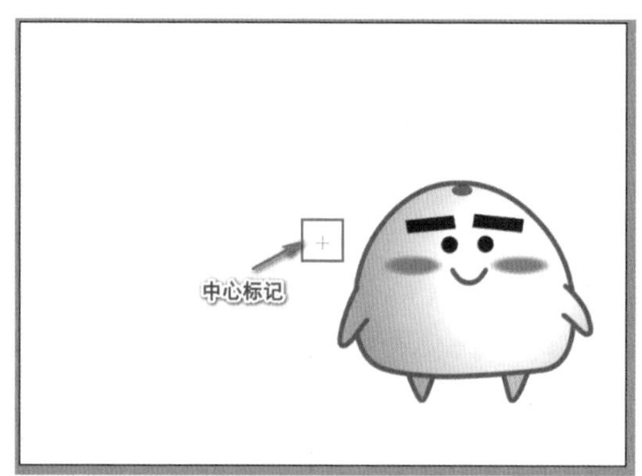

图 A04-9

- 显示十字线：在画板上的每一个边缘中心显示绿色参考线，如图 A04-10 所示。

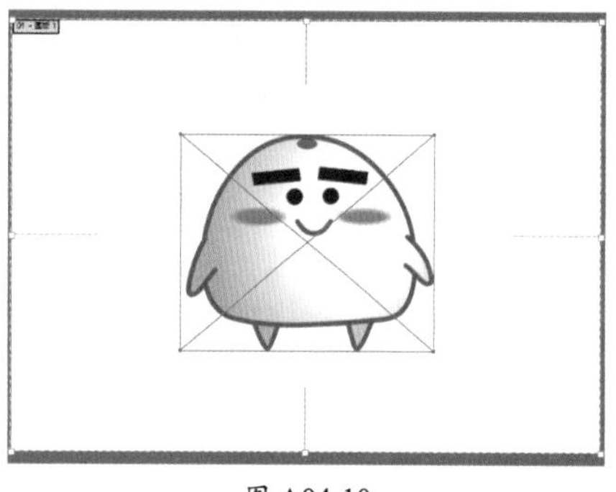

图 A04-10

- 显示视频安全区域：选中该复选框，画板上会显示可查看视频安全区域的参考线，如图 A04-11 所示。

图 A04-11

- 渐隐画板之外的区域：选中该复选框时，画板之外的区域比画板内的区域暗，该功能也可突出显示被选中的画板。

5.【画板】面板

执行【窗口】-【画板】菜单命令，打开【画板】面板，如图 A04-12 所示，通过【画板】面板可以排列、移动、新建、删除画板。

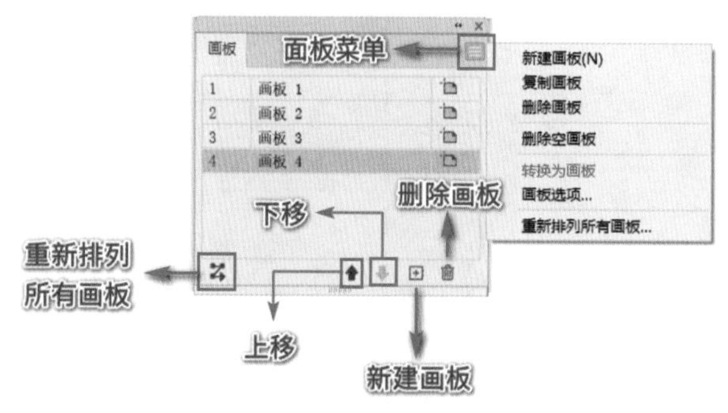

图 A04-12

6. 存储和导出画板

在存储或导出文件时，可选中【使用画板】复选框，即可导出画板内的所有图稿，也可以导出画板页数的范围，如图 A04-13 所示。

图 A04-13

A04.3 创建新文档

创建文档的方式有很多种，可以在主屏幕中单击【新建】或【打开】按钮，也可以在【快速创建新文件】中选择一个预设，还可以在主界面中执行【文件】-【新建】菜单命令创建文档。

1．从预设中选择尺寸

在主屏幕中单击【新建】按钮，或在主界面中执行【文件】-【新建】菜单命令（Ctrl+N），弹出【新建文档】对话框，如图 A04-14 所示。

图 A04-14

◆ 预设类别：包括最近使用项、已保存、移动设备、Web、打印、胶片和视频、图稿和插图。

◆ 空白文档预设：选择一种预设类别即可在这里看到相关类型的各个尺寸，如选择【打印】类别就可以在此选择常用的打印尺寸。

◆ 预设详细信息：显示选择的预设尺寸的详细信息，如宽度、高度、出血等，可在预设的基础上调整文档属性。

选择【打印】类别，可以在下方看到国际标准纸张【A4】规格，选择【A4】，右侧的参数将自动变成相应尺寸，如图 A04-15 所示。

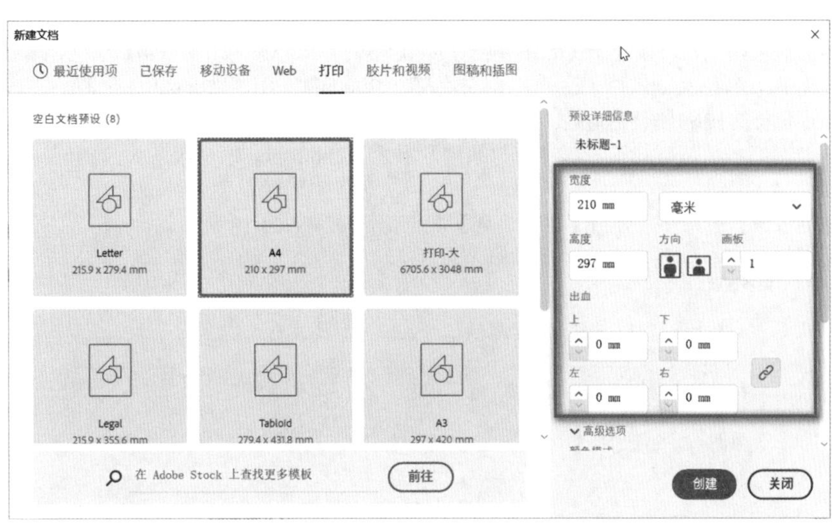

图 A04-15

2. 自定义尺寸

如果预设中没有需要的尺寸，则可以手动输入尺寸，另外，文档名称、高度、宽度、出血等都是可以自定义的，在【新建文档】对话框右侧就可以自定义尺寸。单击底部的【更多设置】按钮还可以在弹出的对话框中进行更多设置，如图 A04-16 所示，设定完成后回到【新建文档】对话框，单击【创建】按钮即可。

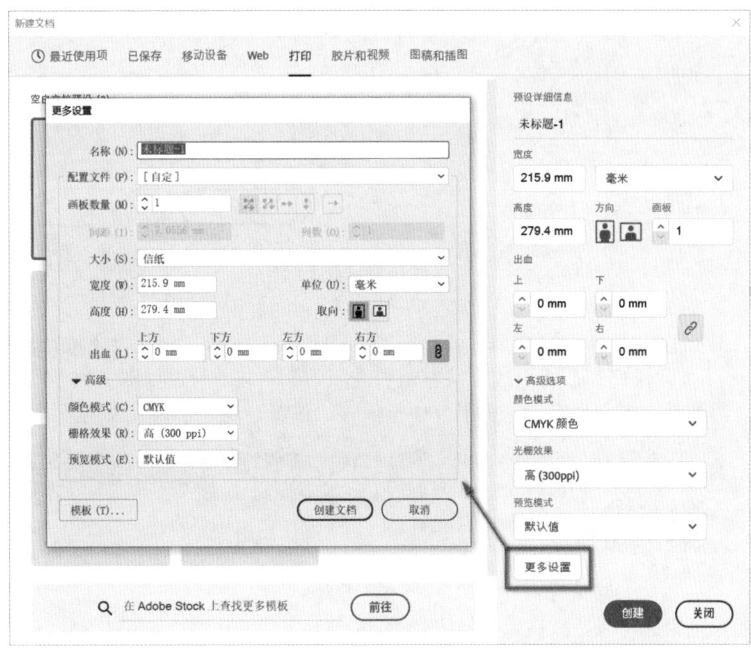

图 A04-16

◆ 宽度 / 高度：即文档的大小。

◆ 方向：指文档的页面方向（横向或纵向）。

◆ 画板：指定文档中的画板数量。在创作时，一个画板经常会不够用，那么就需要建立多个画板，这时就可以根据需求输入相应的画板数量。

◆ 出血：是一个常用的印刷术语。为了使印刷成品完整显示画面有效内容，在设计时就要预留出方便裁切的位置，所以有设计尺寸和成品尺寸，设计尺寸比成品尺寸稍大，多出的部分要在印刷后进行裁切，裁切掉的部分就是出血或出血位。单击右侧的【链接】按钮，则取消尺寸关联。

◆ 颜色模式：即文档的颜色模式，可以选择【RGB 颜色】或【CMYK 颜色】，如图 A04-17 所示。

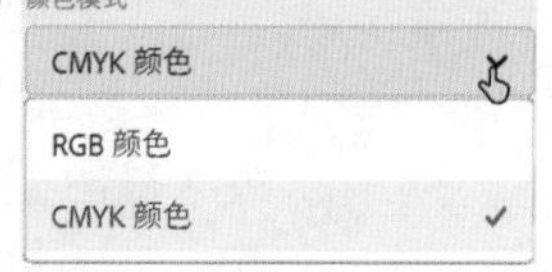

图 A04-17

◆ 光栅效果：即分辨率，单位为 ppi，一般分辨率分为高（300ppi）、中（150ppi）、屏幕（72ppi）、36ppi，在不同的图稿和使用场景中，所选择的分辨率类型也有所不同（关于 RGB、CMYK、分辨率的相关基础知识，可参阅本系列丛书之《Photoshop 中文版从入门到精通》中的 A04 课与 A22 课）。

◆ 更多设置：单击【更多设置】按钮，弹出【更多设置】对话框，如图 A04-18 所示。

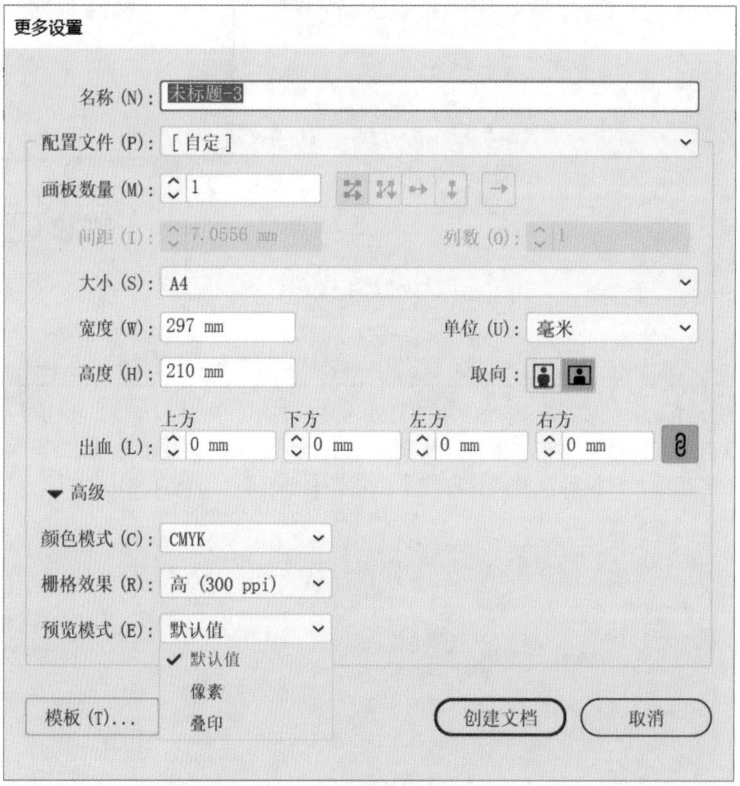

图 A04-18

◆ 画板数量：除了数量，还可以设置画板的排列方式、间距、列数等，排列方式分为【按行设置网格】、【按列设置网格】、【按行排列】、【按列排列】、【更改为从左至右的版面】共 5 种，如图 A04-19 所示。在设计宣传册、书籍、海报等多页的产品时，需要建立多个画板，这样不仅便于保存、编辑，还便于查看风格效果是否统一。

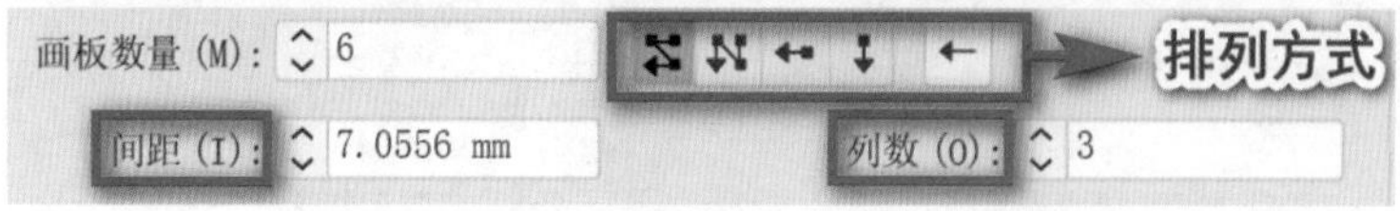

图 A04-19

◆ 预览模式：设置文档的预览模式，包括默认值、像素、叠印。

3. 从模板新建文件

执行【文件】-【从模板新建】菜单命令，弹出【模板】对话框，双击【空白模板】选择合适的模板即可，使用模板可以提高设计效率，如图 A04-20 所示。

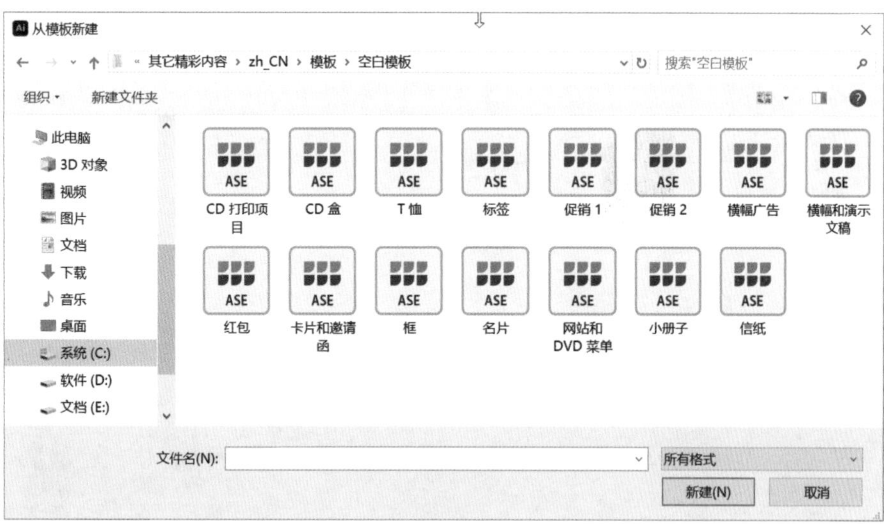

图 A04-20

A04.4 打开与置入文件

1. 打开文件

打开文档有多种方式。

执行【文件】-【打开】菜单命令，快捷键为 Ctrl+O，在弹出的【打开】对话框中找到文件位置，选择所需文档，单击【打开】按钮即可，如图 A04-21 所示。

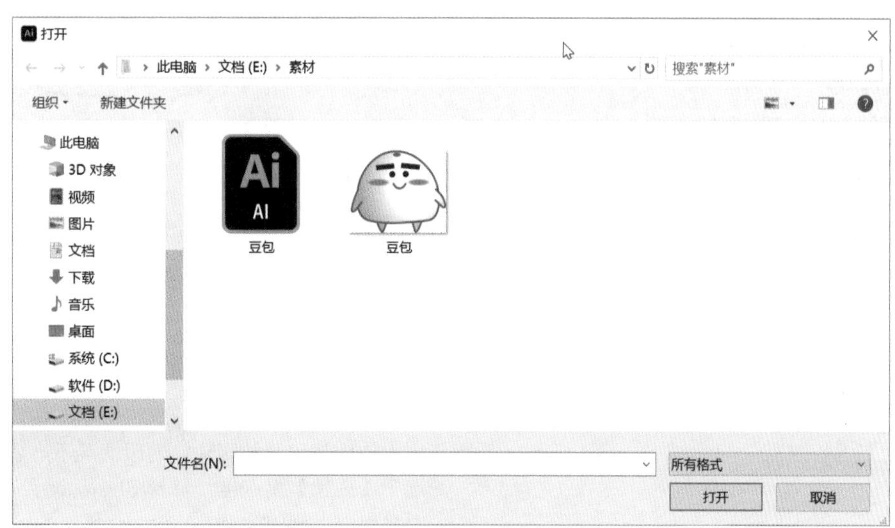

图 A04-21

也可以在启动 Illustrator 时，在主屏幕中单击【打开】按钮，在弹出的【打开】对话框中选择所需文件。另外，还可以将文件直接拖曳到 Illustrator 窗口中打开。

2. 打开多个文件

可以一次选择多个文档进行打开，在【打开】对话框中，按住 Ctrl 键并单击多个文档，或者框选多个文档，单击【打开】按钮即可，如图 A04-22 所示。

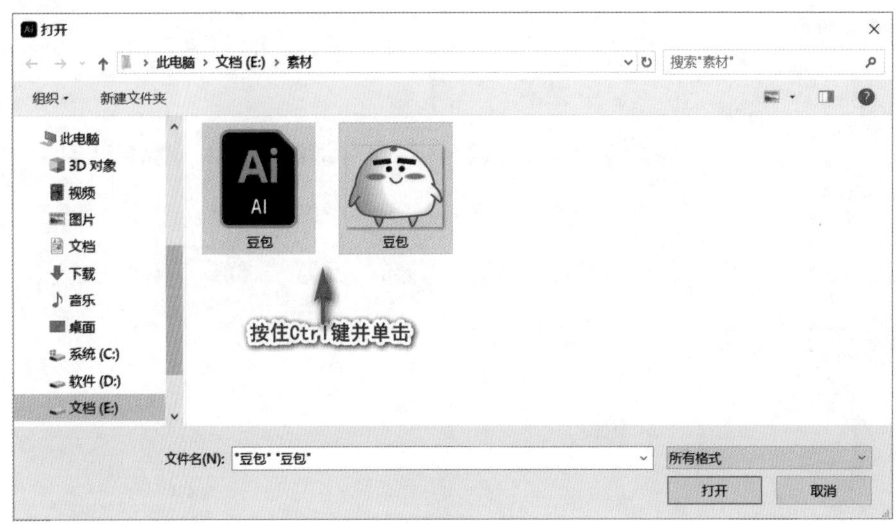

图 A04-22

3. 打开多种格式的文件

Illustrator 支持多种格式的文件，在【打开】对话框中展开【所有格式】下拉菜单，可以看到软件所支持的各种文档格式，如图 A04-23 所示。

所有格式
Adobe Illustrator (*.AI,*.AIT)
Adobe PDF (*.PDF)
Autodesk RealDWG (*.DXF)
Autodesk RealDWG (*.DWG)
BMP (*.BMP,*.RLE,*.DIB)
Computer Graphics Metafile (*.CGM)
CorelDRAW 5,6,7,8,9,10 (*.CDR)
GIF89a (*.GIF)
Illustrator EPS (*.EPS,*.EPSF,*.PS)
JPEG (*.JPG,*.JPE,*.JPEG)
JPEG2000 (*.JPF,*.JPX,*.JP2,*.J2K,*.J2C,*.JPC)
Macintosh PICT (*.PIC,*.PCT)
Microsoft RTF (*.RTF)
Microsoft Word (*.DOC)
Microsoft Word DOCX (*.DOCX)
PCX (*.PCX)
Photoshop (*.PSD,*.PSB,*.PDD)
Pixar (*.PXR)
PNG (*.PNG,*.PNS)
SVG (*.SVG)
SVG 压缩 (*.SVGZ)
Targa (*.TGA,*.VDA,*.ICB,*.VST)
TIFF (*.TIF,*.TIFF)
WebP (*.WEBP)
Windows 图元文件 (*.WMF)
内嵌式 PostScript (*.EPS,*.EPSF,*.PS)
增强型图元文件 (*.EMF)
文本 (*.TXT)
高效率图像 (*.HEIC,*.HEIF)

图 A04-23

4. 置入文件

新建一个空白文档，执行【文件】-【置入】菜单命令，弹出【置入】对话框，选择所需图像，单击【置入】按钮，调整为合适的大小即可完成置入；也可以按住鼠标左键将所需图像拖曳到文档中，松开鼠标即可完成置入。此时置入的图像带有一个定界框，表示图片已置入，如图 A04-24 所示。

图 A04-24

◆ 置入与打开的区别

【置入】是将图片放到已经打开的文档中，【打开】则是将图片作为一个新文档打开。

在【置入】对话框中，不选中【链接】复选框，则图片直接保存在文档中；选中【链接】复选框，则图片不是直接保存在文档中，如果在计算机中删除图片文件，那么文档中置入的图片也会被删除。一般情况下，要置入大文件时需要选中【链接】复选框，这样 Illustrator 处理起来会比较流畅，不会出现卡顿的情况。

执行【窗口】-【控制】菜单命令，显示控制栏，如图 A04-25 所示，此时图片处于链接状态，也可以选择【嵌入】图片。那么什么是链接和嵌入呢？下面进行一一介绍。

图 A04-25

◆ 链接文件

将图片以链接的形式置入 Illustrator 中，它并不存在于 Illustrator 本身的文件中。优点是文件会比较小，如果想要更改图片，只要更改链接就可以了；缺点就是文件和所链接的图片必须保存在存储器的固定位置，否则移动文件后，会出现链接丢失的情况。

◆ 置入链接的 Photoshop 文档

Photoshop 中的图稿可直接置入 Illustrator 文件中，执行【文件】-【置入】菜单命令，选择要置入的文件。如果想要更新或重新链接 Photoshop 文件，可在控制栏中单击【在 Photoshop 中编辑】按钮，系统会自动打开该链接文件的原稿文件。在 Photoshop 中编辑完成后单击【保存】按钮，再回到 Illustrator 软件中，会弹出“是否要更新链接文件”的提示，单击【是】按钮，即可更新画板中的图稿。

◆ 嵌入文件

将图片和文件融为一体，会导致文件变大，但是不会出现图片链接丢失的情况。若要将嵌入的对象转换为链接对象，则单击嵌入的对象，在【控制栏】中单击【取消嵌入】按钮，如图 A04-26 所示。在弹出的【取消嵌入】对话框中，选择合适的存储位置，设置文件名及保存类型，单击【保存】按钮即可，如图 A04-27 所示。

图 A04-26

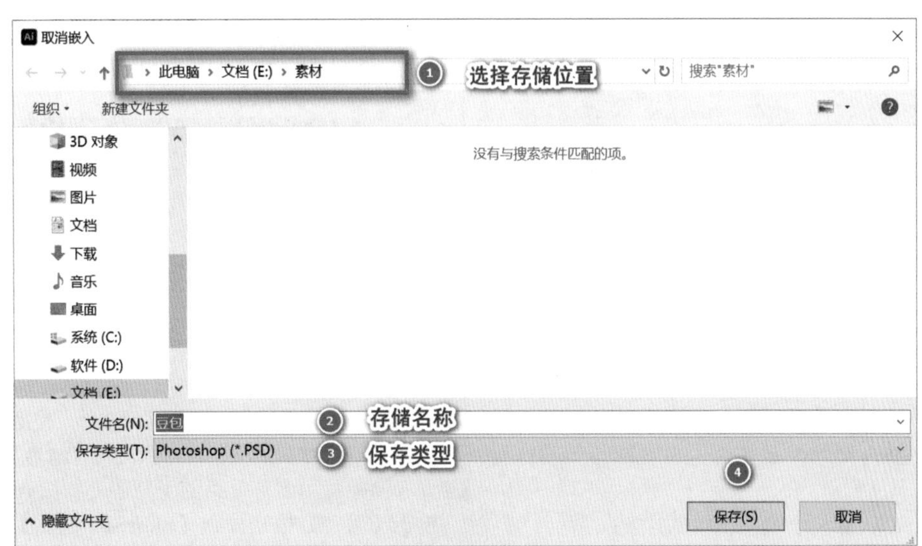

图 A04-27

SPECIAL 扩展知识

要在文档窗口中定位链接或嵌入图稿，选择链接后，在控制栏中点击素材地址，在弹出的子菜单中选择【转至链接】选项即可；也可以在【链接】面板菜单中点击【转至链接】按钮。

◆ 管理置入文件

执行【窗口】-【链接】菜单命令，可以在【链接】面板中看到所有置入的图片，如果是嵌入的图片，则会不显示链接图标；如果是链接的图片，单击【显示链接信息】按钮，可以看到链接图片的详细信息，如图 A04-28 所示。

图 A04-28

◆ 显示 / 隐藏链接信息：单击此按钮即可显示链接的信息，再次单击即可关闭，如图 A04-29 所示。

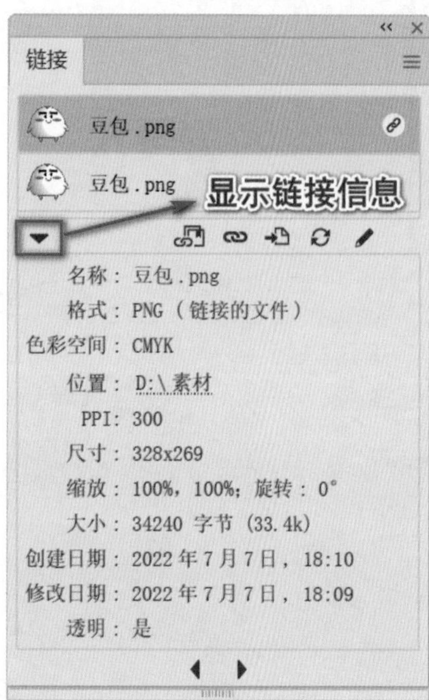

图 A04-29

◆ 从 CC 库中重新链接：从 Illustrator 图库中重新链接图像。

◆ 重新链接：在计算机上重新选择要链接的图像。

◆ 转至链接：在【链接】面板中选择一个链接对象，再单击该按钮则会定位该链接对象。

◆ 更新链接：如果要更新指定的链接，选择一个或多个要更新修改的链接，然后单击该按钮，在弹出的对话框中选择要链接的图稿，即可完成更新链接。

◆ 编辑原稿：选择一个要编辑的链接对象，单击该按钮，即可在创建该图形的应用程序中打开该图稿，对其进行修改。在存储原始文件后，链接对象会使用更新后的图稿。

A04.5 存储文件

1. 存储文件

Illustrator 中的存储是将文档存储为矢量文件格式（AI、EPS 等格式），存储有多种形式，在【文件】菜单中可以看到【存储】【存储为】【存储为副本】和【存储为模板】菜单命令，如图 A04-30 所示。

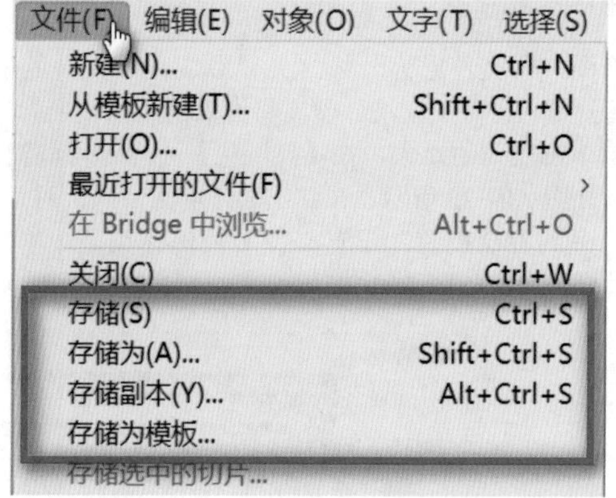

图 A04-30

◆ 存储

对本文件按照原格式进行原地存储更新，快捷键为 Ctrl+S。

◆ 存储为

新建存储文档，不会覆盖源文件，快捷键为 Shift+Ctrl+S。执行【存储为】菜单命令，弹出【存储为】对话框，可以设置存储位置、名称、存储类型等，如图 A04-31 所示。然后单击【保存】按钮弹出【Illustrator 选项】对话框，设置文件存储版本、选项、透明度等参数后，单击【确定】按钮即可，如图 A04-32 所示。

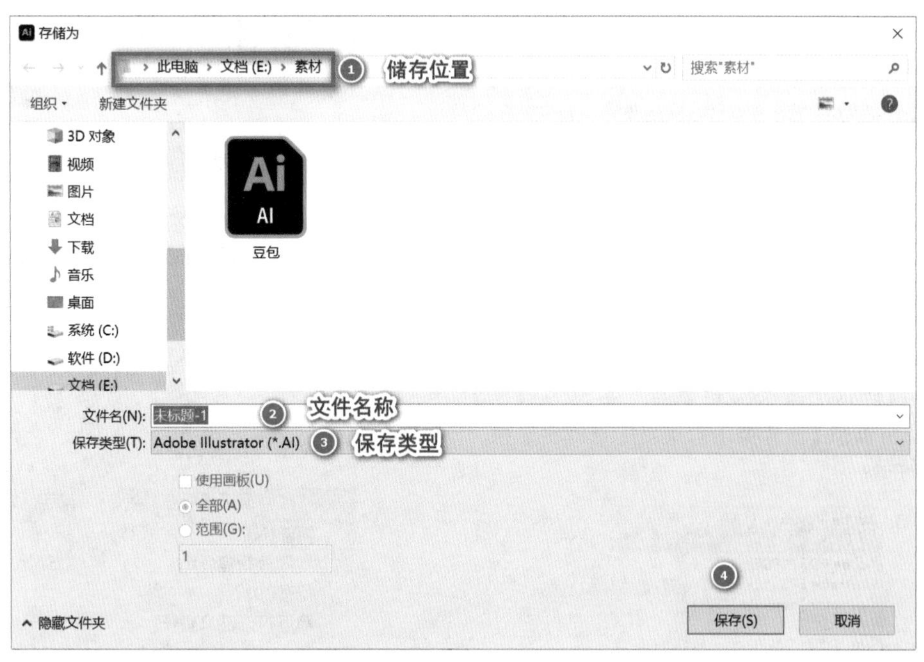

图 A04-31

图 A04-32

- 版本：指定该文件与 Illustrator 兼容的版本。新版格式无法在旧版软件中打开。
- 子集化嵌入的字体，若被使用的字符百分比小于：例如，字体包含 500 个字符，但文档仅使用其中几个字符，用户可自行确定是否嵌入该字体，被嵌入的字体会增加文档的大小。
- 创建 PDF 兼容文件：可在 PDF 格式中打开演示。
- 包含链接文件：选中该复选框，则会嵌入与图稿链接的文件。
- 嵌入 ICC 配置文件：选中该复选框，则会嵌入色彩可接受管理的文档。
- 使用压缩：选中该复选框，会在文档中压缩 PDF 数据。使用压缩会增加文档存储时间，如果存储时间过长，请取消选中该复选框。
- 将每个画板存储为单独的文件：选中该复选框，存储时每个画板都会存储为单独的文件，并且会有一个包含所有画板的主文件。
- 透明度：当选择存储为早于 Illustrator 9.0 版本的文件时，需要处理透明度。

◆ 存储副本

存储一个备份文档，执行【文件】-【存储副本】菜单命令，弹出【存储副本】对话框，对副本的文件名称、保存类型、副本位置等进行设置后，单击【保存】按钮，弹出【Illustrator 选项】对话框，设置文件存储版本、选项、透明度等参数后，单击【确定】按钮即可。

◆ 存储为模板

存储相同属性的模板，执行【文件】-【存储为模板】菜单命令，弹出【存储为】对话框，保存类型为AIT格式，位置则是模板的位置，也可以重新选择位置，设置模板名称、保存类型，单击【保存】按钮即可。如果存储到默认存储位置，即可通过执行【文件】-【从模板新建】菜单命令打开模板。

2. 常用保存类型格式

在保存图稿时，可将图稿存储为AI、PDF、EPS、AIT和SVG格式，将这些格式称为本机格式，是可以保留Illustrator数据的，可以在【保存类型】菜单中选择存储格式，如图A04-33所示。

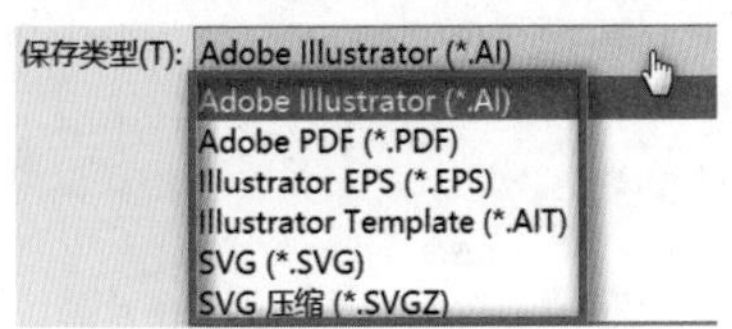

图 A04-33

- AI：AI是Illustrator的标准矢量图文件格式，包含图形图像、文字符号等信息。存储为AI和EPS格式时，默认存储为Illustrator当前的最新版本，如果选择将文件存储到较低的版本，则会丢失一些数据，所以存储文件时建议存储最新版本。
- PDF：存储为PDF格式，可以与Adobe其他应用程序兼容，也便于在其他平台查看。
- EPS：大部分的页面版式、文字处理和图形应用程序都可以处理EPS格式的文件，而且用Illustrator打开EPS格式的文件，可以进行编辑，包含矢量图及位图。如果文档中包含多个画板，EPS格式会保留这些画板。
- SVG：SVG是一种基于文本描述图形的矢量图文件格式，因此可以用文本编辑器打开。SVG分为两种版本，分别是SVG和压缩SVG（SVGZ）。SVGZ通常比SVG文件小50～80%，比起JPEG和GIF图像尺寸，SVG更小，压缩性能更强，SVGZ文件是不能用文本编辑器打开的。

3. 关闭文件

关闭文件前一定要保存文件，单击文件标签上的【关闭】按钮 ×，如图A04-34所示，即可关闭文档，如果文档没有保存，则会提示保存。

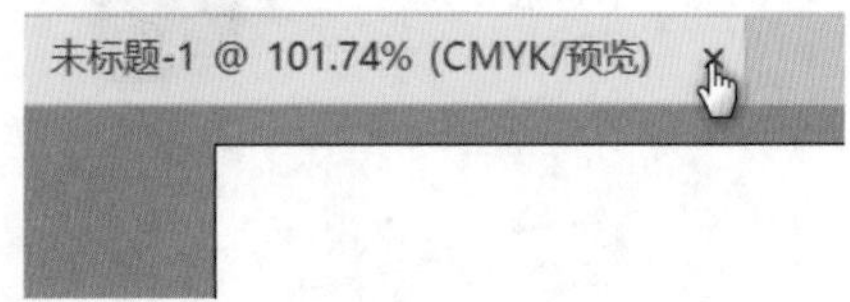

图 A04-34

也可以执行【文件】-【关闭】菜单命令关闭文档，快捷键为Ctrl+W，如图A04-35所示。

图 A04-35

还可以退出软件关闭全部标签页，执行【文件】-【退出】菜单命令，快捷键为Ctrl+Q，或者直接单击Illustrator窗口右上角的【关闭】按钮 ×。关闭前如果文件已保存则会直接关闭，如果没有保存则会提示是否保存，保存完成后自动关闭，如图A04-36所示。

图 A04-36

A04.6 查看图像文档

1. 视图缩放

在工具栏中选择【缩放工具】，快捷键为Z，此时光标变成一个带加号的放大镜，单击要放大的区域，视图便会放大；按住Alt键，光标则会变为带减号的放大镜，单击要缩小的区域则视图便会缩小。

按Ctrl+加号/减号快捷键，或者右击，选择【放大】或【缩小】选项，也可以进行视图的缩放，如图A04-37所示。

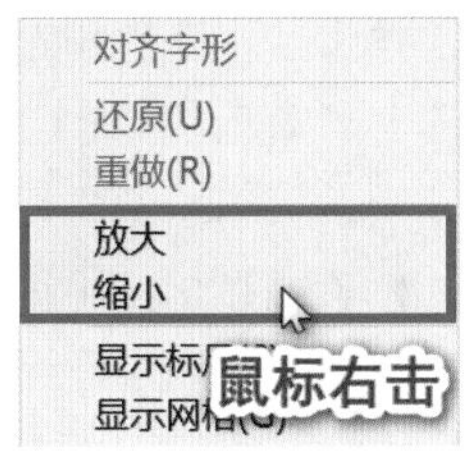

图 A04-37

◆ 新建视图

执行【视图】-【新建视图】菜单命令，弹出【新建视图】对话框，将其命名为“1 号视图”，执行菜单【视图】-【1 号视图】菜单命令即可查看该视图，如图 A04-38 所示。

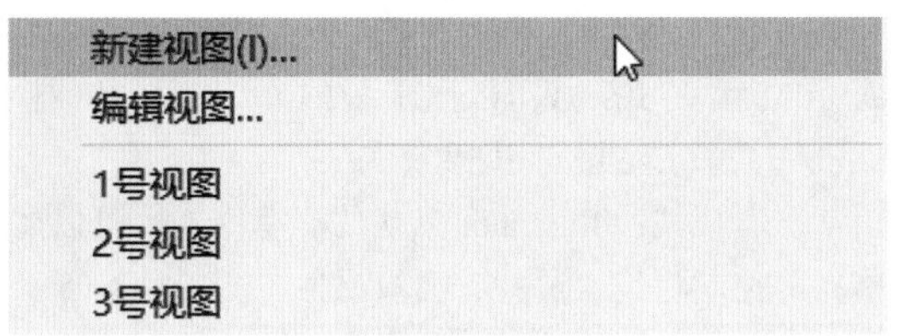

图 A04-38

◆ 编辑视图

执行【视图】-【编辑视图】菜单命令，弹出【编辑视图】对话框，可在该对话框中删除视图或修改视图名称，如图 A04-39 所示。

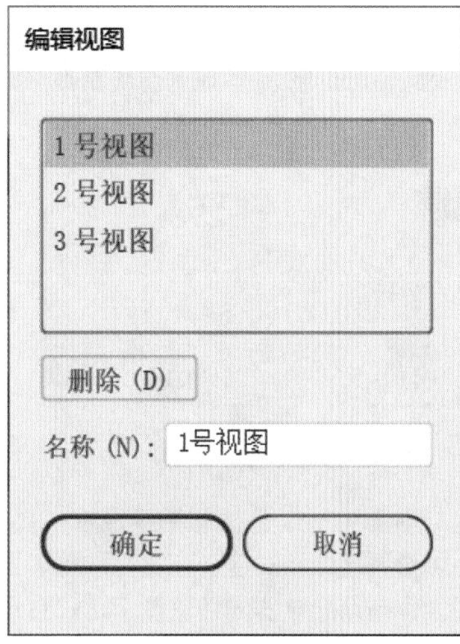

图 A04-39

◆ 新建窗口视图

执行【窗口】-【新建窗口】菜单命令，再执行【视图】-【1 号视图】菜单命令，可以对每个视图创建一个窗口，注意这些只是视图窗口，并不是多个文件，如图 A04-40 所示。

秋天.ai:1 @ 100% (RGB/CPU 预览) ×	秋天.ai:2 @ 150% (RGB/CPU 预览) ×	秋天.ai:3 @ 300% (RGB/CPU 预览) ×

图 A04-40

2. 抓手工具组

◆ 抓手工具

在图像较大的情况下，可以使用抓手工具移动画板，进行局部查看和编辑。右击【缩放工具】展开工具组，选择【抓手工具】，此时光标变成一个小手，在画面中单击拖动，就可以移动画板；在其他状态下，按住 Space 键（空格键）即可快速切换到【抓手工具】，拖动鼠标移动到合适的位置后，松开 Space 键，即可恢复到之前使用的工具。

◆ 旋转视图工具

右击【抓手工具】展开工具组，选择【旋转视图工具】，快捷键为 Shift+H，使用该工具可任意调整画布的视图角度，将光标移动到画布上的任意位置进行拖动，即可更改画布方向。

3. 导航器

使用导航器面板可以快速更改图稿的视图，执行【窗口】-【导航器】菜单命令，打开【导航器】面板，如图 A04-41 所示。

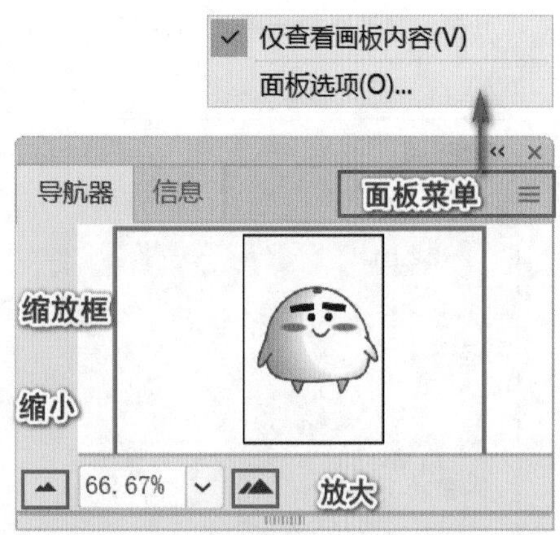

图 A04-41

- 视图框：导航器中的红色框即为视图框，代表查看区域，与面板中可查看区域相对应。在【导航器】面板中可以看见整幅图像，拖动导航器的缩览图，可以移动画面。
- 缩小：单击【缩小】按钮，可以缩小画板图像。
- 放大：单击【放大】按钮，可以放大画板图像。
- 缩放框：显示当前的视图区域。
- 面板菜单：单击右侧按钮，选择【画板选项】选项，弹出【面板选项】对话框，如图 A04-42 所示，可以调整视图框的颜色及假字显示阈值。

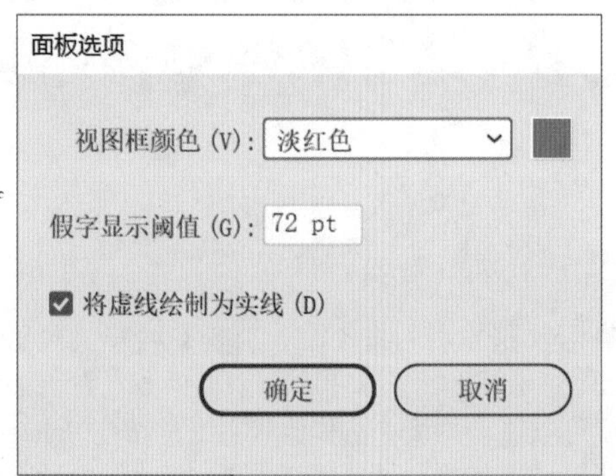

图 A04-42

- 假字显示阈值：若文字在屏幕上显示的文本大小小于此处设置的数值，则会显示灰条，显示灰条的文字显示速度更快。

4. 屏幕模式

单击工具栏底部的【更改屏幕模式】图标，在弹出的快捷菜单中选择合适的屏幕模式，如图 A04-43 所示。

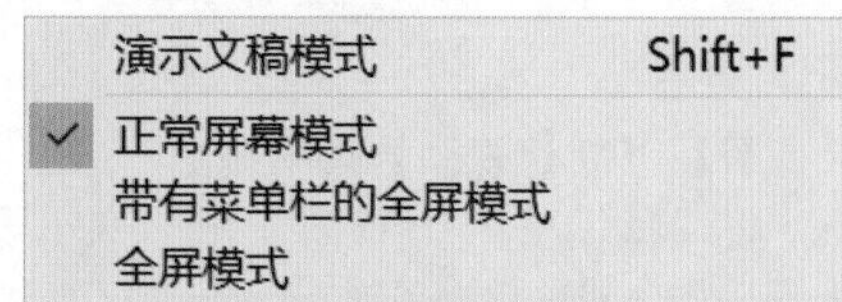

图 A04-43

- 演示文稿模式：只显示画面的对话框，快捷键为 Shift+F，按 Esc 键可退出。
- 正常屏幕模式：Illustrator 默认的屏幕模式，可以显示菜单栏、控制栏、工具栏、面板属性，文档标签等。
- 带有菜单栏的全屏模式：只显示菜单栏的屏幕模式，在正常屏幕模式下，按 Tab 键可以切换，再次按 Tab 键则恢复正常屏幕模式。
- 全屏模式：所有面板隐藏，只显示黑色背景和画面窗口，快捷键为 F，按 Esc 键可退出。

5. 预览模式

◆ 轮廓模式

在制作复杂的图稿时，可以使用轮廓模式修改图稿中的复杂路径。另外，在没有填充颜色的情况下使用【轮廓模式】查看图稿，可以减少重绘画面的时间。执行【视图】-【轮廓】菜单命令（快捷键为 Ctrl+Y），或者在【图层】面板中打开【轮廓模式】（按住 Ctrl 键单击图层前面的小眼睛图标），即可查看图稿中的所有路径，如图 A04-44 所示。

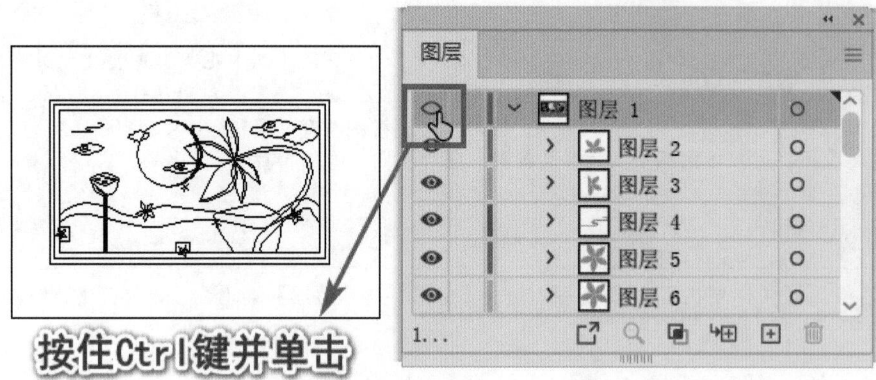

图 A04-44

◆ GPU预览

执行【视图】-【在 GPU 上预览】菜单命令，快捷键为 Ctrl+E，【GPU 预览】可以使图形显示得更加清楚。该命令对计算机的配置要求比较高，通常情况下启用后会使 Illustrator 运行速度变慢，建议在宽度或高度的分辨率大于 2000 像素的屏幕上开启。若要开启则执行【编辑】-【首选项】菜单命令，在【性能】中选中【GPU 性能】复选框。

◆ 叠印预览

常用在打印输出、印刷过程中想要查看输出图稿的各个方面的显示效果时，可执行【视图】-【叠印预览】菜单命令，快捷键为 Alt+Shift+Ctrl+Y。叠印是将一个色块叠印在另一个色块上。

执行【窗口】-【特性】菜单命令，选中【叠印填充】复选框，做好叠印效果后，可对这个效果进行预览，则执行【视图】-【叠印预览】菜单命令即可，如图 A04-45 所示。

图 A04-45

◆ 像素预览

执行【视图】-【像素预览】菜单命令，快捷键为 Alt+Ctrl+Y。使用该命令可模拟图稿对象栅格化后的显示效果，图稿的清晰度和尺寸大小有关，图稿尺寸越大，显示效果越清晰。

◆ 裁切视图

执行【视图】-【裁切视图】菜单命令，画板内的所有非打印对象都将被隐藏，包括网格、参考线以及延伸到画板边缘外的元素。在这种视图模式下可以继续创建和编辑图稿，方便观察整体构图。

A04.7 页面设置

在完成新建文档后，如果想要修改 Illustrator 文档的设置，可以执行【文件】-【文档设置】菜单命令，快捷键为 Ctrl+Alt+P，在弹出的【文档设置】对话框中进行设置。

1. 常规

在【常规】选项卡中可以对【单位】【出血】【网格大小】【网格颜色】等参数进行设置，如图 A04-46 所示。

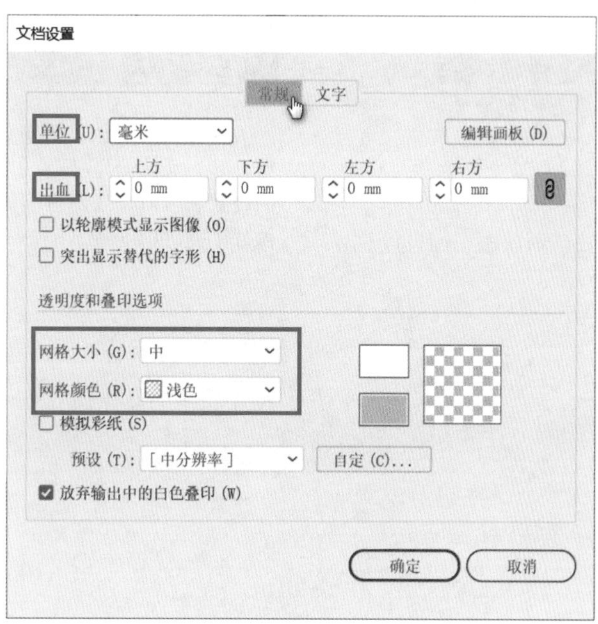

图 A04-46

A 入门篇 基本功能 基础操作

2. 文字

在【文字】选项卡中可以对【语言】【双引号】【单引号】【上/下标字】【小型大写字母】【导出】参数进行设置，如图A04-47所示。

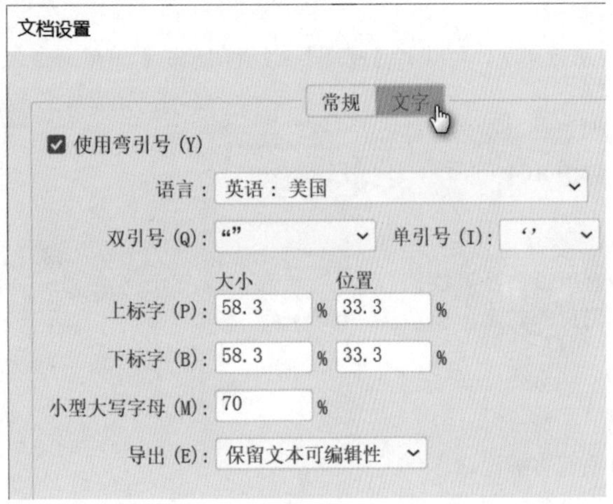

图 A04-47

A04.8 还原与重做

还原与重做的操作在设计过程中会经常用到，比如发生操作失误，则可以回到错误操作之前的状态；也可以用于查看前后步骤的对比效果。【还原】是回到上一步，执行【编辑】-【还原（某操作）】菜单命令，快捷键为 Ctrl+Z，如图 A04-48 所示，就可以回到上一步了。

编辑(E) 对象(O) 文字(T) 选择(S) 效果(C)

还原清除(U)	Ctrl+Z
重做(R)	Shift+Ctrl+Z
剪切(T)	Ctrl+X
复制(C)	Ctrl+C

图 A04-48

还原之后，想要重新回到下一步的状态，则可以执行【编辑】-【重做（某操作）】菜单命令，如图 A04-49 所示，快捷键为 Shift+Ctrl+Z。

图 A04-49

扩展知识

可以连续按Ctrl+Z快捷键进行还原，默认可还原的次数为100次，最高可以设置到200次，最低为50次。执行【编辑】-【首选项】菜单命令，弹出【首选项】对话框，在【性能】-【其他】-【还原计数】中设置即可，如图A04-50所示；【重做】同理，这里不再赘述。

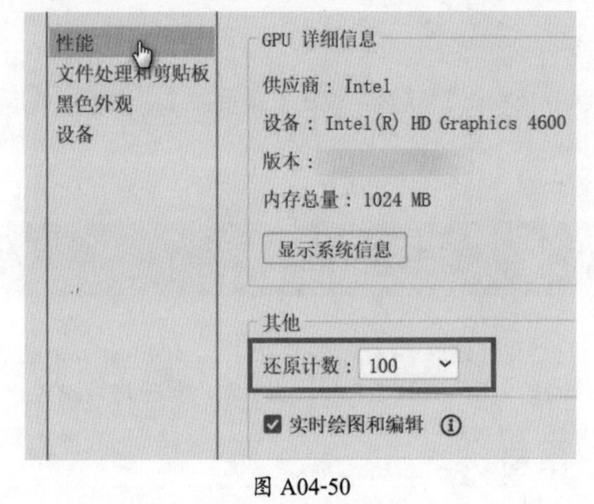

图 A04-50

总结

本课讲解了如何新建文件、打开现有文件，这是创作的第一步。读者还了解了 Illustrator 涉及的格式，学习了文档的设置和查看、还原方面的基本操作，为下一步的设计绘制做好了充分的准备。

A05课

创建形状

快速创建各种图形

矢量形状的创建和编辑是 Illustrator 的核心功能之一，本课详细讲解矢量形状工具以及创建和调整外观的方法。

A05.1 使用矢量形状工具

Illustrator 是行业标准的矢量图设计软件，它有着非常强大的绘图功能，用户可以利用这些功能更智能地进行创作。矢量图是数学图形，可以无损地放大或缩小，应用领域非常广泛。

1. 认识矢量形状工具

主界面左侧的工具栏中有许多矢量形状工具，默认的基本工具栏不会显示所有工具，执行【窗口】-【工具栏】-【高级】菜单命令即可看到所有工具。执行【新建工具栏】或【管理工具栏】菜单命令，可以让用户根据自己的创作习惯自定义工具栏，如图 A05-1 所示。

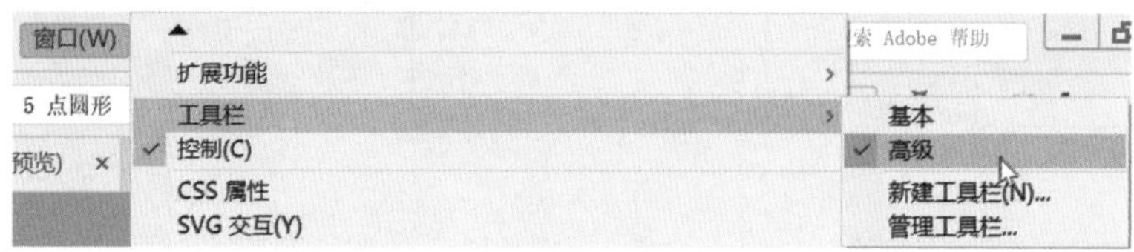

图 A05-1

执行【高级】菜单命令后，就可以在工具栏中看到【直线段工具】 和【矩形工具】 。

◆ 直线段工具组

右击【直线段工具】 展开工具组，如图 A05-2 所示，其中包括【直线段工具】【弧形工具】【螺旋线工具】【矩形网格工具】【极坐标网格工具】。

图 A05-2

◆ 矩形工具组

右击【矩形工具】 展开工具组，如图 A05-3 所示，其中包括【矩形工具】【圆角矩形工具】【椭圆工具】【多边形工具】【星形工具】【光晕工具】。

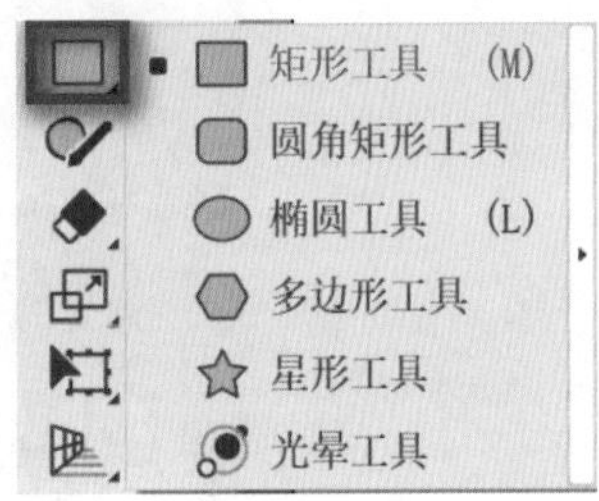

图 A05-3

2. 使用工具创建形状

下面开始进行简单的创建，虽然每个工具创建的形状不同，但是方法基本类似。以【矩形工具】为例，选择【矩形工具】 ，在画板上按住鼠标拖曳，即可创建出矩形，如图 A05-4 所示，创建完成后还可以在控制栏中调整相关的属性参数。

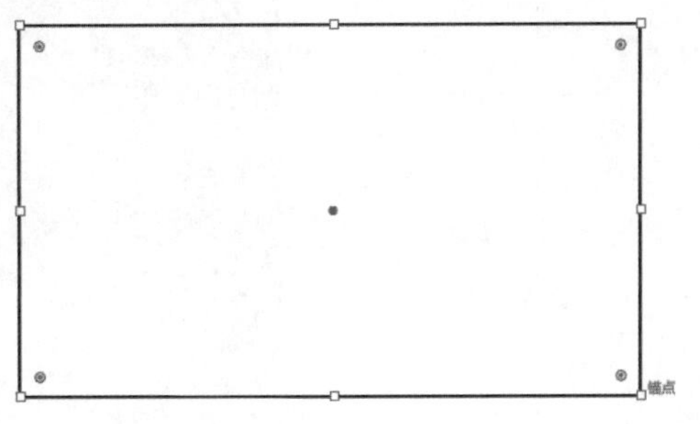

图 A05-4

3. 创建尺寸精准的图形

以【矩形工具】为例，选择【矩形工具】并单击画板，弹出【矩形】对话框，如图 A05-5 所示，可以设置矩形的宽度和高度，创建尺寸精准的图形。其他形状工具也是一样，只是根据各形状属性的不同，需要设置特定的参数，例如【多边形工具】就需要设置半径和边数。

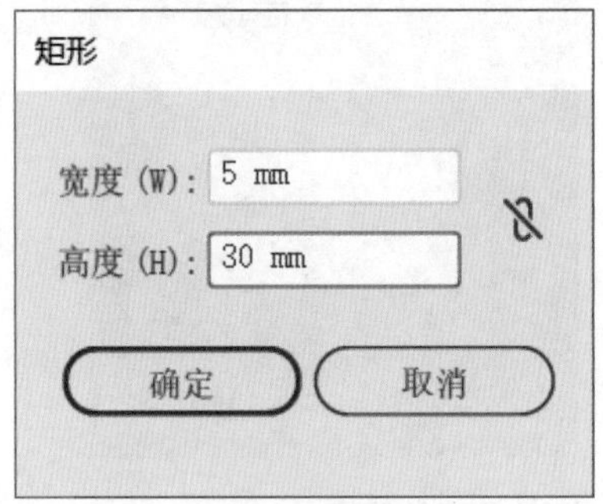

图 A05-5

4. 选择工具的使用

图形创建完成后，可以使用工具栏中的【选择工具】 选择对象，对其进行移动、复制、删除、旋转等操作。

- 选择对象：使用【选择工具】单击对象即可将其选中。
- 加选多个对象：使用【选择工具】，按住 Shift 键单击多个对象即可选择多个对象。
- 减选对象：使用【选择工具】，按住 Shift 键单击已选的对象即可减选对象。
- 框选多个对象：使用【选择工具】，在画板上按住鼠标并拖曳，框选对象后，释放鼠标即可选择多个对象。

5. 对象的移动

首先创建一个图形，然后单击【选择工具】，将光标放在想要移动的图形上，按住鼠标并拖曳，就可以任意移动图形了，如图 A05-6 所示。

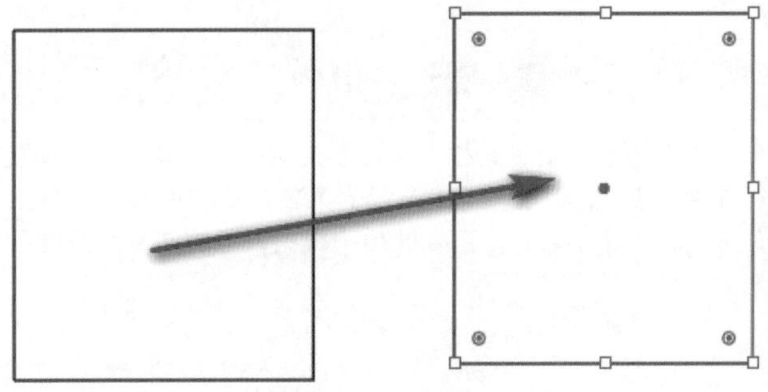

图 A05-6

6．对象的缩放

使用【选择工具】选择一个对象，将光标移到定界框的一个控制点上，此刻光标变为⤢，然后进行拖曳，若拖曳的同时按住 Shift 键即可进行等比例缩放，如图 A05-7 所示。

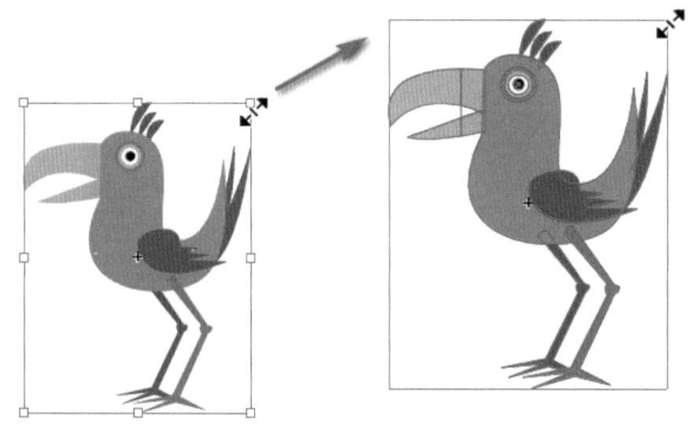

图 A05-7

7．对象的旋转

使用【选择工具】选择一个或多个对象，将光标移到定界框的一个控制点上，此刻光标变为↷，然后拖动旋转即可，若拖动的同时按住 Shift 键可以锁定 45° 旋转，如图 A05-8 所示。

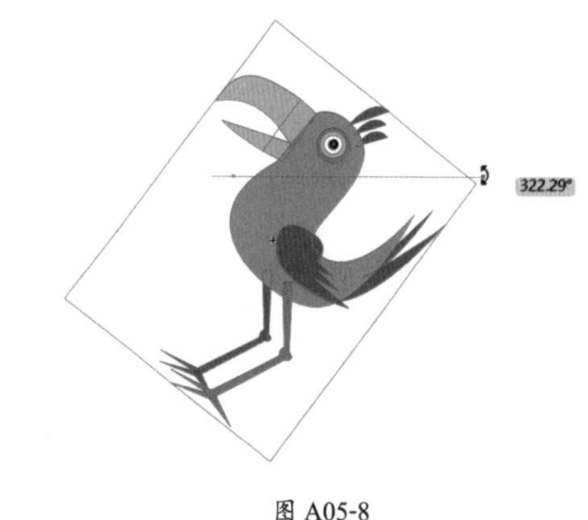

图 A05-8

8．对象的控制栏与属性面板

在选择一个或多个对象时，可看到控制栏中的设置有【填色】【描边】【变量宽度配置文件】【画笔定义】等多种快捷功能，如图 A05-9 ～图 A05-11 所示（具体讲解可参考 A05 课、A07 课和 B02 课）。

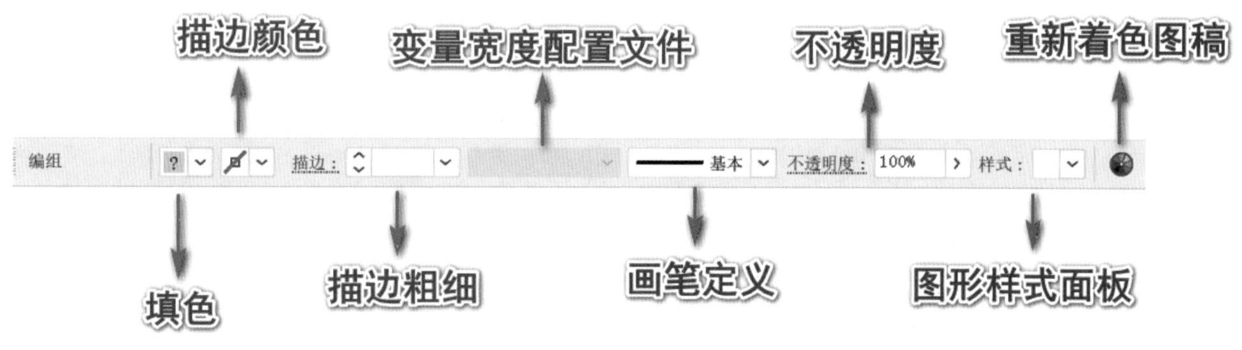

图 A05-9

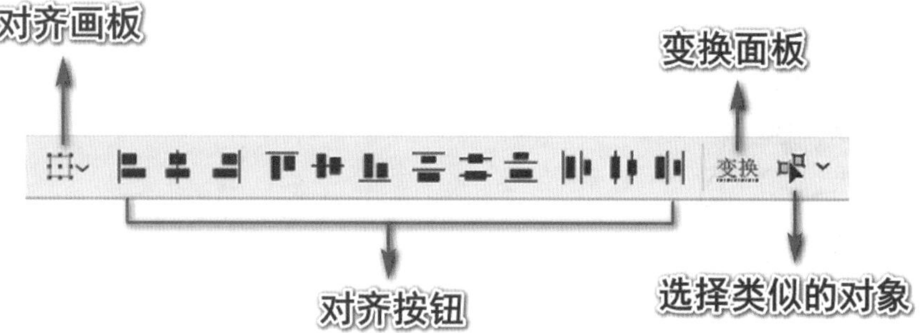

图 A05-10

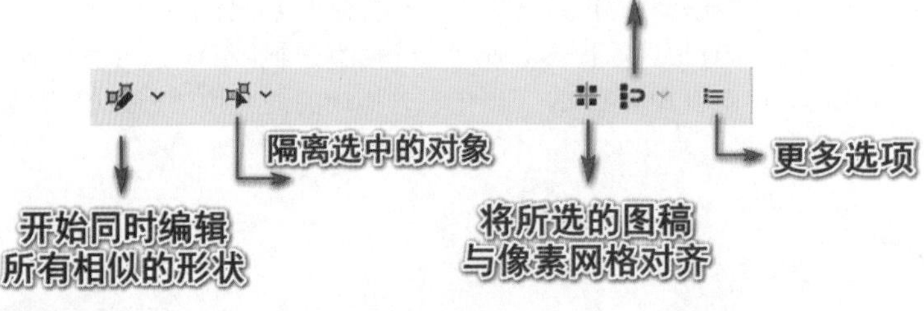

图 A05-11

9. 对象的复制与粘贴

选择一个或多个对象，执行【编辑】-【复制】菜单命令，即可复制该图形，再执行【编辑】-【粘贴】菜单命令，就将该图形复制出来了，如图 A05-12 所示。使用快捷键的方法是先按 Ctrl+C 快捷键复制，再按 Ctrl+V 快捷键粘贴，而且只要复制了，就可以多次粘贴出多个该图形。

编辑(E) 对象(O) 文字(T) 选择(S) 效果(C)
还原移动(U) Ctrl+Z
重做(R) Shift+Ctrl+Z
剪切(T) Ctrl+X
复制(C) Ctrl+C
粘贴(P) Ctrl+V

图 A05-12

剪切也是常用的操作，选择想要剪切的图形，执行【编辑】-【剪切】菜单命令（快捷键为 Ctrl+X），再执行【编辑】-【粘贴】菜单命令，就完成了剪切操作。

豆包：复制的方法还有哪些呢?

- 方法一：单击对象，按住Alt键向下拖曳，如图A05-13所示。

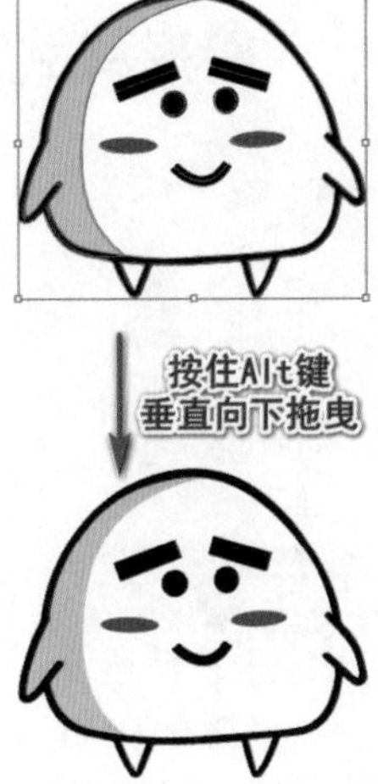

图 A05-13

- 方法二：按住Alt+Shift键向右水平拖曳，多次按Ctrl+D快捷键可以复制多个图形，如图A05-14所示。

图 A05-14

- 方法三：按Ctrl+C快捷键复制图形，按Ctrl+F快捷键原位粘贴到当前对象前面；同样复制一个图形，按Ctrl+B快捷键可以原位粘贴到当前对象后面。
- 方法四：复制图形，按Shift+Ctrl+V快捷键可以原位粘贴到当前对象上。
- 方法五：复制图形，按Ctrl+Alt+Shift+V快捷键可粘贴到所有画布上，其位置也相同。

10. 对象的删除

在创建过程中，要想删除多余的图形，可以选择一个或多个对象，然后按 Delete 或 Backspace 键即可删除，也可以执行【对象】-【清除】菜单命令，效果如图 A05-15 所示。

图 A05-15

11. 创建大量图形

在创建过程中，还可以一键创建大量且尺寸依次增大的图形，例如，选择【矩形工具】，按住~键的同时按住鼠标并拖曳，就可以快速地创建一系列大小递增的矩形，如图 A05-16 所示。

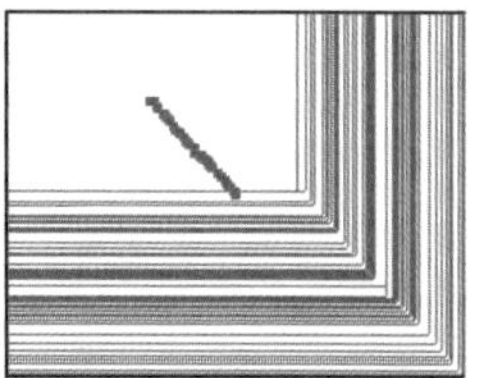

图 A05-16

A05.2 认识图层

在创建复杂的图稿时，有些图稿中有较多的小项目隐藏在大的项目下面，为选择图稿增加了难度。图层提供了一种有效的方式来便捷高效地管理组成图稿的所有对象。图层可以很简单，也可以很复杂，一切视情况而定。在默认情况下，所有的对象都在一个图层里，可以根据自己的需要调整图层的数量，并把图稿中的对象安排到不同的图层中。

1. 图层面板

执行【窗口】-【图层】菜单命令即可打开【图层】面板，如图 A05-17 所示。

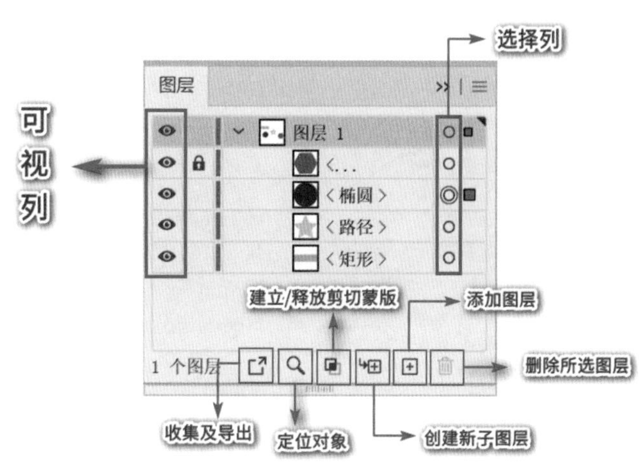

图 A05-17

- 可视列：用于显示图层中的项目为隐藏状态或可视状态，显示眼睛表示该图层项目是可视状态，不显示眼睛则表示该图层项目是隐藏状态。
- 锁定：单击出现小锁图标表示该图层已被锁定，不可编辑；若为空白，则表示未锁定，可以编辑。
- 选择列：用于表示是否选择该项目，选定时，后面会出现颜色框。
- 添加图层：单击【添加图层】按钮，即可添加新图层。
- 创建新子图层：单击【创建新子图层】按钮，即可在当前图层下添加子图层。
- 定位对象：如果画板中有多个对象，要想在【图层】面板中查看，就可以使用【定位对象】。在画板中选中想要查找的对象，单击【定位对象】按钮，就可以在【图层】面板里自动定位该对象。
- 删除所选图层：选择一个图层，单击【删除所选层】按钮，即可删除该图层。

◆ 收集及导出：选择一个图层，单击【收集及导出】按钮，弹出【资源导出】面板，设置导出对象及格式，单击【导出】按钮即可单独将该图层的图形导出，如图 A05-18 所示。

图 A05-18

◆ 建立/释放剪切蒙版：将第一层的形状用于创建图层中的剪切蒙版，下一层套在上一层的形状中，单击选择图层，再单击【图层】面板上的【建立/释放剪切蒙版】按钮，即可建立剪切蒙版，再次单击该按钮，则释放剪切蒙版，如图 A05-19 所示。

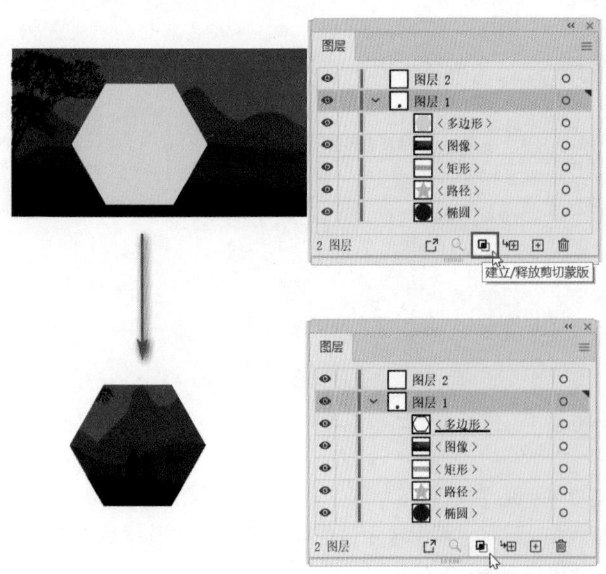

图 A05-19

2. 图层菜单栏

单击【图层】面板右上角的按钮，弹出【图层】面板的菜单，如图 A05-20 所示。

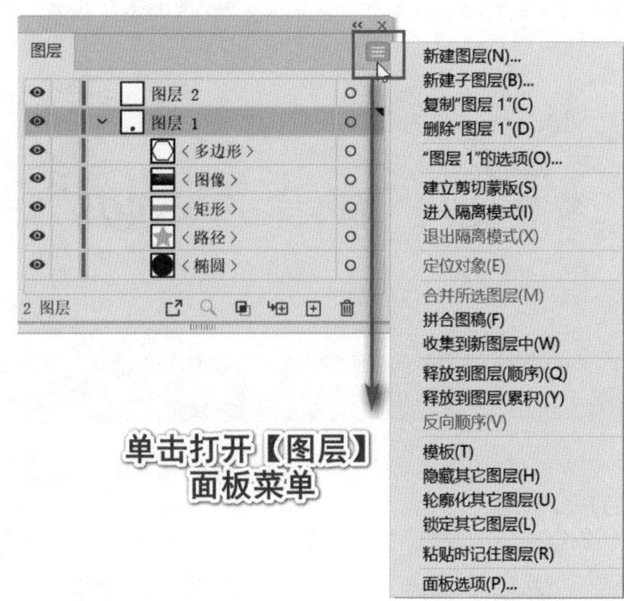

图 A05-20

◆ 新建图层

单击【新建图层】按钮弹出【图层选项】对话框，如图 A05-21 所示。

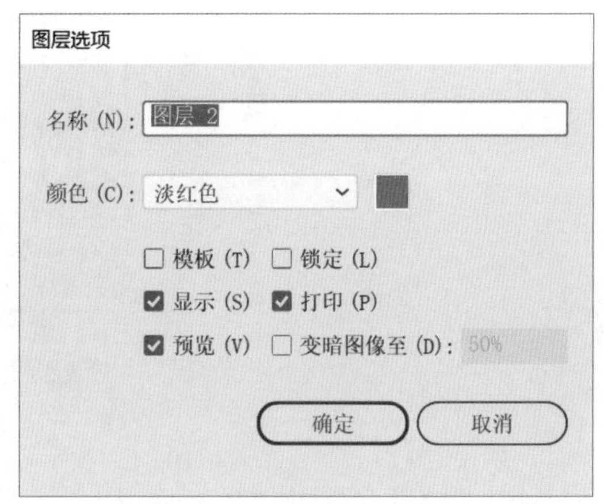

图 A05-21

◆ 名称：对象在【图层】面板中显示的名称。
◆ 颜色：可指定识别颜色，可以在下拉菜单中选择任意颜色，用于在【图层】面板中识别图层。
◆ 模板：选中该复选框，使图层变成模板。
◆ 锁定：选中该复选框，可以禁止更改指定对象。
◆ 显示：选中该复选框，显示指定画板图层中包含的所有对象。

- 打印：选中该复选框，使指定的图层中的对象可用来打印。
- 预览：选中该复选框，预先浏览查看图层或预先详细地查看图层效果图。
- 变暗图像至：选中该复选框，将图层中包含的链接图像和位图图像的预览亮度降低到指定的百分比。

◆ 新建子图层

在选定的图层内新建一个子图层，如图 A05-22 所示。

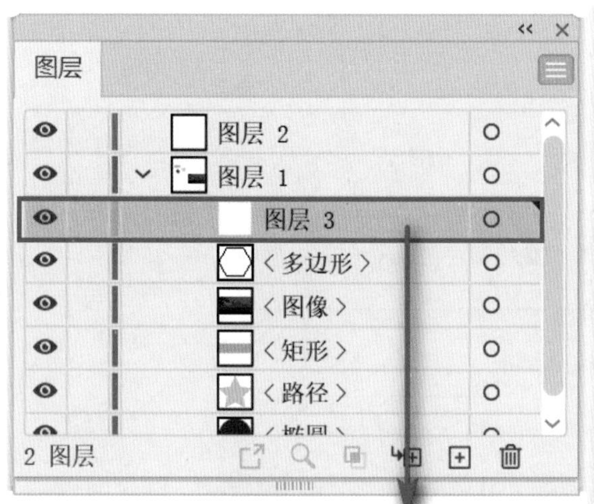

图 A05-22

◆ 复制“图层1”/删除“图层1”

选择【复制“图层 1”】选项可将“图层 1”中的所有对象复制出一份新的，如图 A05-23 所示。选择【删除“图层 1”】选项，“图层 1”将被删除。

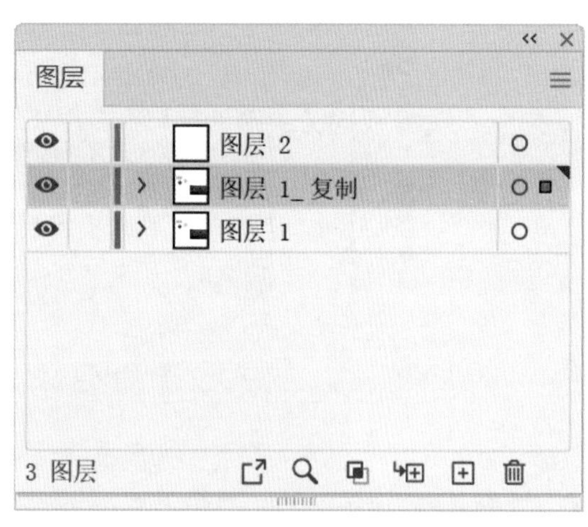

图 A05-23

◆ 进入/退出隔离模式

选中指定图层并选择【进入隔离模式】选项，该图层会直接进入隔离模式，可在隔离模式下编辑或调整图层对象，如图 A05-24 所示；再次打开面板菜单，选择【退出隔离模式】选项即可退出隔离模式。

图 A05-24

◆ 拼合图稿

选中指定的图层，选择【拼合图稿】选项，可以将多个图层合并到一个图层里，所有的图层名称都将变成指定的图层名称。

◆ 收集到新图层中

将指定的图稿收集到一个新的图层中。

◆ 释放图层顺序

将图层中的对象全部放入新图层，一个对象对应一个图层并同步命名，如图 A05-25 所示。

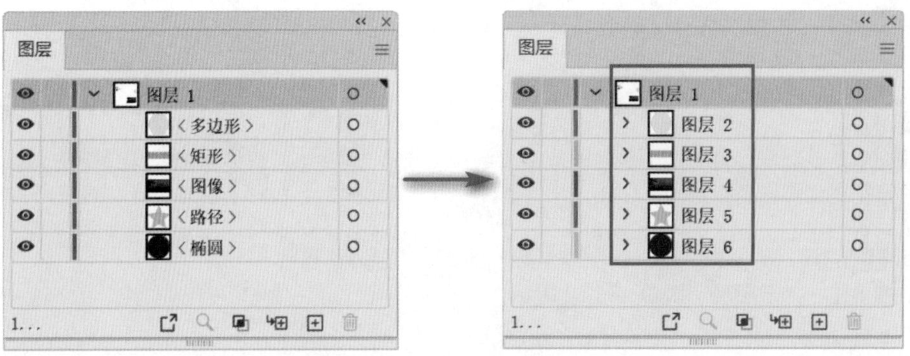

图 A05-25

◆ 隐藏其他[①]图层

除了选中的图层对象之外，其他图层对象都将被隐藏。

◆ 轮廓化其他图层

其他图层中的对象将只显示轮廓，只有描边，无填充，按 Ctrl+Y 快捷键即可切换显示模式，如图 A05-26 所示。

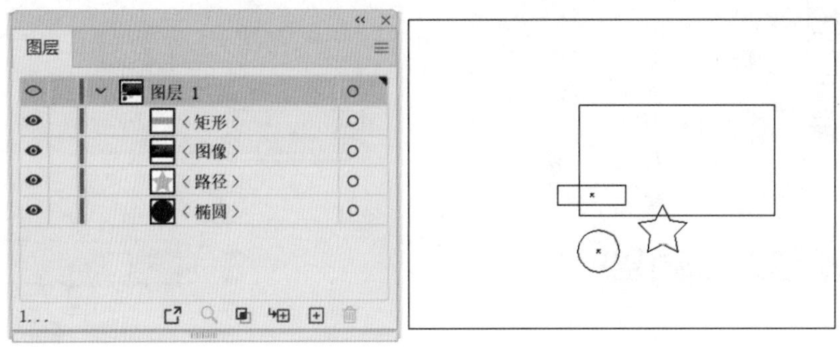

图 A05-26

◆ 锁定其他图层

其他图层中的对象都被锁定，无法编辑。

A05.3 图层的操作

利用【图层】面板可以调整图层和对象的堆叠顺序、外观属性，可进行选择、隐藏、锁定和更改操作。

1. 选择图层

◆ 选择一个图层

在【图层】面板中单击即可选中一个图层，如图 A05-27 所示。

图 A05-27

① “其他”同图A05-20中的“其它”，后同。

◆ 选择多个图层

按住 Shift 键单击最上面的图层，再单击最下面的一个图层，将会看到中间的图层也会被全部选中，如图 A05-28 所示；也可以按住 Ctrl 键单击图层，任意选择多个图层，如图 A05-29 所示。

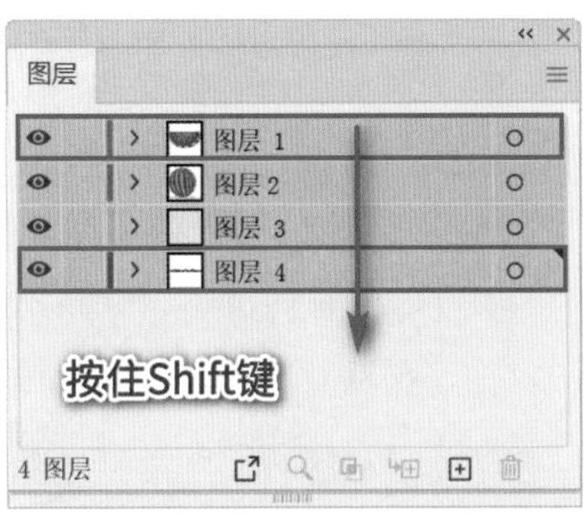

图 A05-28

图 A05-29

2. 选择图层中的对象

◆ 选择一个图层对象

若要选择图层中的对象，单击图层最右侧的○按钮即可选择相应对象；选择某个子图层的对象同理，单击图层前方的›按钮展开折叠起来的子图层，单击子图层中的○按钮，即可选择对象，如图 A05-30 所示。

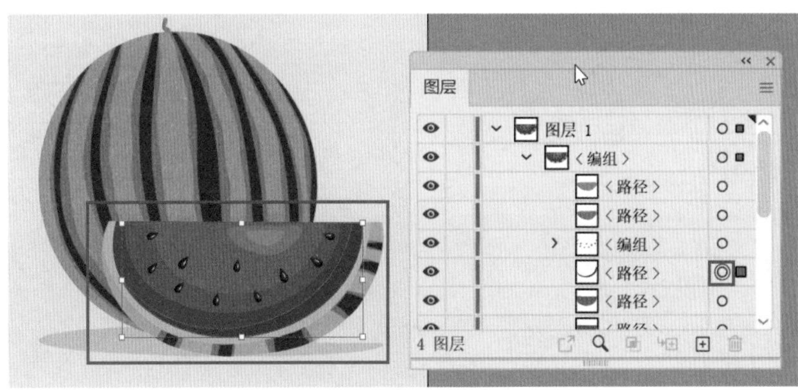

图 A05-30

◆ 选择多个对象

和选择图层一样，按住 Ctrl 或 Shift 键，单击图层后面的○按钮，即可选择多个对象，如图 A05-31 所示。

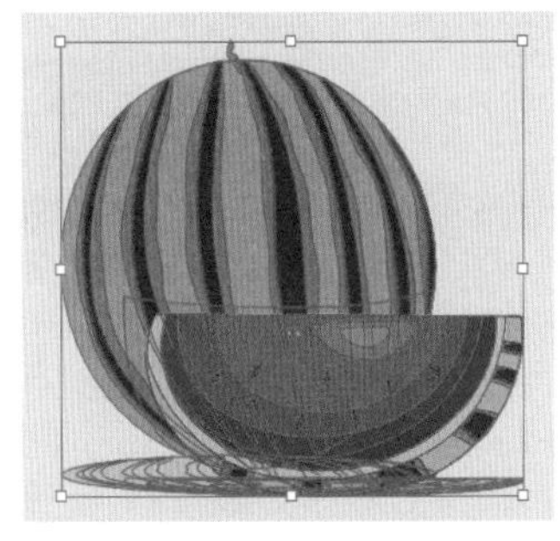

图 A05-31

A 入门篇

基本功能 基础操作

3. 移动图层次序

选择想要移动的图层次序，按住鼠标将图层向上或向下拖曳到所需位置，释放鼠标，图层就移动到新的位置了，如图 A05-32 所示。

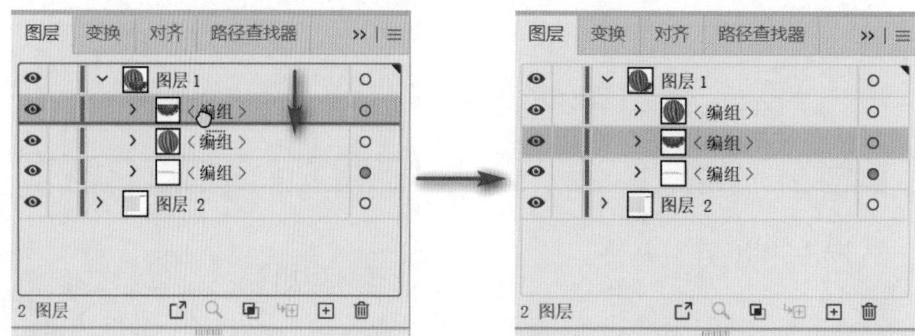

图 A05-32

4. 合并图层

合并图层和拼合图层的功能相似，都可以把对象、组及子图层合并到同一图层或者组中。

◆ 拼合图稿

选择要拼合的图层，按住 Ctrl 或 Shift 键选择多个图层，打开【图层】面板菜单 ≡，选择【拼合图稿】选项即可完成拼合，如图 A05-33 所示。

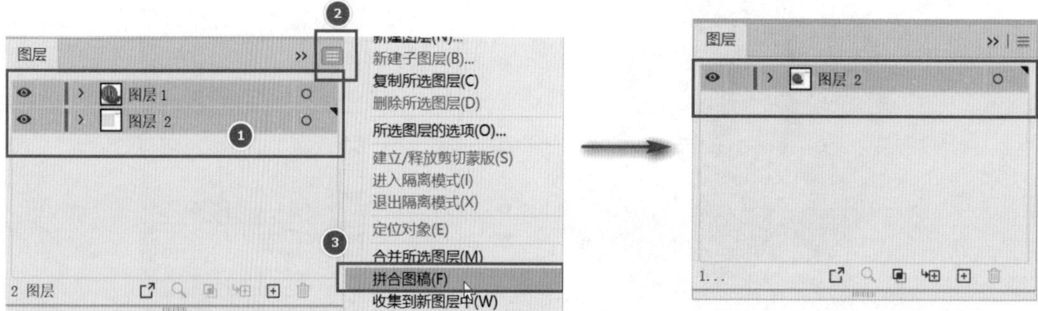

图 A05-33

◆ 合并所选图层

将多个对象合并到一个图层或组中时，按住 Ctrl 或 Shift 键选择多个图层，打开【图层】面板菜单 ≡，选择【合并所选图层】选项，项目将被合并到最后选定的图层中，如图 A05-34 所示。

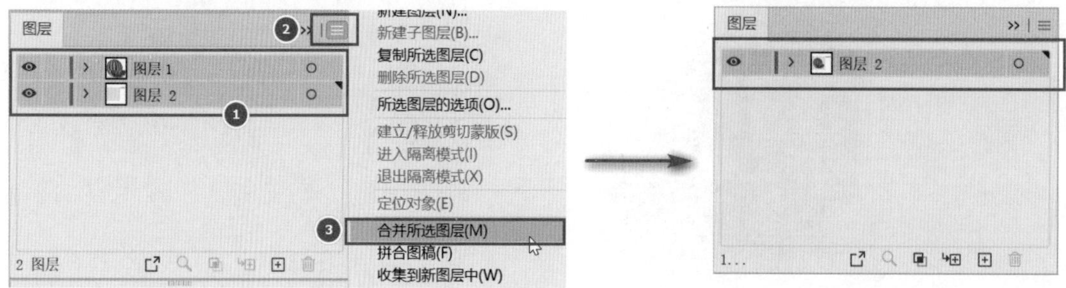

图 A05-34

扩展知识

Illustrator图层与Photoshop图层有所不同，不用每创建一个图形对象就新建一个图层。因为在Illustrator中，图层相当于一个大的分组，与编组不同，它可以轻松地统一管理单个图形，也可以对多个或单个的图形对象隐藏锁定，使操作更加便捷以及多样化。

5. 释放到图层（顺序 / 累积）

因为在 Illustrator 中图稿对象是矢量图形，若要制作 Web 动画文件，就需要对图稿对象进行拆解分组。

◆ 释放到图层（顺序）

取消编组图稿，再单击【图层】面板中的图层组，在面板菜单中选择【释放到图层（顺序）】选项，即可看到图层中每一个选项都被重新分配在各图层中，并且按照从小到大的顺序排列图层组。

◆ 释放到图层（累积）

取消编组图稿，再单击【图层】面板中的图层组，在面板菜单中选择【释放到图层（累积）】选项，图层将会被释放并复制对象创建累积顺序。

6. 导入动态效果

选中需要做动态效果的图稿，在【图层】面板菜单中选择【释放到图层（顺序）】选项，确保图层的顺序与动画帧播放的顺序一致。然后执行【文件】-【导出】-【导出为】菜单命令，设置保存类型为 SWF，在弹出的【SWF 选项】对话框中设置动态效果。

A05.4 直线段工具组

1. 直线段工具

直线段工具组与快捷键组合使用，可精准地绘制水平线、垂直线以及斜度为 45° 的线条。还可以在控制栏中调整描边、样式等，它常用于绘制分割线、连接路径线、绘制虚线和实线条。图 A05-35 所示为使用【直线段工具】绘制的作品。

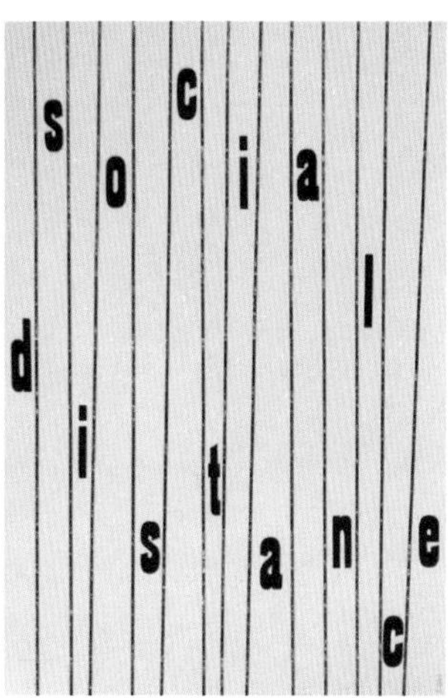

图 A05-35

选择【直线段工具】，按住鼠标在画面中拖曳，释放鼠标，就可以创建一条直线。在创建过程中，同时按住 Shift 键可以创建出与水平线呈 45°、90° 或 180° 的直线段，按住 Ctrl 键并单击空白处，就完成了直线的创建，如图 A05-36 所示。

图 A05-36

选择【直线段工具】后，在画板上单击，在弹出的【直线段工具选项】对话框中设置长度、角度等参数，可以创建精准的直线，如图 A05-37 所示。

图 A05-37

2. 弧形工具

使用【弧形工具】可以绘制任意弧度的弧线，它通常用于绘制海平面、彩虹、装饰线或其他含有弧形线条的图形。图 A05-38 所示为使用【弧形工具】绘制的作品。

图 A05-38

选择【弧形工具】，按住鼠标在画面中拖曳，完成后释放鼠标，然后按 Ctrl 键并单击空白处，就可以得到一条弧线段，如图 A05-39 所示。

在创建过程中按住 ↑ 或 ↓ 键，可以调整弧线段的弧度，得到合适的弧度后再释放鼠标，如图 A05-40 所示。

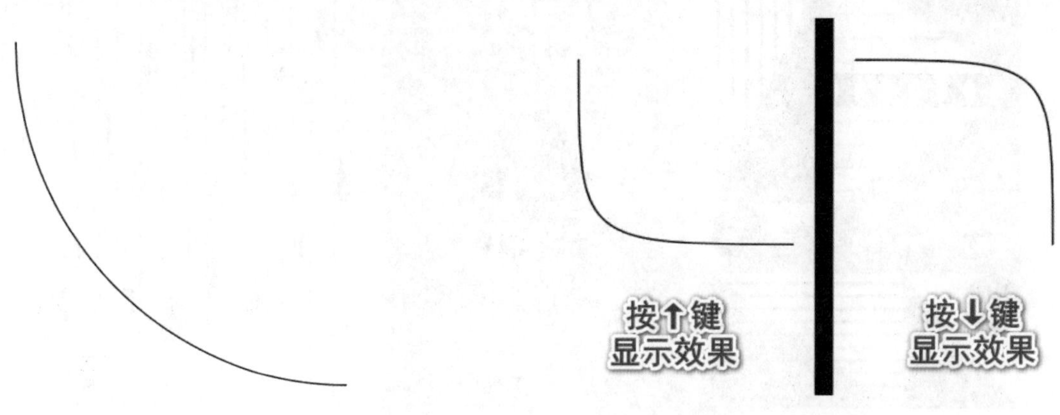

图 A05-39　　图 A05-40

选择【弧形工具】后，在画板上单击，在弹出的【弧线段工具选项】对话框中可设置 X/Y 轴长度、类型、基线轴及斜率等参数，以创建精准的弧线段，如图 A05-41 所示。

弧线段工具选项

X 轴长度 (X)：35.278 mm

Y 轴长度 (Y)：35.278 mm

类型 (T)：开放

基线轴 (B)：X 轴

斜率 (S)：50

凹 凸

☐ 弧线填色 (F)

确定 取消

图 A05-41

3. 螺旋线工具

使用【螺旋线工具】可以绘制出不同半径、不同段数的螺旋线。图 A05-42 所示为使用该工具绘制的作品。

图 A05-42

选择【螺旋线工具】，按住鼠标在画面中拖曳，释放鼠标就可以得到一条螺旋线，同时也可以在创建过程中按住↑或↓键增加 / 减少螺旋线的数量，如图 A05-43 示。

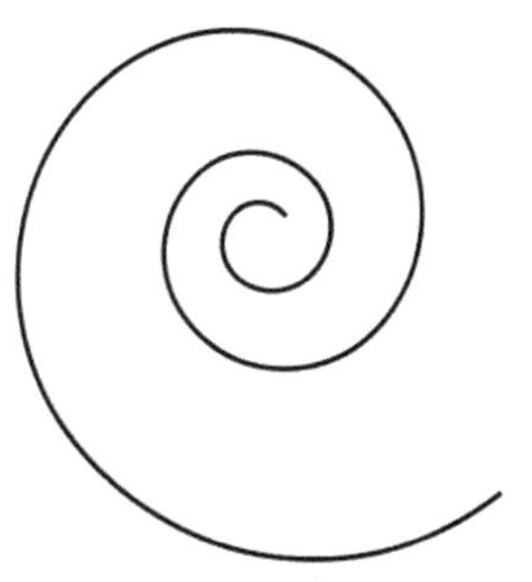

图 A05-43

选择【螺旋线工具】后，在画板上单击，在弹出的【螺旋线】对话框中可设置半径、衰减、段数及样式等参数，以创建精准的螺旋线，如图 A05-44 所示。

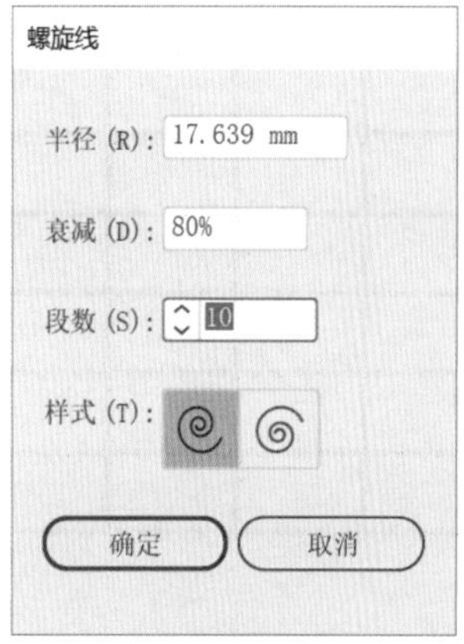

图 A05-44

4. 矩形网格工具

使用【矩形网格工具】可以制作表格或网格背景。图A05-45所示为使用该工具绘制的作品。

图 A05-45

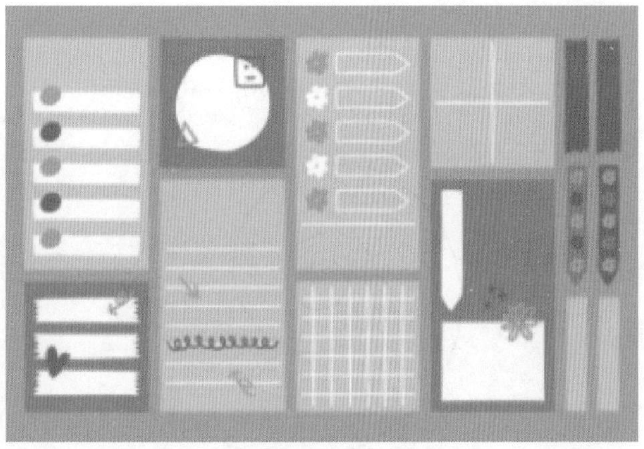

图 A05-45（续）

在创作工作中，可以使用【矩形网格工具】创建表格。选择【矩形网格工具】▦，按住鼠标在画面中拖曳，释放鼠标后就可以得到一个表格，一般默认为6×6的表格，如图 A05-46 所示。

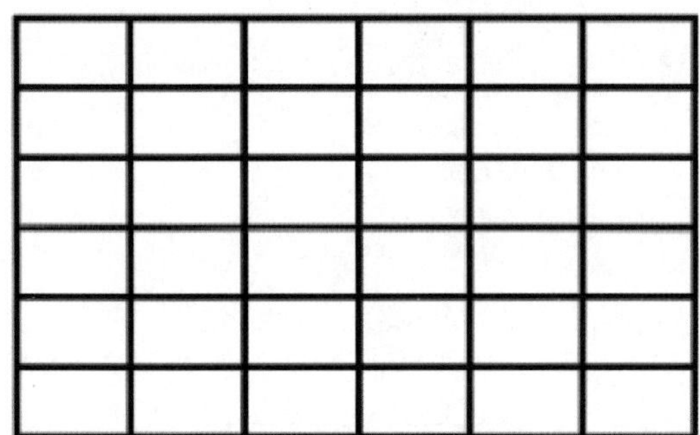

图 A05-46

在创建过程中按↑或↓键可以增加/减少行数，按←或→键可以增加/减少列数，如图 A05-47 所示。

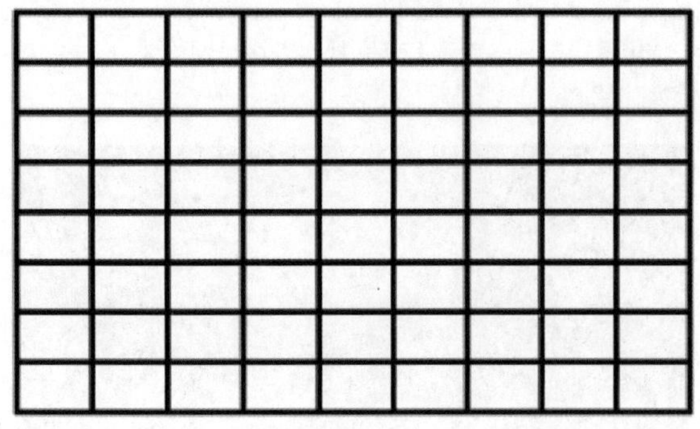

图 A05-47

同样，选择【矩形网格工具中可】后，在画板上单击，在弹出的【矩形网格工具选项】对话框中可设置宽度、高度、水平分隔线（行数）、垂直分隔线（列数）等参数，以创建精准的矩形网格，如图 A05-48 所示。

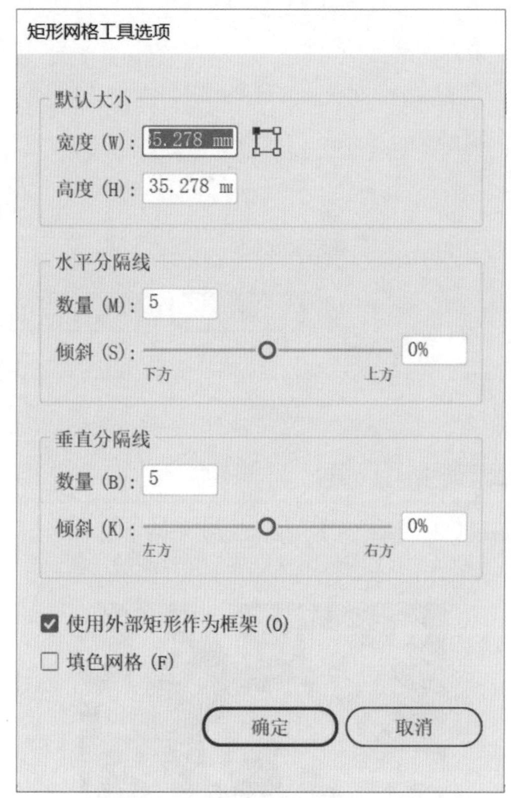

图 A05-48

5. 极坐标网格工具

使用该工具可以快速绘制由多个同心圆和直线组成的极坐标网格，适合制作电扇、射击靶、圆环等。图 A05-49 所示为使用该工具绘制的作品。

图 A05-49

选择【极坐标网格工具】◉，按住鼠标在画面中拖曳，释放鼠标就可以得到极坐标网格。在创建过程中，按↑或↓键可以增加/减少环形，按←或→键可以增加/减少环形中的直线数量，如图 A05-50 所示。

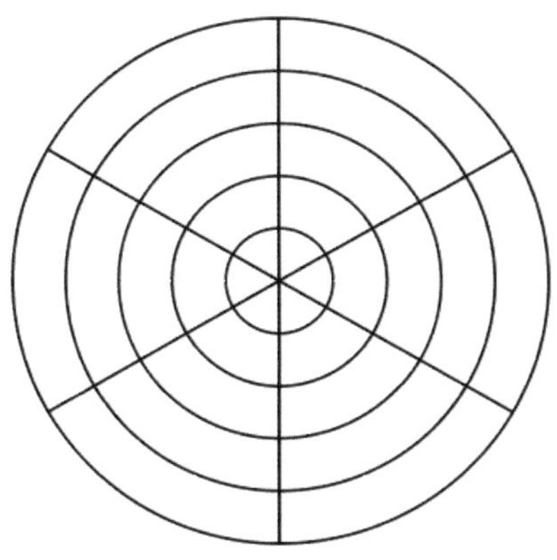

图 A05-50

同样选择【极坐标网格工具】后，在画板上单击，在弹出的【极坐标网格工具选项】对话框中设置宽度、高度等参数，可以创建精准的极坐标网格，如图 A05-51 所示。

极坐标网格工具选项

默认大小
宽度 (W)：35.278 mm
高度 (H)：35.278 mm

同心圆分隔线
数量 (M)：5
倾斜 (S)：0%
内 外

径向分隔线
数量 (B)：5
倾斜 (K)：0%
下方 上方

☐ 从椭圆形创建复合路径 (C)
☐ 填色网格 (F)

确定 取消

图 A05-51

A05.5 矩形工具组

【矩形工具】是 Illustrator 中最常被使用的工具之一，用途非常广泛。图 A05-52 所示为使用该工具组绘制的作品。

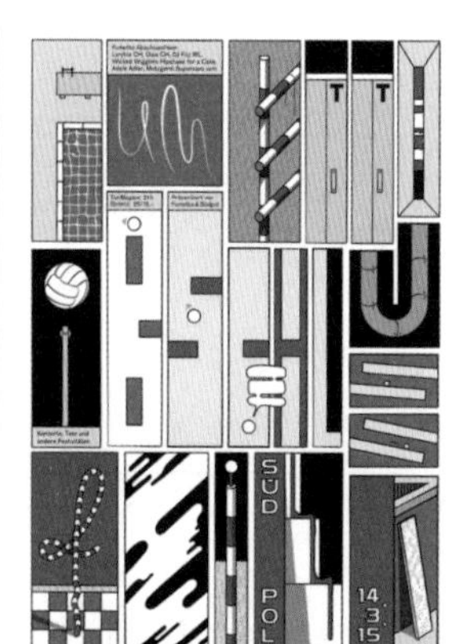

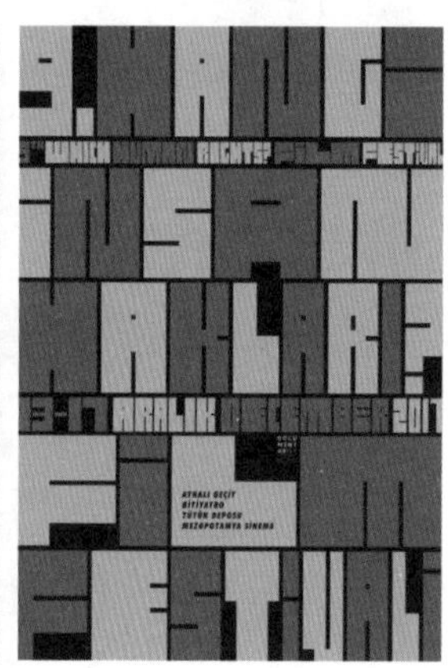

图 A05-52

1. 矩形工具

在工具栏中选择【矩形工具】□（快捷键为 M），按住鼠标在画面中拖曳，到合适大小时释放鼠标，就可以创建一个矩形，如图 A05-53 所示；若要创建一个正方形，则按住 Shift 键进行拖曳，到合适大小时释放鼠标即可。

图 A05-53

扩展知识

释放鼠标后，看到创建好的图形中出现了蓝色的定界框和控制点，还可以看到圆角控制点◉，拖动圆角控制点可以调整4个角的圆角大小，效果如图A05-54所示。

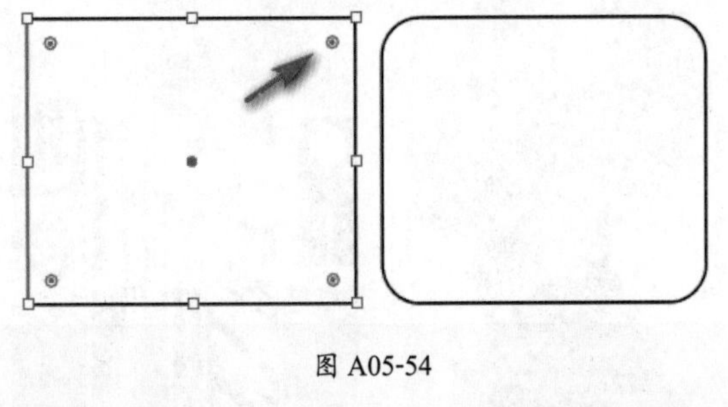

图 A05-54

选择【矩形工具】后，在画板上单击，在弹出的【矩形】对话框中设置宽度、高度，即可创建精确的矩形，如图 A05-55 所示。

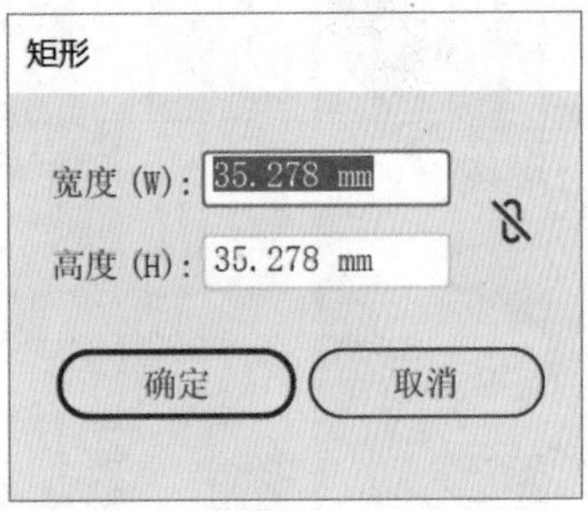

图 A05-55

2. 圆角矩形工具

右击【矩形工具】，再单击【圆角矩形工具】▢，按住鼠标在画面中拖曳，到合适大小时释放鼠标，就可以得到一个圆角矩形，如图 A05-56 所示。

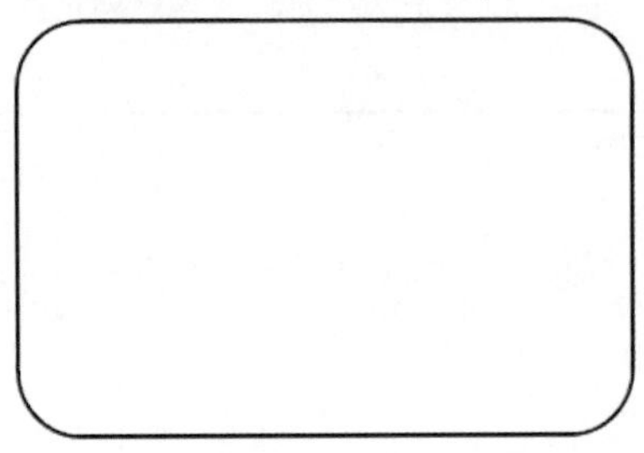

图 A05-56

在创建过程中按↑或↓键可以调整圆角矩形的圆角大小，按←键得到圆角为 0 的矩形，按→键得到圆角为最大弧度的圆角矩形。

在创建时按住 Shift 键，就可以创建一个正圆角矩形；按住 Alt 键，则可以创建一个以中心点为起点的圆角矩形；按住 Alt+Shift 键拖曳，则可以创建一个以中心点为起点的圆角正方形。

选择【圆角矩形工具】后，在画板上单击，在弹出的【圆角矩形】对话框中设置宽度、高度及圆角半径，即可创建精确的圆角矩形，如图 A05-57 所示。

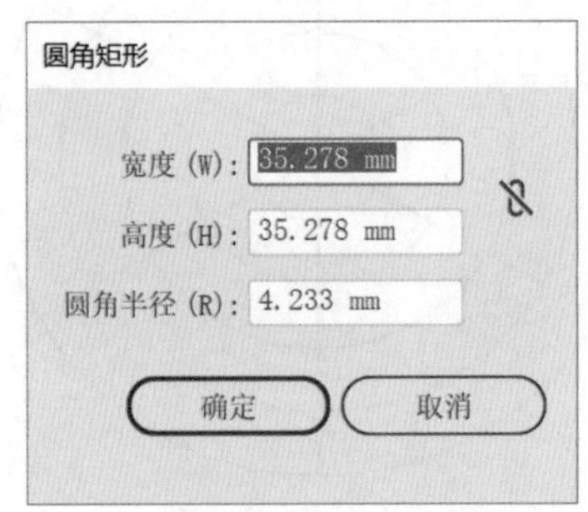

图 A05-57

3. 椭圆工具

右击【矩形工具】展开工具组，选择【椭圆工具】◯，按住鼠标在画面中拖曳，到合适大小时释放鼠标，就可以得到一个椭圆形；按住 Shift 键创建就会得到一个正圆形，如图 A05-58 所示；按住 Shift+Alt 键创建就会得到一个以中心点为起点的正圆。

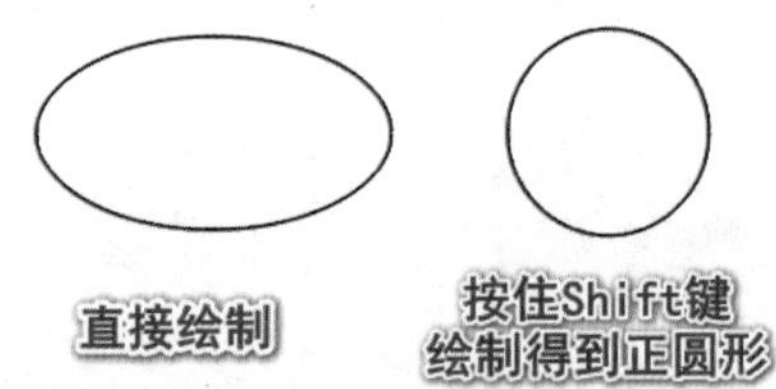

图 A05-58

选择【椭圆工具】后，在画板上单击，在弹出的【椭圆】对话框中设置宽度、高度，即可创建精确的椭圆，如图 A05-59 所示；将宽度和高度设置为相同数值，即可得到一个精确的正圆。

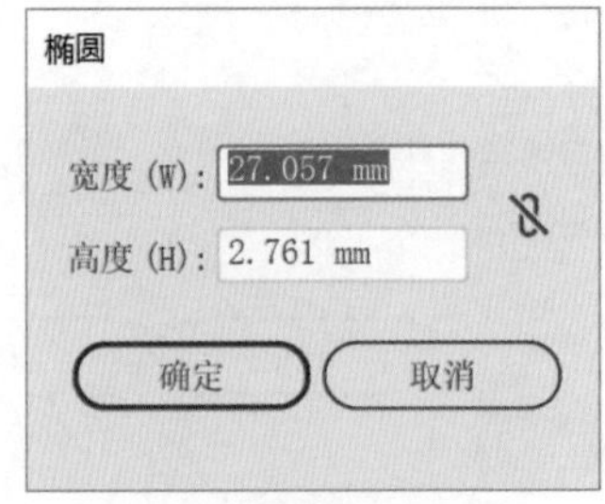

图 A05-59

4. 多边形工具

右击【矩形工具】展开工具组，选择【多边形工具】，按住鼠标在画面中拖曳，在创建过程中按↑或↓键可以调整多边形的边数（边数最少为3，即三角形），如图 A05-60 所示。

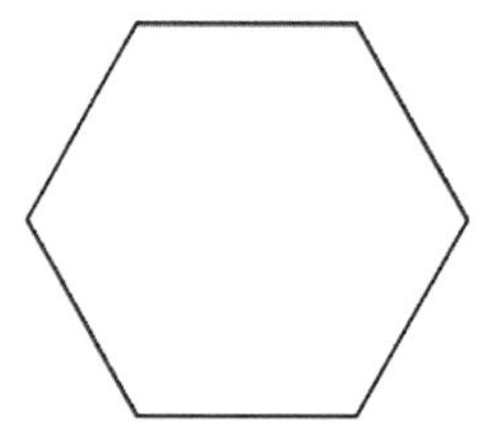

图 A05-60

选择【多边形工具】后，在画板上单击，在弹出的【多边形】对话框中设置半径及边数，就可以创建精确的多边形，如图 A05-61 所示。

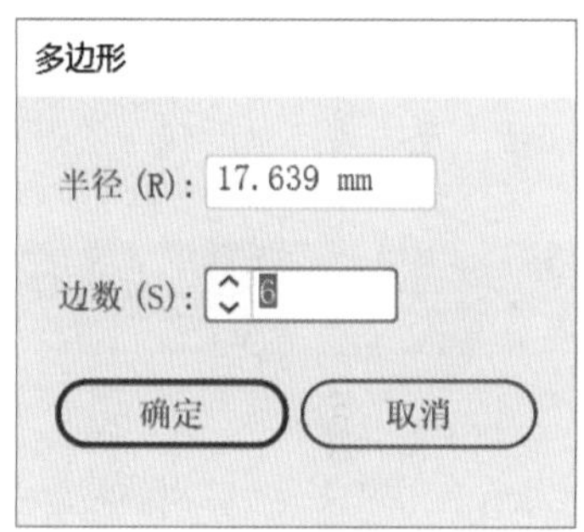

图 A05-61

5. 星形工具

右击【矩形工具】展开工具组，选择【星型工具】，按住鼠标在画面中拖曳，就可以得到默认的五角星；在创建过程中按 Shift+Alt 键就可以得到一个正五角星，如图 A05-62 所示；在创建过程中按↑或↓键可以增加 / 减少角的数量。

默认的五角星

按住Shift+Alt键
得到正五角星

图 A05-62

选择【星形工具】后，在画板上单击，在弹出的【星形】对话框中设置半径及角点数，就可以创建精确的星形，如图 A05-63 所示。

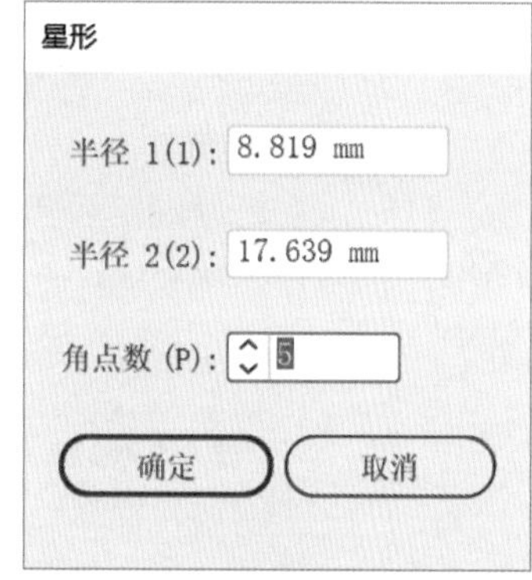

图 A05-63

6. 光晕工具

使用【光晕工具】可以创建类似照片中镜头闪光的效果，即可以创建具有明亮的中心、光晕、射线及光环效果的光晕对象。

在工具栏中选择【光晕工具】，按住鼠标拖曳，绘制出主光圈，再单击下一个位置，绘制出光环。【光晕工具】由 5 个部分组成（为了方便讲解，这里按 Ctrl+Y 快捷键切换到轮廓模式），如图 A05-64 所示。

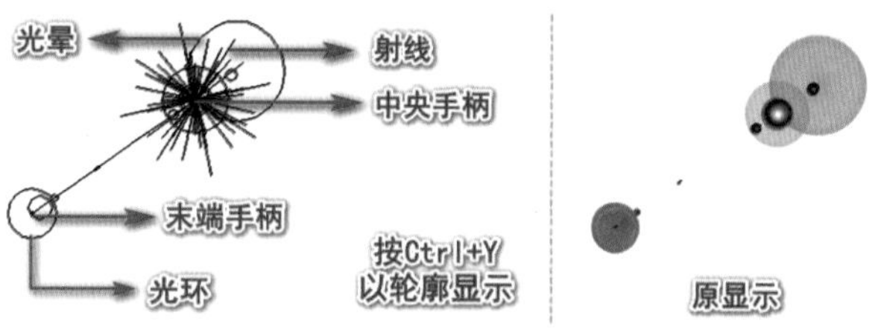

图 A05-64

- 光晕：包含中央手柄和末端手柄，这两个手柄用于定位光晕对象的位置。
- 中央手柄：中央手柄是光晕的明亮中心，光晕路径的创建需要从这个点开始。

SPECIAL 扩展知识

光晕显示的颜色受背景颜色的影响。如果光晕是放在较亮的单色背景上，显示的就是白色光晕；如果背景颜色比较暗，那么就会显示彩色光晕。

如果想创建白色光晕，按Shift+Ctrl+F10快捷键打开【透明度】面板，选择光晕，将【透明度】面板上的【混合模式】改为【明度】即可。

◆ 光晕工具选项

双击工具栏中的【光晕工具】，弹出【光晕工具选项】对话框，如图 A05-65 所示。

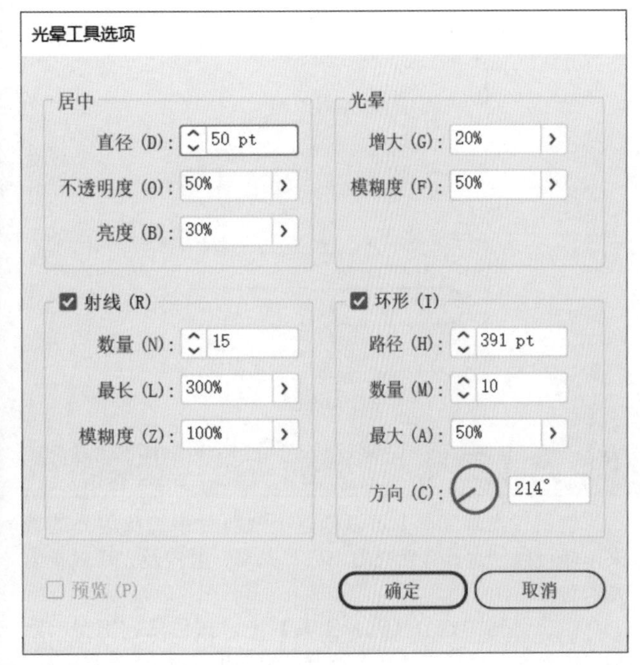

图 A05-65

- 【居中】选项组：【直径】是指确定发光中心圆的半径；【不透明度】是指中心圆的不透明度；【亮度】是指中心圆的亮度。
- 【光晕】选项组：【增大】是指光晕的发散程度；【模糊度】是指单独设定光晕对象边缘的模糊程度。
- 【射线】选项组：【数量】是指确定射线的数量；【最长】是指最长的一条射线，作为平均长度的百分比；【模糊度】是指射线的模糊程度。
- 【环形】选项组：【路径】是指光环的周长；【数量】是指第二次单击绘制时产生的光环数；【最大】用来设置多个光环中最大的光环大小；【方向】是指小光圈的角度。

◆ 编辑光晕

可在【光晕工具选项】对话框中编辑光晕；也可以选择光晕，再选择【光晕工具】，拖动中央锚点或末端锚点，即可改变光晕的长度或方向；还可以选择光晕，执行【对象】-【扩展】菜单命令，将光晕扩展为普通对象，也可对光晕进行编辑调整。

A05.6 对象编组

为了方便多个对象同时操作，可以将多个对象合并到一个组里，同时移动或变换这些对象。

选择要编组的对象，执行【对象】-【编组】菜单命令（快捷键为 Ctrl+G），或者右击对象，在弹出的菜单中选择【编组】选项，如图 A05-66 所示。

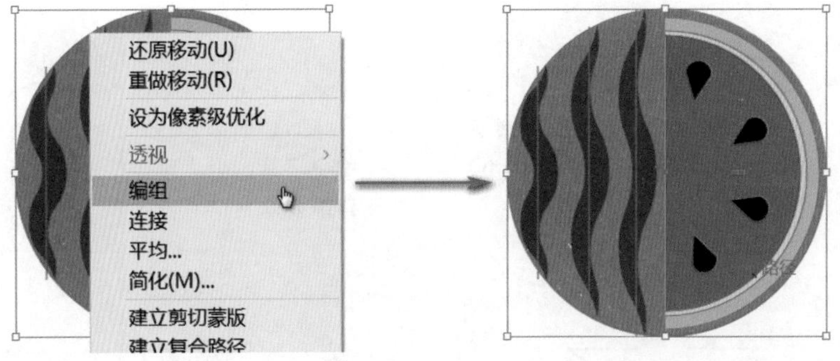

图 A05-66

要取消编组，则执行【对象】-【取消编组】菜单命令（快捷键为 Ctrl+Shift+G）；或者右击，选择【取消编组】选项。双击已经编组的对象组，即可进入组的内部，进行组内对象的编辑或修改绘制，再双击空白处即可退出组内操作。

A05.7 形状的填色与描边

图形创建完成后，要对图形进行填色和描边，填色就是填充图像内部的颜色，可以填充单色、渐变色和图案。

描边是指添加图像路径的边缘，可以设置宽度、线型、描边颜色（单色、渐变或者图案）等。可以在工具栏、【属性】面板及控制栏中看到当前填充的颜色和描边的颜色，不同的填色效果如图 A05-67 所示。

    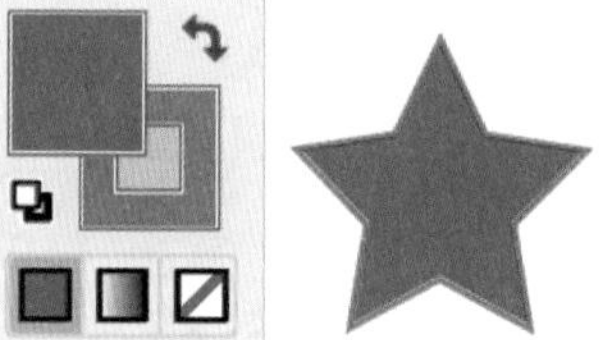

图 A05-67

1. 填色和描边控件

可以使用工具栏底部的颜色控件为对象添加颜色，如图 A05-68 所示。

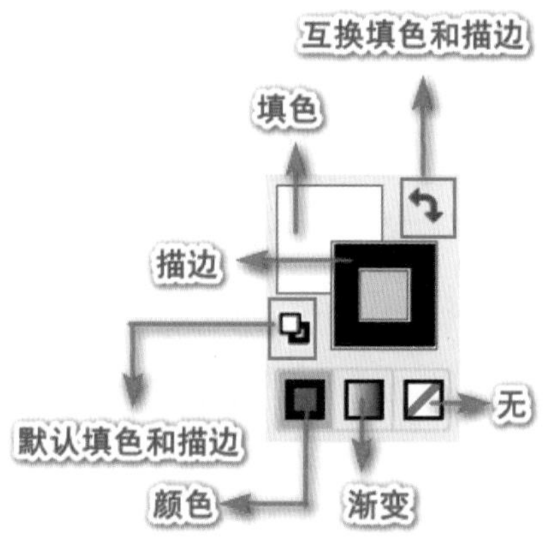

图 A05-68

- 填色：双击打开【拾色器】对话框，可以为对象选择颜色进行填充。
- 描边：双击打开【拾色器】对话框，可以为对象选择描边颜色。
- 互换填色和描边：单击此按钮，可以将【填色】和【描边】的颜色互换。
- 默认填色和描边：单击此按钮，即可恢复默认颜色设置（【填色】为白色，【描边】为黑色）。
- 颜色：双击即可打开【拾色器】更改描边颜色。单击【填色】按钮时，双击也可打开【拾色器】更改填充颜色。按 X 键可切换【描边】或【填色】设置，是交替按键。
- 渐变：单击【渐变】即可填充为渐变，并弹出【渐变】面板，可以在面板中对渐变进行调整。
- 无：如果想要【填色】或【描边】无颜色设置，则可以单击此按钮。

2. 颜色填充

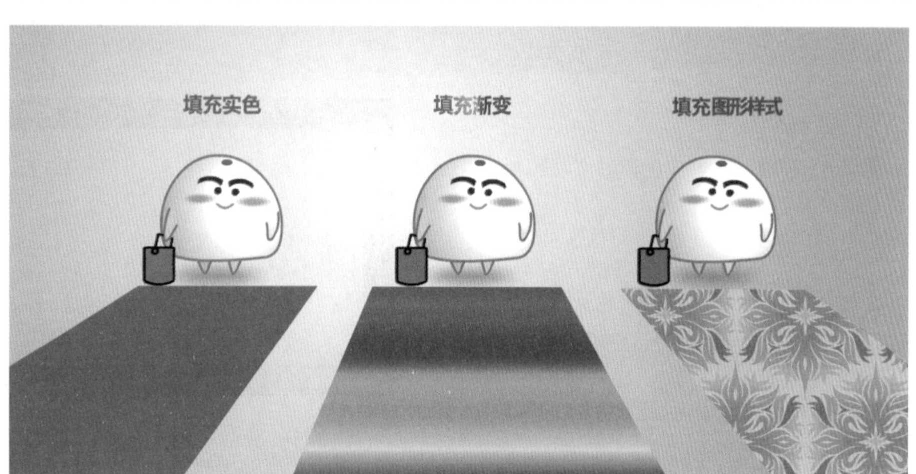

选择一个对象，单击【属性】面板或者控制栏中的【填色】框（要为描边上色则单击【描边】框），弹出【色板】浮动面板，如图 A05-69 所示。在【色板】浮动面板中，可以对对象填充颜色、渐变和图案，可以单击【色板】浮动面板上的颜色色块进行填充，也可以从【“色板库”菜单】里选择其他颜色、图案及渐变进行填充。

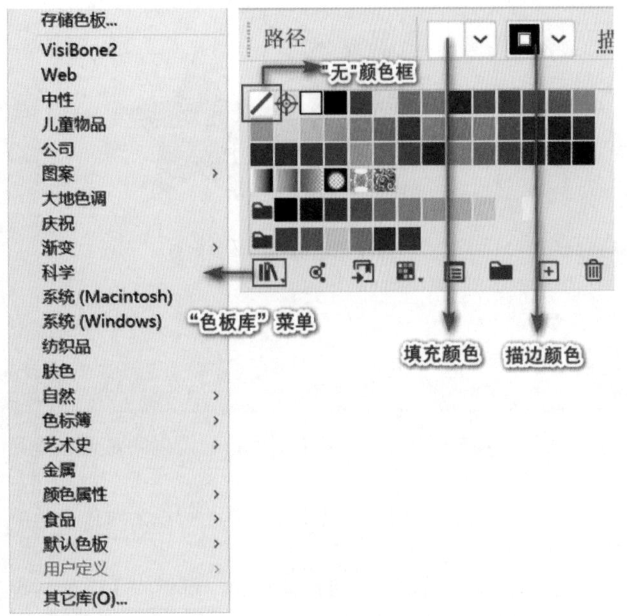

图 A05-69

3. 描边及描边属性

描边的设置分为描边的颜点、粗细、等比样式、描边样式等。选择需要描边的图形，在控制栏中可以对描边进行设置，如图 A05-70 所示。

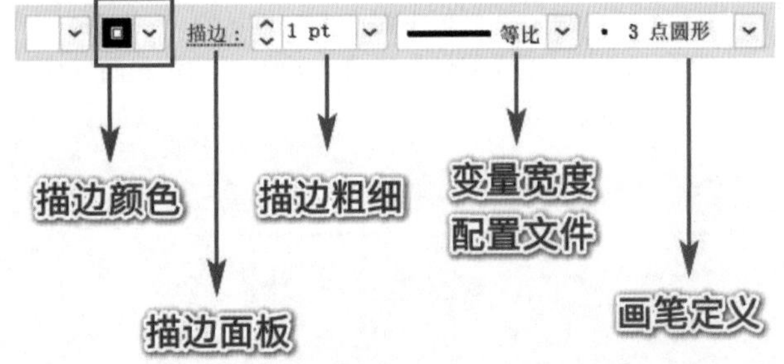

图 A05-70

◆ 描边颜色：单击【描边颜色】，弹出【色板】浮动面板，可以对描边颜色进行设置。

◆ 描边：单击【描边】，弹出【描边】浮动面板，可以调整描边的粗细、端点（平头端点、圆头端点、方头端点）、边角（斜接连接、圆角连接、斜角连接）、对齐描边（使描边居中 / 内侧对齐 / 外侧对齐）、虚线、箭头等设置，如图 A05-71 所示。

◆ 变量宽度配置文件：单击【等比】，可选择更多的描边宽度变化，如图 A05-72 所示。

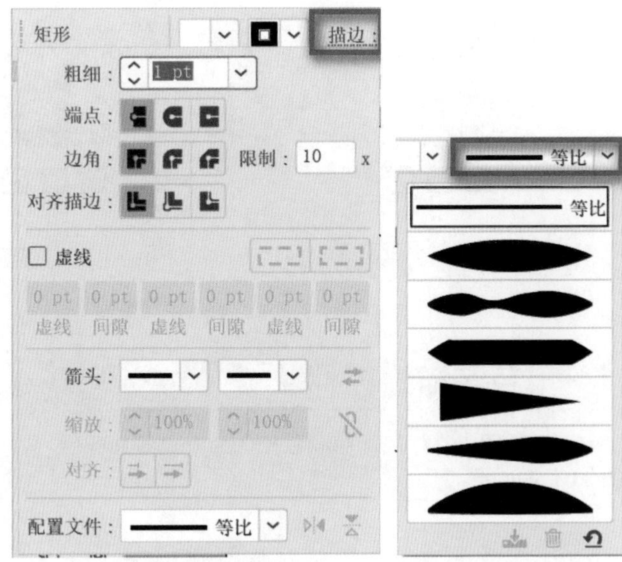

图 A05-71　　图 A05-72

◆ 画笔定义：单击【基本】，弹出【画笔定义】面板，如图 A05-73 所示。可以调整描边的样式，例如，选择"牛仔布衔接"这个图案，边框就变成牛仔布的样式，如图 A05-74 所示。也可以单击按钮展开面板左下角的【画笔库菜单】，里面有更多样式可供选择。

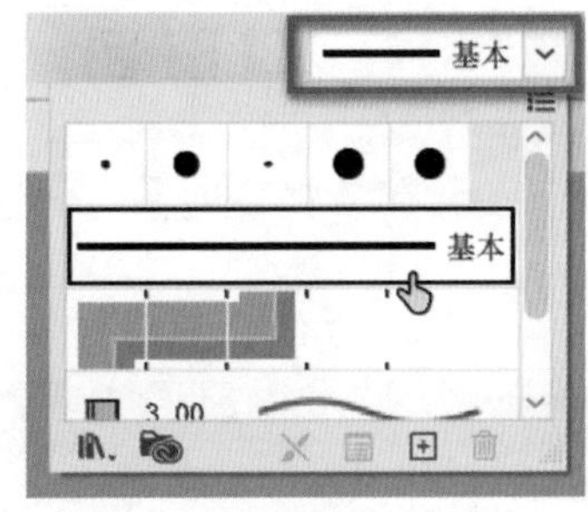

图 A05-73

图 A05-74

4. 渐变

除了单色填充外，渐变是非常重要的填充内容，填充渐变的方法有多种。

◆ 方法一

首先在画板上创建一个矩形，填充任意颜色，在工具栏中找到【填色】，单击将其置于前方，接着单击下方的【渐变】按钮，如图 A05-75 所示。弹出【渐变】面板，如图 A05-76 所示。

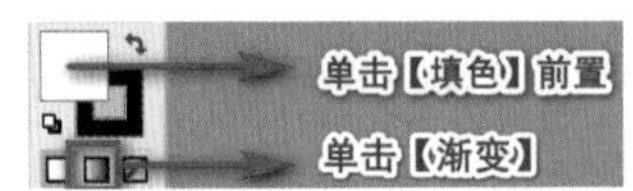

图 A05-75

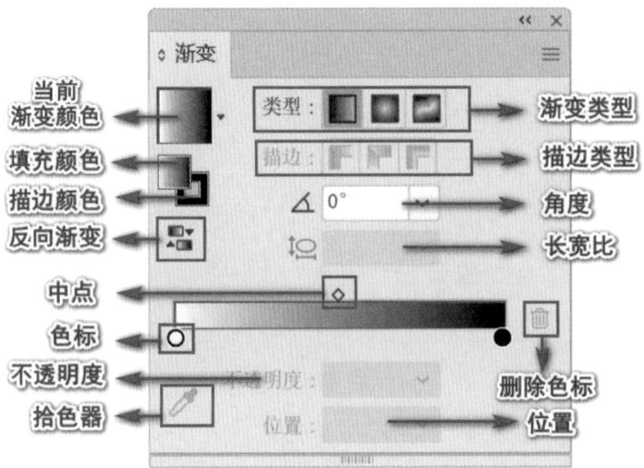

图 A05-76

- 渐变类型：分为线性渐变、径向渐变和任意形状渐变，效果如图 A05-77 所示。

图 A05-77

- 反向渐变：互换渐变颜色的方向，如图 A05-78 所示。

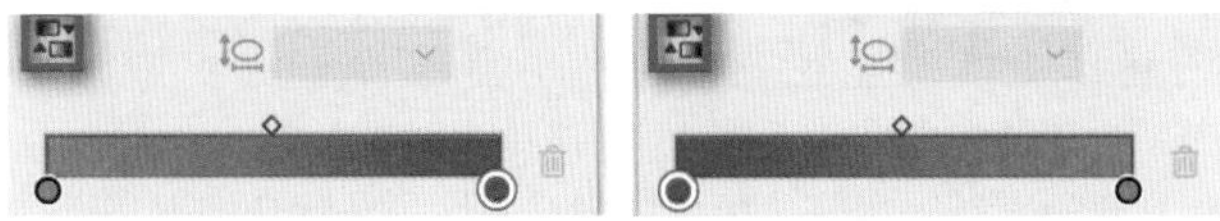

图 A05-78

- 描边渐变类型：选择描边渐变类型，包括在描边中应用渐变、沿描边应用渐变和跨描边应用渐变 3 种。
- 角度：用于设置渐变的角度。
- 长宽比：在【径向渐变】激活的状态下即可激活【长宽比】，用来设置径向圆的比例。
- 中点：两个色标之间的中间点。
- 色标：拖动色标即可调整渐变范围，要想更换渐变颜色，可双击色标，在弹出的【颜色】面板中选择颜色即可，如图 A05-79 所示。

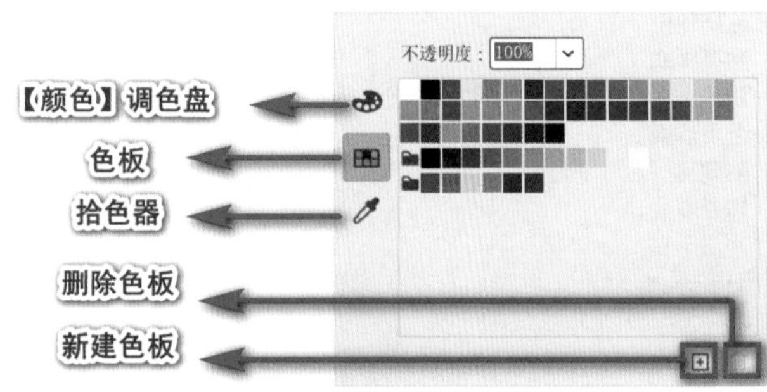

图 A05-79

- 色板：单击【色板】按钮，即可选择颜色。
- 颜色：单击【颜色】按钮，拖动滑块可以调整颜色，一般默认在 CMYK 模式下进行调整，单击右上角的按钮可以选择其他模式，如图 A05-80 所示。

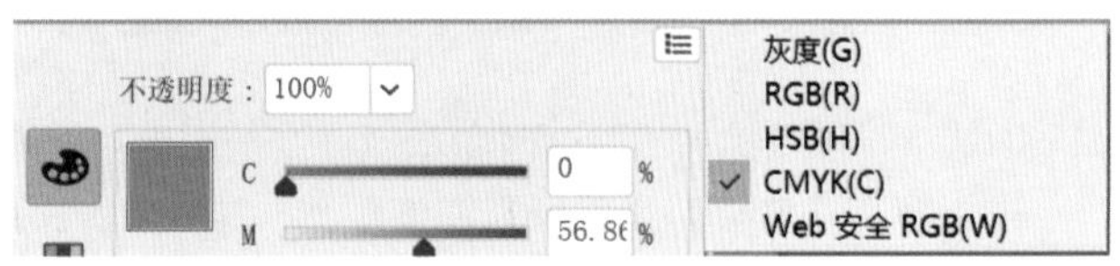

图 A05-80

- 拾色器：单击【拾色器】按钮可以吸取画板中其他对象的颜色。
- 删除色标：有三个及以上色标时，单击一个色标，再单击【删除色标】按钮即可删除所选色标。

◆ 方法二

双击工具栏中的【渐变工具】，可以在弹出的【渐变】面板中为图形添加渐变。

◆ 方法三

执行【窗口】-【渐变】菜单命令，快捷键为 Ctrl+F9，也可以为图形添加渐变。

5. 图案

在 Illustrator 中，除了可以填充单色、渐变之外，还可以填充图案。

选择一个对象，在控制栏中单击【样式】展开【图像样式】浮动面板，如图 A05-81 所示，可以在预设中选择合适的图形，也可以展开面板左下角的【图形样式库菜单】进行选择，样式的应用效果如图 A05-82 所示。

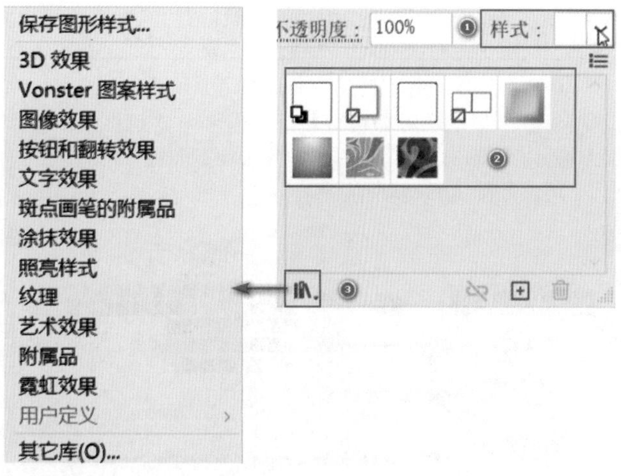

图 A05-81

图 A05-82

或者执行【窗口】-【色板】菜单命令，打开【色板】浮动面板，展开【“色板库”菜单】，选择【图案】选项，里面包含 3 组预设的图案库，选择一组，再选择合适的图案，如图 A05-83 所示。

图 A05-83

◆ 自定义图案

选择创建好的一个对象，执行【对象】-【图案】-【建立】菜单命令，弹出【图案选项】面板，设置图案参数，如图 A05-84 所示。单击画板上方的【完成】按钮，创建的图案就显示在【色板】面板中了，如图 A05-85 所示（关于图案选项的详细内容请见 B01 课）。

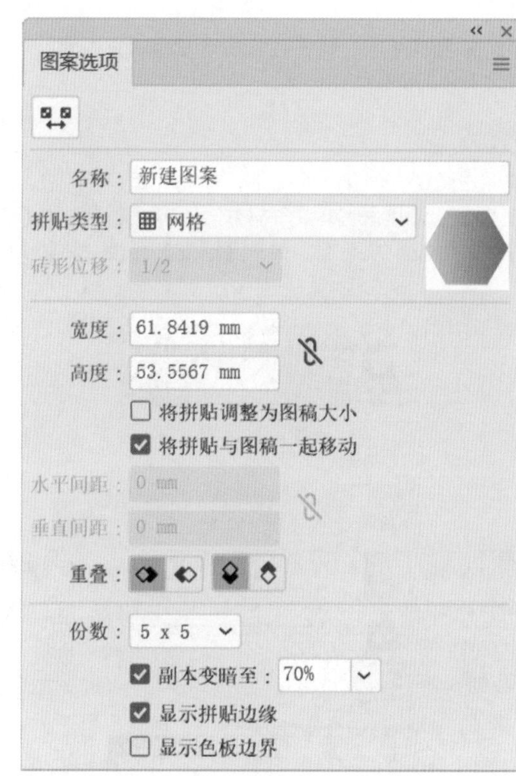

图 A05-84

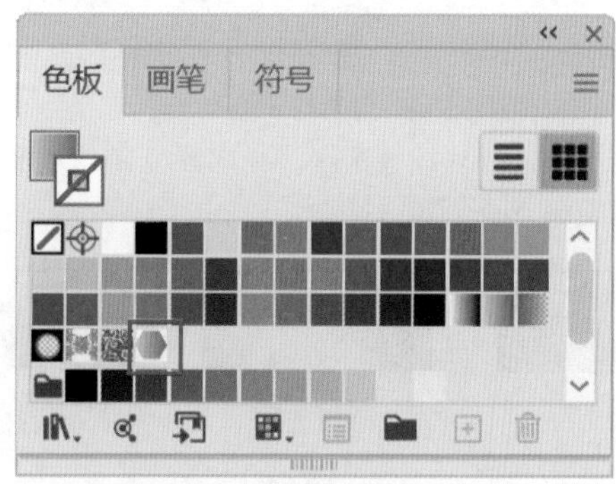

图 A05-85

6. 吸管工具

使用【吸管工具】可以吸取其他图形的属性，包括文字对象的字符、段落、填色和描边属性。在默认情况下，使用【吸管工具】吸取属性时会影响所选对象的所有属性。若要自定义吸管吸取的属性，可双击【吸管工具】，在弹出的【吸管选项】对话框中进行设置。

选择一个对象，选择【吸管工具】，单击要吸取的对象即可，如图 A05-86 所示。

双击工具栏中的【吸管工具】，弹出【吸管选项】对话框，可以对吸取属性进行设置，如图 A05-87 所示。

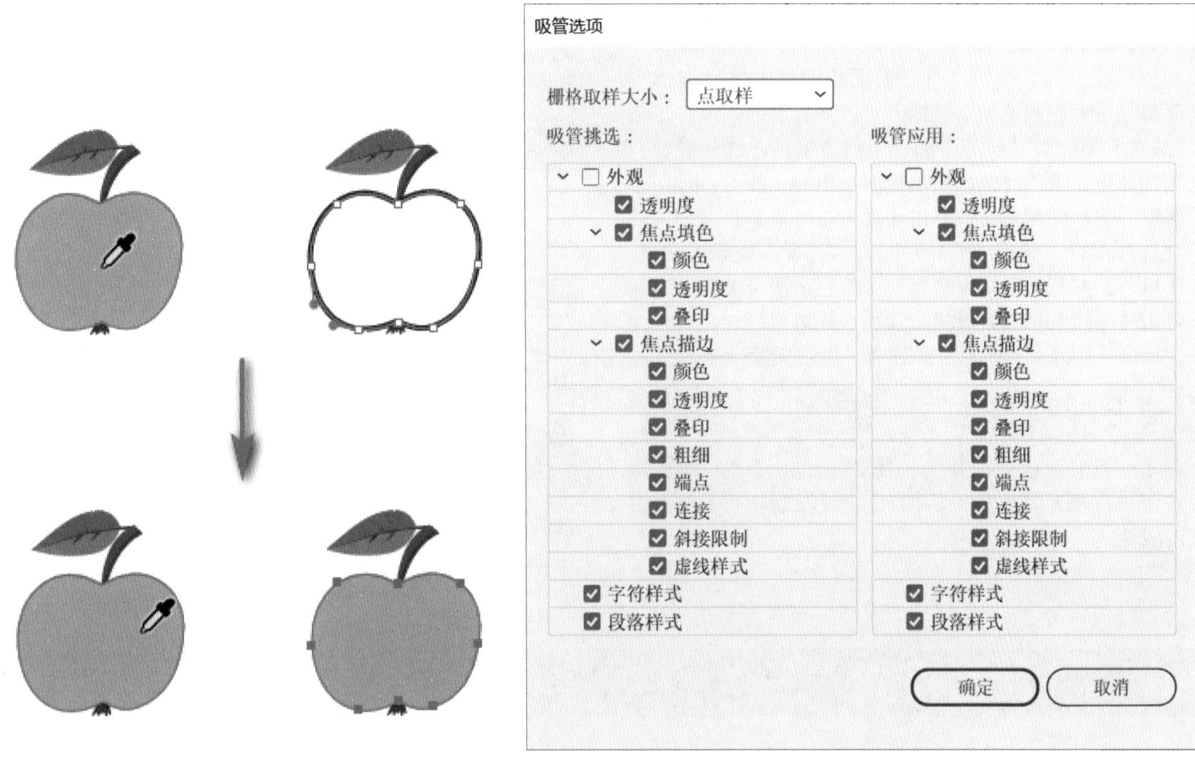

图 A05-86　　图 A05-87

A05.8 外观面板

【外观】面板是外观属性的入口，可以显示已应用于对象、组和层的填充描边、效果及图层样式。外观属性可以应用于层、组和对象。

执行【窗口】-【外观】菜单命令，打开【外观】面板（快捷键为 Shift+F6），如图 A05-88 所示。

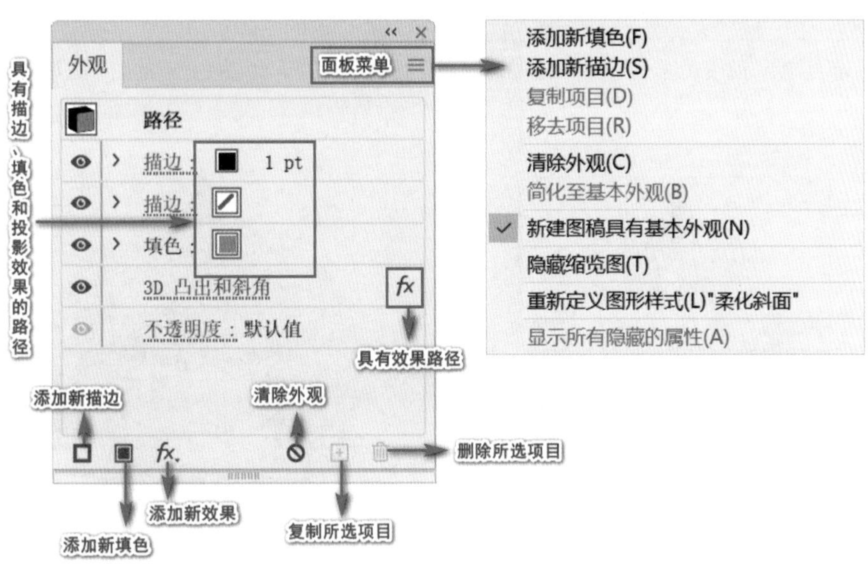

图 A05-88

1. 编辑或添加外观属性

选择一个对象，打开【外观】面板，单击带虚线的名称，即可弹出对应的选项对话框，可以进行属性修改；单击【添加描边】按钮，即可添加一个描边属性，选择颜色及描边粗细即可；单击【添加新填色】按钮，即可添加一个填色属性，选择颜色即可；单击【添加新效果】fx.按钮，弹出属性选项菜单，调整属性参数即可为对象添加新的效果；单击【填色】并从颜色框中选择一个颜色，即可编辑填充颜色；单击【描边】可以编辑描边颜色和描边粗细；选择一个属性，单击【删除所选项目】按钮，即可删除选中属性。

2. 复制外观属性

在【外观】面板中选择一种属性，单击【复制所选项目】按钮，或者展开面板菜单，选择【复制项目】即可复制外观属性。

还可以复制对象的所有外观，应用于其他对象。选择要复制的对象，在【外观】面板中，拖动对象名称左侧的缩略图到另一个对象上，松开鼠标，即可完成整体外观的复制和应用。

3. 更改外观属性顺序

在【外观】面板中选中想要调整顺序的属性，按住鼠标向上或向下拖曳即可。

4. 隐藏外观属性

要暂时隐藏画板中的某个属性，可以单击【外观】面板中的可视性图标，再次单击即可再次看到应用属性。

5. 清除外观属性

当选中层、组、路径时，单击外观面板中下方的【清除外观】按钮，可以看到当前选中的所有外观属性全部被删除。

A05.9 绘图模式

Illustrator 的绘图模式在工具栏的底部，单击【绘图模式】按钮，可以看到 3 种绘图模式：【正常绘图】【背面绘图】和【内部绘图】，如图 A05-89 所示，下面分别介绍这 3 种绘图模式。

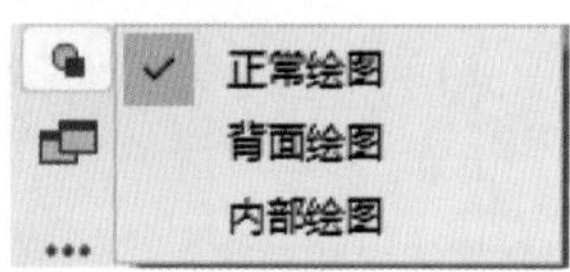

图 A05-89

1. 正常绘图

通常打开 Illustrator 时，默认的模式是【正常绘图】，在【正常绘图】模式下，绘图时新建的图形总是位于最上层，如图 A05-90 所示。

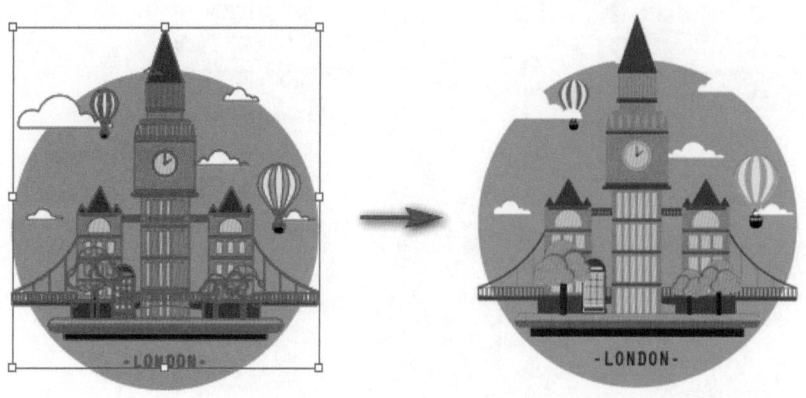

图 A05-90

2. 背面绘图

在【背面绘图】模式下，绘图时新建的图形位于最底部，如图 A05-91 所示。

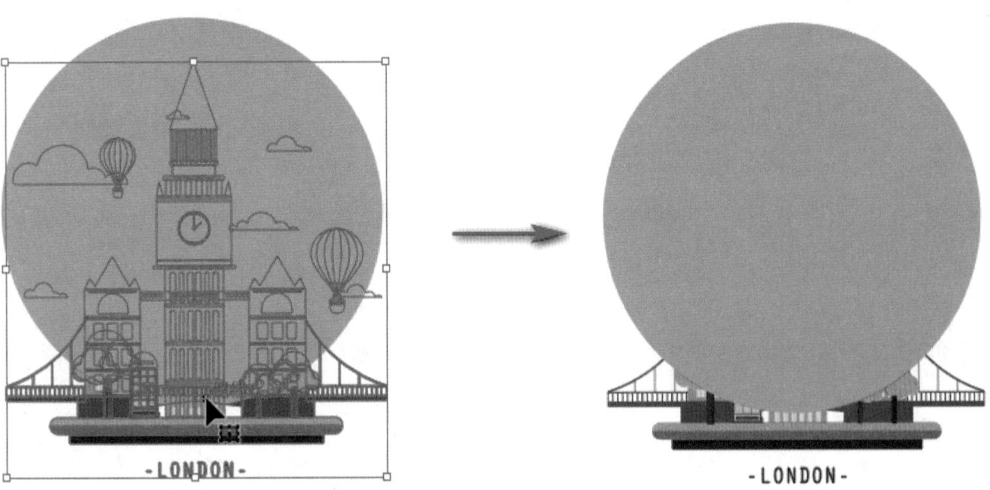

图 A05-91

3. 内部绘图

选择一个对象后，单击【绘图模式】按钮，选择【内部绘图】模式，即可在所选对象的内部绘图。可以通过这种方式创建剪切蒙版，如图 A05-92 所示。

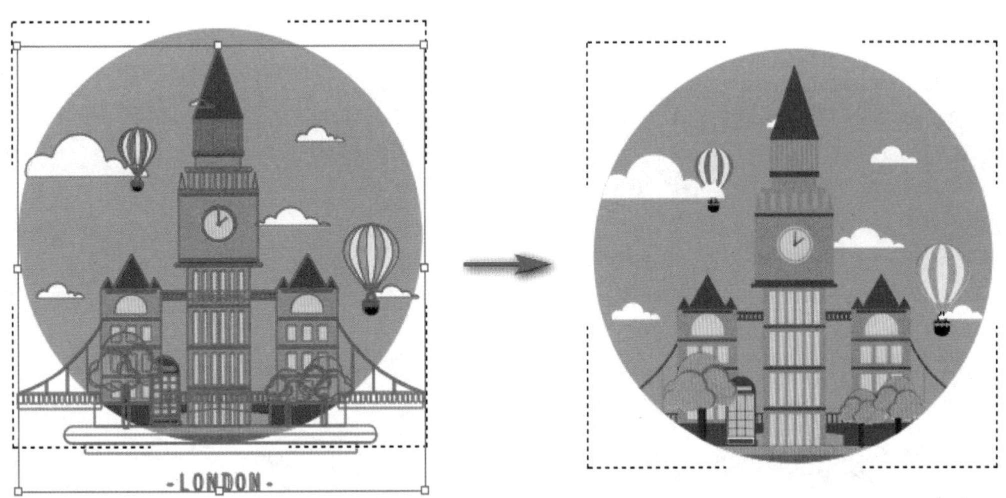

图 A05-92

A05.10 实例练习——绘制宇宙星空

本实例练习最终完成的效果如图 A05-93 所示。

图 A05-93

制作步骤

01 新建宽 175 毫米、高 195 毫米的文档，设置【颜色模式】为【RGB 颜色】。

02 使用【矩形工具】创建一个宽 175 毫米、高 195 毫米的矩形，设置【填色】为深蓝色，使其与画板中心对齐，如图 A05-94 所示。

图 A05-94

03 制作“渐变星球 1”。使用【椭圆工具】创建“正圆 1”，尺寸为宽 40 毫米、高 40 毫米；选择【渐变工具】，单击创建好的“正圆 1”，在控制栏中设置【渐变类型】为【径向渐变】，双击左色标设定【填色】为蓝色，双击右色标，设定【不透明度】为 0，如图 A05-95 所示。

图 A05-95

04 “渐变星球 2”和“渐变星球 3”的制作方法与“渐变星球 1”相同。“渐变星球 2”的尺寸为宽 25 毫米、高 25 毫米，左色标【填色】为浅紫色，右色标【填色】为浅蓝色；复制一个“渐变星球 2”，命名为“渐变星球 3”，并将尺寸修改为宽 28 毫米、高 28 毫米，放置位置如图 A05-96 所示。

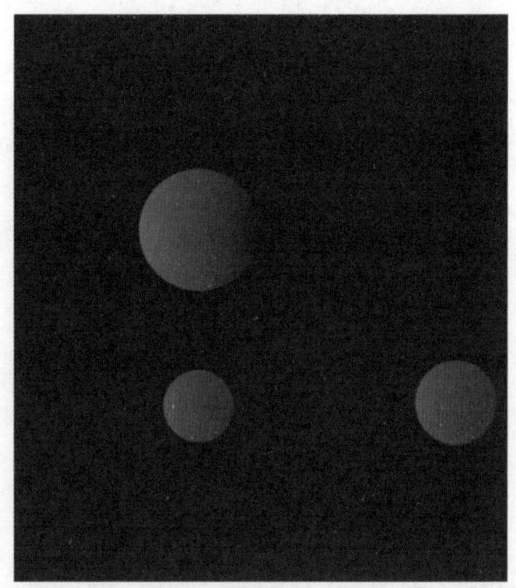

图 A05-96

05 使用【直线段工具】并按住 Shift 键创建流星图案，长 50 毫米，【描边粗细】为 1pt，【画笔定义】为【5 点圆形】；使用【吸管工具】吸取“渐变星球 2”的渐变颜色，在工具栏中单击【互换填色和描边】按钮，即可得到一个有渐变颜色的直线段，如图 A05-97 所示。

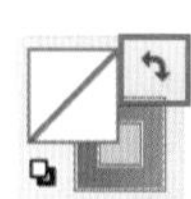

图 A05-97

06 与步骤 5 类似，再创建一条直线段，长 35 毫米，【描边粗细】为 1pt，左色标【填色】为浅蓝色，右色标【填色】为浅黄色，复制出多个流星图案，然后将这些渐变星球和流星随机摆放，如图 A05-98 所示。

图 A05-98

07 创建一些星星装饰画面。使用【星形工具】创建任意大小的星星，设置【角点数】为 4，【填色】为黄色，复制多个星星并且任意填充颜色；最后使用【椭圆工具】创建小圆点并任意填充颜色，丰富画面最终效果如图 A05-93 所示。

A05.11 综合案例——绘制火锅

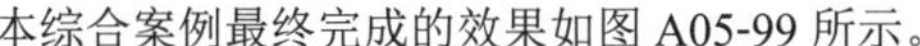

本综合案例最终完成的效果如图 A05-99 所示。

图 A05-99

制作步骤

01 新建文档，设置尺寸为 A4，【颜色模式】为【RGB 颜色】，背景色为浅黄色。

02 创建锅的外形。使用【椭圆工具】创建“椭圆 1”，【填色】为灰色。使用【圆角矩形工具】创建一个与“椭圆 1”相同宽度的“圆角矩形 1”，设定“圆角矩形 1”下方两侧的【圆角半径】为 76 毫米，【填色】为深灰色，并将两个图形对象组合，如图 A05-100 所示。

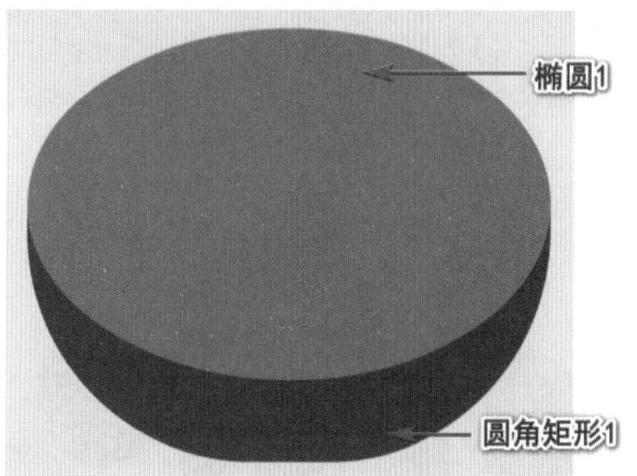

图 A05-100

03 选中“圆角矩形 1”，按 Shift+D 快捷键切换绘图模式为【内部绘图】，在“圆角矩形 1”里创建 2 个椭圆，更改椭圆颜色，做出锅的层次感。使用【圆角矩形工具】创建锅两侧的手柄，然后调整【圆角半径】及摆放位置即可，效果如图 A05-101 所示。

图 A05-101

04 红油锅底的制作方法与步骤 3 相同，使用【椭圆工具】创建一个“椭圆 2”，【填色】为深灰色；切换到【内部绘图】模式，再创建一个“椭圆 3”，【填色】为红色，最后将“面条”素材放到火锅的一侧，如图 A05-102 所示。

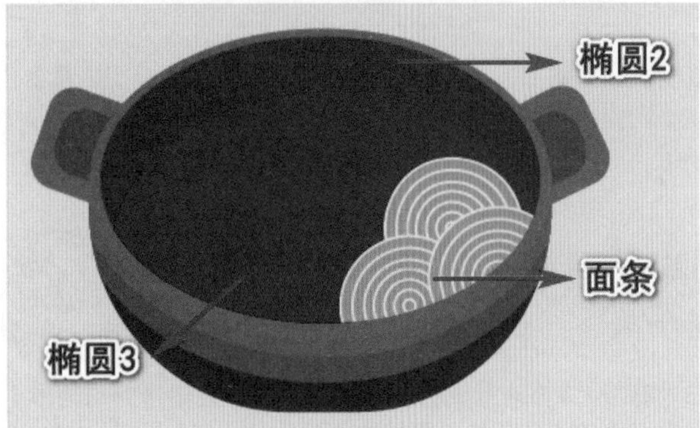

图 A05-102

05 创建火锅中的食材，以“蔬菜”为主要讲解案例，使用【椭圆工具】创建多个大小不一的椭圆并调整角度，再使用【直线段工具】绘制“蔬菜”的纹理，在控制栏中设定【变量宽度配置文件】为 1，如图 A05-103 所示。

图 A05-103

06 其他的食材也都使用基础的形状工具进行组合创建，再对这些素材进行排列摆放，如图 A05-104 所示。

图 A05-104

07 在空隙位置中使用【椭圆工具】创建出多个淡粉色椭圆，作为“油花气泡”素材。再创建多个椭圆，在控制栏中设定【描边】为绿色，【描边粗细】为 4pt，【变量宽度配置文件】为 3，作为“葱花”素材，如图 A05-105 所示。

图 A05-105

08 使用【圆角矩形工具】创建两个圆角矩形，在控制栏中调整【圆角半径】，制作“筷子”素材，将其放在火锅顶部。按 Ctrl+D 快捷键切换绘图模式为【背面绘图】，使用【椭圆工具】创建火锅的投影效果，最终效果如图 A05-99 所示。

A05.12 作业练习—手表插画设计

本作业练习完成效果如图 A05-106 所示。

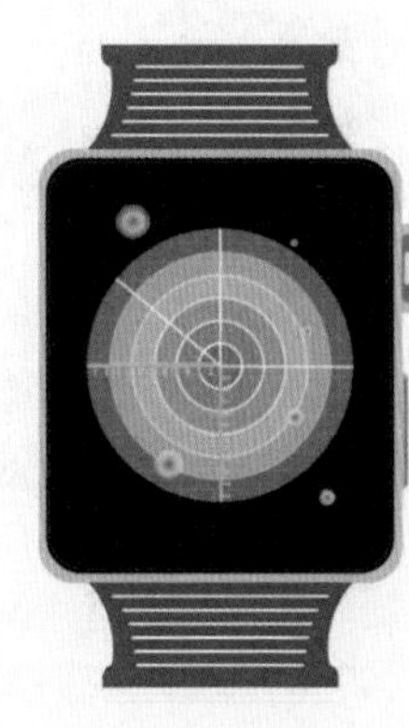

图 A05-106

作业思路

使用基础的形状工具【圆角矩形工具】绘制出“手表屏幕”并填充颜色。使用【椭圆工具】【矩形网格工具】【极坐标网格工具】和【直线段工具】组合绘制出“雷达”效果。再分别使用【多边形工具】创建三角形，并将【边角类型】改为【反向圆角】即可创建“表带”形状，最后使用【直线段工具】添加“表带”纹理。

总结

本课学习了创建简单图形的方法，如矩形、椭圆形、星形、线条等，还学习了对这些形状填充颜色、渐变及图案等的方法。掌握基本图形的创建方法，是开启设计制图等创造性工作的第一步。

读书笔记

A06课

路径绘制与修改

点线面操控大师

本课讲解绘制图形的方法，了解【钢笔工具】【画笔工具】【铅笔工具】等绘制工具的使用方法，利用这些工具可以画出自由度更高的直线或曲线路径，还可以结合其他工具创建更为生动的图形对象。

A06.1　钢笔工具组

【钢笔工具】是 Illustrator 中非常强大的工具之一，在矢量图形的绘制中被经常使用。右击工具栏中的【钢笔工具】展开工具组（快捷键为 P），其中包含【钢笔工具】【添加锚点工具】【删除锚点工具】及【锚点工具】，如图 A06-1 所示。

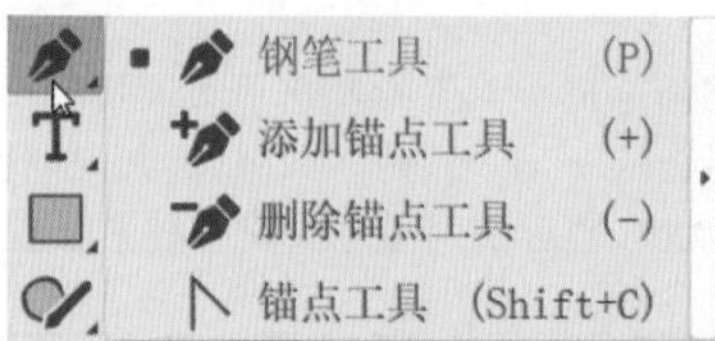

图 A06-1

1. 介绍路径与锚点

贝塞尔曲线（Bézier Curve）又称为贝兹曲线，是应用于二维图形应用程序的数学曲线。简单来说，贝塞尔曲线就像有弹性的钢丝，两个点（锚点）控制着钢丝，通过力量和方向控制钢丝的弯度。通过很多的点，就组成了多样的曲线（路径）。使用【钢笔工具】绘制曲线就是基于贝塞尔曲线的原理实现的。

路径由一条或多条直线或曲线线段组成，每个线段的初始点和终点由锚点标记，路径分为开放路径（如C型）和闭合路径（如O型）两种，如图A06-2所示。使用【直接选择工具】拖动路径的锚点或锚点上的手柄，或者拖动局部路径线，都可以改变路径的形状（A06.2

课将会详细讲解编辑路径的内容）。

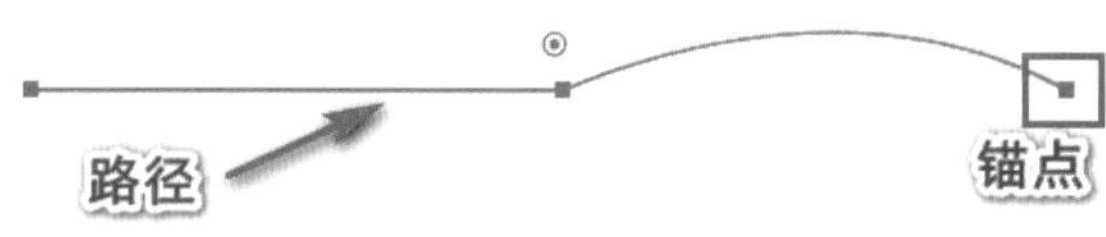

图 A06-2

2. 钢笔工具的使用

◆ 直线绘制

选择【钢笔工具】，在画板上单击即可绘制一个锚点，在另一处单击第二个锚点，就绘制出了一条直线段，这时按 Esc 键结束绘制，则形成一条直线，如图 A06-3 所示。

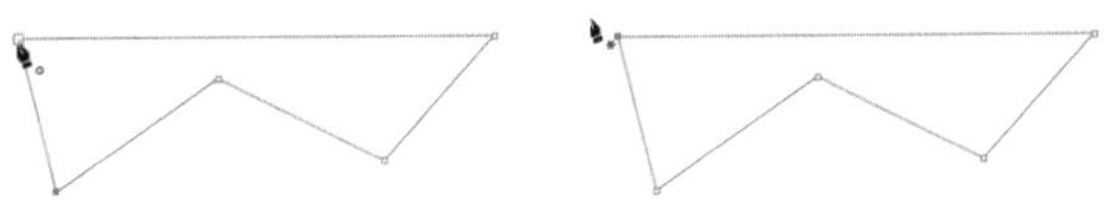

图 A06-3

要闭合路径，也可以继续绘制，直到回到最开始的锚点上，这时光标旁会出现一个圆圈，单击可完成闭合，如图 A06-4 所示。

图 A06-4

- 按住 Shift 键可以锁定以 45° 轮转。
- 绘制过程中，按住 Ctrl 键可以拖动锚点。

◆ 曲线绘制

选择【钢笔工具】，单击创建第一个锚点，在另一端创建第二个点时，按住鼠标不松则光标变成一个黑箭头，拖曳鼠标调整手柄即可绘制出曲线。按住 Ctrl 键，单击手柄的一端锚点后，拖曳鼠标可调整曲线的弧度。最后按 Esc 键，即可绘制出一条开放的平滑曲线，如图 A06-5 所示。

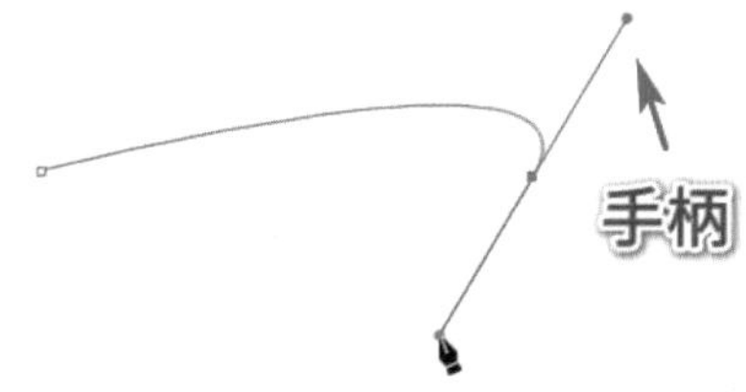

图 A06-5

两点直接生成的是一条曲线，也可以连续绘制，从而绘制出多样化的曲线，如图 A06-6 所示。

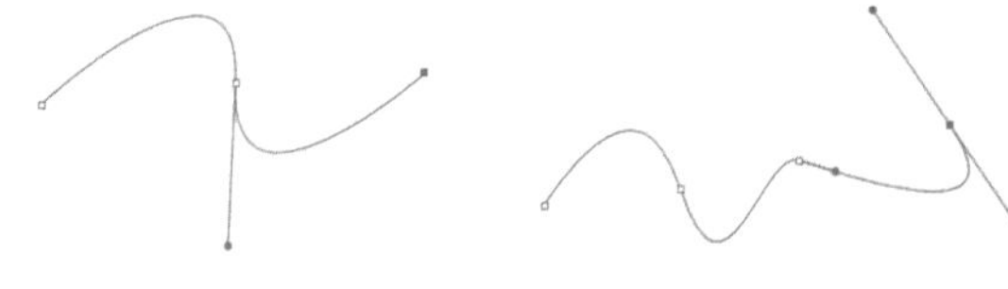

图 A06-6

豆包：使用【钢笔工具】绘制路径时会有很多手柄，对于这些手柄该如何操作呢？

使用【钢笔工具】绘制完路径后，选择【直接选择工具】，需要曲线向下，就按住鼠标向下拖曳其中一个手柄；需要曲线向上，就按住鼠标向上拖曳其中一个手柄，如图A06-7所示。

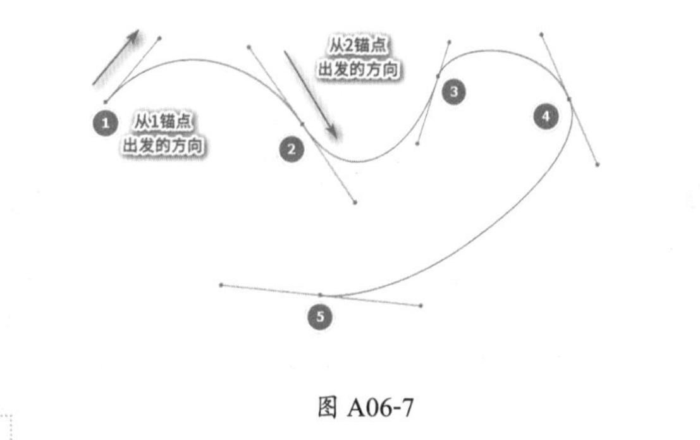

图 A06-7

3. 添加、删除锚点工具

添加锚点可以增加对路径的控制，也可以扩展开放路径，但是增加不必要的锚点会使路径变得复杂，较少的锚点更易于编辑，所以删除不必要的锚点可以降低路径的复杂性。

◆ 添加锚点

路径处于选择状态时，选择【钢笔工具】或【添加锚点工具】，当光标靠近路径边缘时，其右下角会出现加号，单击即可添加锚点，如图 A06-8 所示。

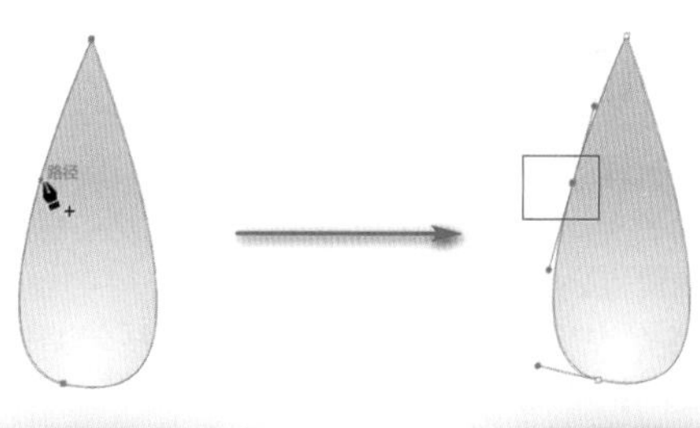

图 A06-8

◆ 删除锚点

而当光标靠近锚点时，光标右下角会出现减号，单击即可删除锚点，如图 A06-9 所示。

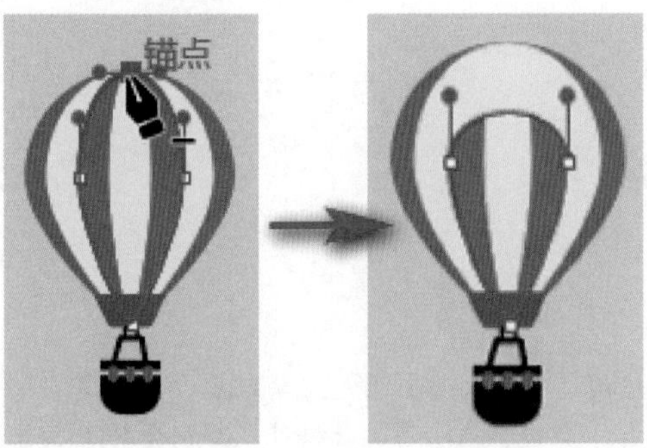

图 A06-9

选择对象，执行【对象】-【路径】-【添加锚点】菜单命令，就可以为选择的对象快速且均匀地添加锚点，如图 A06-10 所示。

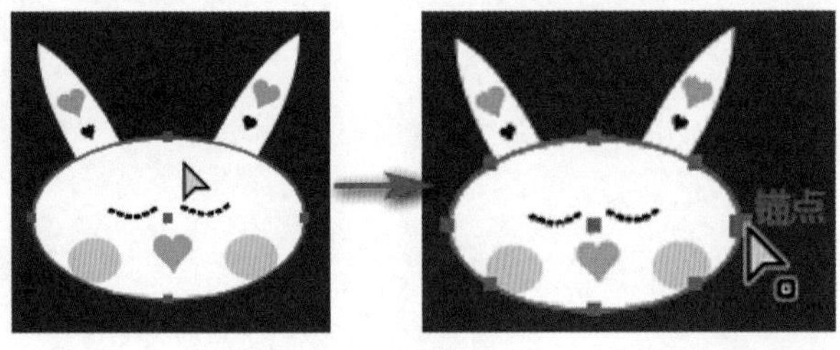

图 A06-10

选择要移去的锚点，执行【对象】-【路径】-【移去锚点】菜单命令，就可以删除锚点，并且保持路径连续的状态，如图 A06-11 所示。

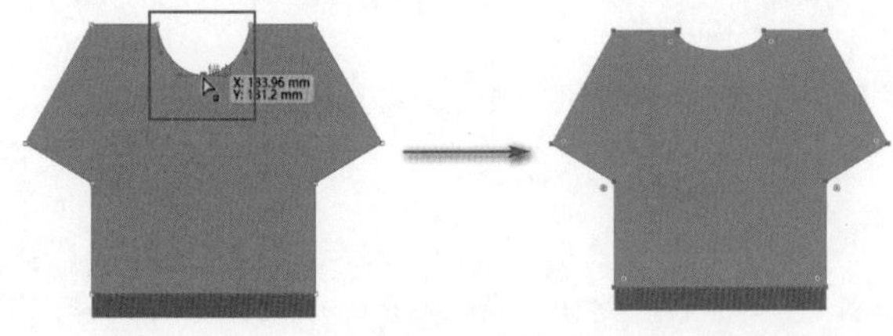

图 A06-11

4. 转换锚点工具

在绘制过程中，光标靠近路径末端的锚点时，光标右下角出现折角符号，如图 A06-12 所示，单击或拖曳可以在角锚点和曲线锚点之间互相转换。

在绘制完成后，要切换为角锚点和曲线锚点，可右击【钢笔工具】展开工具组，选择【锚点工具】，如图 A06-13 所示，快捷键为 Shift+C。单击锚点可以将其转换为角锚点，按住鼠标拖曳手柄，则可以转换为曲线锚点，如图 A06-14 所示。

图 A06-12

图 A06-13

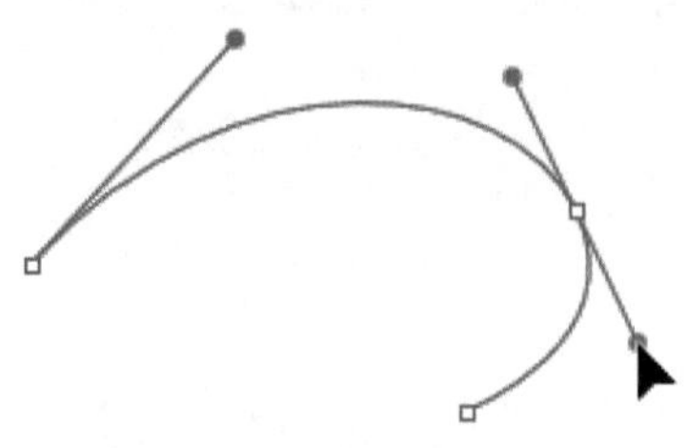

图 A06-14

也可以通过控制栏中的【转换】选项进行角锚点和曲线锚点的转换，如图 A06-15 所示。

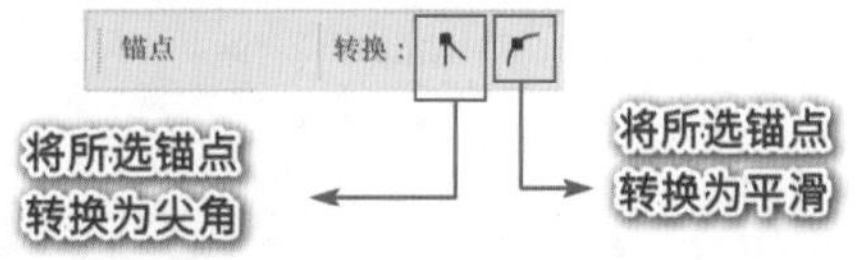

图 A06-15

◆ 快捷键

在使用【钢笔工具】绘制锚点的过程中，按住 Alt 键可以临时切换为【转换点工具】。

SPECIAL 扩展知识

在使用【钢笔工具】时，要完成开放路径的闭合，可将光标移动到任意一端的锚点上，单击进入继续绘制状态，然后将光标移动到另一端的锚点处，光标右下角出现一个圆圈，单击即可闭合，如图A06-16所示。

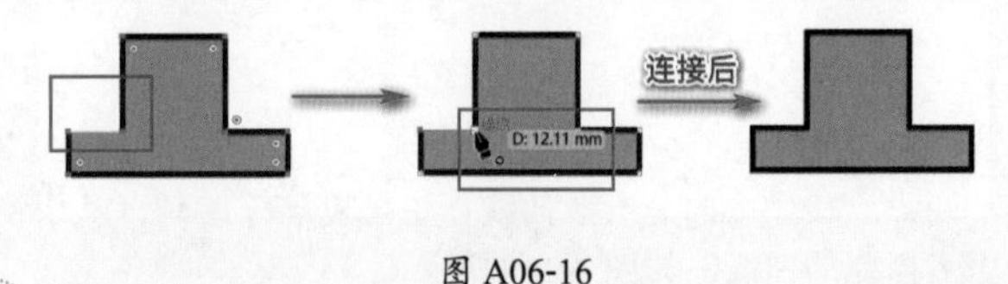

图 A06-16

A06.2 锚点的选择和属性

1. 直接选择工具

使用【直接选择工具】可以改变路径形状，也可以编辑路径，单击其中一个锚点，按住鼠标并拖曳，即可对路径进行编辑；也可以按住 Shift 键，选择两个或多个锚点进行编辑。

选中曲线锚点可以激活手柄，调整手柄可以编辑路径，或单击路径，按住鼠标并拖曳也可以编辑路径。

使用【直接选择工具】时，如果选择整体的路径，此时它的功能与【选择工具】类似，可以对路径进行移动、复制、分布、变换等操作，按住 Alt 键并拖曳鼠标可以复制路径，如图 A06-17 所示。

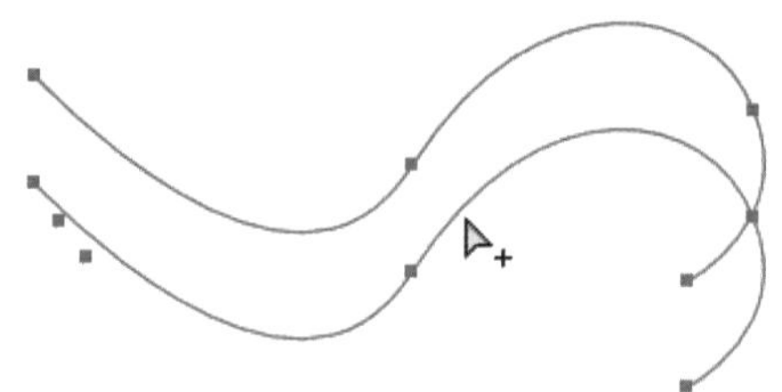

图 A06-17

按住 Ctrl 键，出现定界框，这时可以自由变换路径，如图 A06-18 所示。

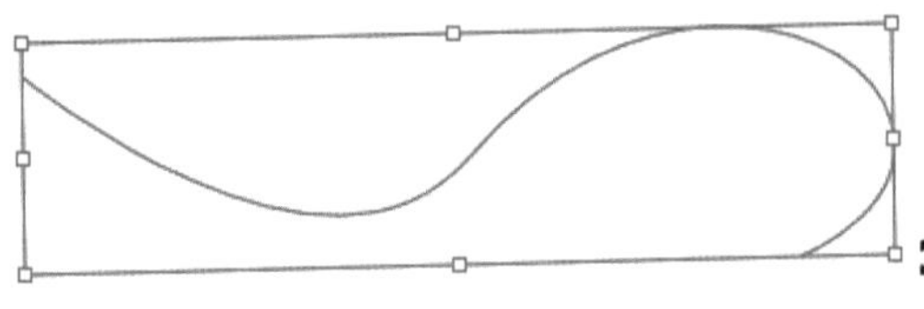

图 A06-18

2. 编组选择工具

使用【编组选择工具】可以在组中选择单个对象，也可以在多层的组别中选择对象和组。在图稿中选择组对象，每次单击都会选中当前组的下一层对象，如图 A06-19 所示。

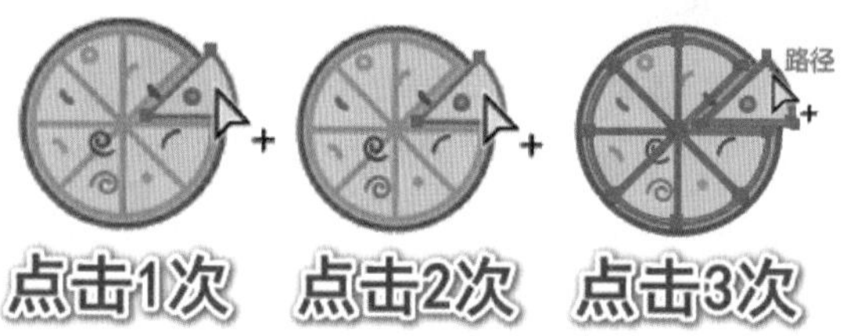

图 A06-19

3. 锚点的控制栏与属性面板

使用【钢笔工具】绘制图形时，可以在控制栏中看到工具的状态（在【属性】面板中也会显示），如图 A06-20 所示。

图 A06-20

使用这些按钮可以将路径上的锚点在尖角和平滑之间进行转换。使用【直接选择工具】选中锚点时，通过控制栏中的按钮可快速地转换多个锚点，并且还可以选择只转换锚点的一侧，在转换锚点时能够精准地改变曲线的平滑度。

- 将所选锚点转换为尖角：单击该按钮即可将一个或多个锚点转换成尖角，如图 A06-21 所示。

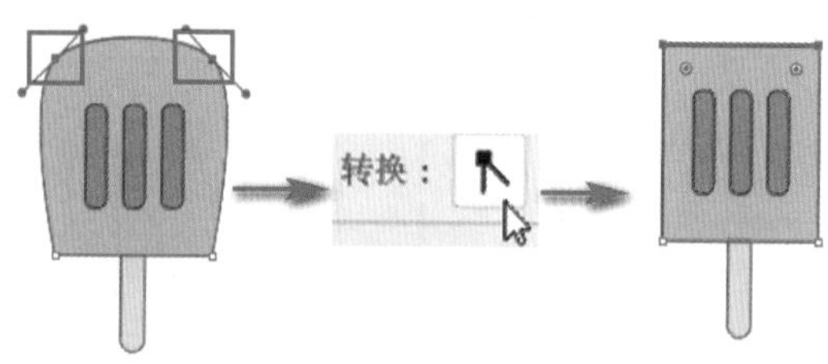

图 A06-21

- 将所选锚点转换为平滑：单击该按钮即可将一个或多个点变得平滑，如图 A06-22 所示。

图 A06-22

- 显示多个选定锚点的手柄：在选中多个锚点时，单击该按钮即可显示选中锚点的手柄，如图 A06-23 所示。
- 隐藏多个选定锚点的手柄：在选中多个锚点时，单击该按钮即可隐藏选中锚点的手柄，如图 A06-23 所示。

图 A06-23

◆ 删除所选锚点：选中锚点，单击该按钮即可删除，如图 A06-24 所示。

图 A06-24

◆ 连接所选终点：选中两个没有闭合的锚点，单击该按钮即可将其变成闭合路径，如图 A06-25 所示。

图 A06-25

◆ 在所选锚点处剪切路径：选中一个或多个要剪切的路径锚点，单击该按钮，移动被剪切的路径，可以发现路径被裁切开，如图 A06-26 所示。

图 A06-26

A06.3 编辑路径

除了使用【编辑路径工具】编辑路径之外，Illustrator 还提供了编辑路径的命令，执行【对象】-【路径】菜单命令，即可看到各种编辑路径的命令，如图 A06-27 所示。

图 A06-27

1. 连接

使用【连接】可以连接两个或多个开放的路径。选择两个锚点或两个开放路径，执行【对象】-【路径】-【连接】菜单命令（快捷键为 Ctrl+J），或者右击选择【连接】选项，都可以进行连接操作，如图 A06-28 所示。

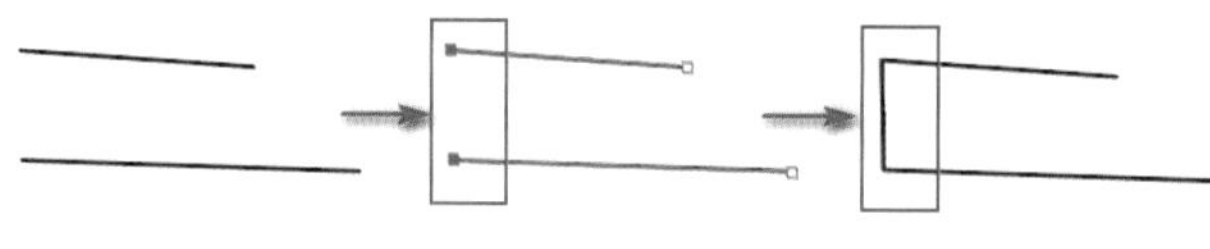

图 A06-28

2. 轮廓化描边

【轮廓化描边】是将一个带有描边的形状拆开，分别拆成只有填充的形状和只有描边的形状。打开带有描边的素材，执行【对象】-【路径】-【轮廓化描边】菜单命令，然后在图形上右击，选择【取消编组】选项即可分离，如图 A06-29 所示。

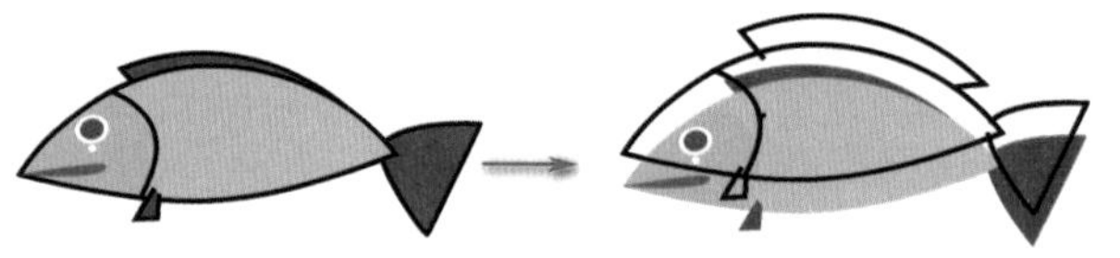

图 A06-29

3. 偏移路径

【偏移路径】是将路径向内收缩或向外扩展的命令。选择一个形状，执行【对象】-【路径】-【偏移路径】菜单命令，弹出【偏移路径】对话框，如图 A06-30 所示，调整相应的参数即可。

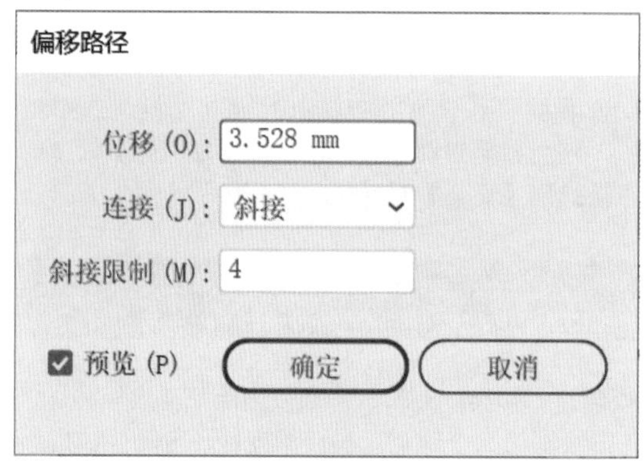

图 A06-30

- 位移：路径偏移的距离。
- 连接：调整移动后图形的边缘，包含斜接、圆角、斜角 3 个选项，如图 A06-31、图 A06-32 所示。

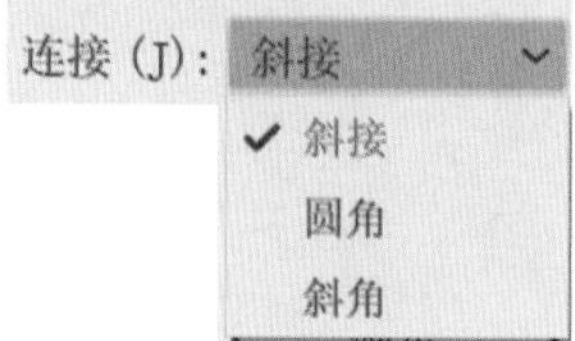

图 A06-31

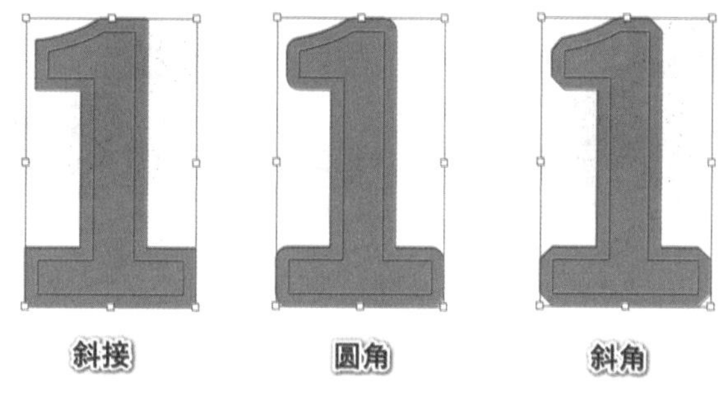

图 A06-32

- 斜接限制：控制【连接】中斜接的效果，默认斜接限制值为 4，表示当连接点的长度达到描边粗细的 4 倍时，软件会将其从斜接连接切换为斜角连接。若斜接限制为 1，则直接生成斜角连接。

4. 反转路径方向

使用【反转路径方向】可以将路径锚点的起点和终点进行反转。选择一个图形，执行【对象】-【路径】-【反转路径方向】菜单命令，如图 A06-33 所示。

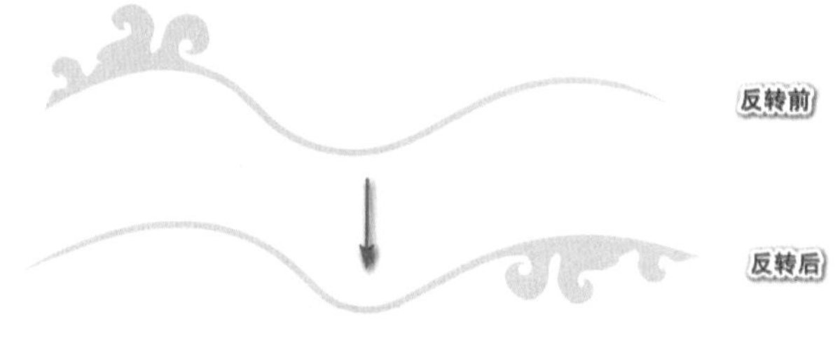

图 A06-33

5. 简化

使用【简化路径】可以删除路径上不必要的锚点，而且不会对原路径进行重大的更改。执行【对象】-【路径】-【简化】菜单命令，即可弹出【简化路径】控制面板，如图 A06-34 所示。

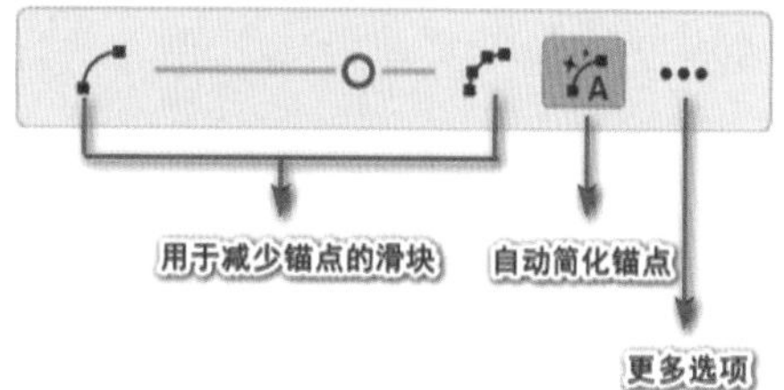

图 A06-34

滑动锚点滑块，可以手动简化路径，越向左滑动，锚点越少，反之则越接近当前锚点的最大值，也可以单击【自动简化锚点】按钮自动简化，如图 A06-35 所示。

图 A06-35

单击【更多选项】按钮…，弹出【简化】对话框，如图 A06-36 所示，可以设置简化的参数。

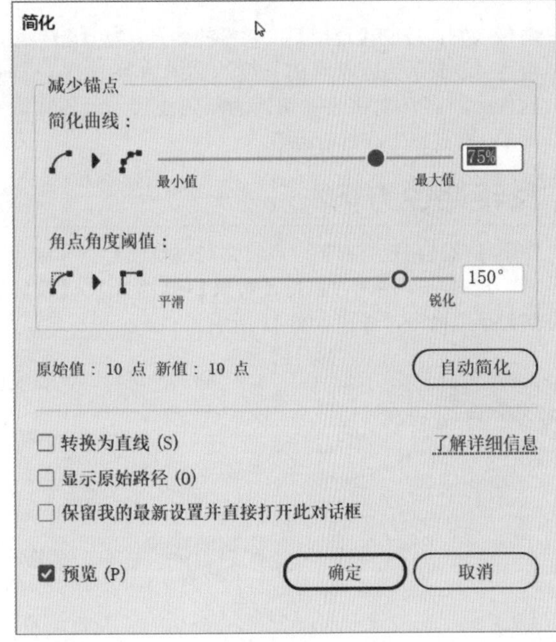

图 A06-36

◆ 简化曲线：控制路径的平滑度，值越大，平滑度越高。

◆ 角点角度阈值：使用【角点角度阈值】可控制路径中角点的平滑度，越向左，平滑度越高，越向右，锐度越高。

◆ 转换为直线：选中该复选框，则路径被简化为直线，如图 A06-37 所示。

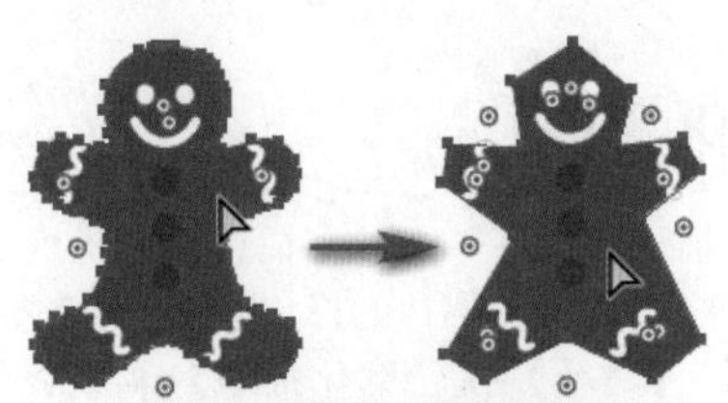

图 A06-37

◆ 显示原始路径：选中该复选框，则会显示原始路径，如图 A06-38 所示。

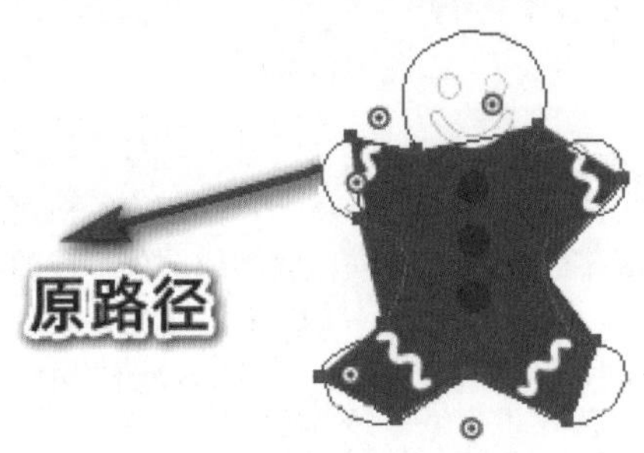

图 A06-38

◆ 保留我的最新设置并直接打开此对话框：选中该复选框，则会存储当前设置，下次执行【简化】命令时，会直接弹出【简化】对话框。

A06.4 曲率工具

【曲率工具】可以简化路径，使曲线更平滑，使用【曲率工具】可以创建、切换、编辑、添加或删除平滑点等。

选择【曲率工具】，在画板上单击绘制一个锚点，移动鼠标后单击绘制第二个锚点，再移动鼠标，自动生成曲线橡皮筋，如图 A06-39 所示，确定曲线形态后单击，则完成曲线路径的绘制。

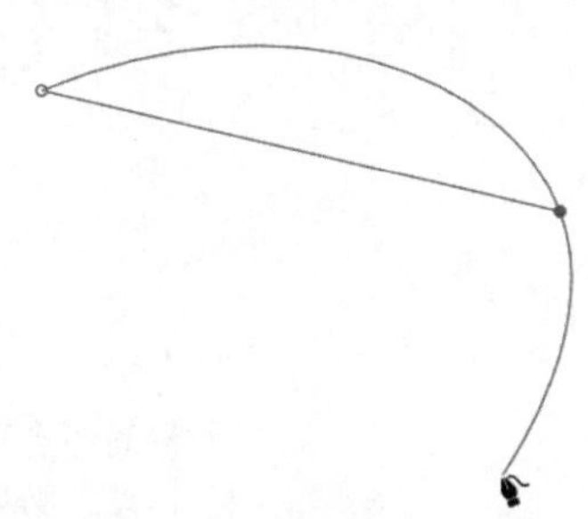

图 A06-39

在绘制时，按住 Alt 键双击或单击即可创建角点，如图 A06-40 所示。

在绘制过程中，按住锚点拖曳即可调整曲线，如图 A06-41 所示。

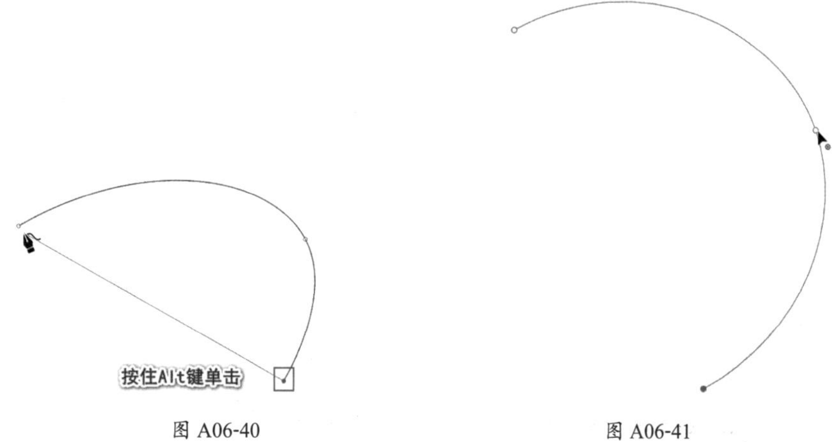

图 A06-40

图 A06-41

将光标移动到绘制的曲线路径上，其右下角会出现加号，单击即可添加锚点，如图 A06-42 所示；单击选中任意锚点，按 Delete 键即可删除锚点。

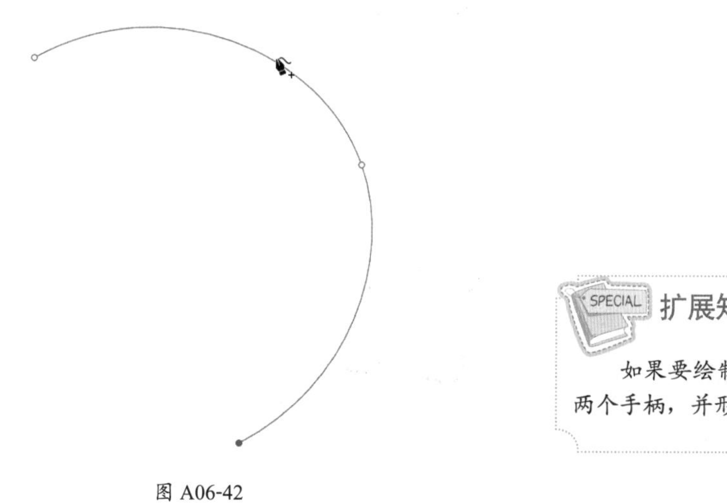

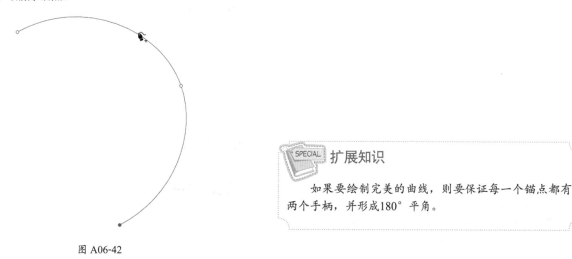

图 A06-42

SPECIAL 扩展知识

如果要绘制完美的曲线，则要保证每一个锚点都有两个手柄，并形成180° 平角。

A06.5 画笔工具

【画笔工具】也是绘制矢量图形的一种重要工具，使用它可以将画笔描边应用于现有的路径上，使路径的外观具有不同的风格。右击【画笔工具】展开工具组，工具组中包含【画笔工具】和【斑点画笔工具】，如图 A06-43 所示。

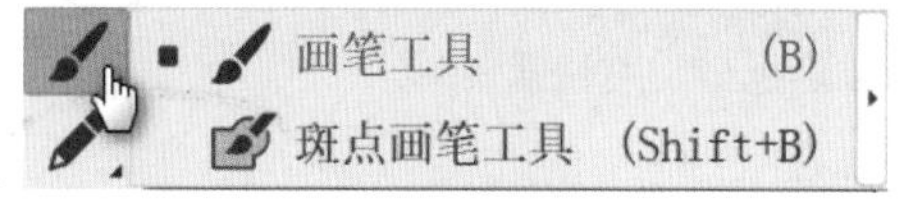

图 A06-43

1. 画笔工具的使用

选择【画笔工具】，将光标移动到画板上，按住鼠标并拖曳即可进行自由绘制，在英文输入状态下，按 [键可以缩小笔刷，按] 键可以放大笔刷，绘制完成后可以在控制栏中对描边颜色、描边粗细、宽度变量及画笔定义进行设置（具体方法详见 A05.7 课），如图 A06-44 所示。

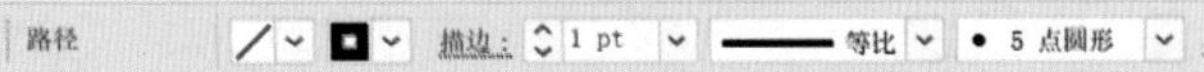

图 A06-44

使用【画笔工具】画出来的图形也有路径和锚点，可以使用【直接选择工具】▷.对路径进行调整，如图 A06-45 所示。

图 A06-45

双击【画笔工具】，弹出【画笔工具选项】对话框，可以对画笔工具进行设置，如图 A06-46 所示。

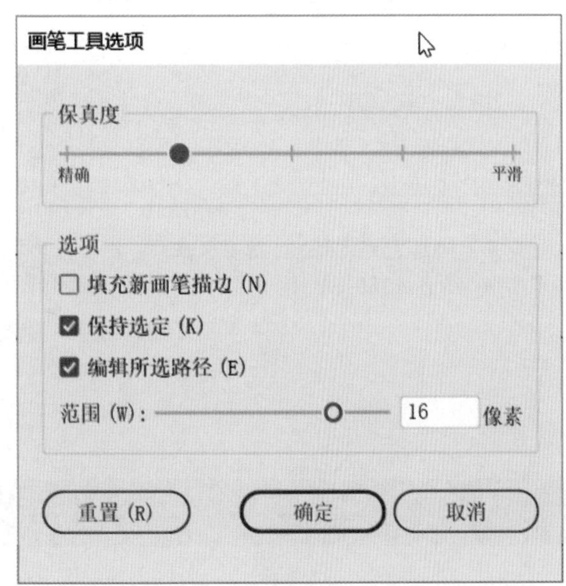

图 A06-46

- 保真度：控制路径的锚点数量，越精确则锚点越多，路径就越接近实际运动路径；越平滑则锚点越少，路径就越平滑，如图 A06-47 所示。
- 填充新画笔描边：选中该复选框，绘制出来的图形会被自动填色，在绘制封闭路径时最有效，如图 A06-48 所示。

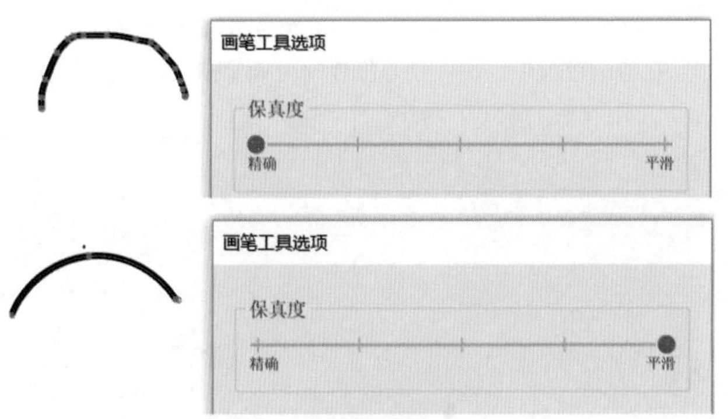

图 A06-47

图 A06-48

- 保持选定：用于决定在绘制完之后是否选定该路径，如图 A06-49 所示。

图 A06-49

- 编辑所选路径：选中该复选框，可以使用【画笔工具】更改路径形状。选中锚点并拖曳，即可改变路径形状，如图 A06-50 所示。

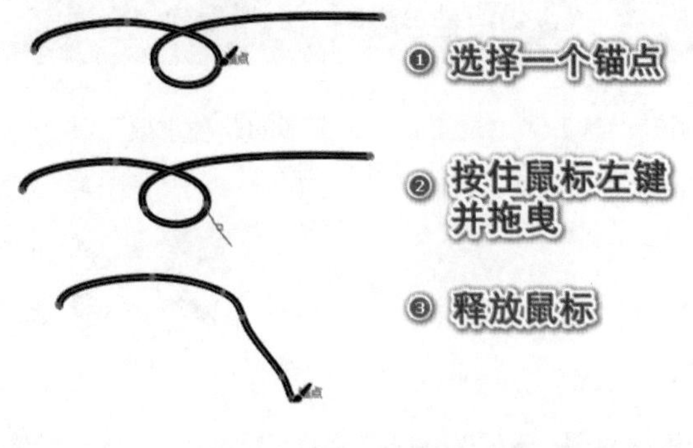

图 A06-50

2. 画笔面板

图形绘制完成后，可以通过【画笔定义】更改线条效果，可以在控制栏的【画笔定义】中选择画笔；还可以执行【窗口】-【画笔】菜单命令（快捷键为F5），打开【画笔】面板选择画笔，如图A06-51所示。

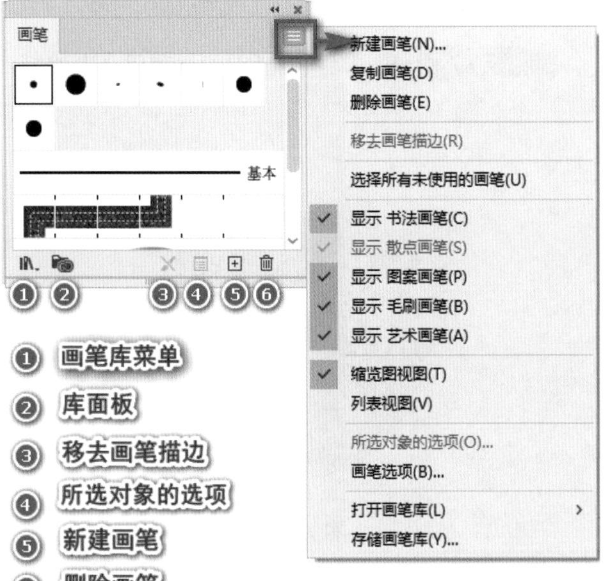

图 A06-51

◆ 画笔类型

在Illustrator中，画笔分为5大类型，分别是【书法画笔】【散点画笔】【图案画笔】【毛刷画笔】和【艺术画笔】，效果如图A06-52所示。

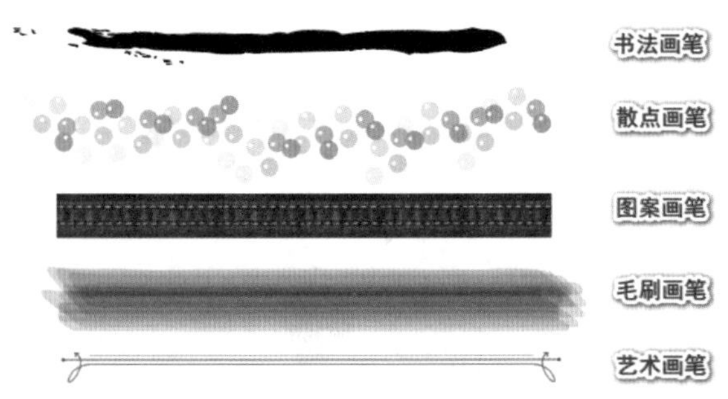

图 A06-52

◆ 画笔库菜单：单击【画笔库菜单】按钮，在弹出的菜单中，可以看到很多预设的画笔库，如图A06-53所示。

选中图形，单击【画笔库菜单】按钮，选择【艺术效果】-【艺术效果_画笔】选项，再选择库中的【干画笔1】，即可更换为该画笔，如图A06-54所示。也可以提前选择合适的画笔，再绘制图形。

图 A06-53

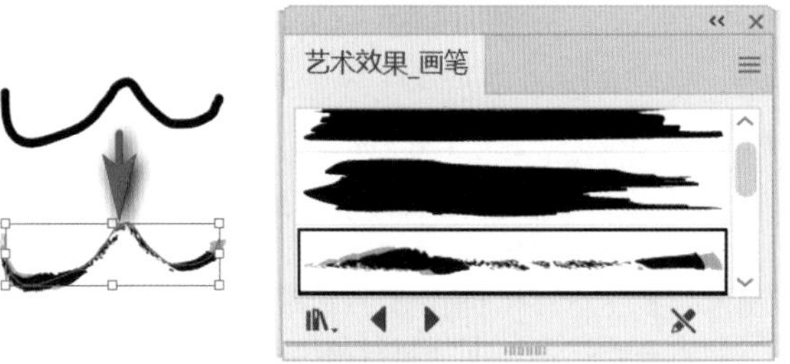

图 A06-54

◆ 移去画笔描边：单击【移去画笔描边】按钮，即可去除画笔的描边，如图A06-55所示。

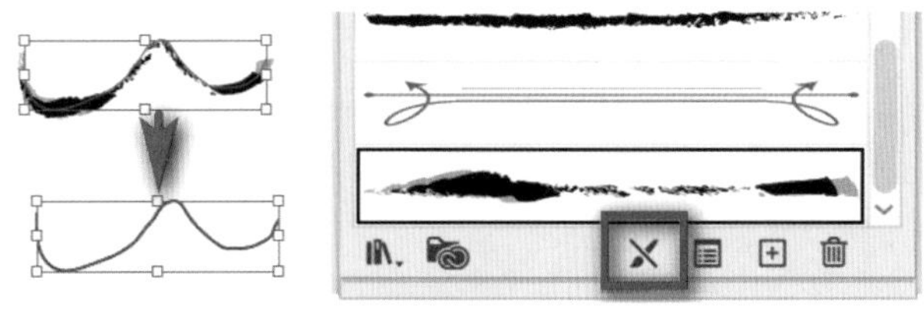

图 A06-55

◆ 所选对象的选项：在使用画笔定义的情况下，单击【所选对象的选项】按钮，弹出【描边选项】对话框，可以重新定义画笔，如图A06-56所示。

图 A06-56

◆ 新建画笔：除了预设的画笔之外，用户还可以自定义画笔，创建一个图形后，将该图形拖入【画笔】面板中，或者单击【画笔】面板底部的【新建画笔】按钮，弹出【新建画布】对话框，如图 A06-57 所示。

图 A06-57

选择一种画笔类型，如【散点画笔】，单击【确定】按钮，弹出【散点画笔选项】对话框，如图 A06-58 所示，设定画笔的参数，单击【确定】按钮即可完成画笔的创建。

新建画笔完成后，即可进行绘制，效果如图 A06-59 所示。

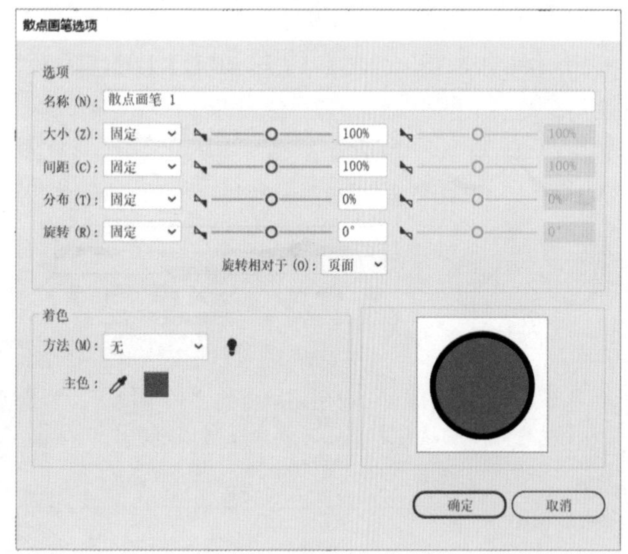

图 A06-58

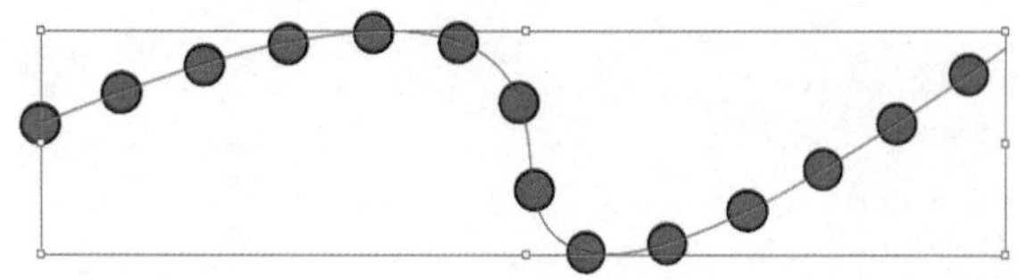

图 A06-59

◆ 删除画笔：选中【画笔】面板中的任意画笔，单击【删除画笔】按钮，即可删除该画笔。

3. 斑点画笔工具

使用【斑点画笔工具】绘制的就是形状，如图 A06-60 所示，绘制多个相交的图形时这些图形会自动合并在一起，如图 A06-61 所示。

图 A06-60

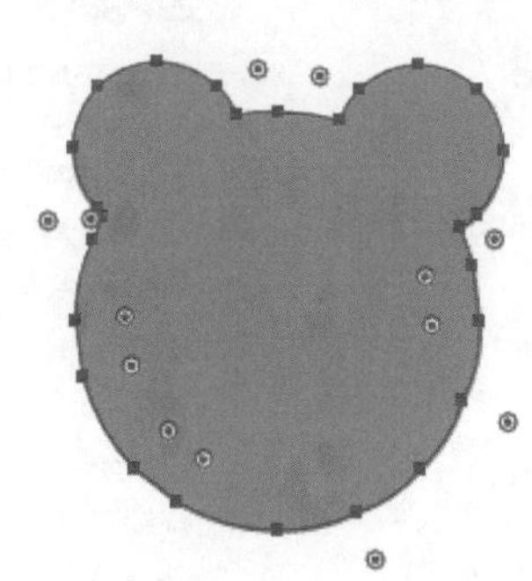

图 A06-61

右击【画笔工具】展开工具组，选择【斑点画笔工具】（快捷键为 Shift+B），即可绘制。在英文输入状态下，按 [键可以缩小笔刷，按] 键可以放大笔刷。

双击【斑点画笔工具】弹出【斑点画笔工具选项】对话框，可以设置【大小】【角度】【圆度】等参数，如图 A06-62 所示。

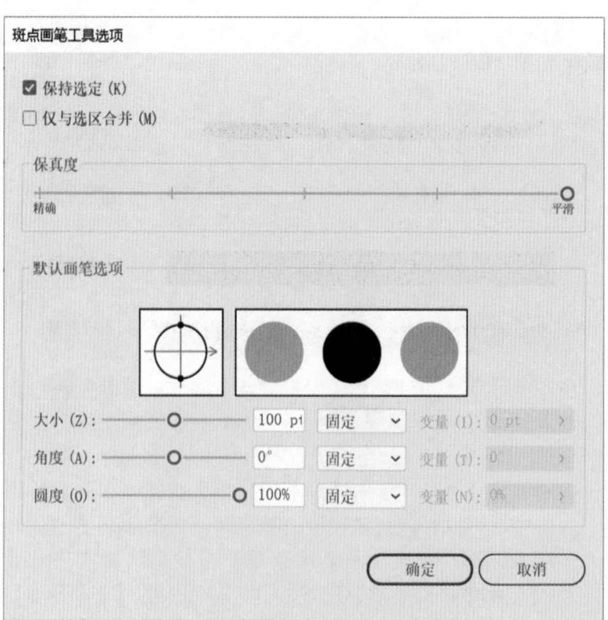

图 A06-62

◆ 保持选定：选中该复选框，在绘制路径后将保持路径的选中状态。

◆ 仅与选区合并：选中该复选框，选中一个路径，再使用【斑点画笔工具】绘制新路径，绘制出来的新路径将和被选中的路径合并。

◆ 保真度：值越大，路径越平滑，复杂程度越小。

对使用【斑点画笔工具】绘制的图形也是可以应用画笔样式的，选中绘制的图形，在【画笔】面板中选择合适的画笔，调节参数至合适即可，如图 A06-63 所示。

图 A06-63

A06.6 铅笔工具组

铅笔工具组主要是用来绘制、平滑、擦除、连接路径的绘图工具。右击【铅笔工具】展开工具组，其中包括【铅笔工具】【平滑工具】【路径橡皮擦工具】【连接工具】，如图 A06-64 所示。

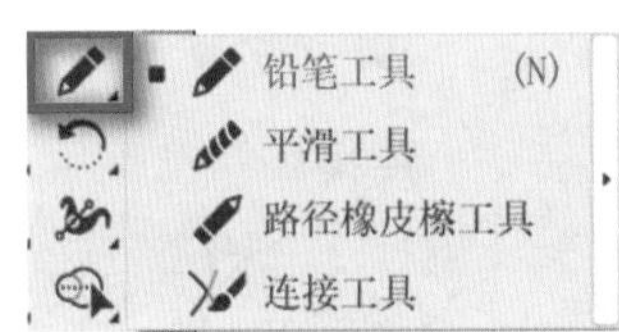

图 A06-64

1. 铅笔工具

使用【铅笔工具】可以绘制开放或闭合路径，与【画笔工具】类似。选择【铅笔工具】（快捷键为 N），即可在画板中自由绘制，如图 A06-65 所示；也可以对其进行【填色】，【填色】的范围是连接首尾两点形成的闭合区域，如图 A06-66 所示。

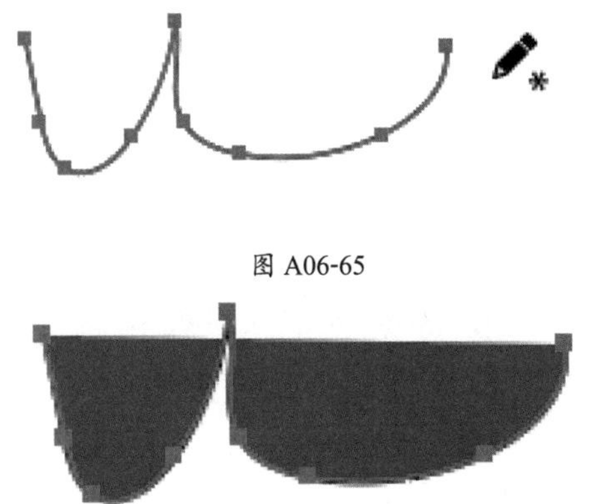

图 A06-65

图 A06-66

双击【铅笔工具】，打开【铅笔工具选项】对话框，如图 A06-67 所示，可以在其中调节【铅笔工具】的参数；在【铅笔工具】状态下按 Enter 键，也可以打开【铅笔工具选项】对话框。

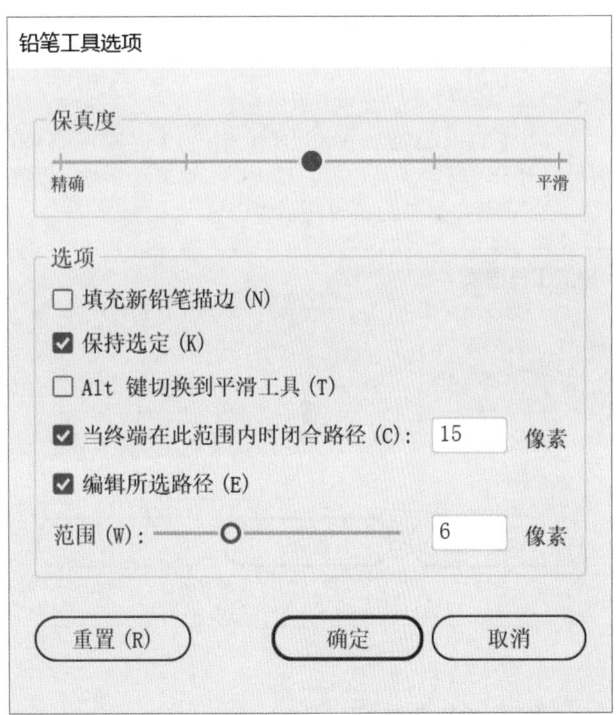

图 A06-67

◆ 填充新铅笔描边：选中该复选框，会对绘制的铅笔描边进行自动填充。

◆ Alt 键切换到平滑工具：选中该复选框，使用【铅笔工具】时可以按 Alt 键临时切换到【平滑工具】。

◆ 当终端在此范围内时闭合路径：选中该复选框，若绘制路径的起点和终点在设置的像素范围内，则会自动闭合。

- 编辑所选路径：选中该复选框，可以在【铅笔工具】状态下直接修改路径。

2. 平滑工具

使用【平滑工具】可以在保持原路径不变的情况下，把不平滑的线变得平滑。选择【平滑工具】，接着在路径上选择一个锚点，按住鼠标反复拖曳，这样被拖曳的区域就会变得平滑，如图 A06-68 所示。

图 A06-68

双击【平滑工具】或在使用【平滑工具】时按 Enter 键，就可以打开【平滑工具选项】对话框，对平滑参数（保真度）进行调整，如图 A06-69 所示。

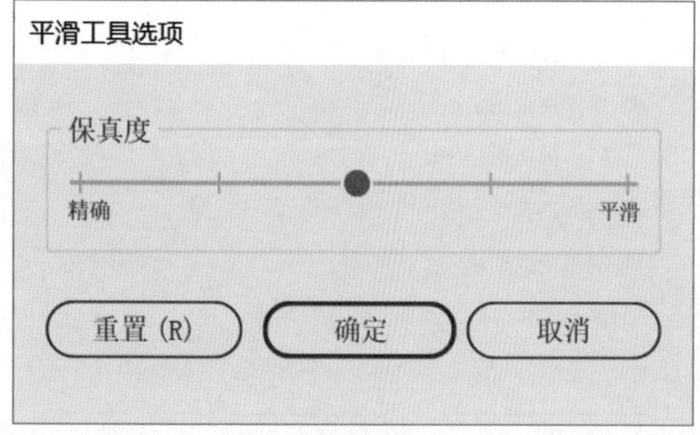

图 A06-69

3. 路径橡皮擦

使用【路径橡皮擦工具】可以擦除路径上的部分区域。选择要修改的图形，选择【路径橡皮擦工具】，按住鼠标沿着要擦除的路径和描点涂抹，释放鼠标即可擦除部分路径，如图 A06-70 所示。

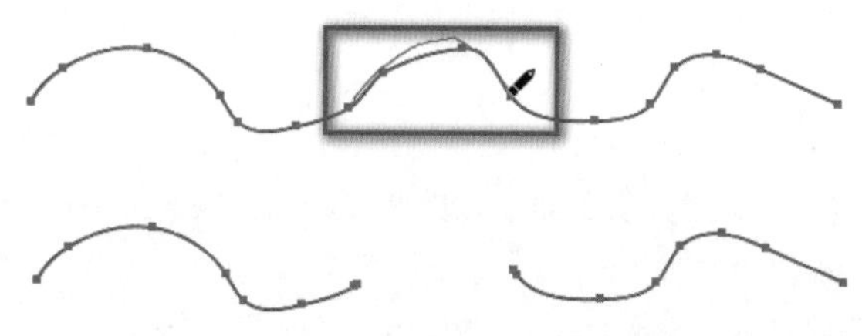

图 A06-70

4. 连接工具

使用【连接工具】不仅可以把两个分开的路径连接在一起，还可以把多余的路径删除。选择【连接工具】，在需要连接或需要清理的路径上进行涂抹，即可连接或清理多余的路径，如图 A06-71 所示。

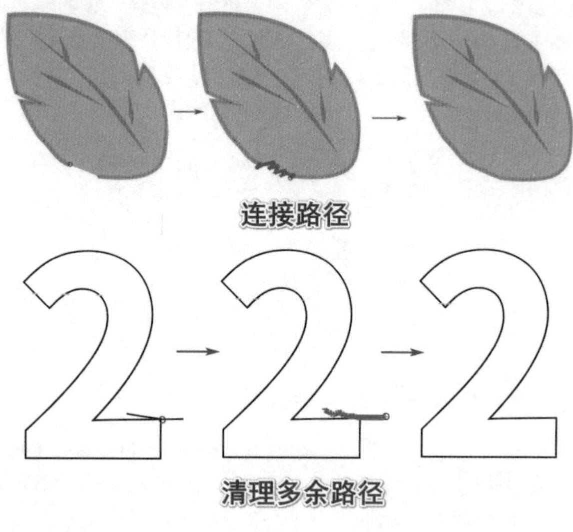

图 A06-71

5. Shaper 工具

【Shaper 工具】是可以快速创建椭圆形、多边形、矩形的智能工具，它还可以对这些形状进行合并、删除、填充与变换，是快速制图的好帮手。

选择【Shaper 工具】（快捷键为 Shift+N），按住鼠标随意画一个不太标准的形状，释放鼠标就会自动生成一个标准的几何图形，如图 A06-72 所示。

将两个图形重叠摆放，选择【Shaper 工具】，移动鼠标至相交的位置，图形会显示虚线，在图形相交的位置涂抹，即可切除相交部位，如图 A06-73 所示。

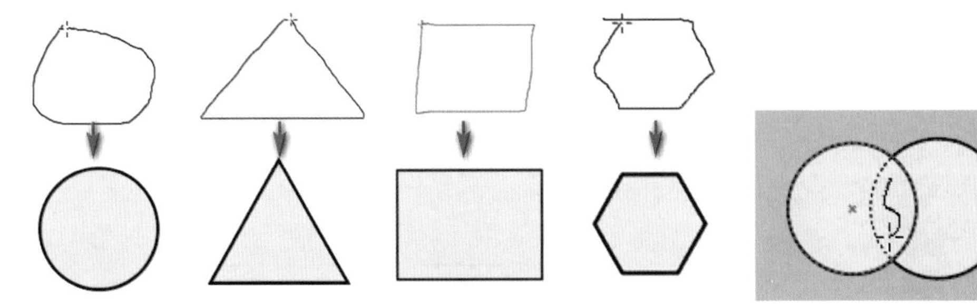

图 A06-72

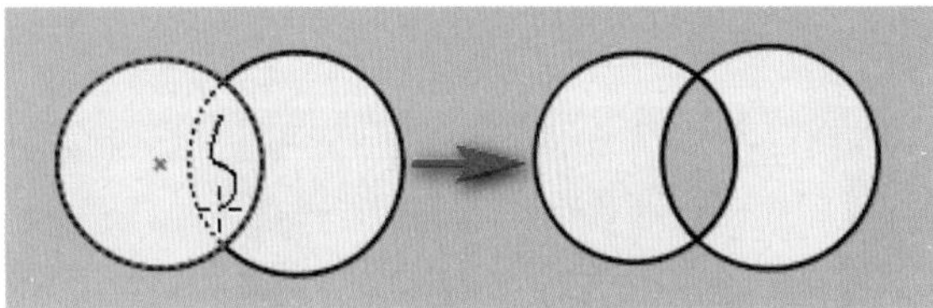

图 A06-73

使用【Shaper 工具】在两个图形之间涂抹，两个图形将被合并，如图 A06-74 所示。在其中一个图形上涂抹，即可切除该图形和另一个图形与该图形相交的部位，如图 A06-75 所示。

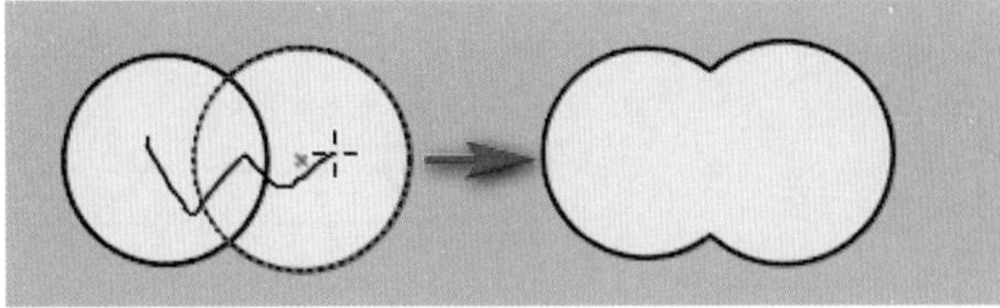

图 A06-74

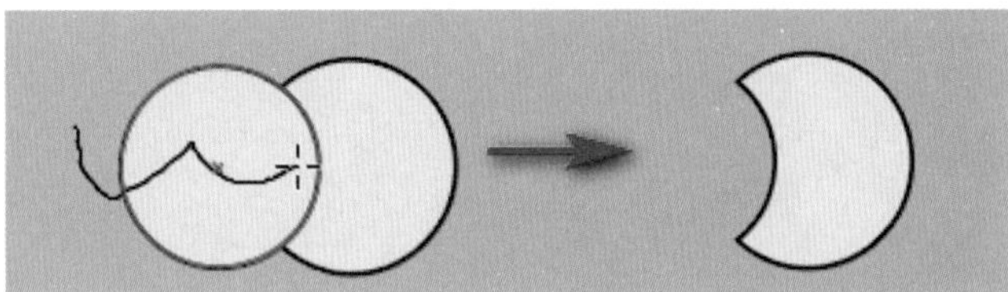

图 A06-75

A06.7　橡皮擦工具组

使用橡皮擦工具组不仅可以擦除局部图形、清除图形，还可以快速分割图形。右击【橡皮擦工具】展开工具组，其中包括【橡皮擦工具】【剪刀工具】和【美工刀】，如图 A06-76 所示。

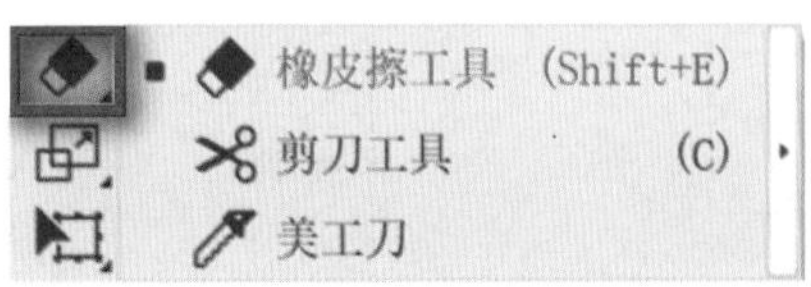

图 A06-76

1. 橡皮擦工具

选择【橡皮擦工具】，移动鼠标至要擦除的图形，按住鼠标进行涂抹，释放鼠标，完成擦除，如图 A06-77 所示。按 [和] 键，可以调节橡皮擦的大小。

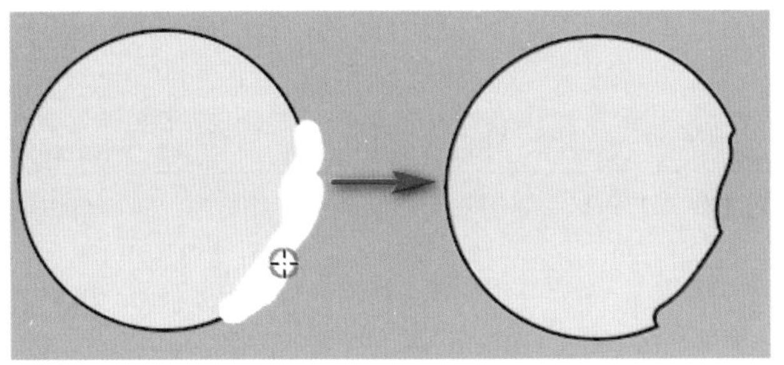

图 A06-77

◆ 分割图形

使用【选择工具】选择图形，再使用【橡皮擦工具】在图形上擦除一条线，该图形就被分割成了两个图形，如图A06-78 所示。

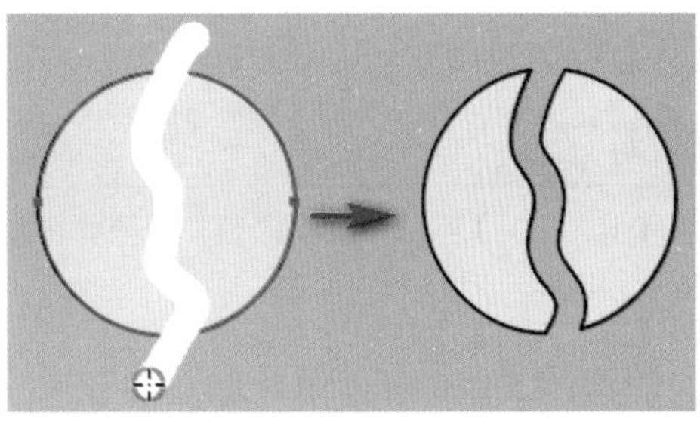

图 A06-78

◆ 其他擦除效果

使用【橡皮擦工具】时按住 Shift 键，可以以垂直 / 水平 /45° 斜角进行擦除；按住 Alt 键时，可以以矩形进行擦除，如图 A06-79 所示。

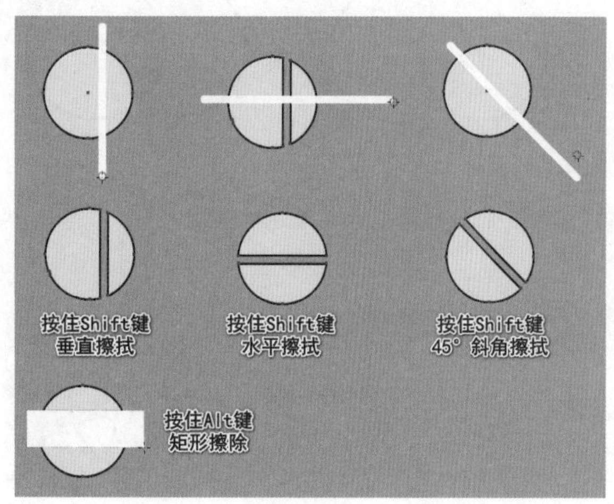

图 A06-79

◆ 橡皮擦工具选项

双击【橡皮擦工具】或在使用【橡皮擦工具】时按 Enter 键，即可打开【橡皮擦工具选项】对话框，从中可以调节橡皮擦的角度、圆度、大小，如图 A06-80 所示。

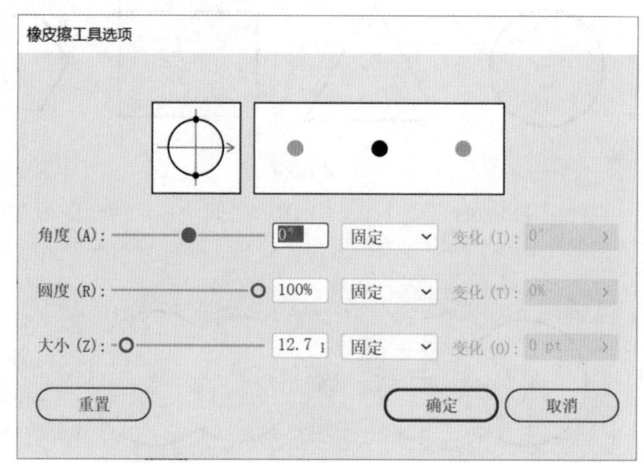

图 A06-80

- 角度：用于设置橡皮擦的角度。当橡皮擦的圆度为 100% 时，调整角度没有效果；当设置了有效的数值后，橡皮擦的形状变为椭圆形，就可以通过倾斜的角度得到需要的擦除效果。
- 圆度：数值越大越接近正圆，反之越接近椭圆，如图 A06-81 所示。

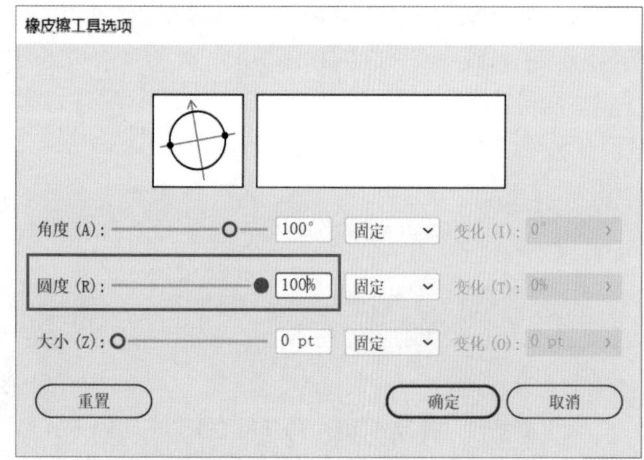

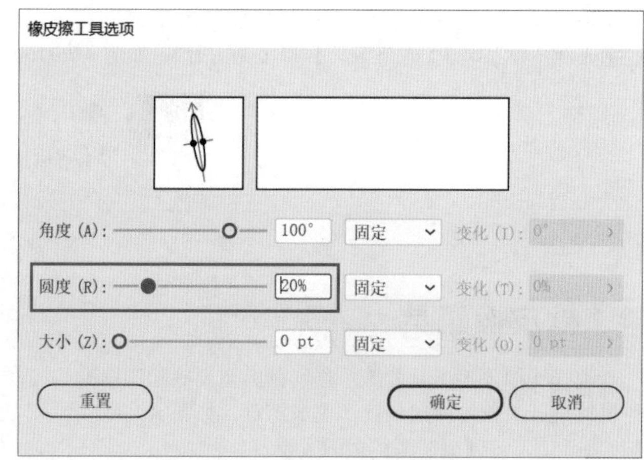

图 A06-81

- 大小：即橡皮擦的直径大小，数值越大，擦除的范围就越大。

2. 剪刀工具

使用【剪刀工具】✂可以切断路径。选择要切割的线段，使用【剪刀工具】在要切割的路径或锚点处单击，即可将该线段切割成两条线段，如图 A06-82 所示。

使用【剪刀工具】也可以分割图形。选择一个图形，选择【剪刀工具】，在要分割的图形的路径或锚点上单击，则该处断开；在另一个位置上单击，同样断开。移动图形，可以发现图形被分割成了两个部分，如图 A06-83 所示。

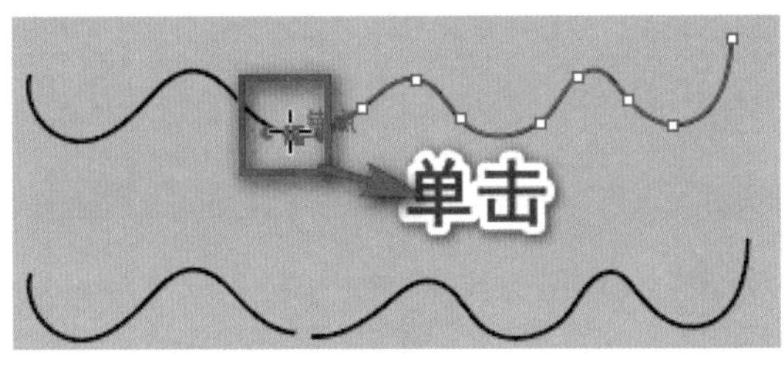

图 A06-82

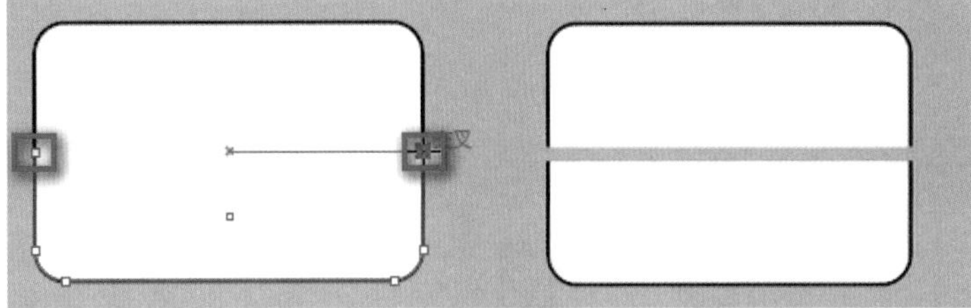

图 A06-83

3. 美工刀

【美工刀】可以像刀具一样裁切图形，选择【美工刀】，按住鼠标在图形上自由切割，释放鼠标即可完成裁切，适合裁出比较自由的边缘，如图 A06-84 所示。

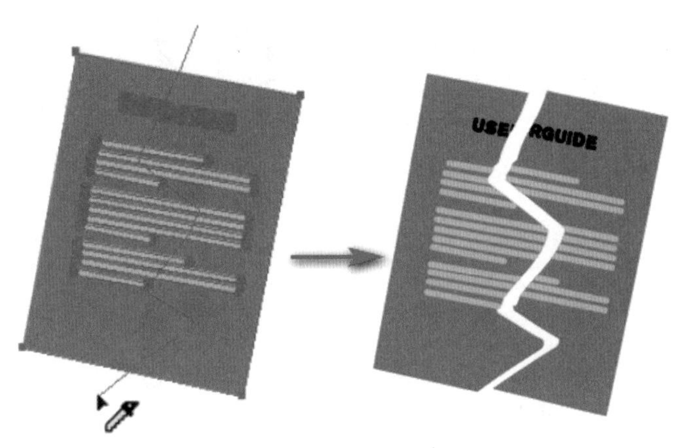

图 A06-84

如果要以直线进行裁切，使用【美工刀】时按住 Alt 键即可，按住 Shift+Alt 键可以以垂直 / 水平 /45° 斜角裁切，如图 A06-85 所示。需要注意的是，【美工刀】对开放的、没有填充的路径是不起作用的。

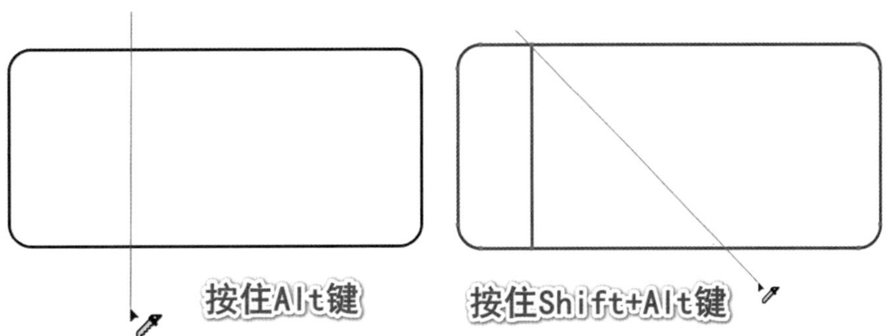

图 A06-85

A06.8 透视工具组

透视工具组可以用来创建立体效果。右击【透视网格工具】展开工具组，其中包括【透视网格工具】和【透视选区工具】，如图 A06-86 所示。图 A06-87 所示为结合透视工具组创作的作品。

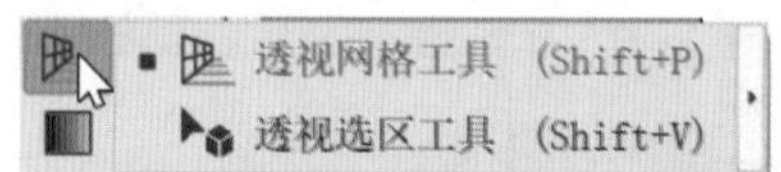

图 A06-86

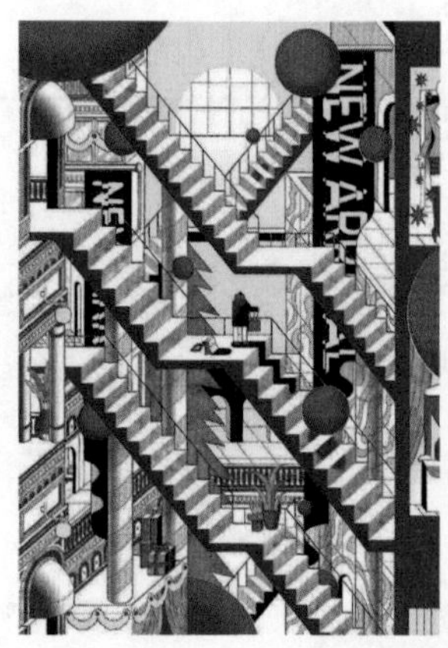

素材作者：Jisu Choi

图 A06-87

1. 打开透视网格

在 Illustrator 中，默认使用的是【二点透视】网格，选择【透视网格工具】，即可打开透视网格，快捷键为 Ctrl+Shift+I，也可以执行【视图】-【透视网格】-【显示网格】菜单命令打开透视网格，如图 A06-88 所示。

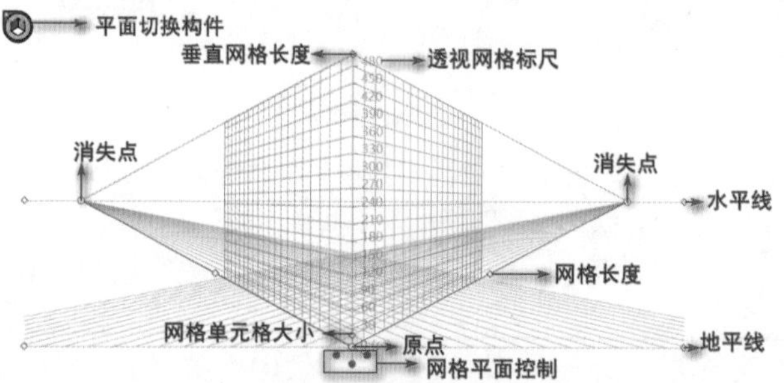

图 A06-88

打开【透视网格工具】时，可以拖动相应的点调整、移动网格，如图 A06-89 所示，拖动【地平线】小圆点可以进行移动。

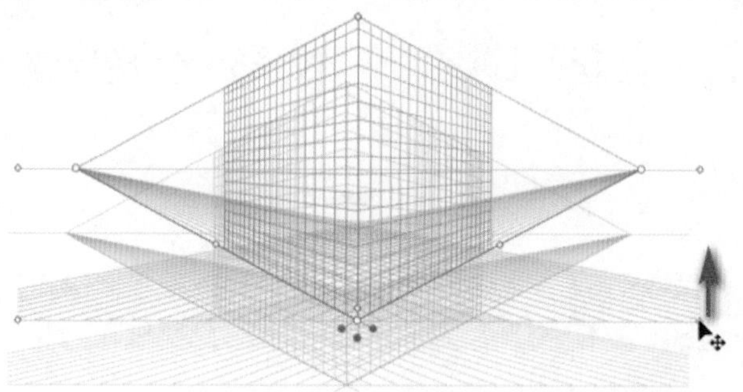

图 A06-89

◆ 隐藏网格

执行【视图】-【透视网格】-【隐藏网格】菜单命令即可隐藏网格，快捷键为 Ctrl+Shift+I；也可以在【透视网格工具】状态下，单击左上角的按钮隐藏网格，如图 A06-90 所示。

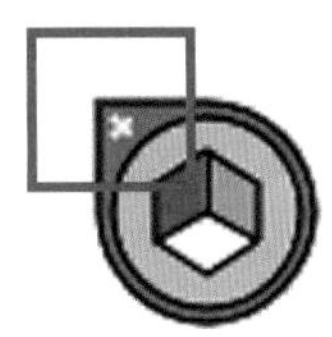

图 A06-90

◆ 平面切换构件

打开透视网格后，左上角就会出现【平面切换构件】，其中可分为【左侧网格平面】【右侧网格平面】【水平网格平面】，单击任意平面，选择的平面就会变成蓝色，即可在选择的平面中创建、编辑图形，如图 A06-91 所示。

图 A06-91

2. 透视选区工具

接下来，在透视中绘制图形，要在打开透视网格的情况下进行创建。

在【平面切换构件】中单击【左侧网格平面】，使用【矩形工具】进行绘制，就创建出一个带有透视效果的左侧面了，如图 A06-92 所示。

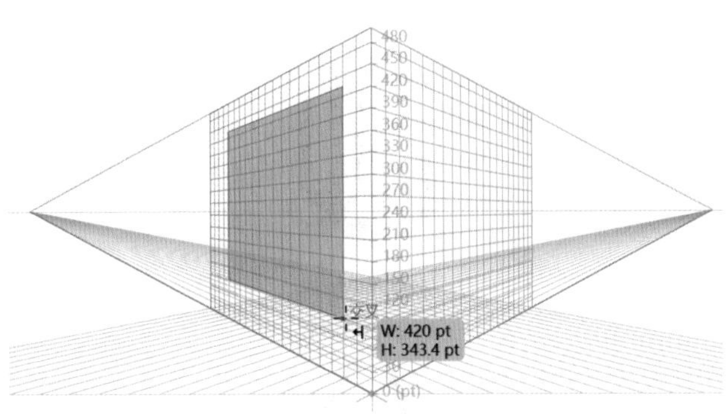

图 A06-92

在透视工具组中选择【透视选区工具】，就可以移动、缩放和复制场景中的对象、文本及符号。

◆ 将对象加入透视网格中

在打开透视网格的状态下，选择【透视选区工具】，选择对象，将其拖曳到透视网格中，对象即可变成透视效果，还可以移动、复制、放大、缩小对象，下面举例说明。

首先在【平面切换构件】中单击【左侧网格平面】，选择【透视选区工具】，单击图形并将其拖曳至网格中，调整好位置，释放鼠标，对象变为透视效果。这时可以调整定界框，调整大小，执行复制、粘贴等操作，调整完成后，单击画板空白处即可，效果如图 A06-93 所示。

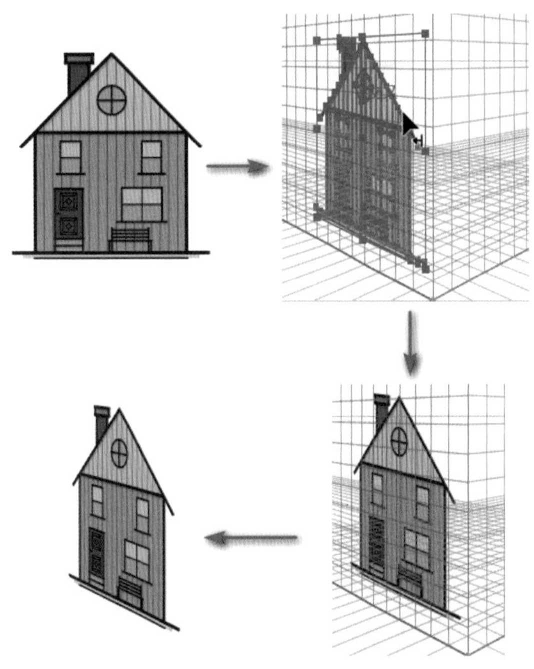

图 A06-93

3. 透视方式

透视的方式分为 3 种：【一点透视】【两点透视】【三点透视】，执行【视图】-【透视网格】菜单命令，如图 A06-94 所示，三种透视方式的效果如图 A06-95 所示。

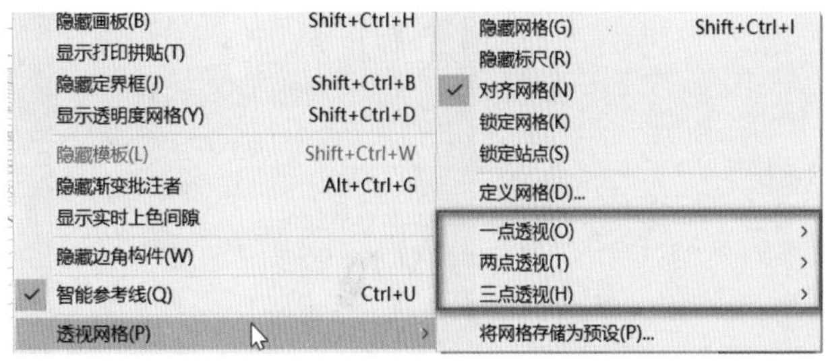

图 A06-94

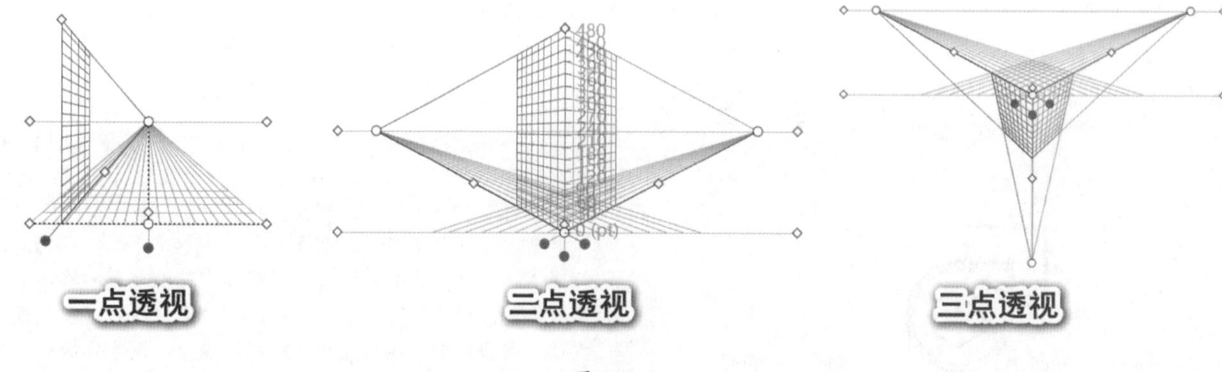

图 A06-95

A06.9 实例练习——字体设计

本实例练习完成的效果如图 A06-96 所示。

图 A06-96

制作步骤

01 新建文档，设置文档尺寸为宽 210 毫米、高 210 毫米，【颜色模式】为【RGB 颜色】。

02 首先画出“秋天”两个字的草图，然后使用【钢笔工具】绘制这两个字的基本笔画，“秋”字的尺寸为宽 30 毫米、高 37 毫米，“天”字的尺寸为宽 30 毫米、高 30 毫米，如图 A06-97 所示。

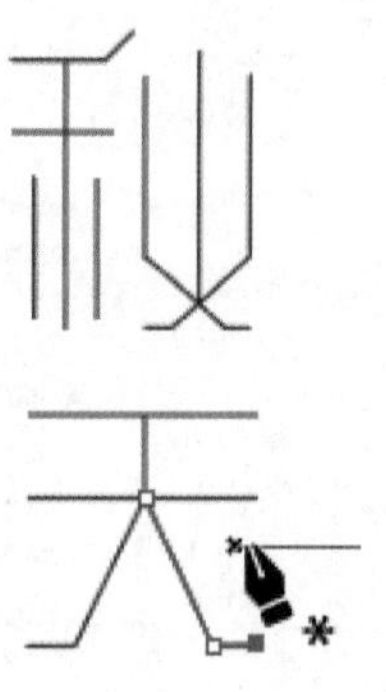

图 A06-97

03 使用【直接选择工具】调整路径长度或宽度，使字体笔画看起来协调、美观，如图 A06-98 所示。在控制栏中调整【描边粗细】为 1pt，【画笔定义】为 10 点圆形，效果如图 A06-99 所示。

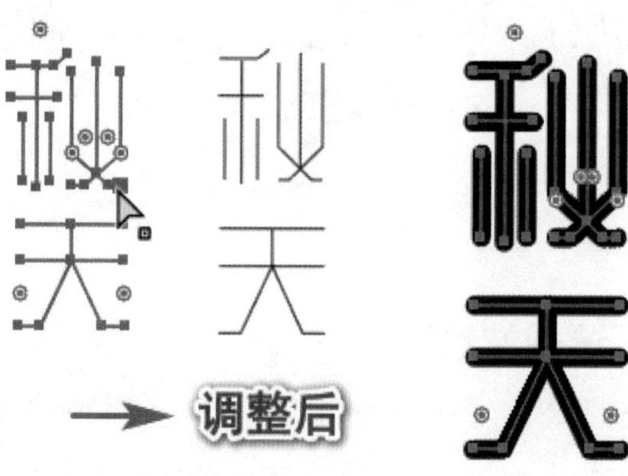

图 A06-98　　图 A06-99

04 使用【选择工具】选中“秋天”两个字，执行【对象】-【扩展】菜单命令，再执行【窗口】-【路径查找器】-【联集】菜单命令，如图 A06-100 所示。

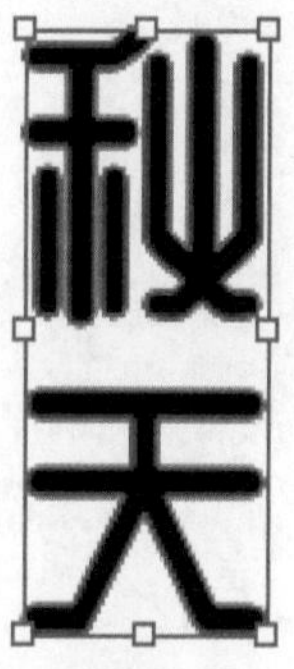

图 A06-100

05 使用【直接选择工具】选中“秋”字的左半部分，按住 Shift 键选中 4 个边角的控制点，在控制栏中设定【圆角半径】为 1.5 毫米；选中“秋”字右半部分，在控制栏中单击【删除所选锚点】按钮，删除多余锚点，然后使用【直接选择工具】选中边角控制点，调整圆角半径，如图 A06-101 所示。

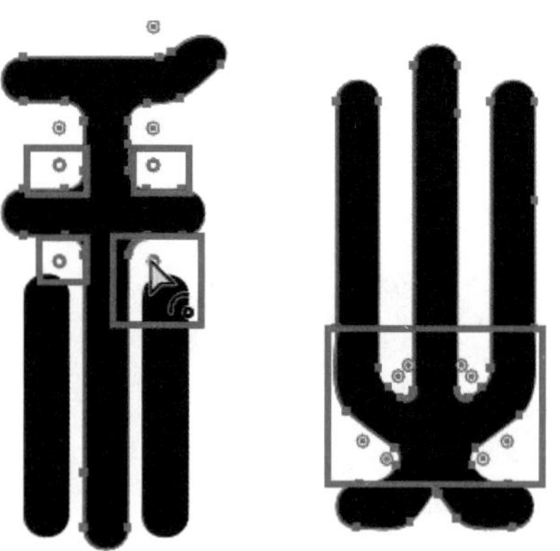

图 A06-101

06 选中“天”字，在控制栏中设定【圆角半径】为 1.5 毫米，如图 A06-102 所示。

07 更改字体颜色。在控制栏中设定【填色】的色值为 R：200、G：155、B：110，如图 A06-103 所示；最后添加素材“叶子”和“圆圈”进行装饰，增加画面的氛围感，完成字体设计，最终效果如图 A06-96 所示。

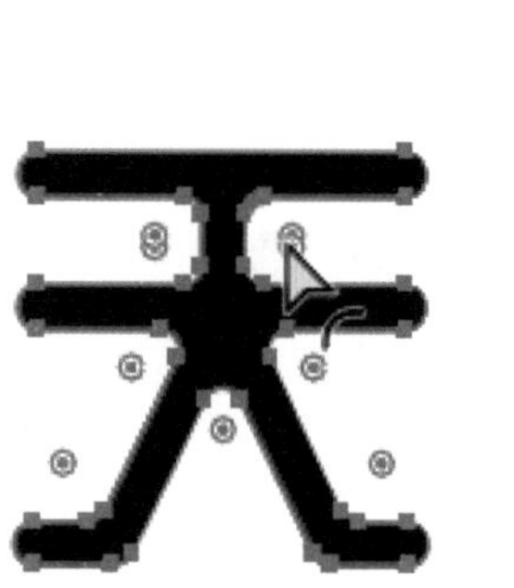

图 A06-102

图 A06-103

A06.10 实例练习——制作花纹画笔

本实例练习完成的效果如图 A06-104 所示。

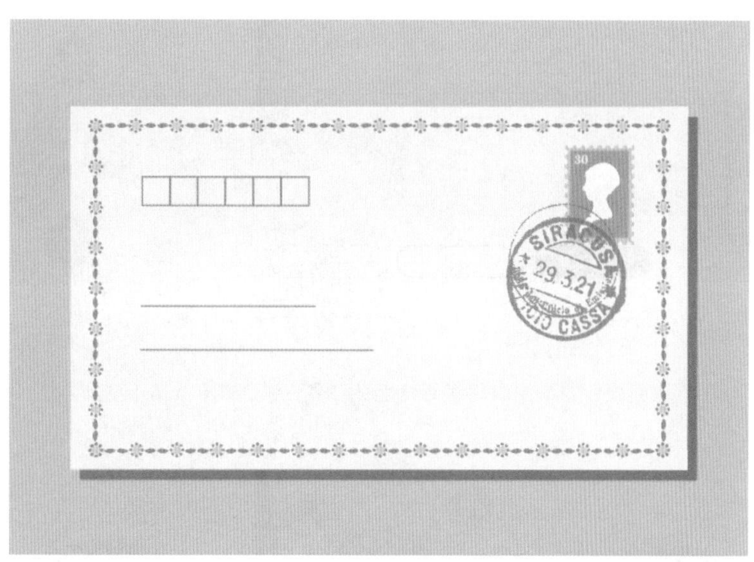

图 A06-104

制作步骤

01 新建文档，设定文档尺寸为宽 297 毫米、高 210 毫米，【颜色模式】为【RGB 颜色】。

02 制作叶子的图案。使用【椭圆工具】创建一个宽 6.5 毫米、高 2.5 毫米的椭圆，设置【填色】为绿色，色值为 R：75、G：110、B：75；再使用【直接选择工具】选中椭圆的红框中左右两端的锚点，在控制栏中单击【将所选锚点转换为尖角】按钮，再选中顶部的锚点，将其向左移动，将其命名为“叶子 1”，效果如图 A06-105 所示。

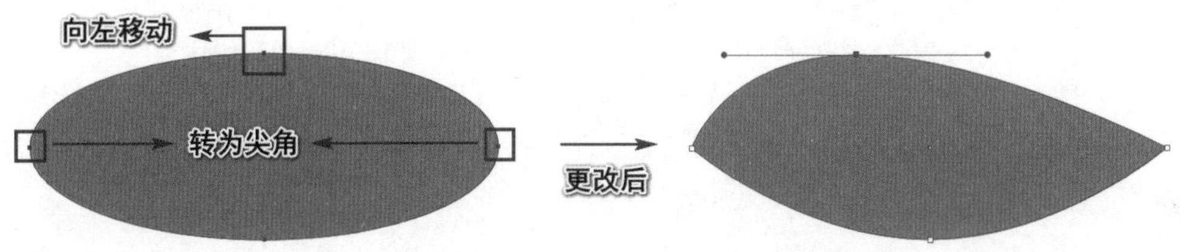

图 A06-105

03 使用【选择工具】选中“叶子 1”，按住 Alt 键向右水平移动，得到一个新的“叶子”，在叶子图形上右击，选择【变换】-【镜像】-【垂直】选项，将其命名为“叶子 2”，摆放位置如图 A06-106 所示。

图 A06-106

04 制作花的图案。选择【椭圆工具】，按住 Shift 键创建一个宽、高都为 1 毫米的正圆，设置【填色】为淡粉色，色值为 R：225、G：155、B：150；使用【直接选择工具】选中粉色正圆，然后选择【旋转工具】，将光标准心以大圆中心点为中心，按住 Alt 键单击中心点，在弹出的对话框中设置参数，如图 A06-107 所示；单击【复制】按钮，对粉色正圆进行旋转复制，按 Ctrl+D 快捷键重复操作 6 次，再按 Ctrl+G 快捷键编组所有图形，如图 A06-108 所示。

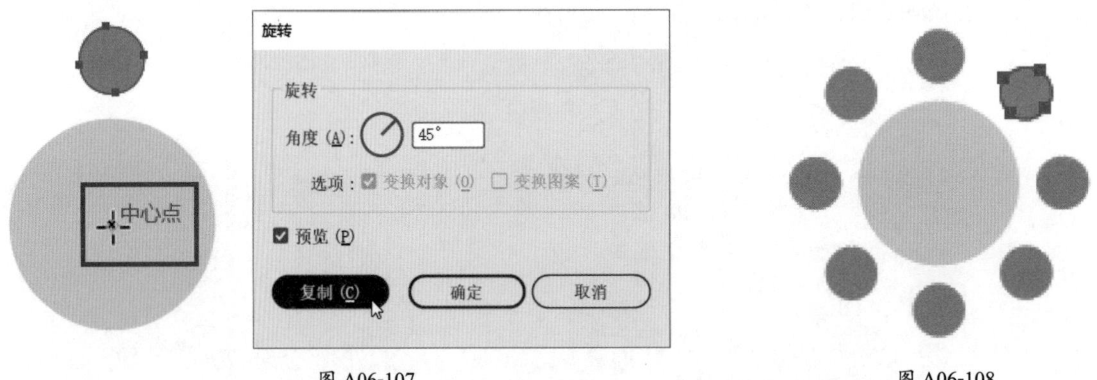

图 A06-107　　图 A06-108

05 将“花”图案与“叶子”图案组合并编组，将编组命名为“花朵”，如图 A06-109 所示。

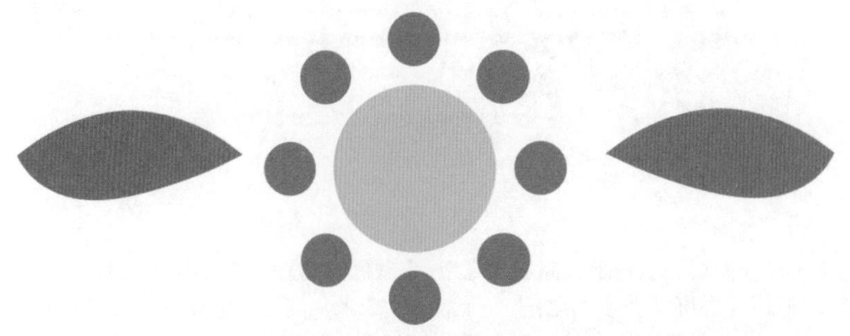

图 A06-109

06 按 F5 键打开【画笔】面板，将编组的“花朵”拖入【画笔】面板，弹出【新建画笔】对话框，选择【图案画笔】单选按钮，单击【确定】按钮弹出【图案画笔选项】对话框，设置红框中的选项，参数如图 A06-110 所示。

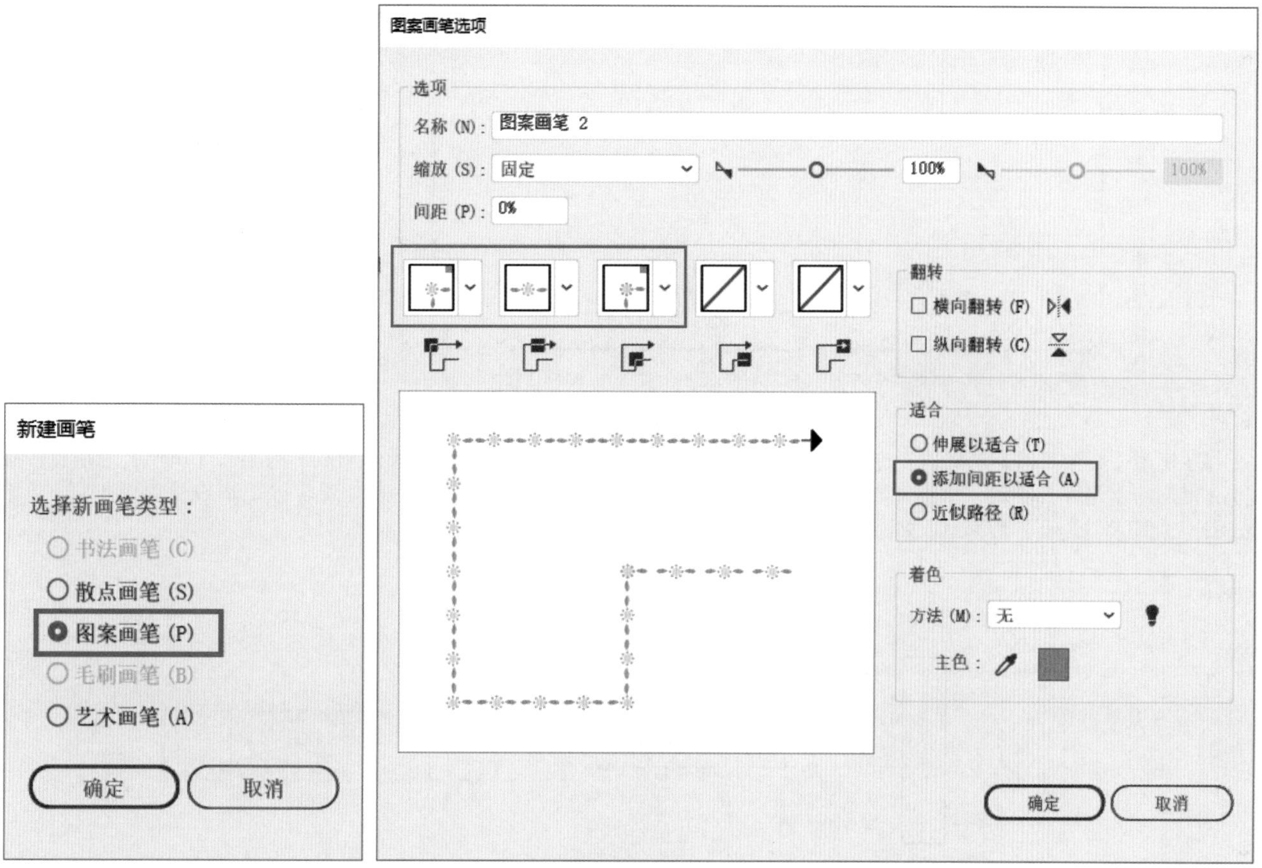

新建画笔
选择新画笔类型：
书法画笔 (C)
散点画笔 (S)
图案画笔 (P)
毛刷画笔 (B)
艺术画笔 (A)
确定 取消

图案画笔选项
选项
名称 (N)：图案画笔 2
缩放 (S)：固定 100% 100%
间距 (P)：0%
翻转
横向翻转 (F)
纵向翻转 (C)
适合
伸展以适合 (T)
添加间距以适合 (A)
近似路径 (R)
着色
方法 (M)：无
主色：
确定 取消

图 A06-110

07 制作明信片。使用【矩形工具】单击画板空白处，创建“矩形 A”，尺寸为宽 245 毫米、高 140 毫米，【填色】的色值为 R：250、G：250、B：230；再创建“矩形 B”，尺寸为宽 297 毫米、高 210 毫米，【填色】的色值为 R：225、G：220、B：190，如图 A06-111 所示。

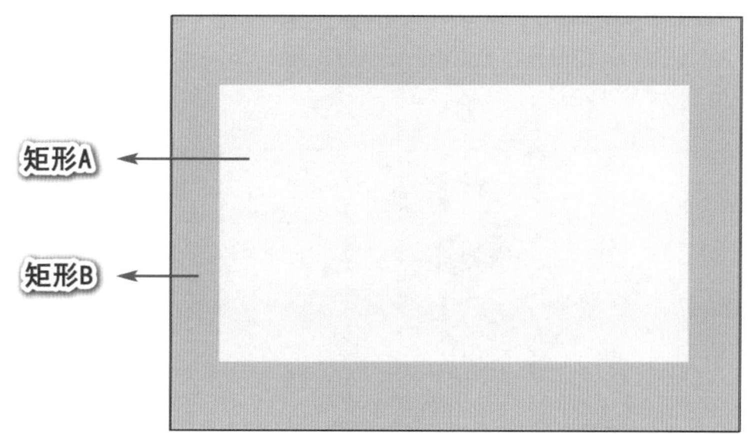

图 A06-111

08 使用【矩形工具】创建宽 225 毫米、高 125 毫米的矩形，【描边粗细】为 1pt，使用【选择工具】选中这个矩形，在【画笔】面板中选择刚才创建的图案画笔，可以看到矩形变成了花纹边框，如图 A06-112 所示。

图 A06-112

09 使用【矩形工具】单击画板空白处，绘制宽、高都为 11 毫米的正方形，【描边粗细】为 1pt，【填色】为灰色；按住 Alt 键向右水平拖曳复制一个正方形，直至两个正方形的边缘交叉，如红色框选区域所见，按 Ctrl+D 快捷键 4 次，再按 Ctrl+G 快捷键将这些正方形编组，如图 A06-113 所示。

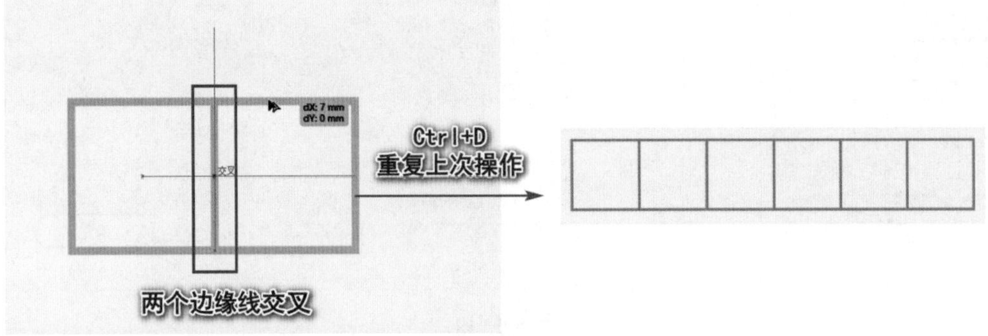

图 A06-113

10 使用【直线段工具】创建两条直线，长度分别为 45 毫米和 60 毫米。将素材“邮票”移动到明信片的右上角，再添加素材“印章”，位置如图 A06-114 所示。

11 制作明信片的投影。使用【矩形工具】创建一个矩形，宽 245 毫米、高 140 毫米,【填色】的色值为 R：200、G：165、B：10，使用【选择工具】选中该矩形，拖曳鼠标将矩形向下偏移，再按 Ctrl+[快捷键将其置于明信片的后层，为明信片增加立体效果，完成制作，如图 A06-115 所示。

图 A06-114

图 A06-115

A06.11 综合案例——场景绘制

本综合案例最终完成的效果如图 A06-116 所示。

图 A06-116

制作步骤

01 新建文档，设置尺寸为 A4，【颜色模式】为【RGB 颜色】。使用【矩形工具】创建矩形，再使用【渐变工具】-【径向渐变】为矩形【填色】为蓝色渐变，作为背景色。

02 使用【矩形工具】和【矩形网格工具】创建“建筑 1”的正侧面；切换绘图模式为【内部绘图】，创建玻璃的反光效果，如图 A06-117 所示。

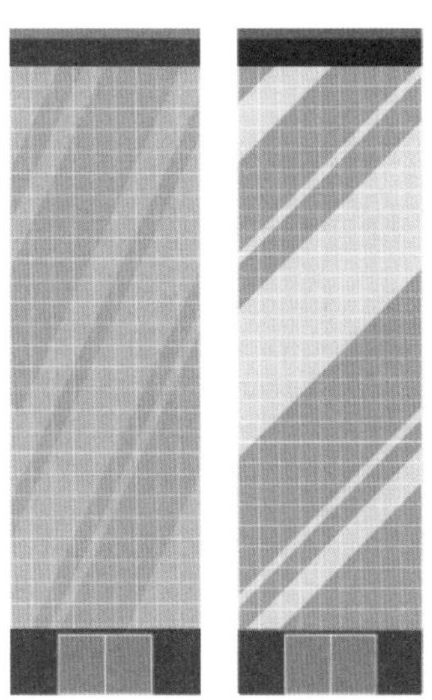

图 A06-117

03 创建“建筑 2”和“建筑 3”，创建方法与“建筑 1”相同，只是在建筑的正面和侧面的颜色上做一些区分，如图 A06-118 所示。

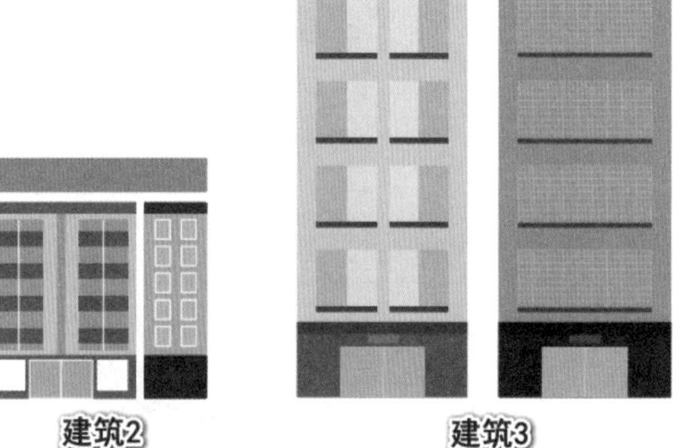

图 A06-118

04 选择【透视网格工具】，执行【视图】-【透视网格】-【两点透视】菜单命令，设定透视模式；使用【透视选区工具】，在【平面切换构件】中单击【左侧网格平面】，选中创建好的“建筑 1”正面，拖动并调整大小；然后选中“建筑 1”侧面，切换到【右侧网格平面】，调整大小，摆放位置如图 A06-119 所示。

图 A06-119

05 “建筑 2”“建筑 3”的制作方法与“建筑 1”相同，在制作“建筑 2”时需要添加一个顶部，在【平面切换构件】中切换到【水平网格平面】即可，摆放位置如图 A06-120 所示。

图 A06-120

06 “路面”的制作方法与“建筑”相同，在【平面切换构件】中切换到【水平网格平面】，使用【矩形工具】创建“路面”“马路”“行驶线”和“斑马线”，如图 A06-121 所示。

图 A06-121

07 置入素材“树”，随机摆放在马路两侧，再使用【斑点画笔工具】绘制云的形状，最终效果如图 A06-116 所示。

A06.12 作业练习——秋天插画

本作业练习最终完成的效果如图 A06-122 所示。

图 A06-122

作业思路

本作业主要使用了【斑点画笔工具】【平滑工具】【矩形工具】组合绘制瓶子以及其中的插画，并填充颜色，再使用【路径橡皮擦】将超出瓶身的多余图形擦除，最后添加标题，并使用【矩形工具】创建矩形，同时为其添加描边效果。

总结

本课重点讲解了钢笔工具组的使用方法、路径的基础知识，以及绘制路径的方法。钢笔工具是绘制贝塞尔曲线最基本的工具，不论是在 Illustrator 还是在 Photoshop 中，钢笔工具都是绘制精确图形的重要工具，必须要熟练掌握。另外，透视工具组可以帮助我们精确地绘制立体空间的图形，是很实用的辅助工具。

读书笔记

A07课

选择和变换

把对象安排明白

通过前面几课，读者了解了创建及绘制图形的方法，本课将学习对象的选择和变换，如对象的各种变形，多个对象的排列、对齐、变换，路径的编辑和图形转换等相关操作。

A07.1 对象的选择

在 Illustrator 中，除了可以使用【选择工具】（见 A06.2 课）和【直接选择工具】（见 A06.3 课）选择对象及路径的锚点之外，还可以使用【选择】菜单中的命令、【魔棒工具】和【套索工具】等对对象进行精准的选择，完成对象编组等操作。

1. 选择菜单

打开【选择】菜单，如图 A07-1 所示。

图 A07-1

◆ 全部

执行【选择】-【全部】菜单命令（Ctrl+A），就可以选择未锁定的所有对象；执行【选择】-【取消选择】菜单命令（Shift+Ctrl+A），或单击画板的空白处，即可取消选择全部对象。

◆ 反向

在没有选择对象的情况下，执行【选择】-【反向】菜单命令，即可选择全部内容；如果选择了一个对象，再执行【选择】-【反向】菜单命令，即可选择除刚才所选对象之外的其他对象。

◆ 选择堆叠对象

若要选择所选对象的上一层 / 下一层对象，执行【选择】-【上方的下一个对象】/【下方的下一个对象】菜单命令即可。

◆ 相同

在【选择】-【相同】二级菜单里，可以选择有相同属性的对象，如图 A07-2 所示，根据相同外观、混合模式、填色和描边、填充颜色、文本等来分类。

图 A07-2

例如，要选择相同填充颜色的对象，则执行【选择】-【相同】-【填充颜色】菜单命令，这样同样颜色的对象就被选中了，如图 A07-3 所示。

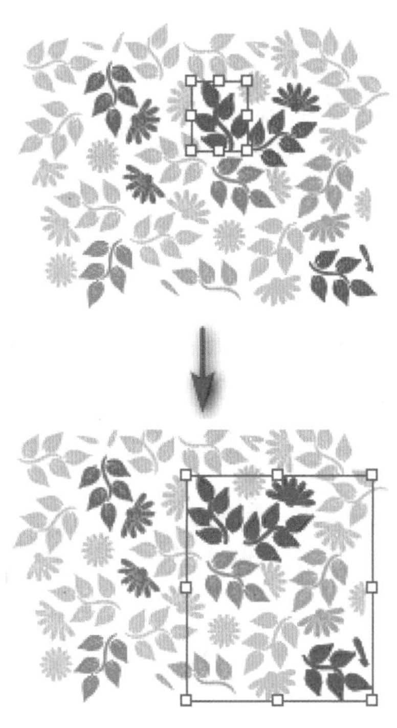

图 A07-3

◆ 对象

在【选择】-【对象】二级菜单里，可以选择同一类型的对象（毛刷画笔描边、画笔描边、剪切蒙版、游离点等），如图 A07-4 所示。

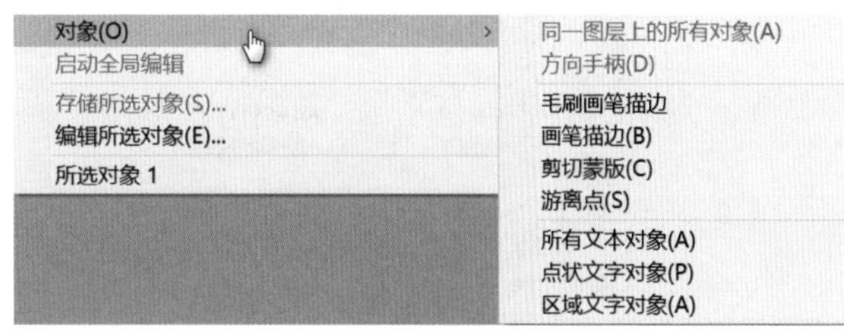

图 A07-4

例如，执行【选择】-【对象】-【画笔描边】菜单命令，这样使用了画笔描边的对象就都被选中了，如图 A07-5 所示。

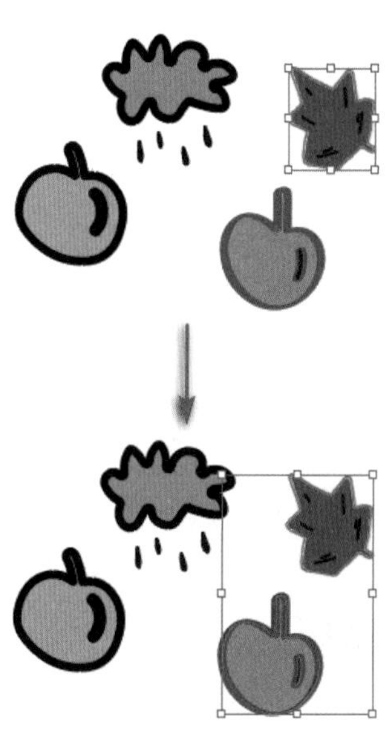

图 A07-5

◆ 存储所选对象

选择一个或多个对象，执行【选择】-【存储所选对象】菜单命令，弹出【存储所选对象】对话框，输入名称，单击【确定】按钮，如图 A07-6 所示。该存储不是存储文档，而是将所选对象收纳到一个选择组别，方便再次选中。

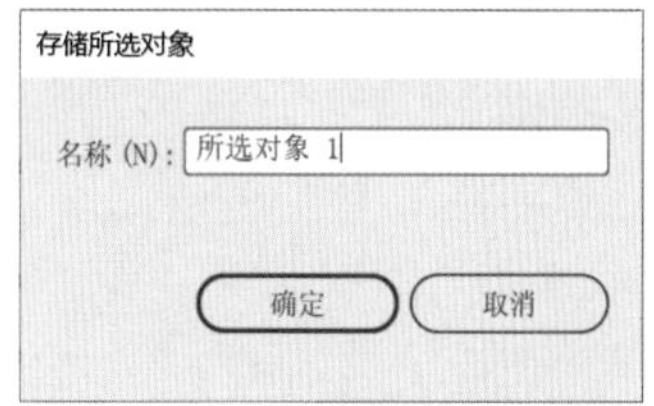

图 A07-6

再次打开【选择】菜单，就可以在菜单底部看到刚刚存储的【所选对象 1】了，如图 A07-7 所示。

选择(S) 效果(C) 视图(V) 窗口(W) 帮助(H)
全部(A) Ctrl+A
现用画板上的全部对象(L) Alt+Ctrl+A
取消选择(D) Shift+Ctrl+A
重新选择(R) Ctrl+6
反向(I)
上方的下一个对象(V) Alt+Ctrl+]
下方的下一个对象(B) Alt+Ctrl+[
相同(M)
对象(O)
启动全局编辑
存储所选对象(S)...
编辑所选对象(E)...
所选对象 1

图 A07-7

◆ 编辑所选对象

存储完【所选对象 1】后，执行【选择】-【编辑所选对象】菜单命令打开【编辑所选对象】对话框，可以删除对象或修改存储的名称，如图 A07-8 所示。

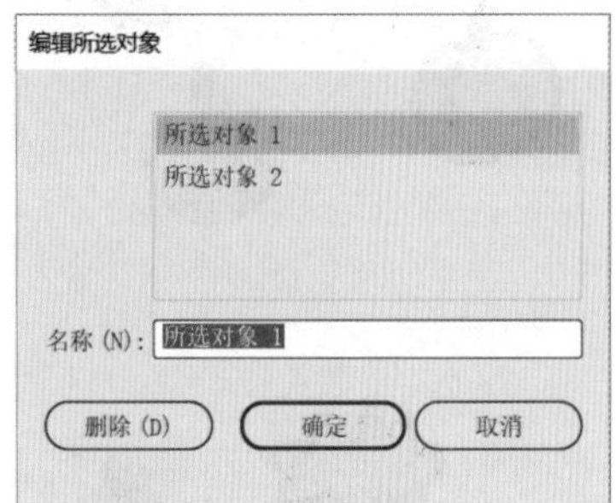

图 A07-8

2. 魔棒工具

使用 Illustrator 中的【魔棒工具】可以选择具有相同或类似的填充属性（如颜色和图案）的所有对象。

双击工具栏中的【魔棒工具】，打开【魔棒】面板，如图 A07-9 所示；选中面板中的【填充颜色】复选框，调整合适的容差值后，直接选择某一对象，其他与该对象填充颜色相同的对象就全部被选中了，如图 A07-10 所示。

图 A07-9

图 A07-10

3. 套索工具

可以使用【套索工具】选择对象的路径或者锚点。选择【套索工具】（快捷键为 Q），将光标移动到要选取对象的附近，按住鼠标绘制一个范围，释放鼠标，即可完成锚点的选取，如图 A07-11 所示。

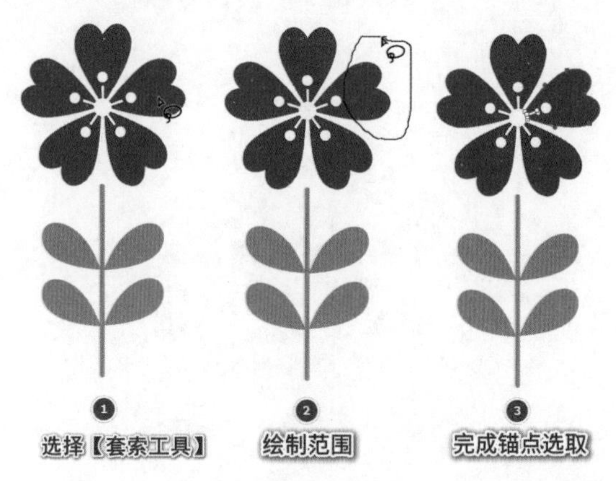

图 A07-11

扩展知识

在使用【套索工具】时按住Shift键，可以继续增加其他锚点，也可以继续选中其他对象的路径，按住Alt键就是减选锚点或其他对象。

4. 锁定对象

在操作过程中，有的时候对象过多，导致编辑的时候很容易碰到其他的对象，这种误触会为设计工作带来很多困扰，为了防止这种现象，可以锁定暂时不用编辑的对象。

选择要锁定的对象，执行【对象】-【锁定】-【所选对象】菜单命令（快捷键为Ctrl+2），即可锁定，如图 A07-12 所示，这样锁定的对象就无法被编辑和移动了。

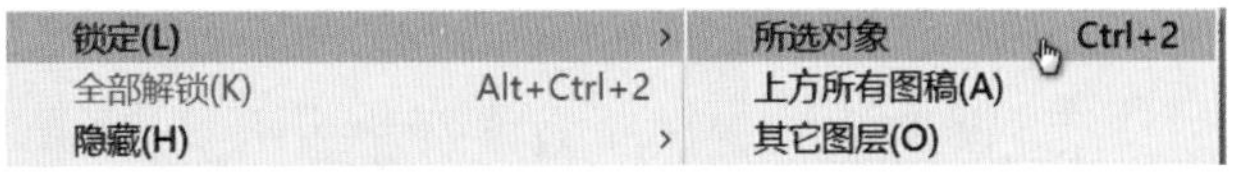

锁定(L) ›
全部解锁(K) Alt+Ctrl+2
隐藏(H) ›
所选对象 Ctrl+2
上方所有图稿(A)
其它图层(O)

图 A07-12

- 上方所有图稿：选中对象的上层的图稿全部被锁定。
- 其他图层：锁定其他图层的所有对象。

还可在【图层】面板中锁定对象或图层，单击可视性图标右侧的【切换锁定】按钮即可，如图 A07-13 所示。

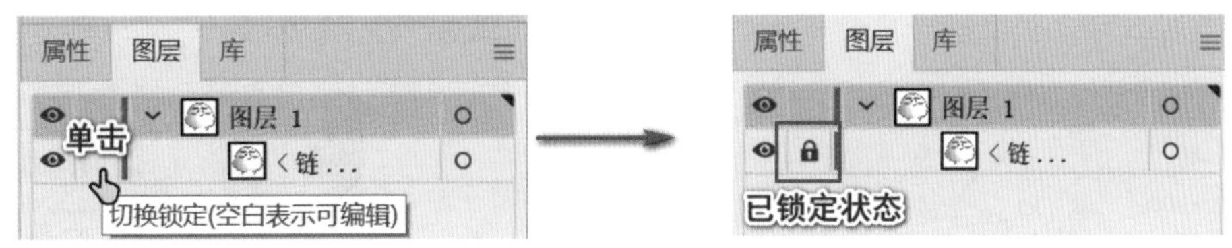

图 A07-13

单击【图层】面板的【切换锁定】按钮，即可解锁单个对象或图层；或者在锁定的对象上右击，选择【解锁】选项，即可解锁单个对象，如图 A07-14 所示。

若要解锁全部对象，则执行【对象】-【全部解锁】菜单命令（快捷键为 Alt+Ctrl+2），即可解锁所有对象，如图 A07-15 所示。

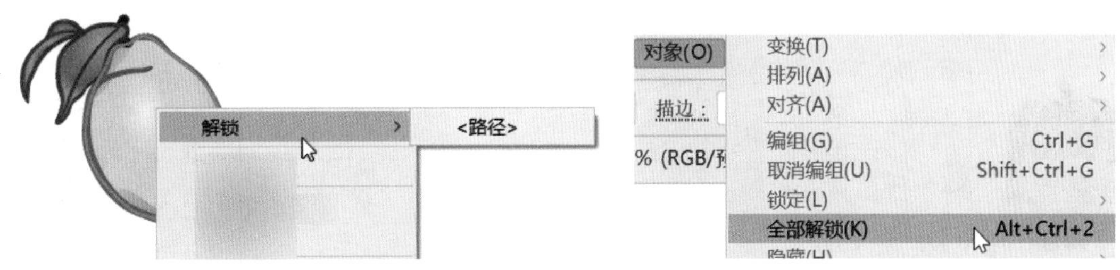

图 A07-14

图 A07-15

5. 隐藏对象

若要隐藏某些对象，则选择对象，执行【对象】-【隐藏】菜单命令，其中有【所选对象】【上方所有图稿】【其他图层】3种隐藏方式，如图 A07-16 所示。

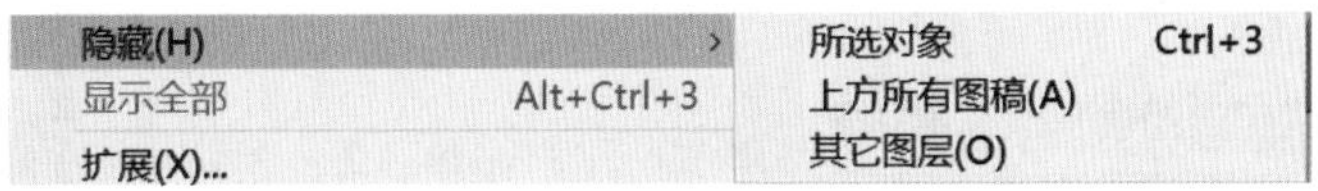

图 A07-16

- 所选对象：执行【所选对象】菜单命令，则隐藏的就是选中的对象，快捷键为 Ctrl+3。
- 上方所有图稿：选中一个对象，执行【上方所有图稿】菜单命令，则被选中对象的上方所有对象都被隐藏，如图 A07-17 所示。

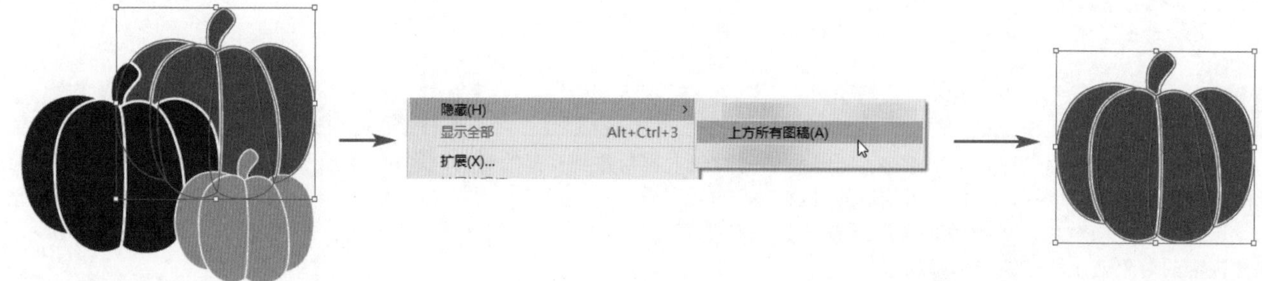

图 A07-17

- 其他图层：隐藏除所选对象或组所在层以外的图层。
- 显示全部：若要显示全部对象，可以执行【对象】-【显示全部】菜单命令，快捷键为Alt+Ctrl+3，如图A07-18所示。

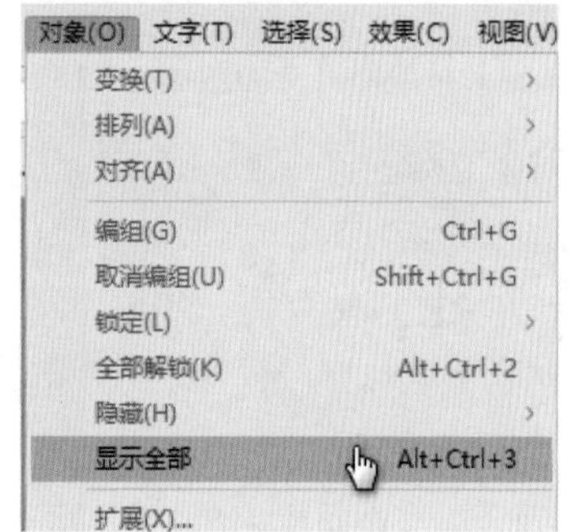

图 A07-18

也可以在【图层】面板中找到该对象，单击使可视性图标显示，对象就可以显示出来了，如图 A07-19 所示。在 A05.2 课中学习图层知识的时候，也提到过此功能。

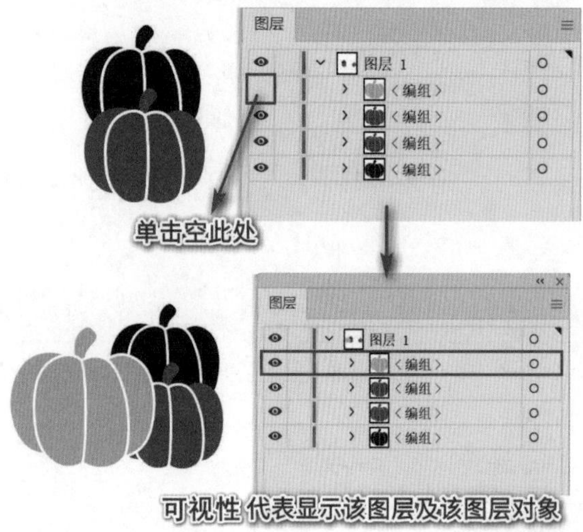

图 A07-19

6. 隔离

若要单独编辑一个对象，或者对已经编组的其中一个对象进行编辑，可以使用隔离模式。双击一个对象即可快速进入隔离模式，如图 A07-20 所示。

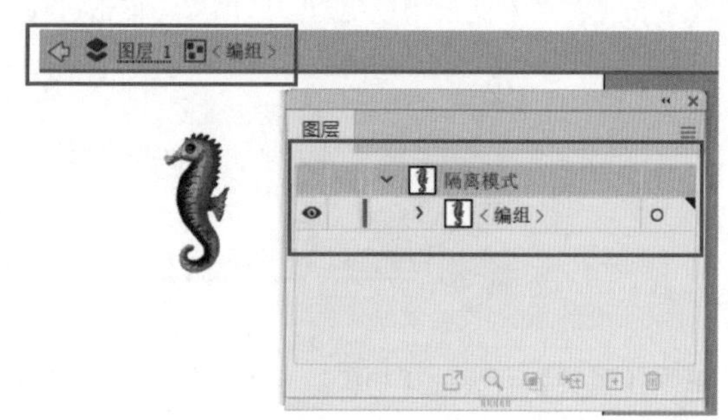

图 A07-20

也可以单击想要隔离的对象所在的图层，在右上角打开面板菜单，选择【进入隔离模式】选项即可，如图 A07-21 所示。

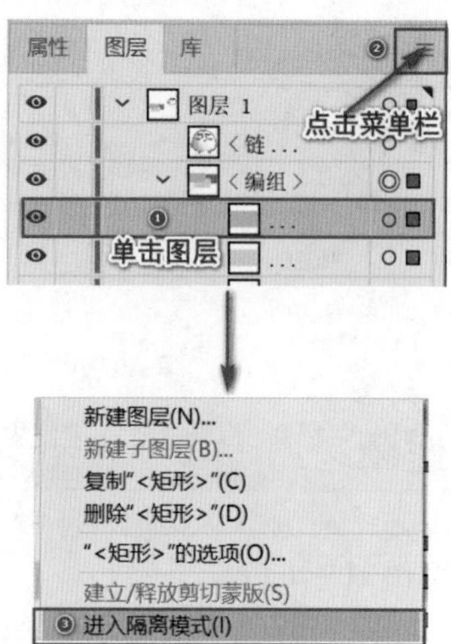

图 A07-21

编辑完成后，在面板菜单中选择【退出隔离模式】选项即可，双击画板空白处也可以恢复到正常模式。

A07.2 对象的基础变换

在 Illustrator 中，除了可以使用【选择工具】对图形进行移动、旋转之外，还可以通过特定的工具对图形进行精准的变换。

执行【对象】-【变换】菜单命令，如图 A07-22 所示，可以对图形进行移动、旋转、镜像、缩放、倾斜及分别变换等操作；还可以选中对象后右击，选择【变换】选项，也可以进行同样的操作。

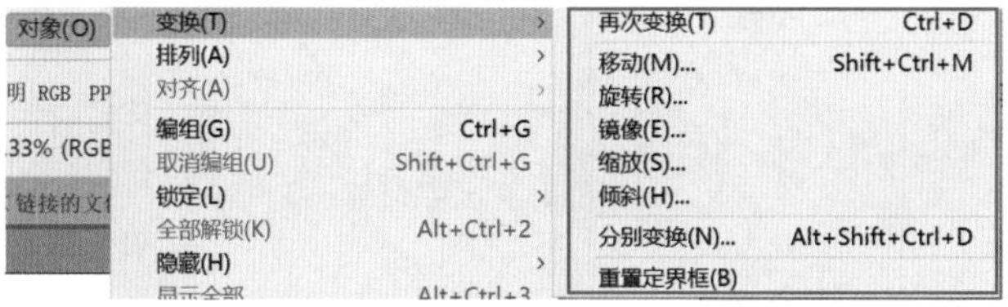

对象(O)　变换(T)　排列(A)　对齐(A)　编组(G) Ctrl+G　取消编组(U) Shift+Ctrl+G　锁定(L)　全部解锁(K) Alt+Ctrl+2　隐藏(H)

再次变换(T) Ctrl+D　移动(M)... Shift+Ctrl+M　旋转(R)...　镜像(E)...　缩放(S)...　倾斜(H)...　分别变换(N)... Alt+Shift+Ctrl+D　重置定界框(B)

图 A07-22

1. 移动对象

在创作过程中，除了可以使用【选择工具】移动对象外，还可以选中对象，按方向键（按 Shift+ 方向键将对象进行 10 倍的移动）来移动对象，但这些移动方式都不够精确，通过【移动】菜单命令就可以实现精准的移动。

选择一个对象，执行【对象】-【变换】-【移动】菜单命令（快捷键为Shift+Ctrl+M），弹出【移动】对话框，如图A07-23所示。

图 A07-23

设置【水平】【垂直】【距离】及【角度】等参数即可实现精准移动，选中【预览】复选框可以即时看到移动后的效果，单击【确定】按钮完成当前对象移动，单击【复制】按钮即在原地复制一份对象再进行移动。

2. 旋转工具

◆ 使用【自由变换工具】旋转对象

选择一个或多个对象，选择【自由变换工具】（快捷键为 E），此时在对象中间出现一个蓝色的小圆点，即轴心点，可以更改轴心点的位置，再进行旋转即可，如图 A07-24 所示。

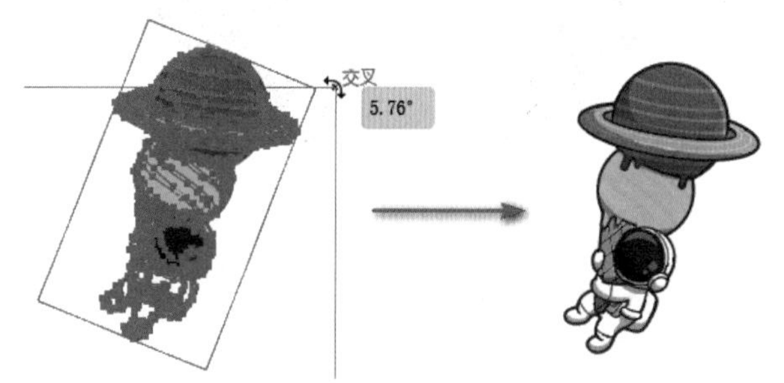

图 A07-24

◆ 使用【旋转工具】旋转对象

选择一个或多个对象，选择【旋转工具】（快捷键为 R），单击设定轴心点位置，按住鼠标在任意位置拖动，即可进行旋转，如图 A07-25 所示。

图 A07-25

按住 Alt 键单击轴心点，弹出【旋转】对话框，可以精准地设定旋转数值，例如，设定【角度】为30°，单击【确定】按钮即可，如图 A07-26 所示，单击【复制】按钮即在原地复制一份对象再进行旋转。

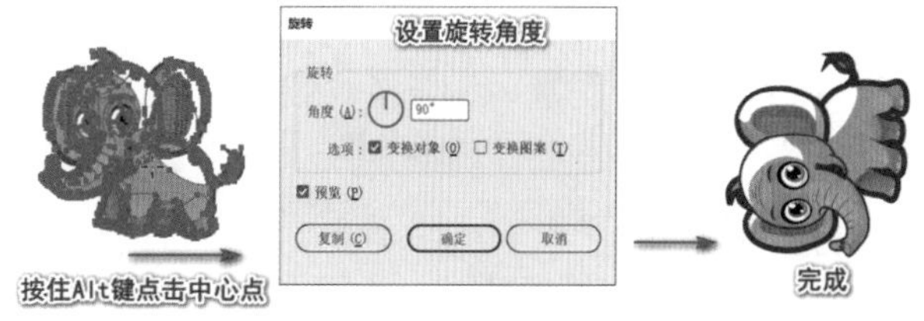

图 A07-26

执行【对象】-【变换】-【旋转】菜单命令，或者选择对象后右击，在弹出的菜单中选择【变换】-【旋转】选项，也可以打开【旋转】对话框，调整参数，完成旋转。

3. 镜像工具

使用【镜像工具】可以制作对称的图形，对对象进行垂直或水平的翻转。

选择一个对象，右击【旋转工具】打开工具组，选择【镜像工具】（快捷键为O），按住鼠标拖曳，确定后释放鼠标即可，如图A07-27所示。

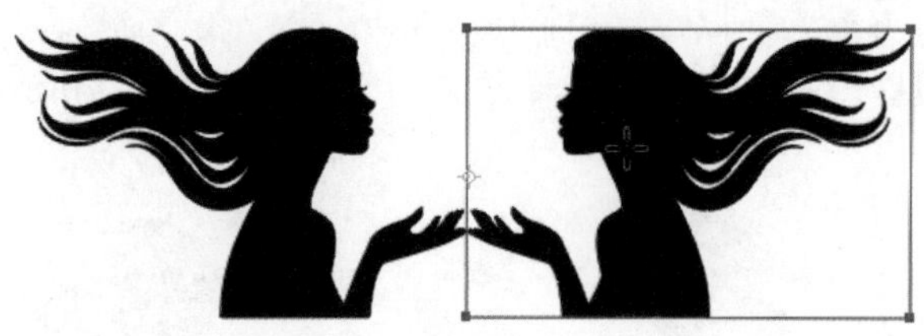

图 A07-27

双击【镜像工具】或选择【镜像工具】后按Enter键，弹出【镜像】对话框，可以设置【水平】或【垂直】镜像，选中【预览】复选框，可以即时预览镜像后的效果，如图A07-28所示，单击【确定】按钮完成镜像，单击【复制】按钮即在原地复制一份对象再进行镜像。

图 A07-28

执行【对象】-【变换】-【镜像】菜单命令，或者选择对象后右击，在弹出的菜单中选择【变换】-【镜像】选项，也可以打开【镜像】对话框，调整参数，完成镜像。

4. 缩放对象

缩放就是将对象沿水平或垂直方向放大或缩小，也可以锁定对象比例进行缩放。

◆ 使用【比例缩放工具】缩放对象

选择一个对象，在工具栏中选择【比例缩放工具】，快捷键为S，拖曳即可放大或缩小对象。

选择【比例缩放工具】后按Enter键，弹出【比例缩放】对话框，设置缩放参数，如图A07-29所示，单击【确定】按钮完成缩放，单击【复制】按钮即在原地复制一份对象再进行缩放。

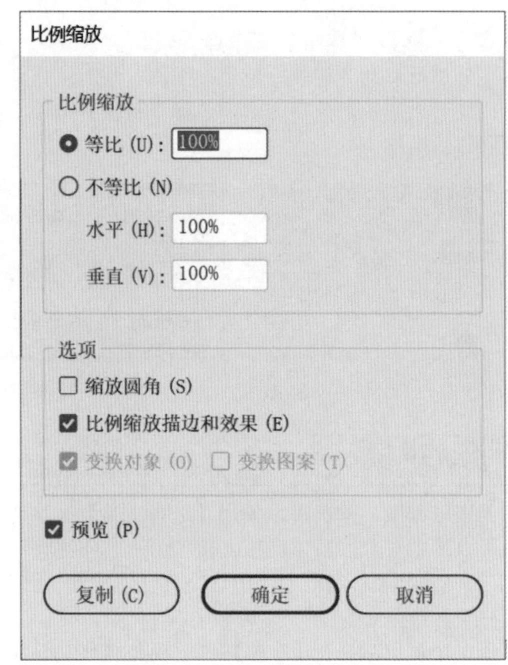

图 A07-29

- 等比：在缩放对象时保持大小比例不变。
- 不等比：水平为对象的宽度，垂直为对象的高度，输入的数值可以是正数也可为负数，输入缩放数值后根据参考点来变换。
- 缩放圆角：选中该复选框，圆角也会按比例缩放。
- 比例缩放描边和效果：选中该复选框，在缩放时路径描边以及和对象有关的所有效果都会进行缩放。

执行【对象】-【变换】-【缩放】菜单命令，或者选择对象后右击，在弹出的菜单中选择【变换】-【缩放】选项，也可以打开【缩放】对话框，调整参数，完成缩放。

5. 倾斜工具

使用【倾斜工具】可以将对象沿水平或垂直方向进行倾斜或偏移。

选择一个对象，右击【比例缩放工具】展开工具组，选择【倾斜工具】，如图A07-30所示。

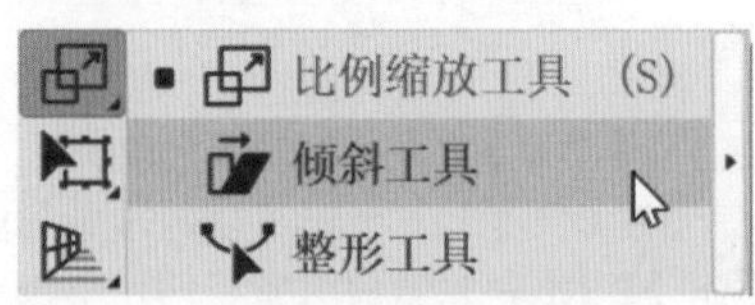

图 A07-30

将光标移动到想要倾斜的对象上拖曳即可完成倾斜，如图 A07-31 所示。

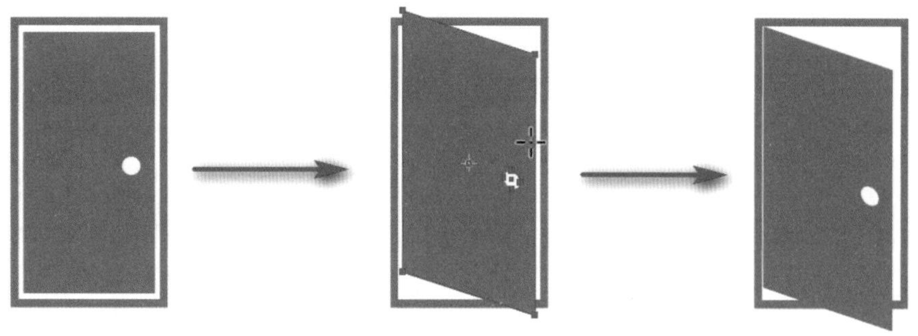

图 A07-31

选择【倾斜工具】后按 Enter 键，弹出【倾斜】对话框，可以设置倾斜角度、轴的方向等参数，如图 A07-32 所示，单击【确定】按钮完成倾斜，单击【复制】按钮即在原地复制一份对象再进行倾斜。

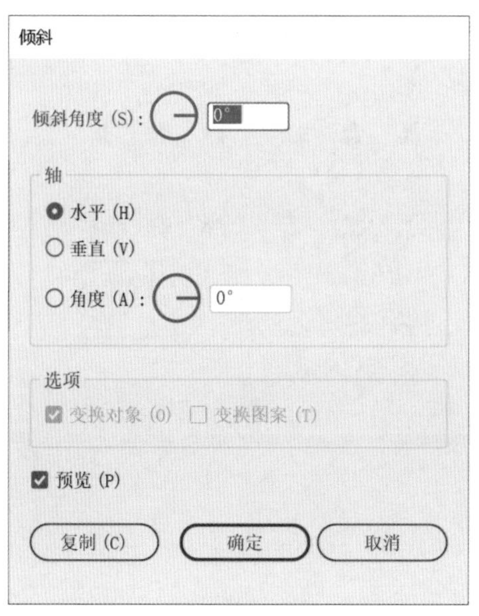

图 A07-32

执行【对象】-【变换】-【倾斜】菜单命令，或者选择对象后右击，在弹出的菜单中选择【变换】-【倾斜】选项，也可以弹出对话框，调整参数，完成倾斜。

◆ 使用【自由变换工具】倾斜对象

选择一个或多个对象，在工具栏中选择【自由变换工具】按钮，快捷键为 E，将光标放在定界框中间的控制点上，垂直倾斜就操控左 / 右的中部控制点，水平倾斜就操控上 / 下的中部控制点。将光标移动到控制点上变成后，按住鼠标上下或左右拖动即可倾斜对象，它是以一边为固定边来进行倾斜的，如图 A07-33 所示。

图 A07-33

A07.3 排列对象

1. 对象的排列

进行绘制工作时，Illustrator 默认的是【正常绘图】模式，在【正常绘图】模式下，图形是从第一层开始依次向上进行绘制的，新的图形在上一层，而且会遮住下层的图形。

那么，如何更改对象的堆叠顺序（也称绘画顺序）呢？

选择一个或多个对象，执行【对象】-【排列】菜单命令就可以看到 4 种排列方式，如图 A07-34 所示；也可以右击对象展开【排列】二级菜单。

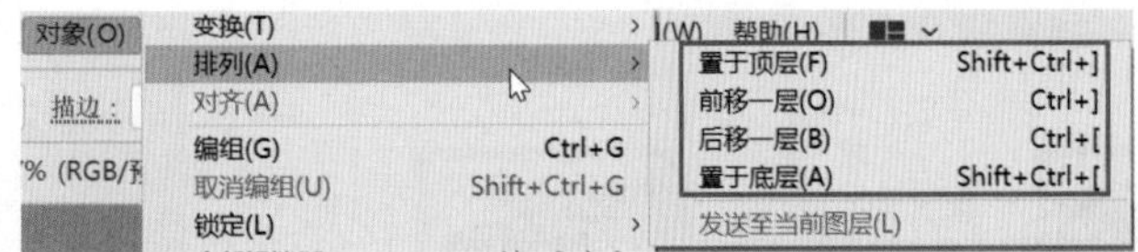

图 A07-34

快捷键

- 置于顶层：Shift+Ctrl+]。
- 前移一层：Ctrl+]。
- 后移一层：Ctrl+[。
- 置于底层：Shift+Ctrl+[。

2. 对齐对象

使用【对齐】面板可以使两个或两个以上的对象排列整齐。

◆ 对齐类型

选择要对齐的对象，执行【窗口】-【对齐】菜单命令（快捷键为 Shift+F7），打开【对齐】面板，如图 A07-35 所示。

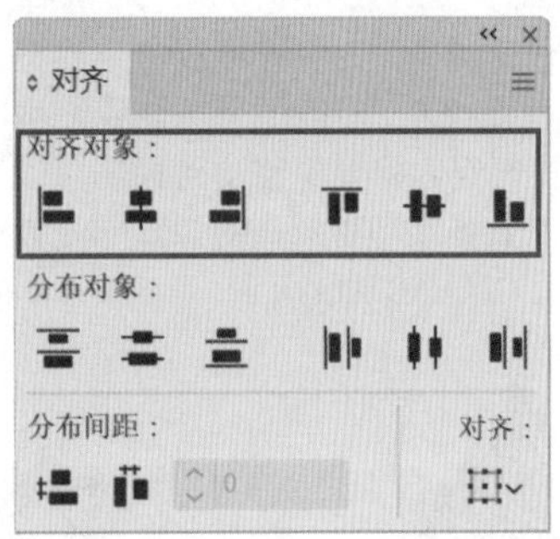

图 A07-35

可以看到对齐类型有【水平左对齐】【水平居中对齐】【水平右对齐】【垂直顶对齐】【垂直居中对齐】及【垂直底对齐】，单击相应的对齐方式即可，效果如图 A07-36 所示。

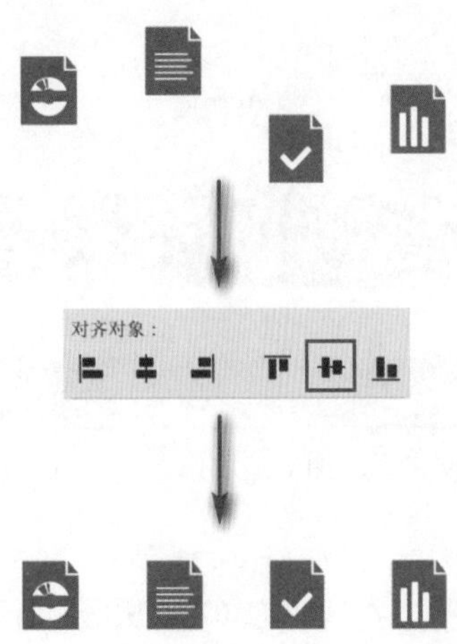

图 A07-36

3. 对齐画板

还可以将对象与当前画板进行对齐，选择一个或多个对象，在【属性】面板中的【对齐】一栏中，或者在控制栏的中间位置，单击按钮，弹出对齐方式菜单，如图 A07-37 所示。

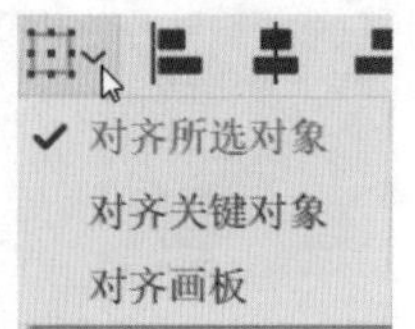

图 A07-37

选择【对齐画板】选项，再选择对齐类型，就可以将对象与画板进行对齐了，如图 A07-38 所示。

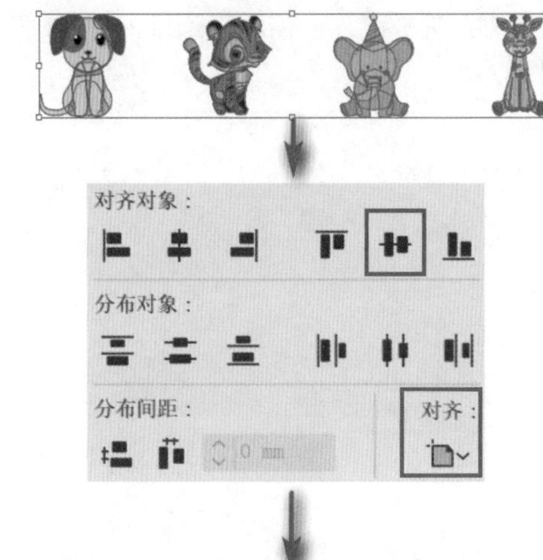

图 A07-38

4. 对齐关键对象

选择关键对象进行对齐。单击按钮，在弹出的对齐方式菜单中选择【对齐关键对象】选项，框选的对象即为关键对象，如图 A07-39 所示，再选择对齐类型，其他对象就会与关键对象对齐了，单击不同的对象可以切换关键对象。

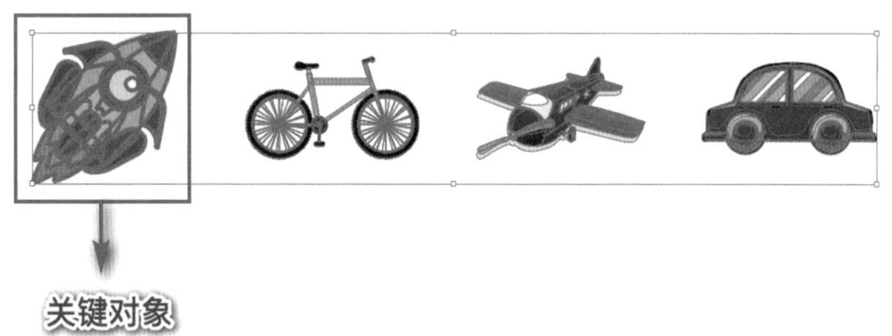

图 A07-39

5. 对齐锚点

使用【直接选择工具】或者【套索工具】选中两个或多个锚点，再选择对齐类型，即可对齐锚点，如图 A07-40 所示。

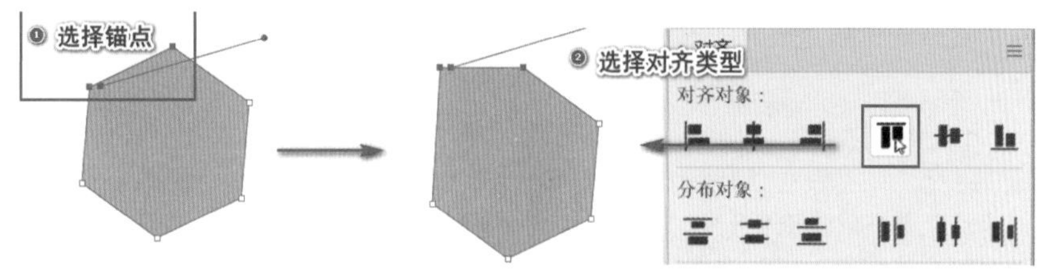

图 A07-40

6. 分布对象

分布对象是为了将对象进行相等距离的排布，选择多个对象，打开【对齐】面板，在【分布对象】一栏中可以进行分布排列的操作，单击【水平居中分布】按钮，如图 A07-41 所示。

图 A07-41

选择合适的分布类型后，按 Alt 键可以选中一个关键对象，在【分布间距】一栏中设置分布距离，选择【垂直分布间距】或者【水平分布间距】，即可完成对象的分布排列，如图 A07-42 所示。

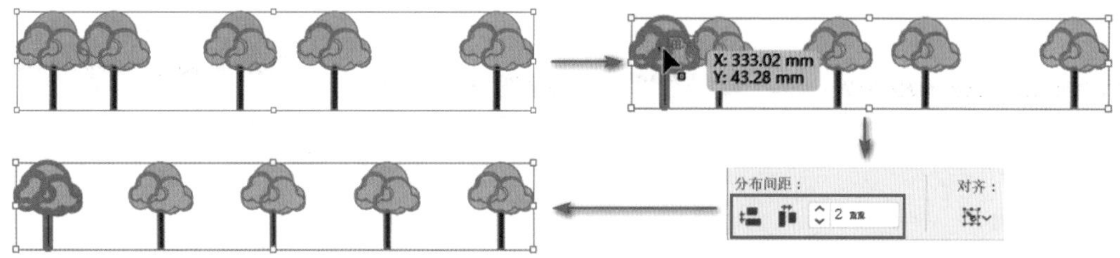

图 A07-42

A07.4 对象的变形

在 Illustrator 中，除了调整锚点更改图形外观之外，还可以使用变形工具更改图形外观，图 A07-43 所示为通过对象变形绘制的作品。

图 A07-43

1. 宽度工具

在工具栏中右击【宽度工具】展开工具组，如图 A07-44 所示。

图 A07-44

【宽度工具】可使用较少的锚点，轻松调整或创建具有变量宽度的描边，它可以随意调整路径的描边宽度，制作粗细不同的线条；除此之外，【宽度工具】还可以将调整好的变量宽度保存为配置文件，以便应用到其他描边上。需要注意的是，在无描边的情况下，【宽度工具】是无法使用的。

选择一个对象，选择【宽度工具】（快捷键为 Shift+W），将光标移动到路径上，光标变成就可以拖动路径进行变形了，向外拖动宽度变宽，向内拖动宽度变窄，如图 A07-45 所示。

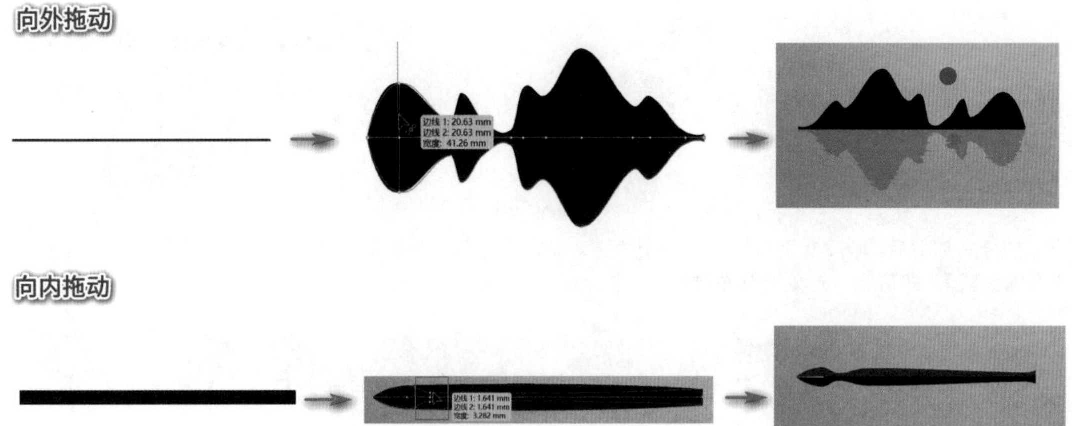

图 A07-45

要指定路径宽度，可以双击指定的路径，弹出【宽度点数编辑】对话框，对边线宽度及总宽度等参数进行设置，如图 A07-46 所示。

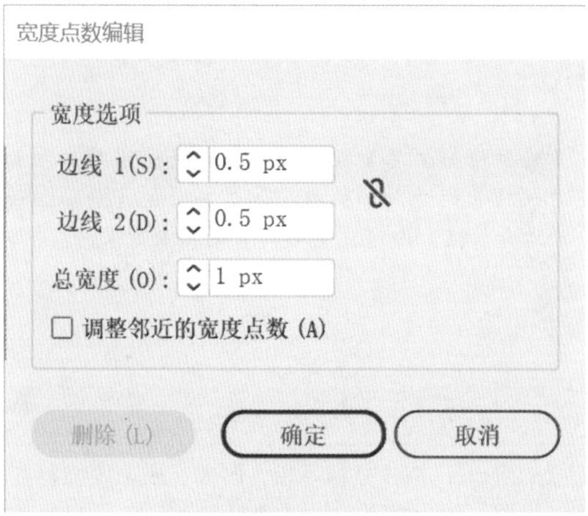

图 A07-46

2．变形工具

【变形工具】类似于 Photoshop 中的【液化工具】，可以随意调整图形的形状。选择【变形工具】，光标变成，相当于一个画笔，将光标移动到图形上进行拖动即可，如图 A07-47 所示。按住 Shift+Alt 键再按住鼠标随意拖曳，可以改变变形画笔的大小。

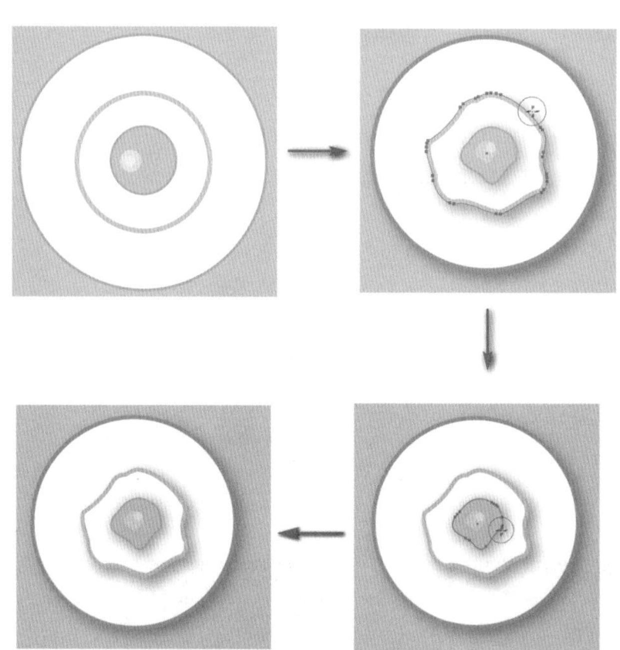

图 A07-47

双击【变形工具】，或者选择【变形工具】后按 Enter 键，弹出【变形工具选项】对话框，可以调整变形画笔的参数或进行重置，如图 A07-48 所示。

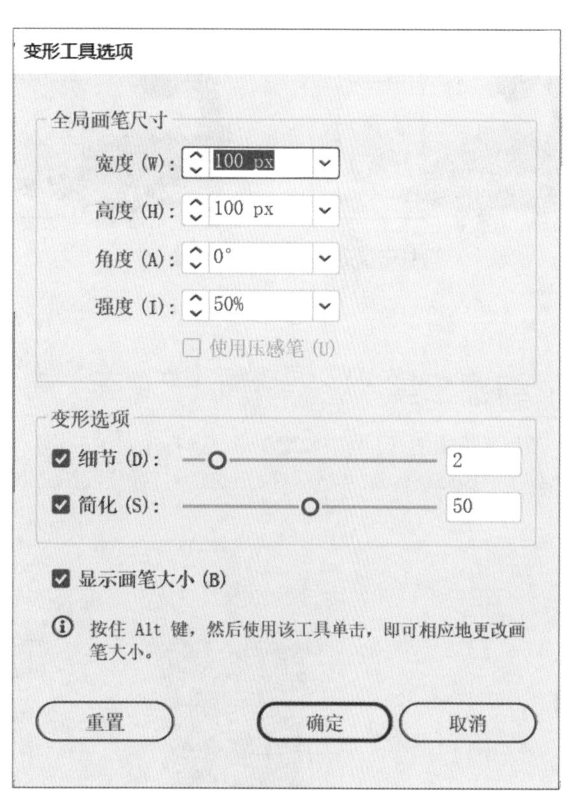

图 A07-48

3．旋转扭曲工具

可以对图像进行旋转扭曲变形，选择【旋转扭曲工具】，光标变成，相当于一个画笔，将光标移动到图形上，按住鼠标不松，时间越长，旋转力度就越强，旋转至合适效果后释放鼠标，如图 A07-49 所示。

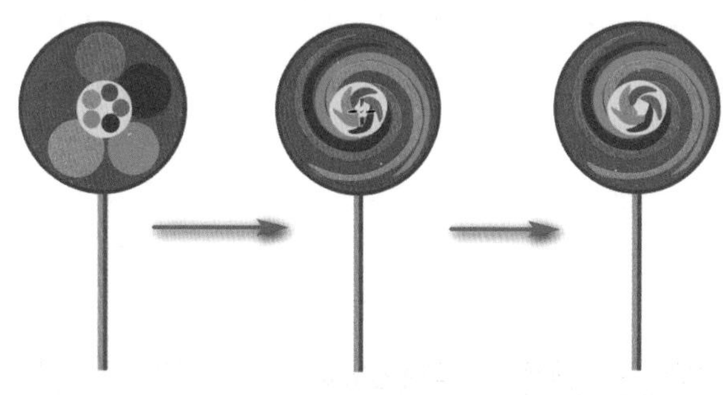

图 A07-49

双击【旋转扭曲工具】，或者选择【旋转扭曲工具】后按 Enter 键，弹出【旋转扭曲工具选项】对话框，可以调整画笔的尺寸、强度、扭曲速率或进行重置。【旋转扭曲速率】数值越高，扭曲越快，扭曲形状是根据画笔的形状得到的，如图 A07-50 所示。

图 A07-50

豆包：如果想改变旋转扭曲的方向，该如何操作呢？

【旋转扭曲工具】默认的扭曲效果为逆时针扭曲。若要更改扭曲的方向，则双击该工具，把【旋转扭曲速率】改为负数值，即可变成顺时针的扭曲效果。

4. 缩拢工具

使用【缩拢工具】可以收缩图形，选择【缩拢工具】，将光标移动到图形上，按住鼠标不松，时间越长，收缩程度就越强，如图 A07-51 所示。也可以按 Enter 键打开【收缩工具选项】对话框，调整画笔尺寸及收缩选项等。

图 A07-51

5. 自由变换工具

使用【自由变换工具】可以自由变换、扭曲对象，选择【自由变换工具】，弹出工具面板，其中有 4 种自由变换的方式，如图 A07-52 所示。

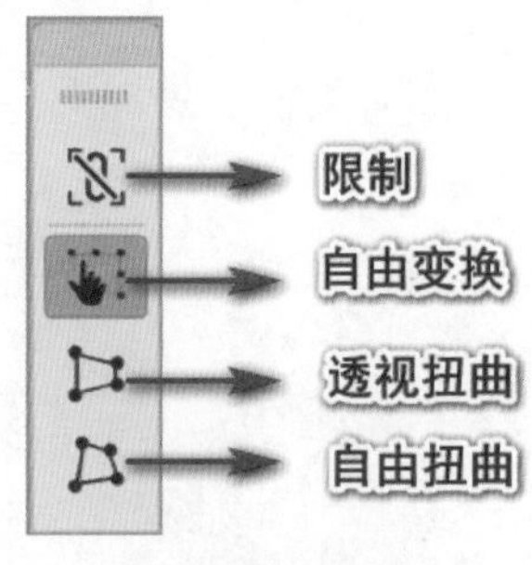

图 A07-52

◆ 自由变换

单击【自由变换】按钮，不仅可以对对象进行放大、缩小、旋转等操作，还可以调整中心点进行操作。

◆ 透视扭曲

选择一个或多个对象，单击【透视扭曲】按钮，选择一个定界点，按住鼠标并拖曳，可以对图像进行透视扭曲，如图 A07-53 所示。

素材作者：ba2design

图 A07-53

◆ 自由扭曲

选择一个对象，单击【自由扭曲】按钮，选择一个定界点，按住鼠标并拖曳，从而使对象进行自由扭曲，如图 A07-54 所示。

图 A07-54

按住 Alt 键的同时按住鼠标并拖曳，则进行斜切，如图 A07-55 所示。

图 A07-55

按住 Shift+Alt 键的同时按住鼠标并拖曳，则进行透视，如图 A07-56 所示。

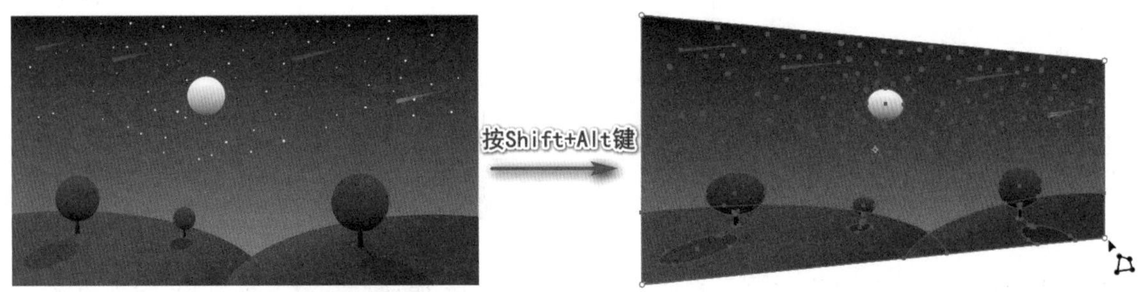

图 A07-56

A07.5 剪切和分割对象

除了可以使用【剪刀工具】和【美工刀】来裁剪和分割对象之外（见 A06.7 课），Illustrator 还提供了其他几种剪切、分割和裁切对象的方法，下面分别介绍。

1. 分割下方对象

分割下方对象即利用选定的对象对下方的对象进行分割，而丢弃原来所选择的对象。

首先打开一个心形素材，然后在心形的上方创建一个圆，调整好要切割的位置，执行【对象】-【路径】-【分割下方对象】菜单命令即可，如图 A07-57 所示。

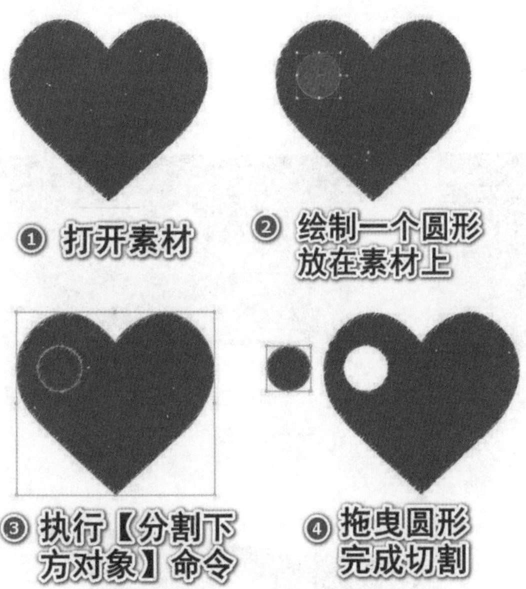

图 A07-57

2. 路径查找器

可以使用【路径查找器】面板对图形进行分割和裁切，执行【窗口】-【路径查找器】菜单命令，打开【路径查找器】面板，快捷键为 Shift+Ctrl+F9，如图 A07-58 所示。

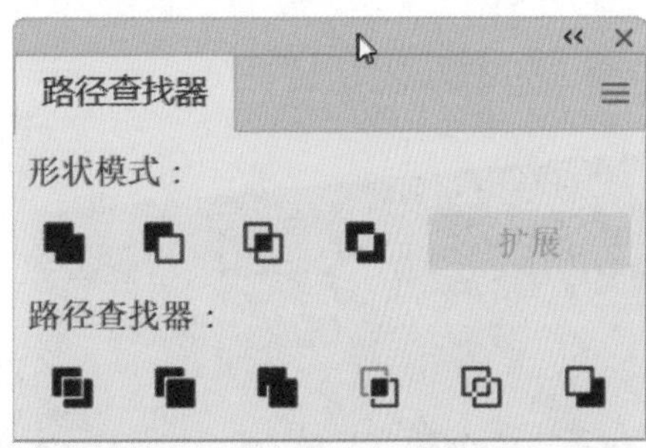

图 A07-58

共有 10 种裁切或拼合模式，具体功能如下。

◆ 联集：由两个不同形状合并成一个形状，而且只保留位于上一层的颜色及描边，如图 A07-59 所示。

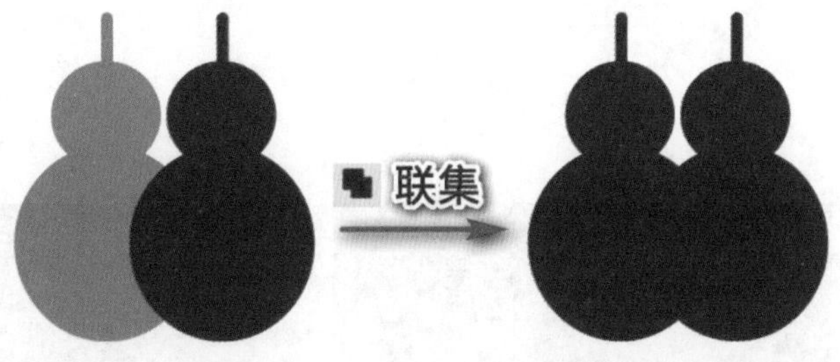

图 A07-59

◆ 减去顶层：顶层形状的轮廓会挖空与下方形状的重叠部分，顶层形状也会被去除，如图 A07-60 所示。

图 A07-60

◆ 交集：两个图形相交的区域就是留下的形状，如图 A07-61 所示。

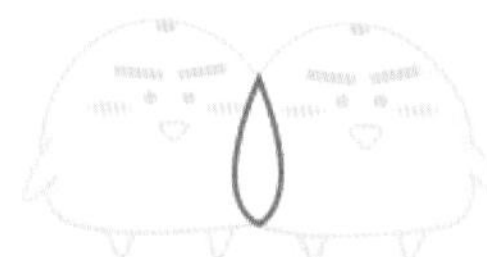

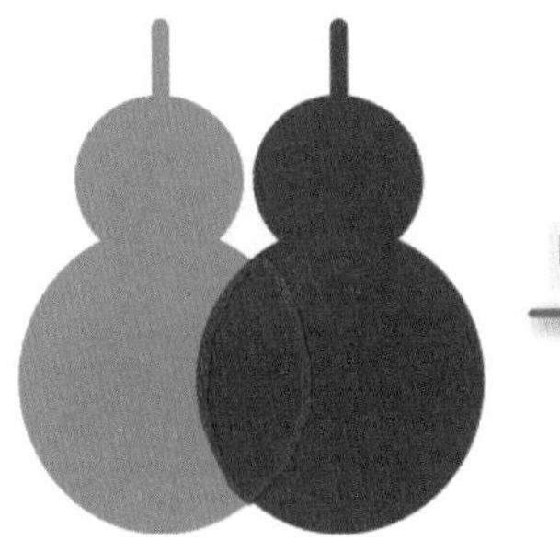

图 A07-61

◆ 差集：与【交集】相反，两个图形相交的区域会被去除，如图 A07-62 所示。

图 A07-62

◆ 分割：将相交的区域进行分割后无缝拼合，取消编组即可拖动已裁剪的图形，如图 A07-63 所示。

图 A07-63

◆ 修边：将两个图形进行无缝拼合，下方形状被遮挡的部分会被去除，取消编组即可拖动已裁剪的图形，如图 A07-64 所示。

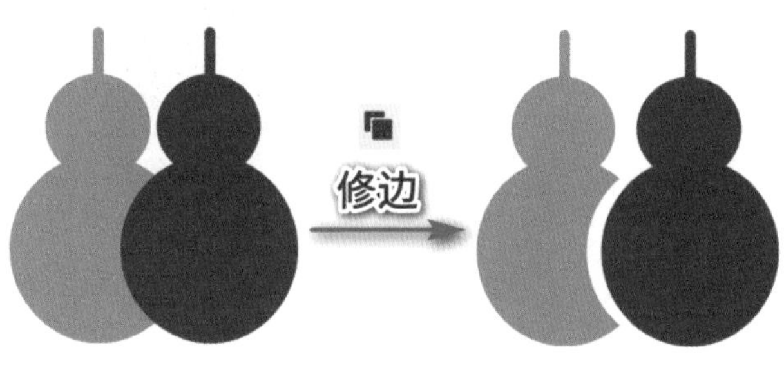

图 A07-64

◆ 合并：对同填色、同描边的图形可进行合并，效果与【联集】相同。如果是不同颜色的描边与填色，将会保留各自的外观属性，完成无缝拼合，如图 A07-65 所示。

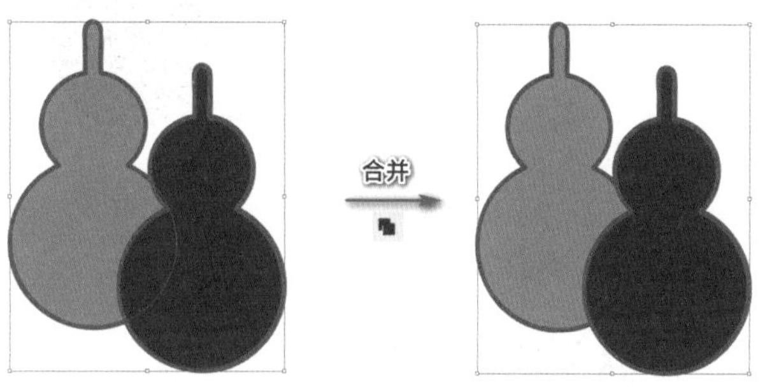

图 A07-65

◆ 裁剪：与【交集】类似，但是裁剪后会保留位于下一层图形的外观，如图 A07-66 所示。

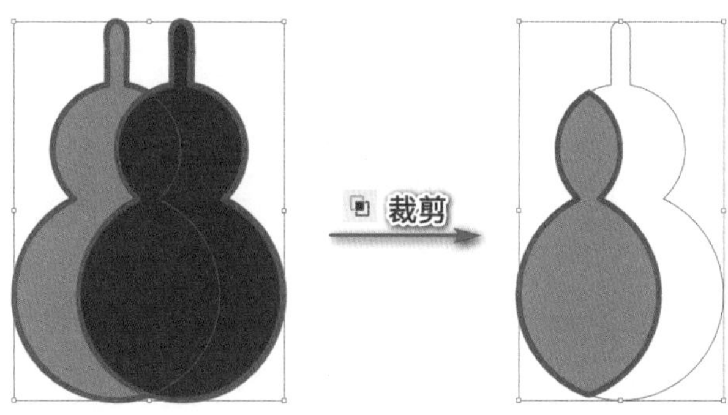

图 A07-66

◆ 轮廓：图形变成分解后的轮廓，如图 A07-67 所示。

◆ 减去后方对象：与【减去顶层】相反，它是去除两个图形中位于后层的图形，保留顶层对象的外观，如图 A07-68 所示。

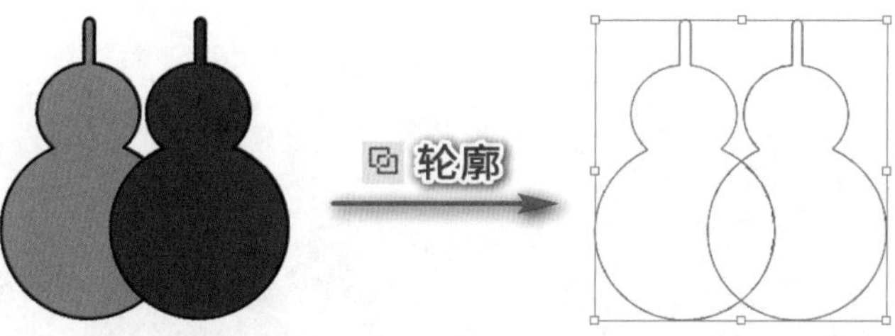

图 A07-67

图 A07-68

3. 形状生成器工具

使用【形状生成器工具】可以将对象合并的部分及路径进行分割或合并，常用于创建复杂的形状。

选择两个或多个重合的矢量图形，单击【形状生成器工具】（快捷键为 Shift+M），光标变为时，单击即可分割，拖曳即可查看分割后的形状，如图 A07-69 所示。若想要使用【形状生成器工具】的抹除模式，请按住 Alt 键并单击想要删除的闭合选区。按 Alt 键时，指针会变为。该模式在创建所需形状后清除剩余部分时非常有用。

图 A07-69

若要合并，选择要合并的区域，按住鼠标拖曳即可，如图 A07-70 所示。

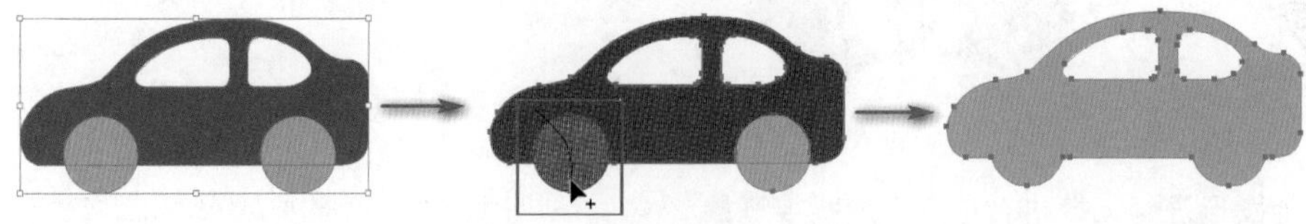

图 A07-70

双击【形状生成器工具】，弹出【形状生成器工具选项】对话框，可以在其中自定义多种选项，更高效地完成制作，如图 A07-71 所示。

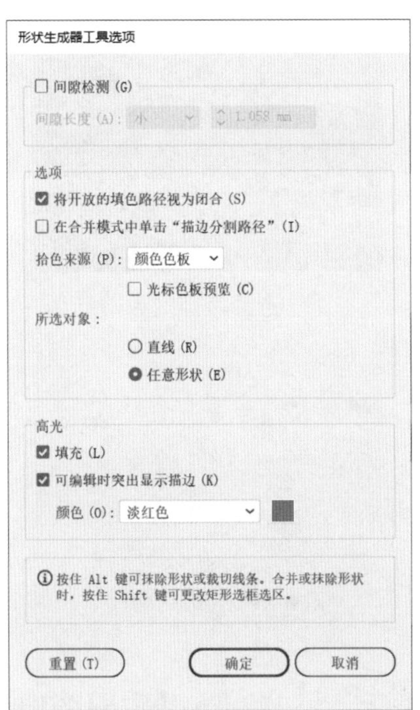

图 A07-71

- 间隙检测：选中后可以设置间隙长度。若要设置精准的间隙长度，可以选择【自定】。
- 将开放的填色路径视为闭合：选中该复选框，将会为开放路径创建透明边缘并生成选区。单击选区内部时，会创建一个形状。
- 在合并模式中单击“描边分割路径”：选中该复选框，在合并形状时单击描边即可分割路径。
- 拾色来源：可以选择【颜色色板】或【图稿】，从色板或现有图稿中的颜色中选择为对象上色的颜色。

4. 复合路径

【复合路径】与【路径查找器】中的【差集】类似，两个对象相交的区域会被去除，但是会保留底层对象的外观。打开素材图案，再创建一个矩形，同时选中两个对象，执行【对象】-【复合路径】-【建立】菜单命令（快捷键为 Ctrl+8），或者右击，选择【建立复合路径】选项，如图 A07-72 所示。

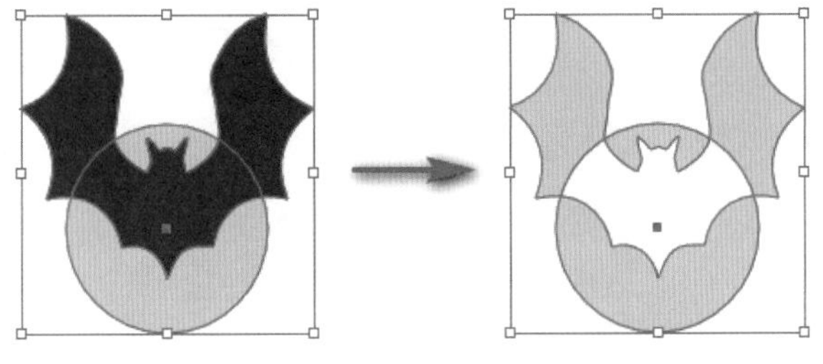

图 A07-72

同样执行【对象】-【复合路径】-【释放复合路径】菜单命令（快捷键为 Alt+Shift+Ctrl+8），或者右击，选择【释放复合路径】选项，即可释放复合路径，如图 A07-73 所示，释放出来的复合对象不会恢复原来的颜色属性。

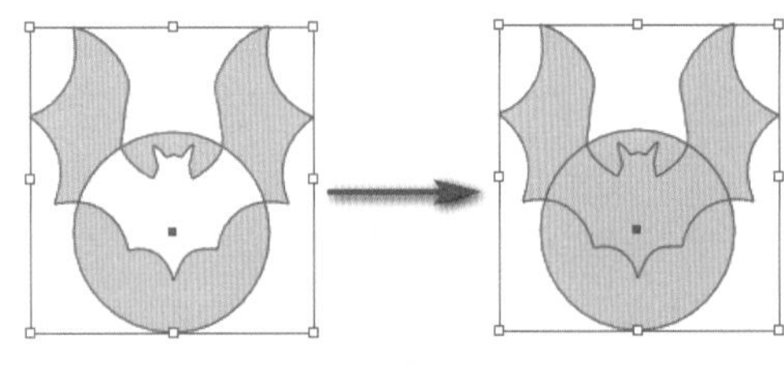

图 A07-73

5. 剪切蒙版

【剪切蒙版】与 Photoshop 中的【剪贴蒙版】有相似之处，就是将图像套在一个形状里，只能看到蒙版形状内的图形，需要注意的是，只能以矢量形状作为剪切蒙版，而任何图稿都可以被蒙版，比如置入文档的位图。不论蒙版形状是何种外观，建立剪切蒙版后，都会变成一个无填色、无描边的区域蒙版。

置入一张图稿，在上层创建一个圆形，将圆形移动到图稿上合适的位置，同时选择图稿和圆形，执行【对象】-【剪切蒙版】-【建立】菜单命令（快捷键为 Ctrl+7），或者右击，选择【建立剪切蒙版】选项，如图 A07-74 所示。

图 A07-74

◆ 编辑剪切蒙版

创建了剪切蒙版，可以使用【直接选择工具】对蒙版形状进行调整，如图 A07-75 所示。

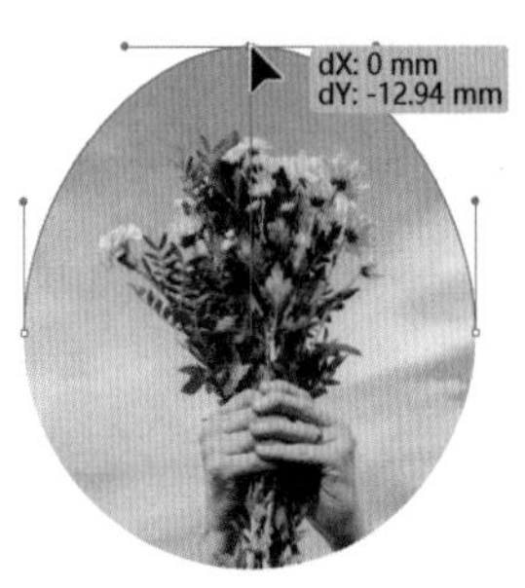

图 A07-75

双击图稿可以进入【剪切组】的内部调整图像或蒙版，也可以执行【对象】-【剪切蒙版】-【编辑蒙版】菜单命令，编辑被剪切的图稿，如图 A07-76 所示。

图 A07-76

◆ 释放剪切蒙版

选择已创建的剪切蒙版对象，执行【对象】-【剪切蒙版】-【释放剪切蒙版】菜单命令（快捷键为 Alt+Ctrl+7），或者右击，选择【释放剪切蒙版】选项，如图 A07-77 所示，用于蒙版的图形释放后将不再保留原来的外观属性。

图 A07-77

6. 裁剪图像

要在 Illustrator 中裁剪链接或嵌入的图像，首先执行【文件】-【置入】菜单命令，选择要置入的图像或直接将图片拖入 Illustrator 中，调整合适大小。然后使用【选择工具】选择要裁剪的图像，再执行【对象】-【裁剪图像】菜单命令，如果处理的是链接图像，会提示“链接文件将在裁剪后被嵌入”，单击【确定】按钮后，拖动裁剪边界框，调整裁剪范围，按 Enter 键完成裁剪，如图 A07-78 所示。

选择裁剪对象

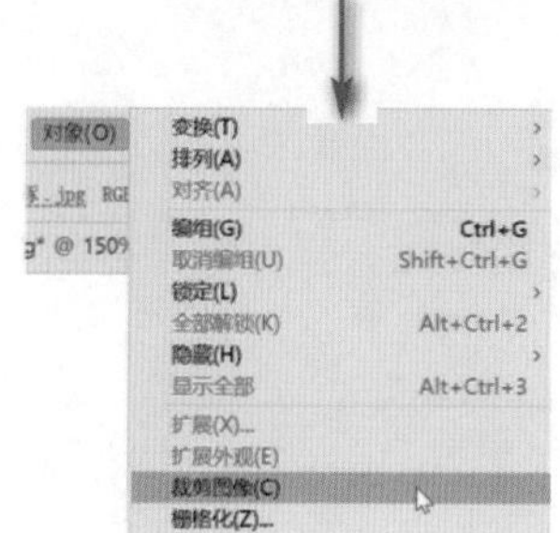

单击【对象】-【裁剪图像】

调整裁剪范围

完成裁剪

图 A07-78

敬伟教程系列
清大文森设计课程

学习指南

咨询、答疑

联系老师

清華大学出版社

下面是我们总结的常用AI快捷键，使用起来更简单、更顺手，能有效提高做图效率。

AI快捷键

工具

- 选择【V】
- 直接选择【A】
- 魔棒【Y】
- 套索【Q】
- 画板【Shift+O】
- 钢笔【P】
- 添加锚点【=】
- 删除锚点【-】
- 锚点【Shift+C】
- 曲率工具【Shift+~】
- 直线段【\】
- 矩形【M】
- 椭圆【L】
- 画笔【B】
- 斑点画笔【Shift+B】
- 铅笔【N】
- Shaper 工具【Shift+N】
- 符号喷枪【Shift+S】
- 柱形图【J】
- 切片【Shift+K】
- 透视网格【Shift+P】
- 透视选区【Shift+V】
- 文字【T】
- 修饰文字【Shift+T】
- 渐变【G】
- 网格【U】
- 形状生成器【Shift+M】
- 实时上色工具【K】
- 实时上色选择【Shift+L】
- 旋转【R】
- 镜像【O】
- 缩放【S】
- 宽度【Shift+W】
- 变形【Shift+R】
- 自由变换【E】
- 吸管【I】
- 混合【W】
- 橡皮擦【Shift+E】
- 剪刀【C】
- 抓手【H】
- 旋转视图工具【Shift+H】
- 缩放【Z】
- 切换填色/描边 【X】
- 默认前/后背景色 【D】
- 互换填色/描边【Shift+X】
- 颜色【,】

工具

- 渐变【.】
- 切换屏幕模式【F】
- 显示/隐藏所有调板【Tab】
- 显示/隐藏除工具箱外的所有调板【Shift】+【Tab】
- 增加直径【]】
- 减小直径【[】
- 符号工具 - 增大强度【Shift】+【}】
- 符号工具 - 减小强度【Shift】+【{】
- 切换绘图模式【Shift】+【D】
- 演示文稿模式【Shift】+【F】
- 退出演示文稿模式【Ese】

菜单命令

- 新建【Ctrl】+【N】
- 从模板新建【Shift】+【Ctrl】+【N】
- 打开【Ctrl】+【O】
- 关闭【Ctrl】+【W】
- 关闭全部【Alt】+【Ctrl】+【W】
- 存储【Ctrl】+【S】
- 存储为【Shift】+【Ctrl】+【S】
- 存储副本【Alt】+【Ctrl】+【S】
- 恢复【F12】
- 搜索【Adobe Stock】
- 置入【Shift】+【Ctrl】+【P】
- 导出为多种屏幕所用格式【Alt】+【Ctrl】+【E】
- 其他脚本【Ctrl】+【F12】
- 文档设置【Alt】+【Ctrl】+【P】
- 文件信息【Alt】+【Shift】+【Ctrl】+【I】
- 打印【Ctrl】+【P】
- 退出【Ctrl】+【Q】
- 还原【Ctrl】+【Z】
- 重做【Shift】+【Ctrl】+【Z】
- 剪切【Ctrl】+【X】
- 复制【Ctrl】+【C】
- 粘贴【Ctrl】+【V】
- 贴在前面【Ctrl】+【F】
- 贴在后面【Ctrl】+【B】
- 就地粘贴【Shift】+【Ctrl】+【V】
- 删除所选对象【DEL】
- 选取全部对象【Ctrl】+【A】
- 取消选择【Ctrl】+【Shift】+【A】
- 再次转换【Ctrl】+【D】
- 置于顶层【Ctrl】+【Shift】+【]】
- 前移一层【Ctrl】+【]】
- 置于底层【Ctrl】+【Shift】+【[】

菜单命令

- 后移一层【Ctrl】+【[】
- 编组【Ctrl】+【G】
- 取消编组【Ctrl】+【Shift】+【G】
- 锁定所选对象【Ctrl】+【2】
- 全部解除锁定【Ctrl】+【Alt】+【2】
- 隐藏所选对象【Ctrl】+【3】
- 显示所有已隐藏的对象【Ctrl】+【Alt】+【3】
- 对齐路径点【Ctrl】+【Alt】+【J】
- 建立混合对象【Ctrl】+【Alt】+【B】
- 释放混合对象【Ctrl】+【Alt】+【Shift】+【B】
- 建立剪切蒙版【Ctrl】+【7】
- 释放剪切蒙版【Ctrl】+【Alt】+【7】
- 建立复合路径【Ctrl】+【8】
- 释放复合路径【Ctrl】+【Shift】+【Alt】+【8】

视图操作

- 将图像显示为边框模式(切换)【Ctrl】+【Y】
- 文字右对齐或底对齐【Ctrl】+【Shift】+【R】
- 文字分散对齐【Ctrl】+【Shift】+【J】
- 放大视图【Ctrl】+【+】
- 缩小视图【Ctrl】+【-】
- 放大到页面大小【Ctrl】+【0】
- 实际像素显示【Ctrl】+【1】
- 显示/隐藏路径的控制点【Ctrl】+【H】
- 隐藏模板【Ctrl】+【Shift】+【W】
- 显示/隐藏标尺【Ctrl】+【R】
- 显示/隐藏参考线【Ctrl】+【;】
- 锁定/解锁参考线【Ctrl】+【Alt】+【;】
- 将所选对象变成参考线【Ctrl】+【5】
- 显示/隐藏网格【Ctrl】+【”】
- 贴紧网格【Ctrl】+【Shift】+【”】
- 智能参考线【Ctrl】+【U】
- 显示/隐藏“字符”面板【Ctrl】+【T】
- 显示/隐藏“段落”面板【Ctrl】+【M】
- 显示/隐藏“制符表”面板【Ctrl】+【Alt】+【T】
- 显示/隐藏“画笔”面板【F5】
- 显示/隐藏“颜色”面板【F6】
- 显示/隐藏“图层”面板【F7】
- 显示/隐藏“信息”面板【Ctrl】+【F8】
- 显示/隐藏“渐变”面板【Ctrl】+【F9】
- 显示/隐藏“描边”面板【Ctrl】+【F10】
- 显示/隐藏“属性”面板【F11】
- 显示/隐藏所有命令面板【Tab】
- 显示或隐藏工具箱以外的所有面板【Shift】+【Tab】

下面是我们总结的常用PS快捷键，使用起来更简单、更顺手，能有效提高做图效率。

PS快捷键

工具箱

移动工具【V】
矩形、椭圆选框工具【M】
套索、多边形套索、磁性套索【L】
快速选择、魔棒工具【W】
裁剪、切片、切片选择工具【C】
污点修复画笔、修复画笔、修补、红眼工具【J】
吸管、颜色取样器、标尺、注释工具【I】
画笔、铅笔、颜色替换工具【B】
仿制图章、图案图章工具【S】
历史记录画笔、历史记录艺术画笔工具【Y】
橡皮擦、背景橡皮擦、魔术橡皮擦工具【E】
渐变、油漆桶工具【G】
减淡、加深、海棉工具【O】
钢笔、自由钢笔【P】
横排文字、直排文字、横排文字蒙版、直排文字蒙板工具【T】
路径选择、直接选择工具【A】
矩形、圆角矩形、椭圆、多边形、直线、自定形状工具【U】
抓手工具【H】
缩放工具【Z】
临时使用抓手工具【空格】

文件操作

新建图形文件【Ctrl】+【N】
新建图层【Ctrl】+【Shift】+【N】
用默认设置创建新文件【Ctrl】+【Alt】+【N】
打开已有的图像【Ctrl】+【O】
打开为...【Ctrl】+【Shift】+【Alt】+【O】
关闭当前图像【Ctrl】+【W】
关闭全部图像【Alt】+【Ctrl】+【W】
保存当前图像【Ctrl】+【S】
另存为...【Ctrl】+【Shift】+【S】
存储副本【Ctrl】+【Alt】+【S】
打印【Ctrl】+【P】
恢复【F12】
导出为...【Alt】+【Shift】+【Ctrl】+【W】

编辑操作

还原/重做前一步操作【Ctrl】+【Z】
拷贝选取的图像或路径【Ctrl】+【C】
粘贴选取的图像或路径【Ctrl】+【V】
原位粘贴【Shift】+【Ctrl】+【V】
自由变换【Ctrl】+【T】
再次自由变换【Shift】+【Ctrl】+【T】
剪切【Ctrl】+【X】
搜索【Shift】+【F】

图层混合

循环选择混合模式【shift】+【-】或【+】
正常【Shift】+【Alt】+【N】
溶解【Shift】+【Alt】+【I】
变暗【Shift】+【Alt】+【K】
正片叠底【Shift】+【Alt】+【M】
颜色加深【Shift】+【Alt】+【B】
线性加深【Shift】+【Alt】+【A】
变亮【Shift】+【Alt】+【G】
滤色【Shift】+【Alt】+【S】
颜色减淡【Shift】+【Alt】+【D】
线性减淡【Shift】+【Alt】+【W】
叠加【Shift】+【Alt】+【O】
柔光【Shift】+【Alt】+【F】
强光【Shift】+【Alt】+【H】
亮光【Shift】+【Alt】+【V】
线性光【Shift】+【Alt】+【J】
点光【Shift】+【Alt】+【Z】

视图操作

放大视图【Ctrl】+【+】
缩小视图【Ctrl】+【-】
满画布显示【Ctrl】+【0】
向上卷动一屏【PageUp】
向下卷动一屏【PageDown】
向左卷动一屏【Ctrl】+【PageUp】
向右卷动一屏【Ctrl】+【PageDown】
显示/隐藏标尺【Ctrl】+【R】
显示/隐藏参考线【Ctrl】+【H】

选择功能

全部选取【Ctrl】+【A】
取消选择【Ctrl】+【D】
重新选择【Ctrl】+【Shift】+【D】
所有图层【Ctrl】+【Alt】+【A】
反向选择【Ctrl】+【Shift】+【I】
路径变选区 数字键盘的【Enter】
查找图层【Alt】+【Ctrl】+【Shift】+【F】

图像调整

调整色阶【Ctrl】+【L】
打开曲线调整对话框【Ctrl】+【M】
色相/饱和度【Ctrl】+【U】
色彩平衡【Ctrl】+【B】
黑白【Alt】+【Shift】+【Ctrl】+【B】

A07.6 对象的转换

1. 矢量图转位图

在 Illustrator 中可以将矢量图转换为位图。选择一个图形，执行【对象】-【栅格化】菜单命令，弹出【栅格化】对话框，设置参数，如图 A07-79 所示，单击【确定】按钮即可转换为位图。

图 A07-79

- 颜色模型：分为 CMYK、灰度及位图 3 种颜色模型，根据输出要求选择相应的颜色模型。
- 分辨率：因为位图是由像素组成的，所以矢量图转位图时需要设定像素值。像素值越高，代表转出的位图越清晰。
- 背景：即栅格化后图形的背景，可以选择无背景的图像，即透明，也可转换为带有白色背景的图像。
- 选项：在选项区域可以设定【消除锯齿】效果，选择【优化图稿（超像素取样）】可以消除锯齿边缘，如图 A07-80 所示，选择【优化文字】则对文字进行适当的消除锯齿操作。

【栅格化】-【消除锯齿】-【无】
放大细节部分的效果

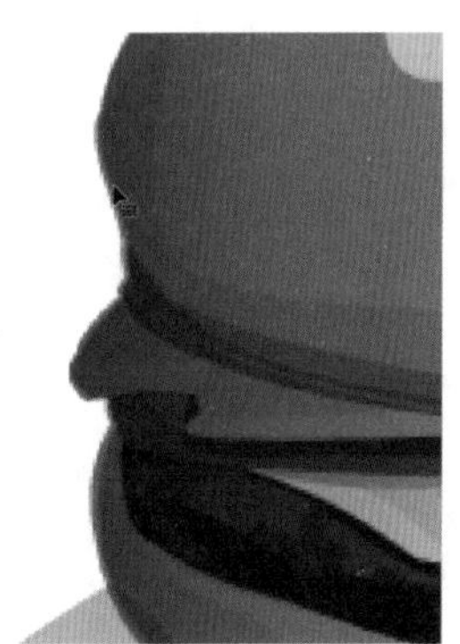

【栅格化】-【消除锯齿】
【优化图稿（超像素取样）】
放大细节部分的效果

图 A07-80

◆ 创建剪切蒙版：选中该复选框，则除位图以外，还会转换出形状路径，如图 A07-81 所示。

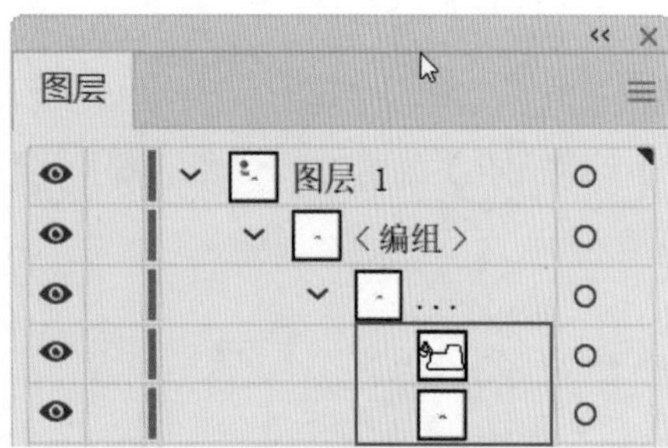

图 A07-81

◆ 添加环绕对象：为栅格化的图像设置定界框的大小，如图 A07-82 所示。

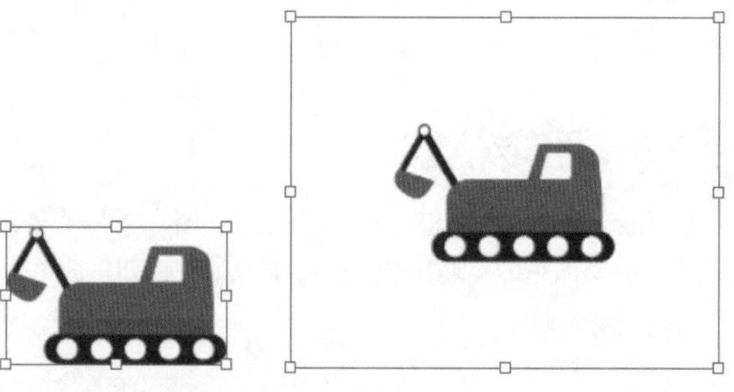

图 A07-82

◆ 保留专色：选中该复选框，可以保留专色。

2. 图像描摹

使用【图像描摹】可以将位图（JPEG、PNG 等）转换为矢量图，通过描摹图像，可以对该图形进行修改。置入一个位图，执行【对象】-【图像描摹】-【建立】菜单命令，默认转换为黑白的描摹图像，如图 A07-83 所示。

图 A07-83

还可以单击控制栏中的【描摹预设】按钮，选择不同的预设，如图 A07-84 所示。转换出的不同的描摹效果如图 A07-85 所示。

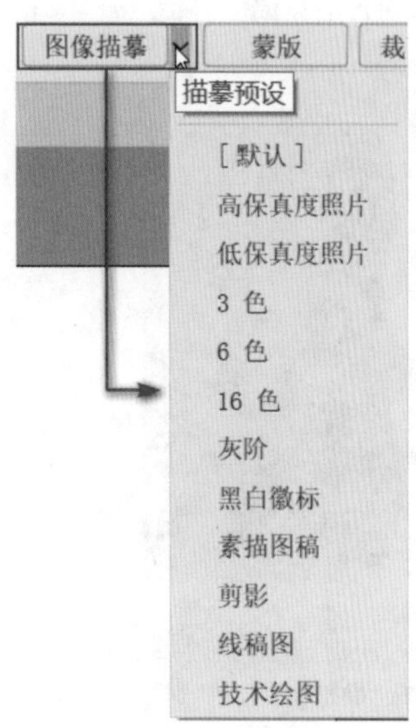

图 A07-84

图 A07-85

执行【窗口】-【图像描摹】菜单命令，打开【图像描摹】面板，则可以进行自定义图像描摹设置，如图 A07-86 所示。

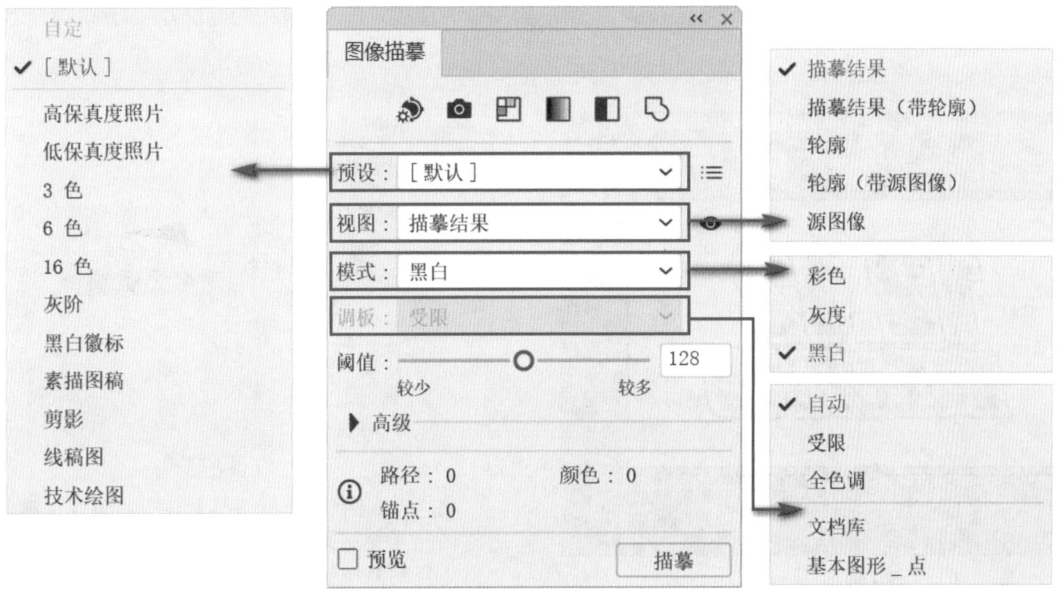

图 A07-86

◈ 图像描摹预设：描摹的预设如图 A07-87 所示，单击【管理预设】按钮，可以将当前设置存储为新预设，或者删除、重命名现有预设。

图标	预设名称	定义
	自动着色	将图像创建为色调分离的图形
	高色	将图像创建为高保真的真实感图像
	低色	将图像简化为真实感图像
	灰度	将图像描摹到灰色背景中
	黑白	将图像简化为黑白色图像
	轮廓	将图像简化为黑白色轮廓

图 A07-87

◈ 视图：指定描摹对象的视图，如图 A07-88 所示。

描摹结果（带轮廓）

轮廓

轮廓（带源图像）

源图像

图 A07-88

◈ 模式：指定描摹的颜色模式，包括彩色、灰色、黑白 3 种。

◈ 调板：指定原始图像生成颜色或灰度描摹的调板。

A07.7 实例练习——电商广告图

本实例练习完成的效果如图 A07-89 所示。

图 A07-89

制作步骤

01 新建文档，设置尺寸为 A4，方向为横版，【颜色模式】为【RGB 颜色】。

02 使用【矩形工具】创建一个画板大小的矩形，【填色】为红色，色值为 R：230、G：55、B：40，如图 A07-90 所示。

图 A07-90

03 制作背景放射线效果。使用【直线段工具】单击画板空白处，创建【长度】为 215 毫米、【角度】为 90° 的直线段，在控制栏中设定【描边粗细】为 50pt，【描边颜色】为白色，【变量宽度配置文件】为【宽度配置文件 4】；按 Ctrl+F9 快捷键打开【渐变】面板，设置【不透明度】为 0，【角度】为 90°，如图 A07-91 所示。

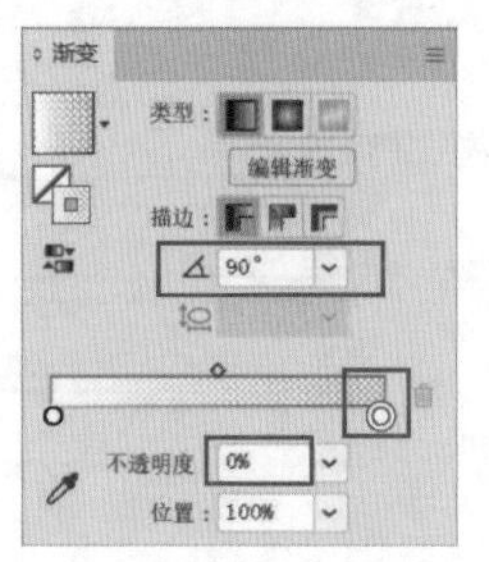

图 A07-91

04 使用【直接选择工具】单击直线下端的锚点，右击，选择【变换】-【旋转】选项，设置【角度】为 10°，单击【复制】按钮；按 Ctrl+D 快捷键重复上一操作多次，直到图案变成一个放射圆形，最后选中所有直线，按 Ctrl+G 快捷键编组，如图 A07-92 所示。

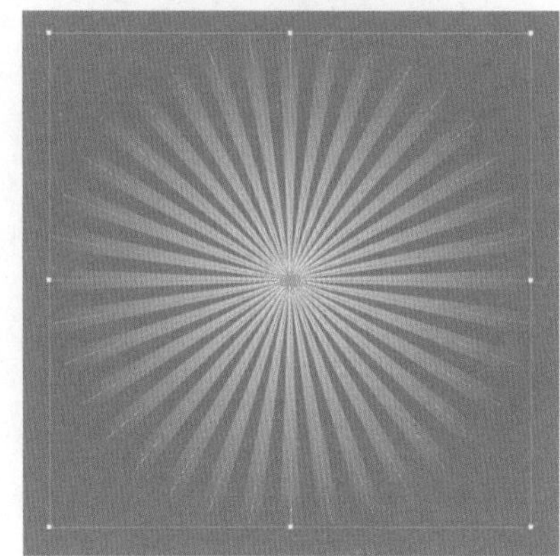

图 A07-92

05 创建一个画板大小的矩形，并将该矩形和放射线图案效果同时选中，右击，选择【建立剪切蒙版】选项，如图 A07-93 所示。

图 A07-93

06 使用【矩形工具】创建两个矩形，“矩形 1”宽 240 毫米、高 135 毫米，【描边粗细】为 2pt，【描边颜色】为黑色，【填色】为红色，色值为 R：220、G：55、B：25；“矩形 2”宽 125 毫米、高 230 毫米，【描边粗细】为 2pt，【描边颜色】为黑色，【填色】为白色，位置如图 A07-94 所示。

图 A07-94

07 置入本课提供的文字素材“12.12 疯狂购物”，选中素材，执行【对象】-【偏移路径】菜单命令，设置【位移】为 3 毫米，【连接】为【斜接】，【斜接限制】为 4，如图 A07-95 所示。

图 A07-95

A 入门篇

基本功能 基础操作

08 将偏移路径后的图形填色为白色，设置【描边粗细】为 2pt，【描边颜色】为黑色，如图 A07-96 所示。

图 A07-96

09 置入“波点”“圆”“正方体”和“波浪线”素材（见图 A07-97），摆放位置如图 A07-98 所示。

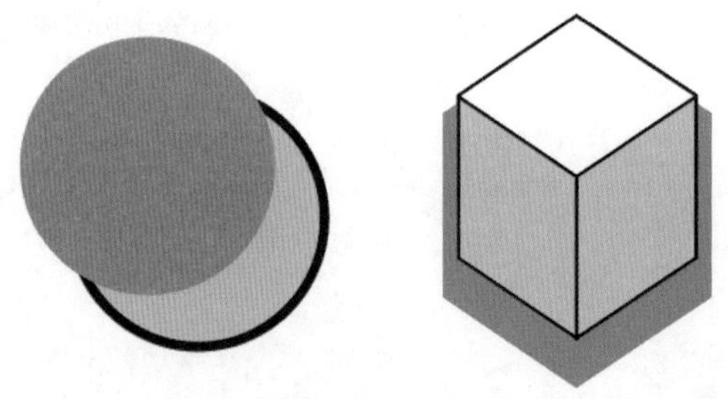

图 A07-97

图 A07-98

A07.8 综合案例——人物剪影创意海报

本综合案例完成的效果如图 A07-99 所示。

图 A07-99

制作步骤

01 新建文档，设置尺寸为 A4，【颜色模式】为【RGB 颜色】。

02 创建背景色。使用【矩形工具】创建文档大小的“矩形 1”，【填色】为绿色；再创建“矩形 2”，尺寸为宽 175 毫米、高 274 毫米，使用【渐变工具】填充渐变，执行【窗口】-【对齐】菜单命令，将这两个矩形与画板居中对齐，如图 A07-100 所示。

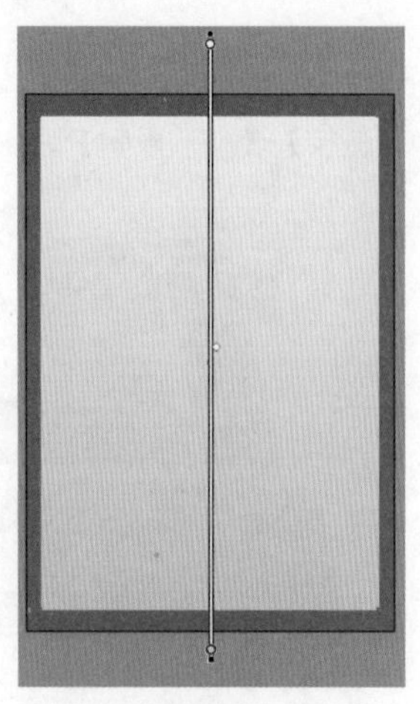

图 A07-100

03 制作金色质感的渐变框。复制渐变矩形，调整渐变角度以及颜色，再创建一个比该矩形小的矩形放在顶层，然后在【路径查找器】面板中选择【减去顶层】，如图 A07-101 所示。

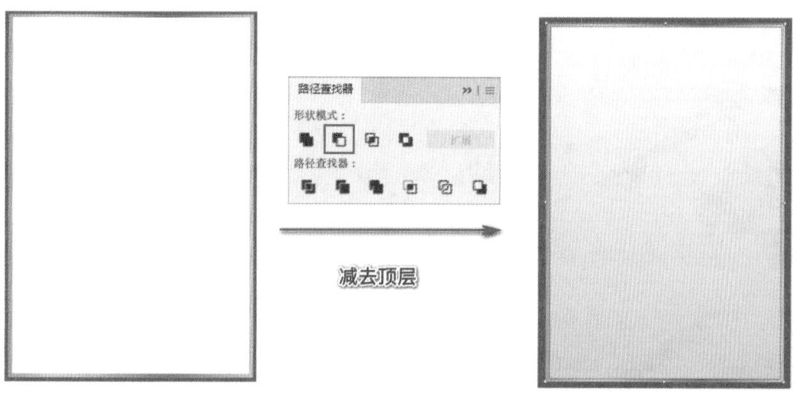

图 A07-101

04 打开素材“花草背景”，放在画面中心位置，置入素材“森林”“舞女”。将“舞女”置于“森林”上层，选中两个图像，右击选择【建立剪切蒙版】选项，效果如图 A07-102 所示。

图 A07-102

05 将素材“鸽子”置入文件中，在【外观】面板中设置素材的【不透明度】为 100%，模式为【正片叠底】，如图 A07-103 所示。

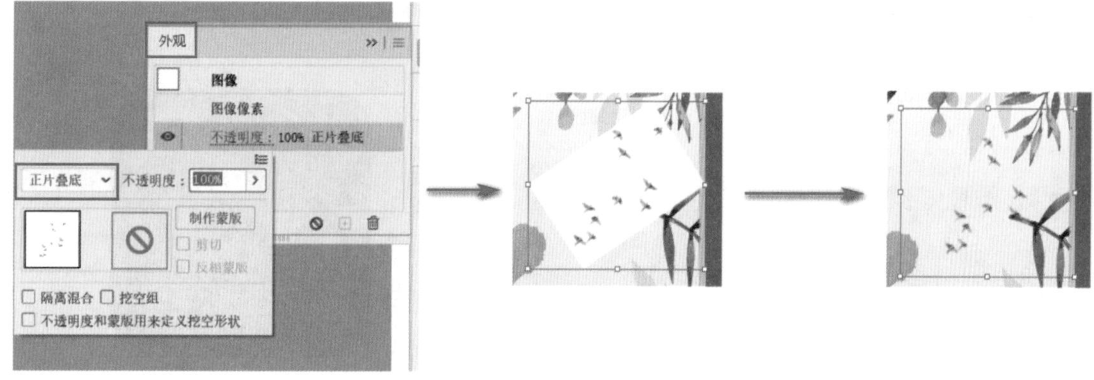

图 A07-103

06 使用【椭圆工具】创建一个椭圆，设置【描边粗细】为1pt，【画笔定义】为5点圆形，使用【吸管工具】吸取背景渐变颜色，再使用【直接选择工具】选中椭圆锚点，在工具栏中单击【在所选锚点处剪切路径】按钮，将拆分开的椭圆上半部分的路径移动到"舞女"的下层，如图A07-104所示。

07 置入"向往生活"文字素材，位置如图A07-105所示。

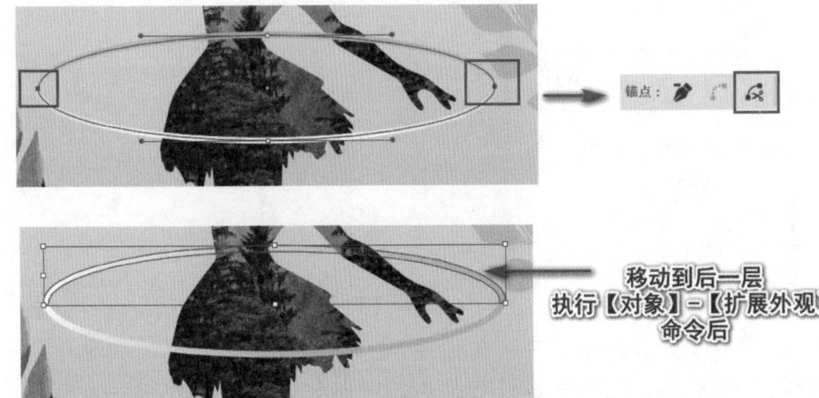

图 A07-104

图 A07-105

A07.9 综合案例——相机App图标设计

本综合案例完成的效果如图A07-106所示。

图 A07-106

制作步骤

01 新建文档，设置尺寸为A4，【颜色模式】为【RGB颜色】。

02 创建App的背景。如图A07-107所示，使用【圆角矩形工具】创建两个圆角矩形，"圆角矩形1"的宽和高都为25毫米，"圆角矩形2"的尺寸为宽4.42毫米、高4.42毫米；再使用【椭圆工具】创建宽和高都为8.5毫米的正圆。

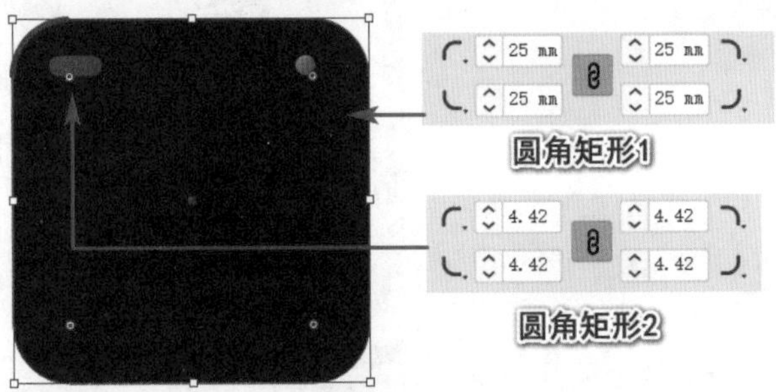

图 A07-107

03 复制两个"圆角矩形1"，为上层的圆角矩形填充黑白渐变效果，选中这两个圆角矩形，在控制栏中单击【不透明度】打开浮动面板，单击【制作蒙版】按钮，效果如图A07-108所示。

图 A07-108

04 创建相机的光圈镜头。使用【椭圆工具】创建一个宽和高都为 88 毫米的正圆,【填色】为淡紫色,【描边】为浅蓝色，然后执行【对象】-【路径】-【轮廓化描边】菜单命令，如图 A07-109 所示。

图 A07-109

05 选择中心的淡紫色正圆，多次执行【对象】-【路径】-【偏移路径】菜单命令，调整参数，按颜色由深到浅的顺序向内填色，效果如图 A07-110 所示。

偏移路径

位移 (O): -6 mm

连接 (J): 圆角

斜接限制 (M): 4

预览 (P)　确定　取消

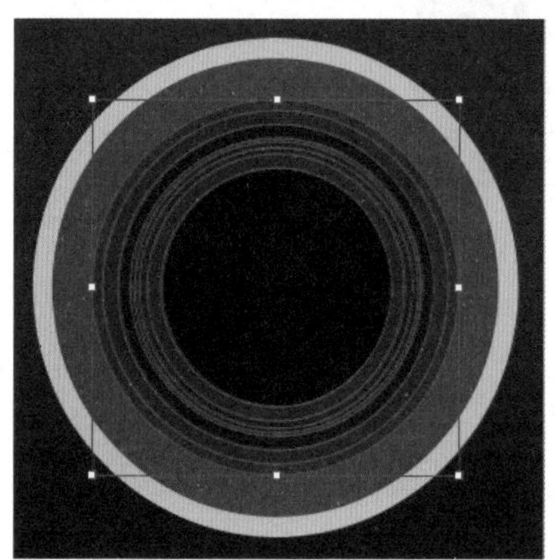

图 A07-110

06 外圈的镜头光圈制作与步骤 5 的方法相同，创建完成后填充颜色，如图 A07-111 所示。

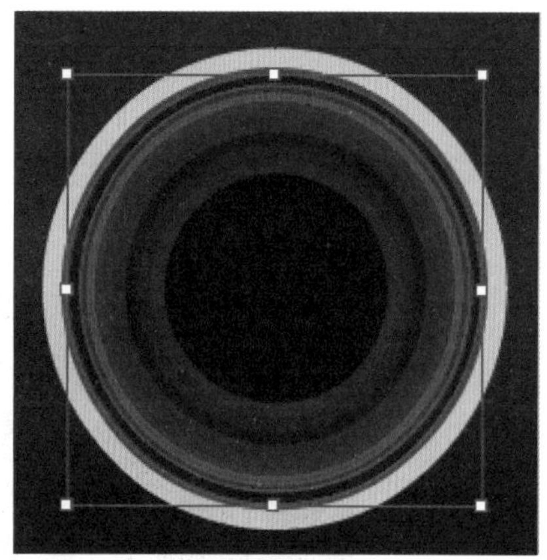

图 A07-111

07 使用【椭圆工具】创建镜头外最大的光圈，即宽和高都为 96.5 毫米的正圆，在控制栏中的【不透明度】浮动面板中创建不透明蒙版，制作光圈反光效果。再用同样的方法为内圈增加一层反光效果，效果如图 A07-112 所示。

图 A07-112

08 制作相机快门。使用【椭圆工具】创建一个大正圆以及多个相同大小的小正圆，将这些圆组合后，使用【形状生成器工具】（A07.5 课将详细讲解此工具）将图形中多余的路径删除，并使用【渐变工具】填充渐变，调整尺寸，使宽和高都为 42.5 毫米，如图 A07-113 所示。

09 调整相机快门的大小，放到镜头中心的位置，如图 A07-114 所示。

图 A07-113　　　　图 A07-114

10 使用【椭圆工具】创建一个与镜头等大的正圆，填充黑白渐变，将黑色的渐变色标的【不透明度】调整为 0，制作出透明玻璃的质感，如图 A07-115 所示。

图 A07-115

11 使用【椭圆工具】创建描边椭圆，将描边扩展为形状，使用【形状生成器工具】删除多余部分；再创建两个白色正圆，调整透明度，最后添加 App 名称，最终完成效果如图 A07-106 所示。

A07.10 作业练习——描边风格插图

本作业练习完成的最终效果如图 A07-116 所示。

图 A07-116

作业思路

首先使用基础的形状工具和【自由变换工具】组合绘制出电脑屏幕和电脑底座，使用【网格工具】【倾斜工具】组合绘制出键盘，使用【椭圆工具】【路径查找器】【变形工具】【星形工具】组合绘制出星球、爆米花、小飞船、火箭、彩虹并填色，完成设计。

总结

如果绘制图形是初步的工作，那么进一步的工作就是针对图形的编辑。通过本课，读者可掌握图形的排列、变形，路径的编辑，图层及图像的转换，这些功能的应用频率非常高，是不可忽视的基础操作。

颜色设计在创作中是非常重要的环节，在填色之前要根据图稿的应用场景选择颜色模式（RGB 或 CMYK）。

在之前的 A05.6 课中，我们了解了使用【吸管工具】和【色板】进行上色的方法，除此之外，还可以使用【拾色器】【颜色】面板等选择颜色，另外 Illustrator 的色板库还提供了很多主题形式的参考颜色，也是非常不错的选择，图 A08-1 所示为一些色彩设计案例。

图 A08-1

A08.1 拾色器

可以在【拾色器】对话框中选择合适的颜色或者输入色值。双击工具栏中的【填充】色块，即可弹出【拾色器】对话框，如图 A08-2 所示。

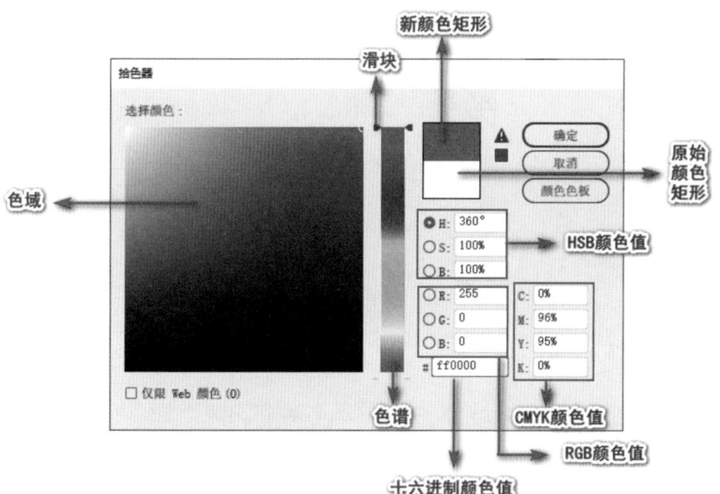

图 A08-2

- 选择颜色：滑动色谱滑块选择合适的颜色，在色域中可以选择最终颜色，可在【十六进制颜色值】的位置输入色值，还可以更改【HSB】【RGB】或【CMYK】中的数值。
- Web 颜色：不同的平台（Mac 或 PC 等）有不同的调色板，为了解决不同的显示器之间的色差问题，就出现了一种在所有浏览器中都相似的 Web 颜色。
- 颜色色板：可以直接使用现有的色板，如图 A08-3 所示。
- 超出 Web 颜色警告（单击以校正）：例如，在 RGB 和 HSB 的颜色中，有一些颜色是无法在 CMYK 中显示并打印的，这时就会显示【超出 Web 颜色警告（单击以校正）】按钮，单击该按钮则变成【超出色域警告（单击以校正）】，再次单击按钮即可校正该颜色。

A08课

颜色设置
玩转色彩设计

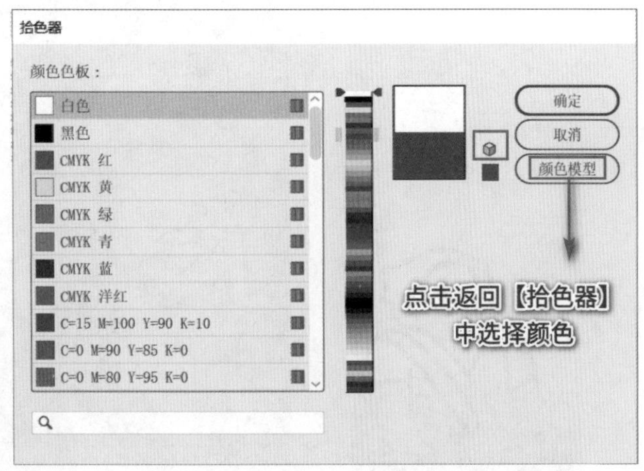

图 A08-3

A08.2 颜色面板

执行【窗口】-【颜色】菜单命令，或按 F6 键调出【颜色】面板，如图 A08-4 所示。

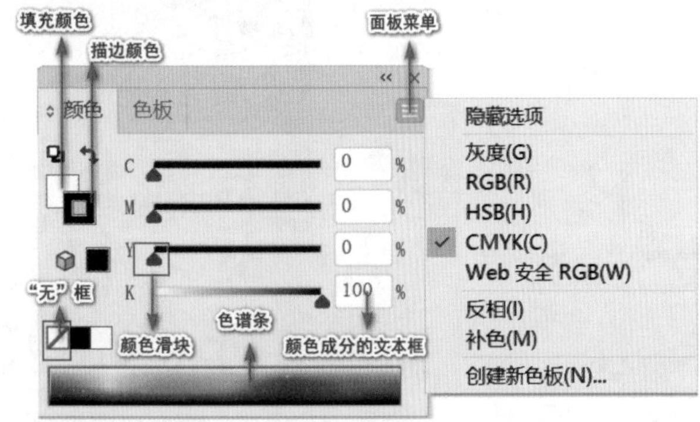

图 A08-4

- 隐藏选项：只显示颜色面板中的色谱条以及十六进制颜色值。
- 更改色值模式：根据需要选择【灰度】【RGB】【HSB】【CMYK】或【Web 安全 RGB】。
- 反相：将某个颜色换成它的最大反差色，在色相环上呈 180° 的对向，色值完全相反，在传统绘画中也称为互补色。
- 补色：在色相环上呈 120° 的开角，颜色具有鲜明反差，在传统绘画中也称为对比色。
- 选择颜色：首先选择【填色】或【描边】色块，在色谱条中单击选择颜色，拖动颜色滑块进行调整，按住 Shift 键可以同时拖动所有滑块（HSB 滑块除外），还可以在颜色文本框中输入数值。面板左下角有三个快捷色块，如果不想使用颜色，可以单击◪色块；若要选择白色或黑色，单击“无”框旁边的黑、白色块即可。
- 默认填充和描边：单击该按钮即可恢复默认的【填充】和【描边】颜色。
- 互换填充和描边：单击该按钮即可互换【填充】和【描边】的颜色。

A08.3 颜色模式介绍

颜色模式有很多种，最常见的颜色模式有 CMYK、RGB、灰度等，选择一个对象，执行【编辑】-【对象】-【编辑颜色】菜单命令，在弹出的子菜单中，选择相应的颜色模式即可转换，如图 A08-5 所示。

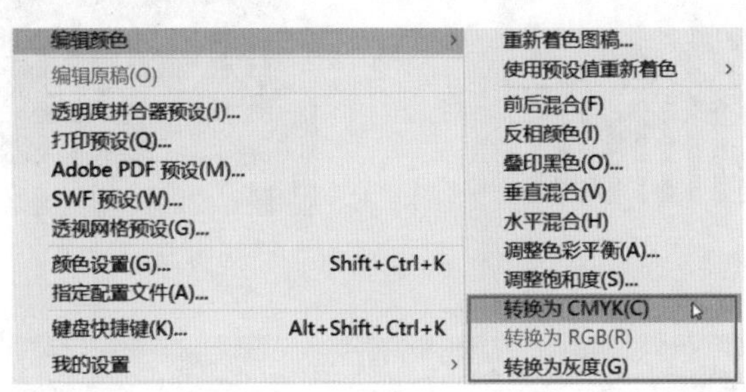

图 A08-5

1. 转换为 RGB

RGB 是从颜色发光的原理设计的色彩模式，有红、绿、蓝三种原色。就好像有红、绿、蓝三把手电筒，当它们的光相互叠合的时候，按照不同的比例混合，呈现出 16777216 种颜色（8 位深度），如图 A08-6 所示。RGB 是被广泛用于显示屏的一种基本色彩模式。

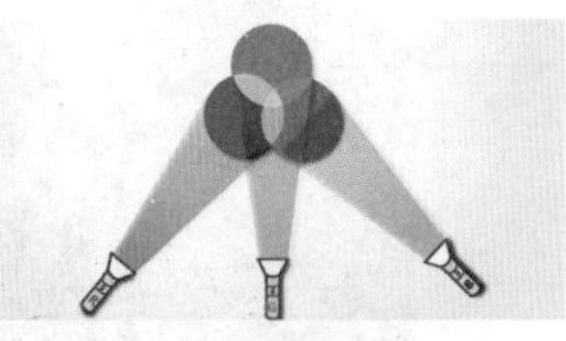

图 A08-6

2. 转换为 CMYK

CMYK 是印刷色彩模式，由青色、品红、黄色、黑色油墨进行混合，表现为各种印刷颜色。C 代表青色、M 代表品红、Y 代表黄色、K 代表黑色，如图 A08-7 所示。

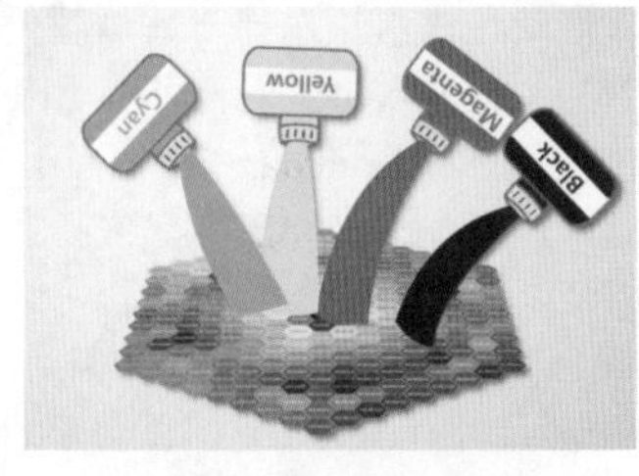

图 A08-7

3. 转换为灰度

灰度模式用单一的色调表现图像，也可以说是一种黑-白-灰，用来区分大色调。当彩色模式的图像转为灰度模式的图像，再转换为彩色模式时，之前的彩色颜色信息会丢失。

豆包：色彩中的超出色域警告是什么意思呢？

在RGB和HSB颜色模式显示中，有一些颜色在CMYK模式中没有相同的颜色，因此这个颜色无法在印刷时打印出来。如果选择超出色域的颜色，则在【颜色】面板或【拾色器】中会出现一个警告按钮，点击该按钮即可自动找到相似的颜色进行修正。

A08.4 色板的使用及创建

在A05.6课中简单讲解了使用【色板】填色和从【色板库菜单】中选择预设颜色、渐变、图形的方法。在本课中，将详细地讲解【色板】的使用及创建。

1.【色板】面板

除了在控制栏及【属性】面板中可以打开【色板】面板外，还可以执行【窗口】-【色板】菜单命令开启【色板】面板，打开的【色板】面板是以缩览图视图显示的，可以单击【显示列表视图】按钮切换视图，如图A08-8所示。

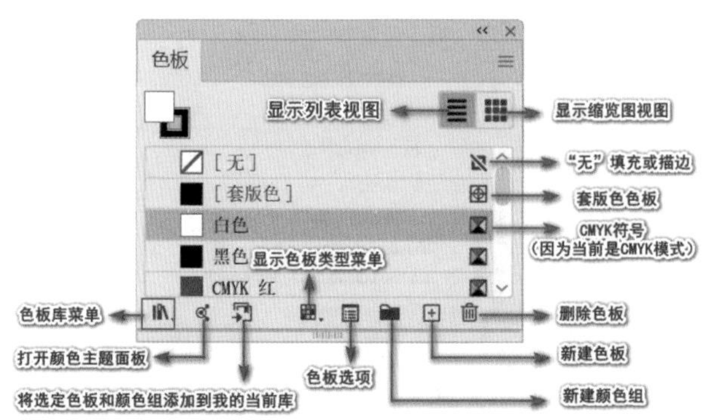

图 A08-8

◆ 色板类型

单击该按钮可以切换色板视图，如【显示所有色板】【显示颜色色板】【显示渐变色板】【显示图案色板】及【显示颜色组】。

◆ 色板库菜单

单击【色板库菜单】按钮，弹出预设色板选项，如图A08-9所示，里面包括各个主题颜色、图案及渐变，选择一种即可弹出对应的色板。

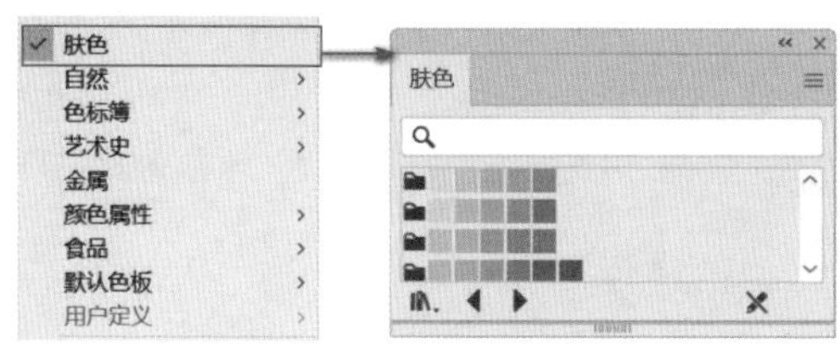

图 A08-9

在弹出的预设颜色中，选择一个（多个）颜色块或颜色组可直接拖入【色板】面板中。

◆ 色板选项

单击该按钮弹出【色板选项】对话框。

- 色板名称：可为该色板编辑命名。
- 颜色类型：分为印刷色和专色两种。印刷色用黄色、品红、青色及黑色进行印刷，专色是除黄色、品红、青色及黑色以外的其他用于油墨印刷的颜色。
- 全局色：如果画稿中有多个位置用到一样的颜色，想要统一修改，可选中【全局色】复选框并修改颜色，所修改的相同颜色会跟着一起进行全局更改。
- 颜色模式：包括灰度、RGB、HSB、CMYK、Lab、Web安全RGB。

◆ 新建颜色组

单击该按钮弹出【新建颜色组】对话框，单击【确定】按钮可以看到面板上出现了一个空的文件夹，可在里面添加颜色。拖曳颜色到文件夹上，就能将颜色添加到新建的颜色组中了，如图A08-10所示。

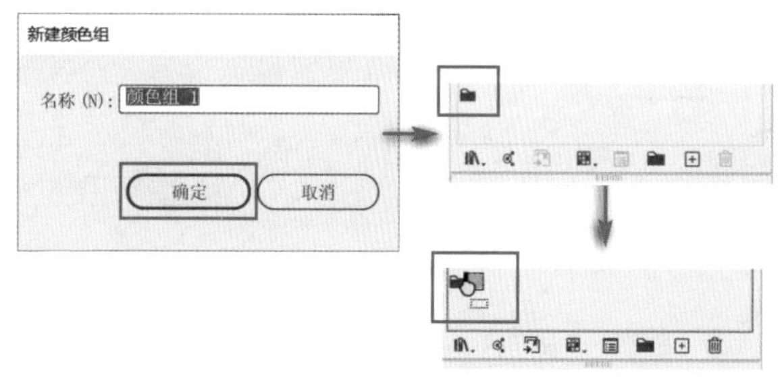

图 A08-10

2. 颜色组

颜色组是组织颜色的工具，可以对【色板】面板中相关的颜色进行编组，它还可以用来协调颜色。需要注意的是，颜色组只能对专色、印刷色或全局色进行分组，不能对渐变和图形图案进行分组。

单击【色板】面板右上角的【显示缩览图视图】按钮，

并选中图稿对象，再选中【色板】中的颜色组，单击按钮即可打开【重新着色图稿】对话框，并对图稿中的颜色进行编辑或应用到颜色组，如图 A08-11 所示。

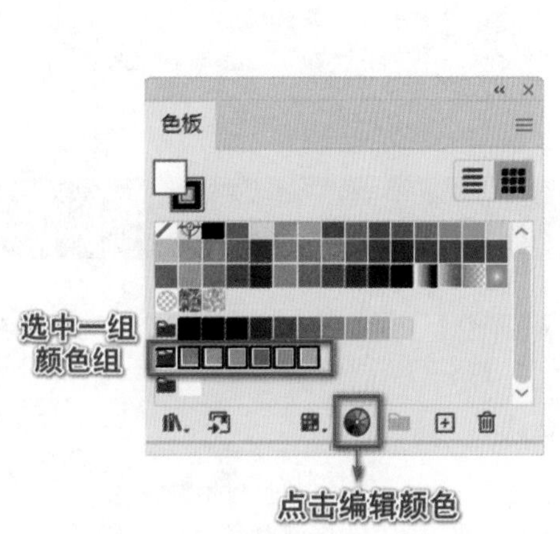

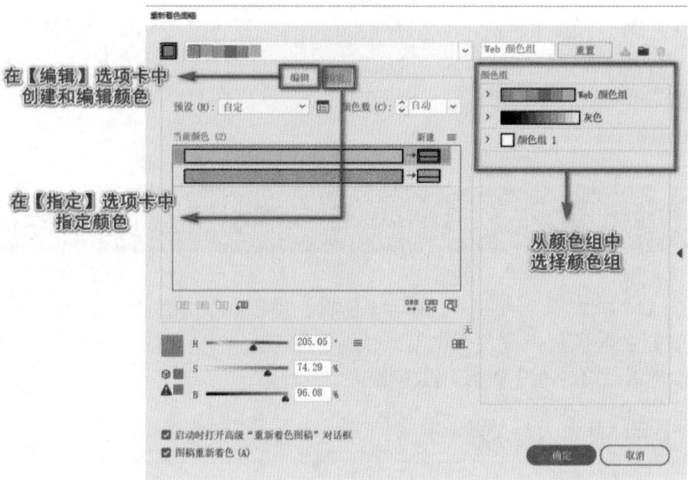

图 A08-11

当只对色板中的颜色组进行编辑时，选中颜色组，单击按钮，即可弹出【编辑颜色】对话框，如图 A08-12 所示。

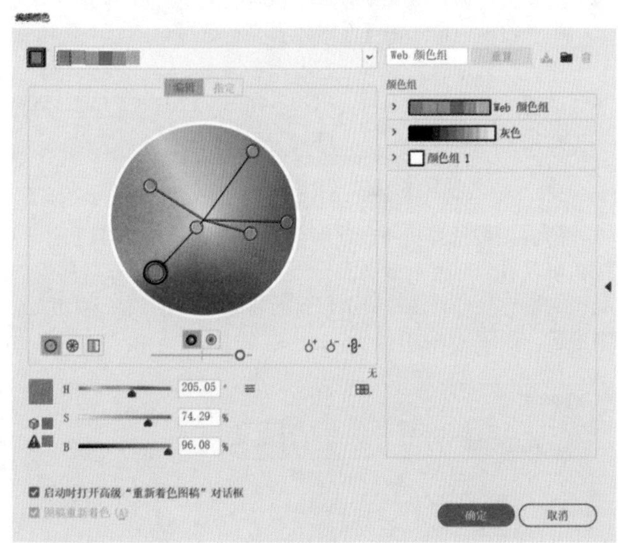

图 A08-12

◆ 新建颜色组

按住 Ctrl 或 Shift 键选中多个颜色，再单击【新建颜色组】置换图标顺序，即可新建一个颜色组。

3．新建与删除色板

◆ 新建色板

可以使用【拾色器】【颜色面板】或【渐变】选择所需颜色，单击【色板】面板底部的【新建色板】按钮，弹出【新建色板】对话框，可以设置【颜色类型】和【颜色模式】，调整颜色滑块，单击【确定】按钮即可完成新建，如图 A08-13 所示。

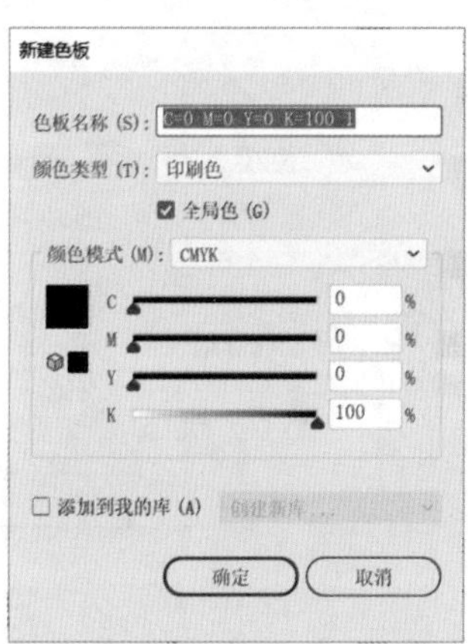

图 A08-13

◆ 删除色板

选择【色板】面板上的一个或多个色块，单击【删除色板】按钮，在弹出对话框中单击【是】按钮即可删除，如图 A08-14 所示。

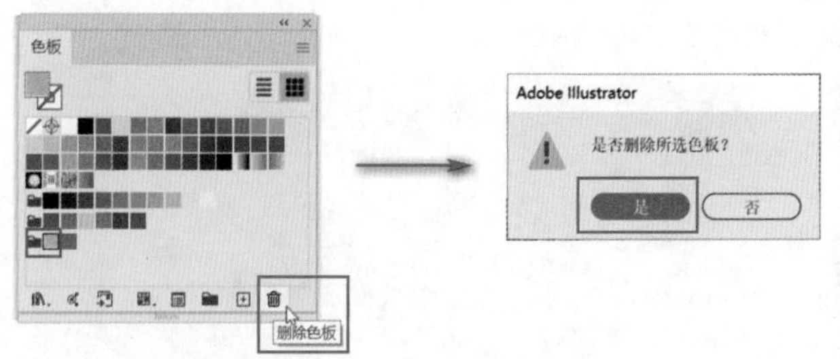

图 A08-14

4. 色板选项

在色板上选择一个颜色，单击【色板选项】按钮▣，弹出【色板选项】对话框，可以设置【颜色类型】和【颜色模式】，调整颜色滑块，如图 A08-15 所示。

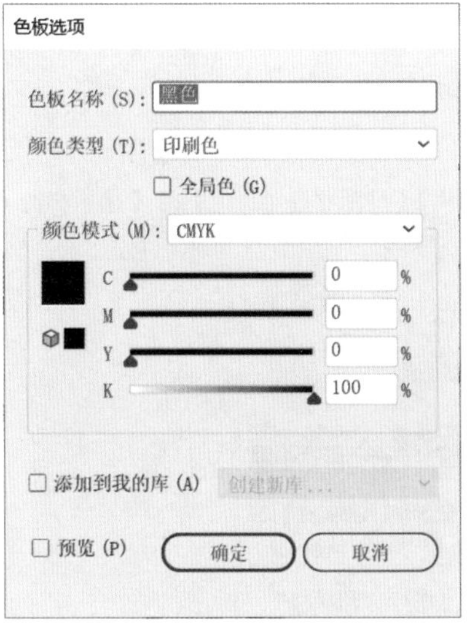

图 A08-15

SPECIAL 扩展知识

【色板】面板中的【颜色类型】包括印刷色、全局印刷色、专色、渐变、图案、无、套版色。

全局色：是指在修改图稿中的某种颜色时，选中全局色复选框，则这个图形中用了这个颜色的地方全部会跟着改变。

全局印刷色：是指在【色板选项】中，【颜色类型】为印刷色并选中了全局色复选框。那么在编辑色板时，整个文档会自动更新印刷色；也就是说，当修改相应的色板时，每一个包含这种颜色的对象都会发生改变。

当面板的列表视图为【显示缩览图视图】▦时，代表全局色板；当面板为缩览图视图时，颜色的右下角的三角形标识代表全局色板，如图A08-16所示。

专色：是预先混合的用于代替或补充 CMYK 四色油墨的油墨。当面板为列表视图时专色图标显示为 ▣，当面板为缩略图视图时色块右下角会显示点代表专色，如图A08-17所示。

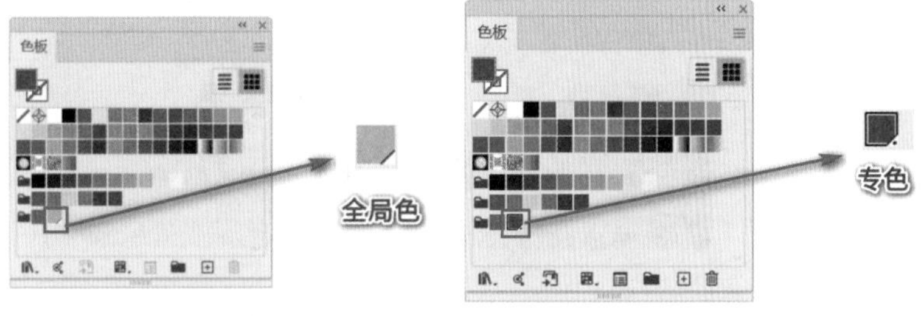

图 A08-16　　图 A08-17

套版色：套版色是由C100、M100、Y100、K100四色合成的颜色，它输出后会分为四个色，并在四个版中出现。如果需要的版是单色版，就可以采用K100的黑色作为套版色。黑色是单一的K100 。

A08.5 颜色参考

执行【窗口】-【颜色参考】菜单命令打开【颜色参考】面板，在【色板】面板中选择一个颜色，【颜色参考】面板会根据所选颜色给出参考配色，如图 A08-18 所示。这个功能在进行色彩设计工作时非常有帮助，选择一个图形，可以在【协调规则】下拉菜单中选择颜色进行填充，或用现用颜色中的一个色块进行填充。

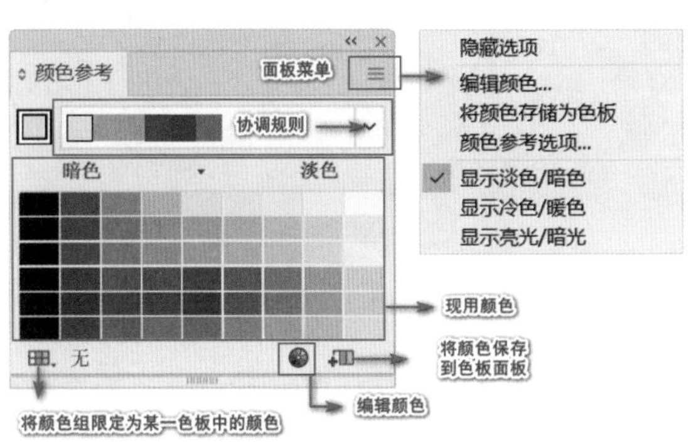

图 A08-18

◆ 协调规则：打开【协调规则】下拉菜单，会根据【互补色】【分裂互补色】【近似色】【单色】【暗色】【三色组合】【合成色】等规则搭配颜色参考，如图 A08-19 所示。

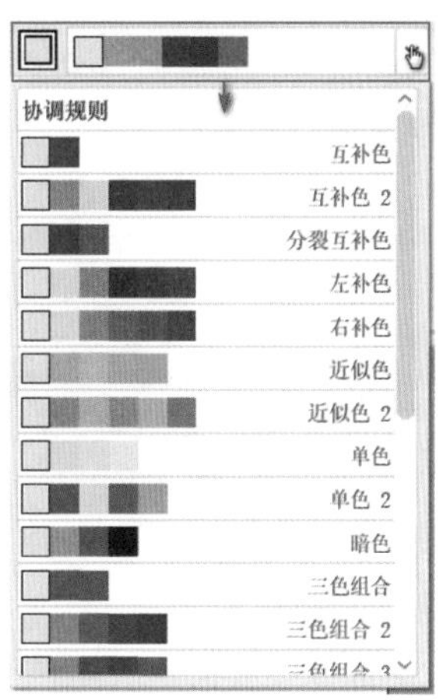

图 A08-19

◆ 将颜色保存到色板面板：单击【将颜色保存到色板面板】按钮，即可将在【协调规则】区域选定的颜色参考直接以组的方式添加到【色板】面板中，如图 A08-20 所示；也可以在现用颜色区域按住 Ctrl 或 Shift 键，选中多个颜色进行添加。

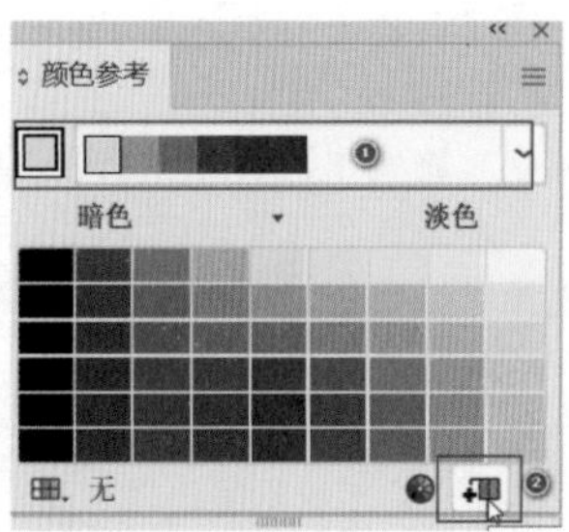

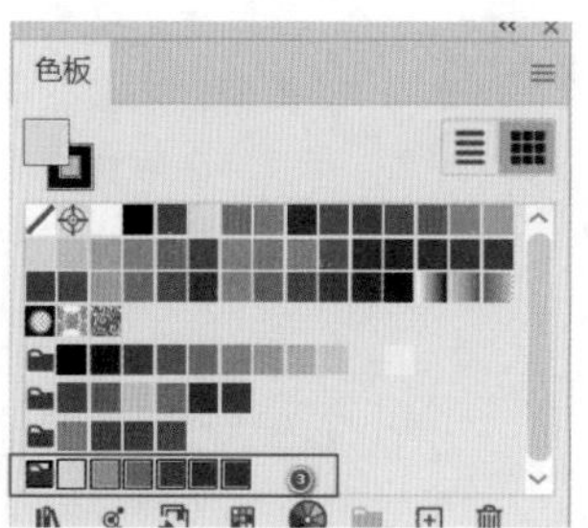

图 A08-20

打开【颜色参考】面板菜单，可以看到三种颜色参考类型，分别为【显示淡色 / 暗色】【显示冷色 / 暖色】及【显示亮光 / 暗光】，如图 A08-21 所示。

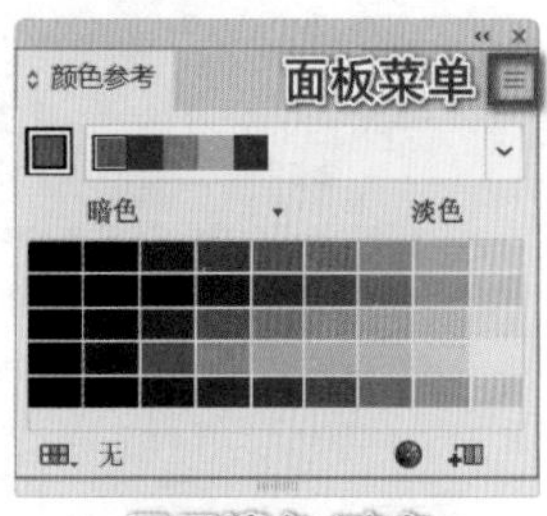

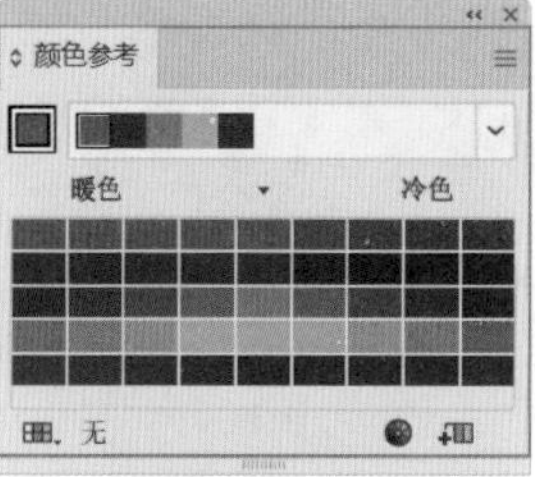

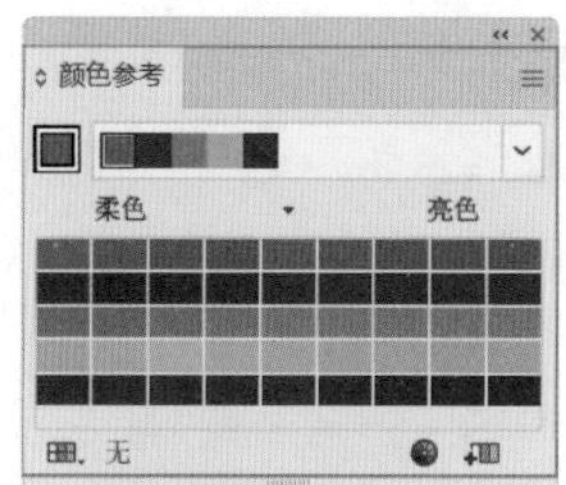

图 A08-21

A08.6 使用网格工具为对象上色

使用【网格工具】可以为对象进行不规则的上色，还可以进一步编辑颜色。使用【网格工具】创建网格对象时，有多条特殊的路径线条交叉穿过对象，通过这些线条为对象添加网格点，从而实现颜色过渡。可以编辑和移动网格线上的点，更改颜色、强度以及区域范围，如图 A08-22 所示。

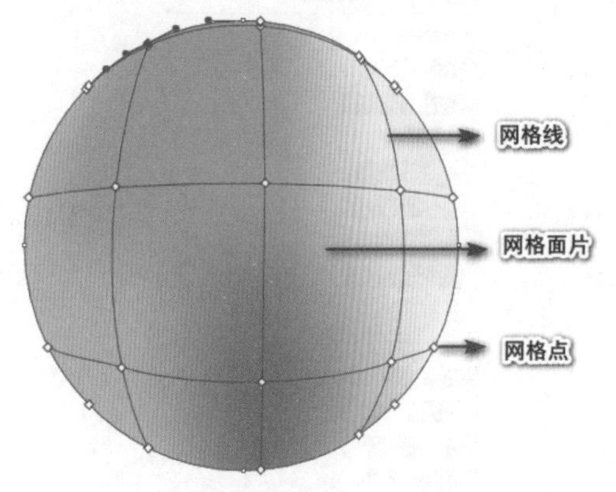

图 A08-22

1. 创建网格对象

创建一个图形，选择【网格工具】，单击对象的路径或内部即可添加网格，如图 A08-23 所示。

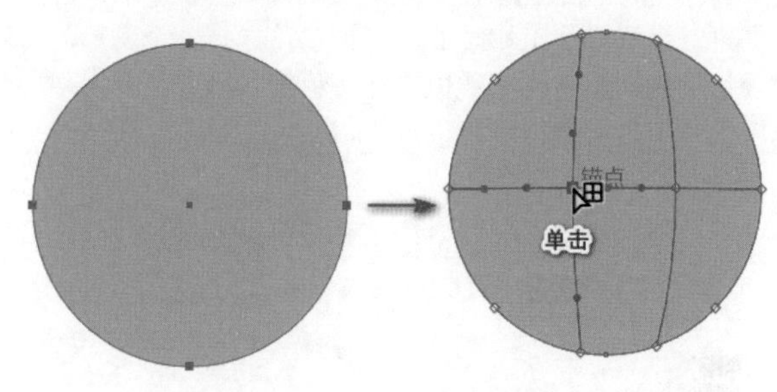

图 A08-23

◆ 选择【创建渐变网格】创建规则的网格点

选择图形，执行【对象】-【创建渐变网格】菜单命令，在弹出的【创建渐变网格】对话框中可设置行 / 列数、外观及高光，如图 A08-24 所示。

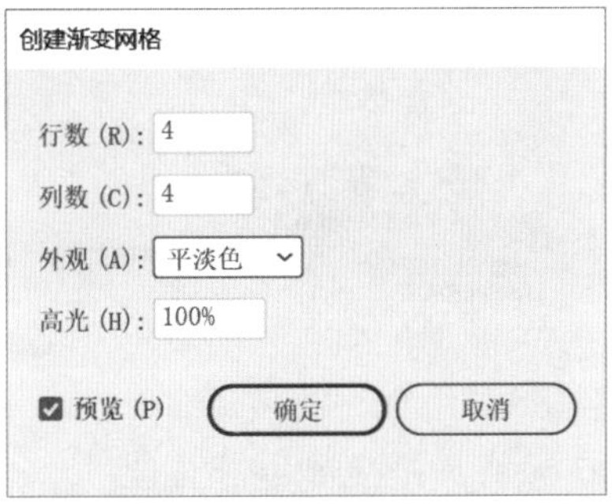

创建渐变网格
行数 (R)： 4
列数 (C)： 4
外观 (A)： 平淡色
高光 (H)： 100%
预览 (P)
确定
取消

图 A08-24

◆ 外观：指的是高光的方向，如图 A08-25 所示。

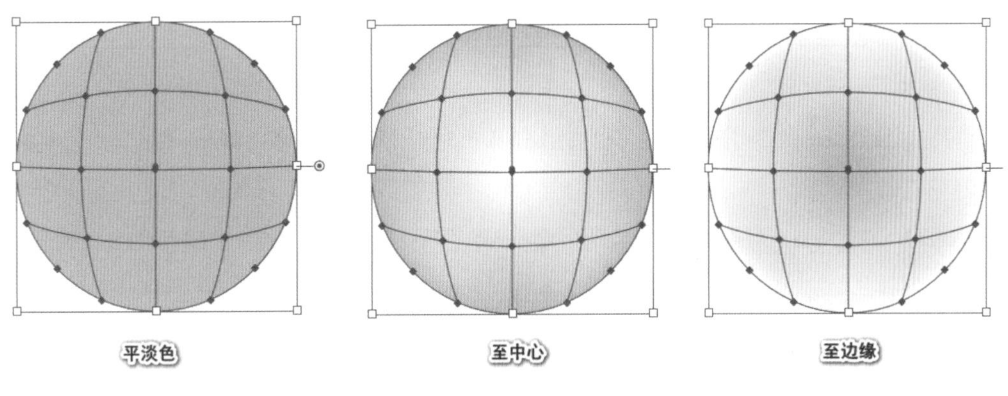

平淡色
至中心
至边缘

图 A08-25

扩展知识

复杂的网格对象会使系统性能降低，若要加快绘图速度并提高性能，需要将网格对象的尺寸的大小调整为最小尺寸。因此，在使用【网格工具】创建网格对象时，可以创建多个简单的网格对象，避免创建单个的复杂网格对象。

2. 使用【网格工具】添加颜色

选择或创建一个矢量图形，使用【网格工具】添加网格后，单击网格点选择一个颜色即可进行上色，如图 A08-26 所示。

色板
Weiß
单击选择网点
选择颜色
上色后

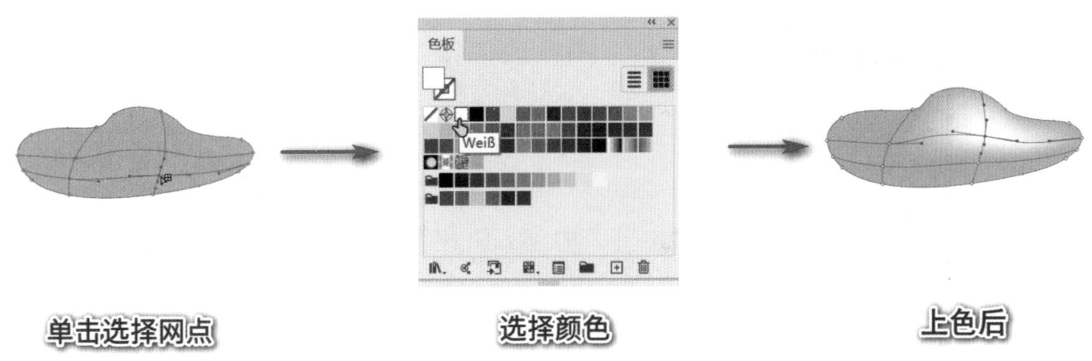

图 A08-26

还可以选择一个颜色，按住鼠标拖曳其中一个网格面，释放鼠标即可添加颜色，如图 A08-27 所示。

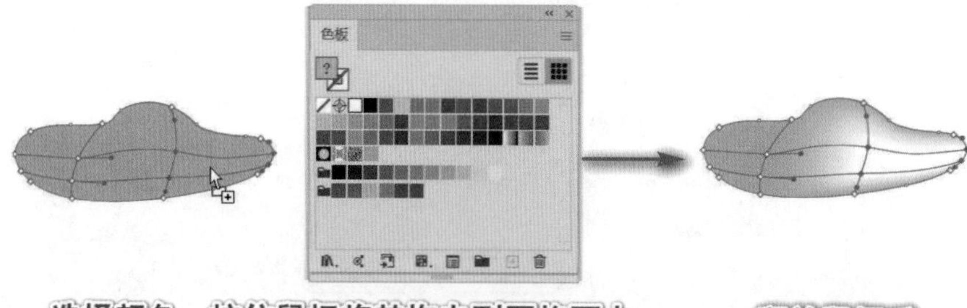

图 A08-27

3. 编辑网格对象

◆ 删除网格点

单击一个网格点，按 Delete 键即可删除；也可以按住 Alt 键临时将光标切换为，单击网格点即可将其删除。

◆ 编辑网格点

使用【网格工具】，拖曳网格点即可调整网格点的位置，拖动手柄可以调整网格点，如图 A08-28 所示。

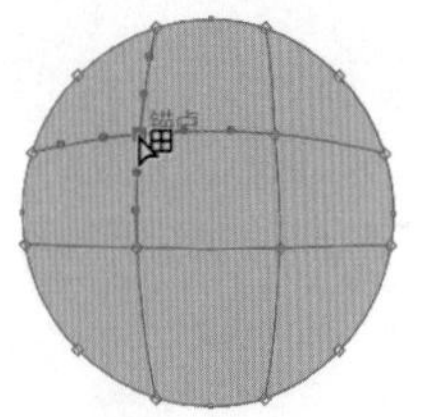

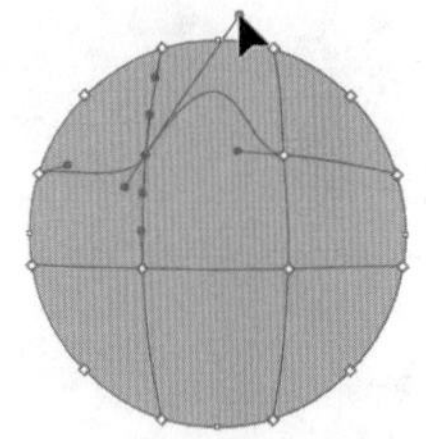

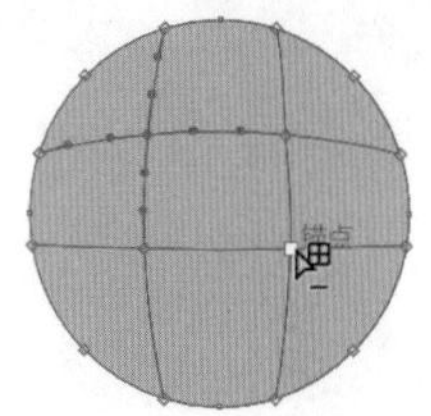

图 A08-28

A08.7 实例练习——手机渐变壁纸

本实例练习完成的效果如图 A08-29 所示。

图 A08-29

制作步骤

01 新建文档，设置尺寸为 A4，【颜色模式】为【RGB 颜色】。

02 使用【矩形工具】创建一个宽 100 毫米、高 190 毫米的矩形，作为背景色，【填色】色值为 R：110、G：5、B：255。

03 使用【网格工具】在背景色上任意单击多次创建网格对象，如图 A08-30 所示。

04 使用【直接选择工具】选中矩形网格中任意一个锚点，设置【填色】色值为 R：255、G：100、B：205，如图 A08-31 所示。

05 重复步骤 4，继续任意单击锚点填充颜色，如图 A08-32 所示。

06 使用【直接选择工具】随意拖曳背景图上的网格锚点，也可以拖动某一锚点的手柄进行调整，直到渐变达到理想效果，如图 A08-33 所示。

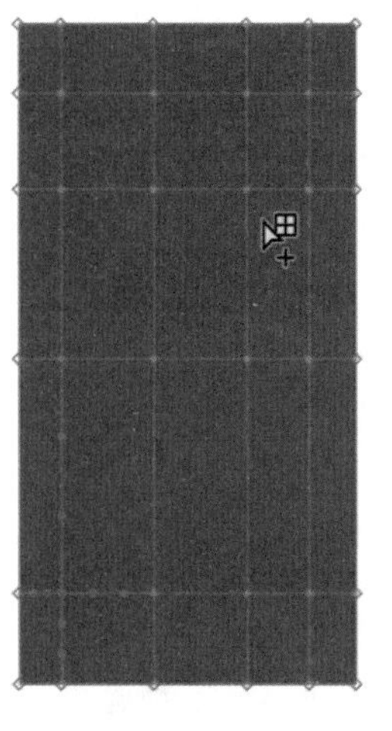
图 A08-30

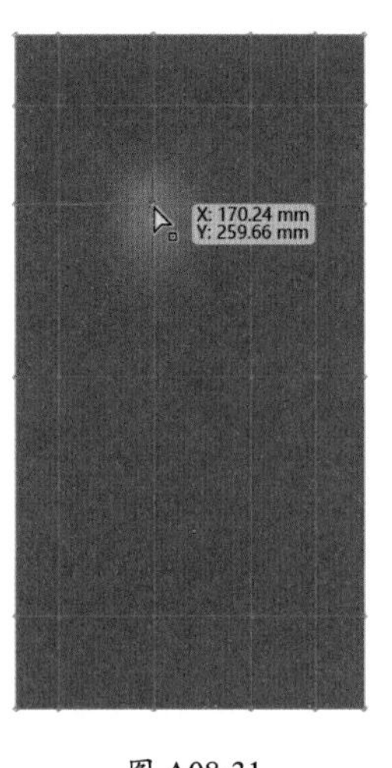

图 A08-31

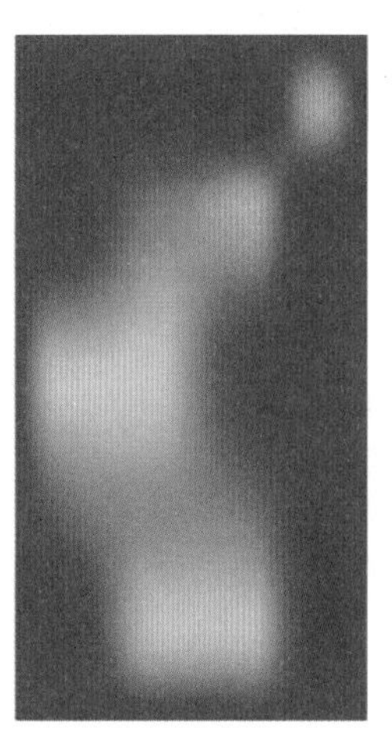
图 A08-32

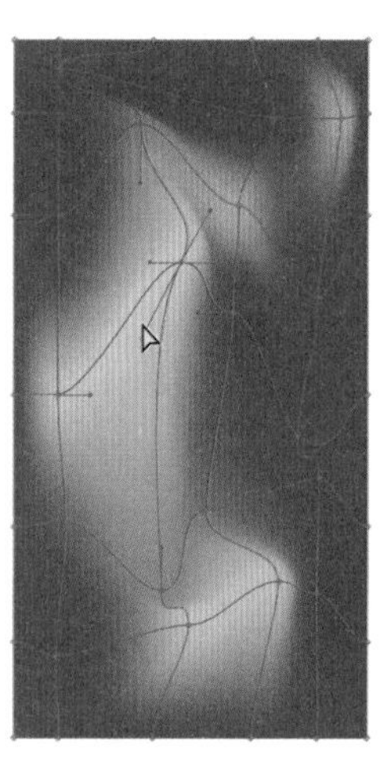
图 A08-33

07 添加“手机外壳”素材及“屏幕内容”素材，完成效果如图 A08-29 所示。

A08.8　综合案例——水果插画海报

本综合案例完成的效果如图 A08-34 所示。

图 A08-34

制作步骤

01 新建文档，设置尺寸为 A4，【颜色模式】为【RGB 颜色】。

02 使用【矩形工具】创建等同画板大小的矩形，【填色】为浅绿色，再使用【矩形网格工具】创建网格，【水平】和【垂直】分隔线数量均为 5，创建背景，如图 A08-35 所示。

03 绘制梨子。使用【钢笔工具】画出梨子的形状，梨身的【填色】为黄绿色，梨蒂的【填色】为深黄色，将这两个形状组合，如图 A08-36 所示。

图 A08-35

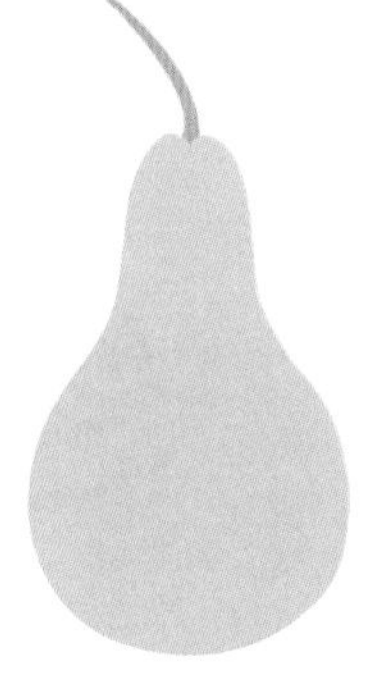
图 A08-36

04 选中梨身，使用【网格工具】添加网格点，在网格的锚点中添加颜色，画出梨子的明暗交界线、高光、暗面，使整个梨子立体起来，放置位置如图 A08-37 所示。

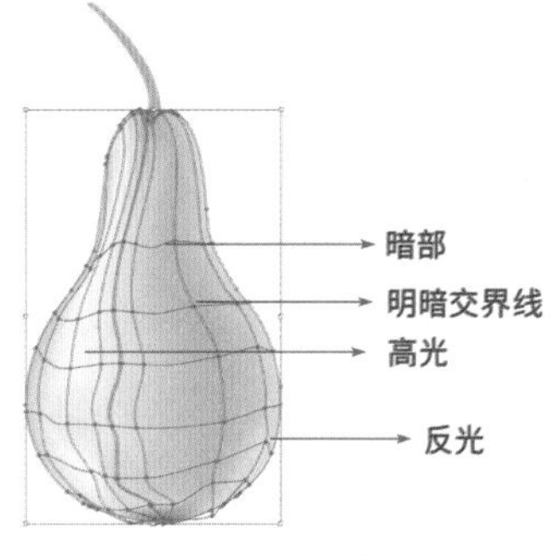

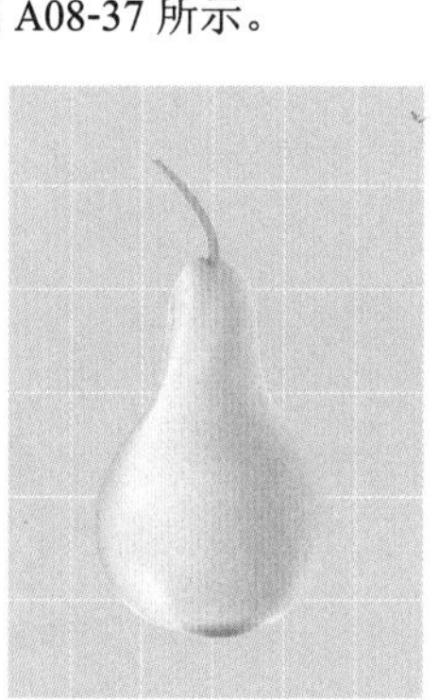
图 A08-37

05 绘制西瓜。使用【多边形工具】创建三角形，设置【填色】为红色，再使用【钢笔工具】在三角形的底部中心位置添加锚点，调整手柄，将该锚点变得平滑，如图 A08-38 所示。

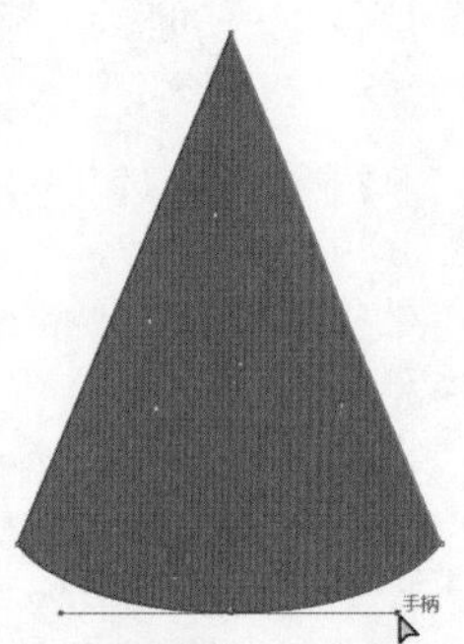

图 A08-38

06 使用【钢笔工具】在三角形的底部绘制两条弯曲的线，选中三角形和弯曲线，使用【路径查找器】面板中的【分割】将三角形分为三部分，取消编组，为西瓜皮处的形状分别命名为"A"和"B"，设置形状"A"的【填色】为浅黄色，设置形状"B"的【填色】为绿色，如图 A08-39 所示。

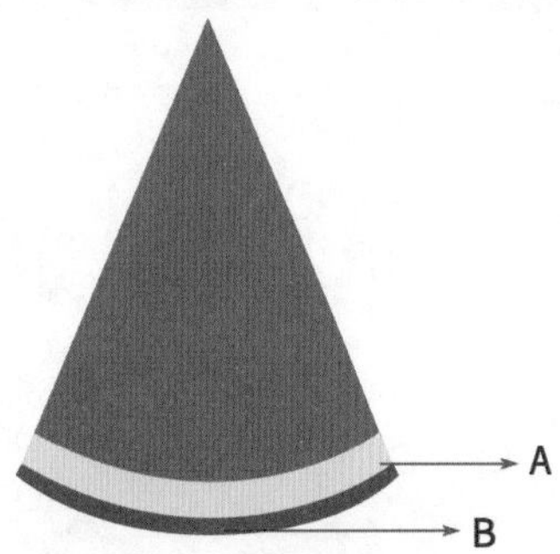

图 A08-39

07 使用【网格工具】在红色西瓜瓤部分添加网格点，使用【直接选择工具】选中锚点，填充颜色，西瓜的【填色】方法与步骤 3 相同，最后调整西瓜最顶端的锚点为圆角，如图 A08-40 所示。

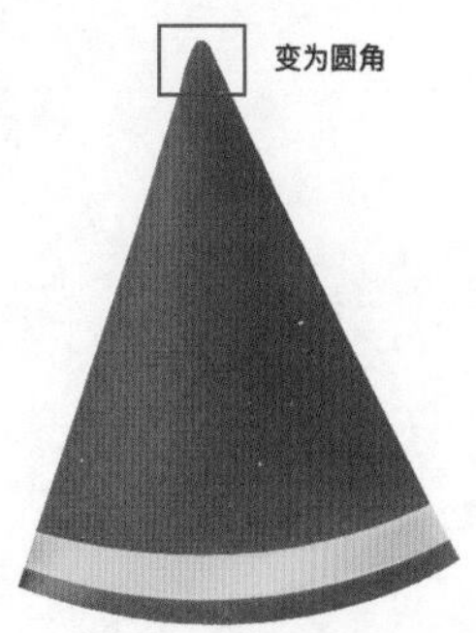

图 A08-40

08 绘制西瓜籽。使用【椭圆工具】创建椭圆，设置【填色】为浅黄色，选中其中一个锚点，在控制栏中单击【将所选锚点转换为尖角】按钮。然后复制西瓜籽并设置【填色】为黑色，随机摆放在西瓜瓤上，将画好的西瓜按 Ctrl+G 快捷键编组，放到梨子的下层，如图 A08-41 所示。

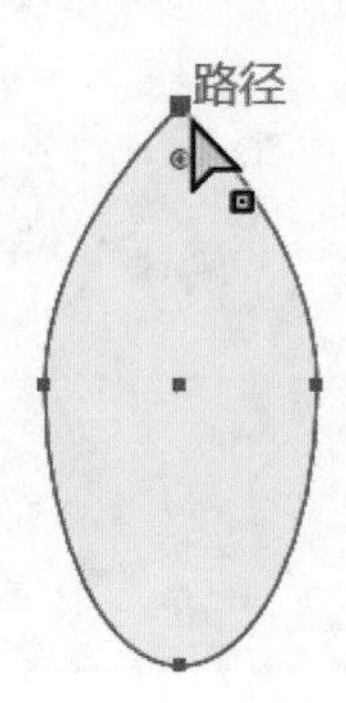

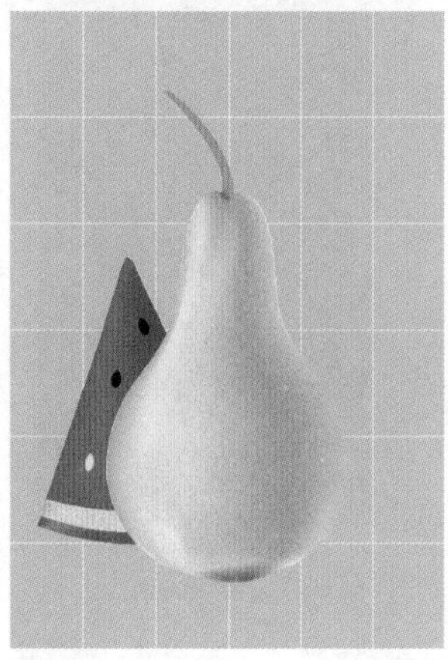

图 A08-41

09 绘制草莓。使用【钢笔工具】绘制草莓的形状，设置【填色】为红色，草莓蒂【填色】为绿色，将这两个形状组合，如图 A08-42 所示。

图 A08-42

10 用步骤 3 的上色方法为草莓填色，如图 A08-43 所示。

图 A08-43

11 绘制草莓籽。使用【椭圆工具】创建椭圆，设置【填色】为淡黄色，按照草莓的方向变换椭圆，复制多个椭圆并随机摆放，如图 A08-44 所示。

12 将“梨子”“西瓜”“草莓”组合起来，如图 A08-45 所示。

图 A08-44

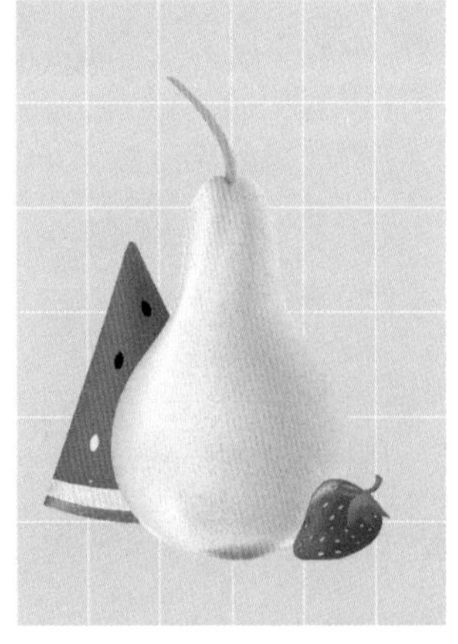

图 A08-45

13 导入标题素材和装饰素材，最终完成效果如图 A08-34 所示。

A08.9 实时上色工具组

【实时上色工具】是一个比较智能的上色工具，在了解实时上色之前，先来了解一下【形状生成器工具】。

右击工具栏中的【形状生成器工具】按钮展开工具组，如图 A08-46 所示。

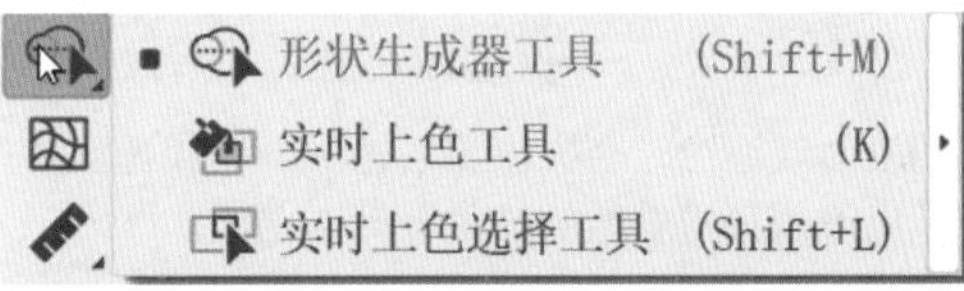

图 A08-46

1. 实时上色

使用【实时上色工具】可以直接单独为对象或对象合并区域进行上色。选择两个或多个对象，选择【实时上色工具】（快捷键为 K），并选择一个颜色，直接单击要填充的区域即可，使用该工具不仅可以完成填色，而且还会形成一个独立的形状，如图 A08-47 所示。

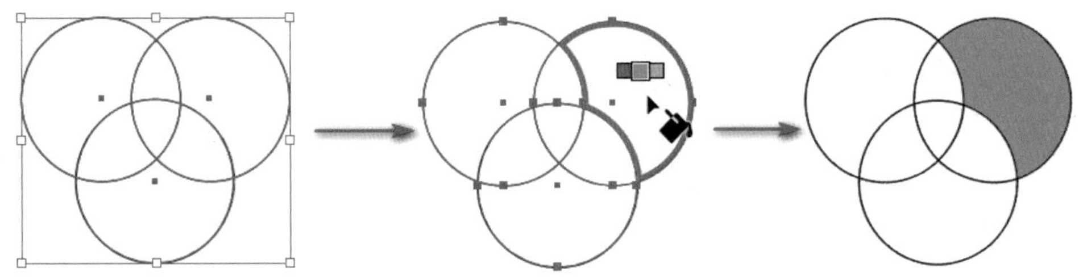

图 A08-47

有些功能适用于实时上色组，如透明度、效果、外观（填色和描边）等。也有一些功能不适用于实时上色组，如渐变网格、图表、符号等。

双击【实时上色工具】，弹出【实时上色工具选项】对话框，可以指定该工具的上色方式，如图 A08-48 所示。

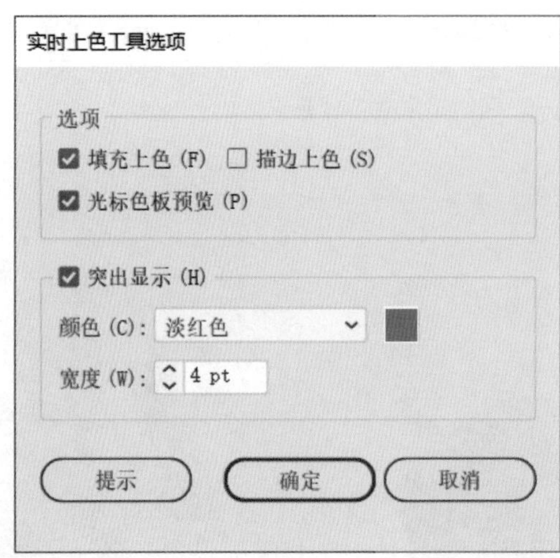

图 A08-48

- 填充上色：为实时上色组对象的各个表面进行上色。
- 描边上色：为实时上色组对象的各个边缘进行上色。
- 光标色板预览：在【色板】面板中选择颜色时显示。【实时上色工具】光标会显示为三种颜色，分别是选中的【填色】或【描边】颜色，以及选中颜色左侧和右侧紧挨着的颜色。若要使用相邻的颜色，可按←或→键，如图 A08-49 所示。

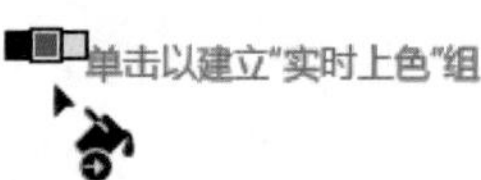

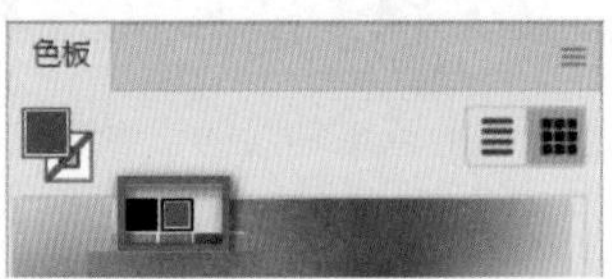

图 A08-49

- 突出显示：当光标放在实时上色组的表面或边缘时会突出显示轮廓。粗线是实时上色组显示表面，细线则是显示边缘。
- 颜色：用来设置突出显示线的颜色。也可以单击右边的颜色进行自定义。
- 宽度：用来指定突出显示轮廓线的粗细。
- 提示：单击该按钮弹出【实时上色工具提示】的对话框，单击【确定】按钮即可关闭，如图 A08-50 所示。

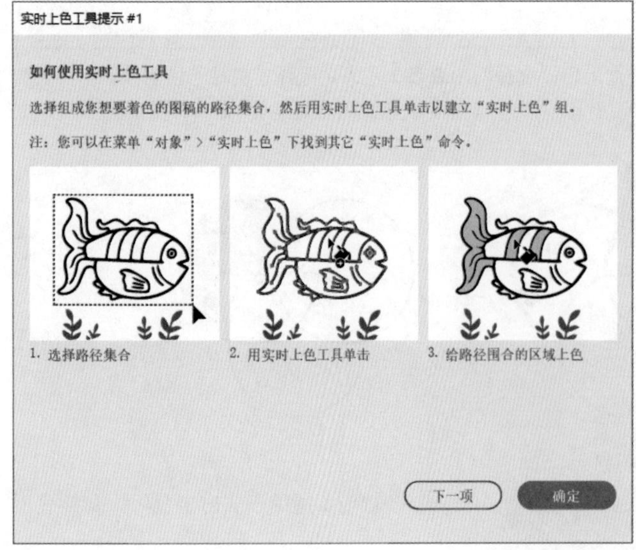

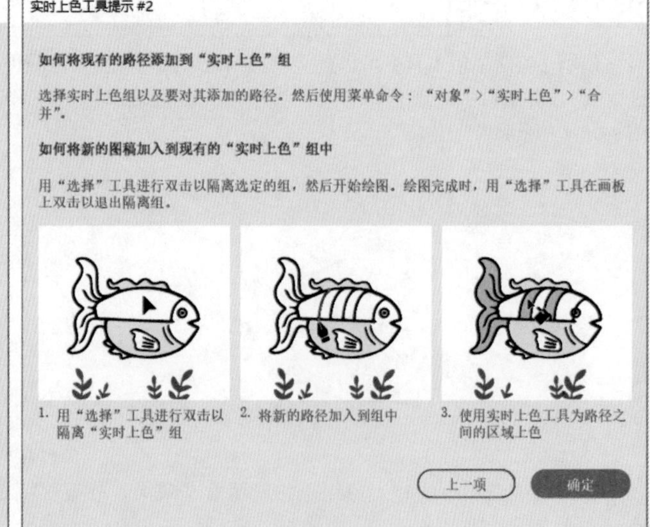

图 A08-50

◆ 实时上色组的间隙选项

在实时上色组中，路径之间会有一些间隙。在实时上色中不小心将颜色填充到不应上色的表面上，可能是因为图稿中存在着间隙。可以通过实时上色组的【间隙选项】来封闭或调整间隙。执行【对象】-【实时上色】-【间隙选项】菜单命令，弹出如图 A08-51 所示的对话框。

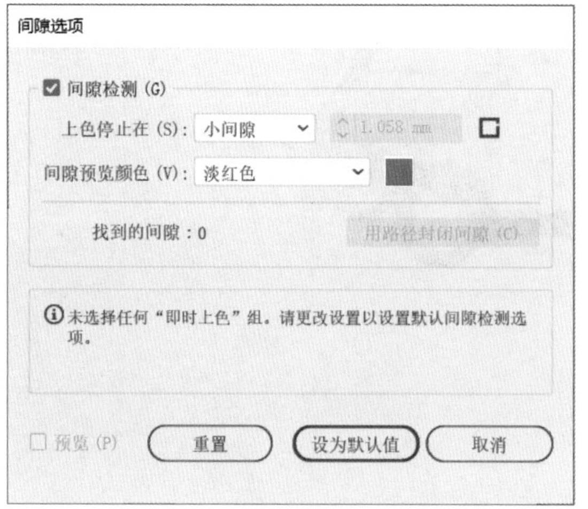

图 A08-51

- 间隙检测：选中该复选框，Illustrator 会自动识别实时上色组中的路径间隙，并防止填充的颜色通过间隙漏到外部。如果要处理的实时上色组非常复杂，会导致 Illustrator 的运行速度变慢，此时可以单击【用路径封闭间隙】按钮，加快 Illustrator 的运行速度。
- 用路径封闭间隙：将路径插入图稿中，封闭当前检测到的间隙。
- 上色停止在：指定停止上色的最大间隙大小。展开下拉菜单可以看到【自定义间隙】选项，【自定义间隙】可由用户指定间隙大小。
- 间隙预览颜色：指定间隙预览指示器的颜色。
- 重置：单击此按钮恢复原始设置。

◆ 释放/扩展实时上色组

- 执行【对象】-【实时上色】-【释放】菜单命令，可将实时上色组变成一条或多条只有 0.5 磅的黑色描边普通路径，如图 A08-52 所示。

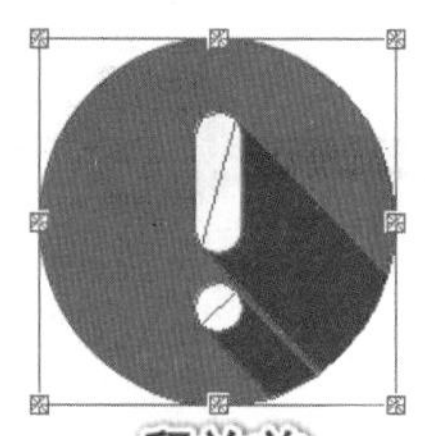

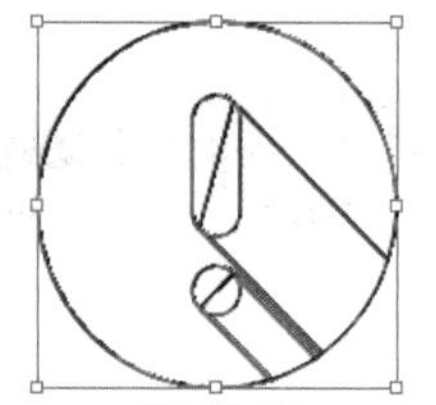

图 A08-52

执行【对象】-【实时上色】-【扩展】菜单命令，实时上色组看起来并无变化，但实际上这个对象变成了由填充和描边路径所组成的对象。可使用【编组选择工具】对这些路径进行编辑或修改。

> **SPECIAL 扩展知识**
>
> 在工具栏中选择【实时上色选择工具】，将光标放在表面上时，光标将变成【表面指针】；将光标放在边缘上时，光标将变成【边缘指针】；将光标放在实时上色组外部时，光标将变成【X指针】。

2. 实时上色选择工具

选择对象，再选择【实时上色选择工具】（快捷键为 Shift+L），可以选中实时上色区域，按住 Shift 键可以选择多个区域，可以通过【色板】和【拾色器】选择颜色进行填色，如图 A08-53 所示。

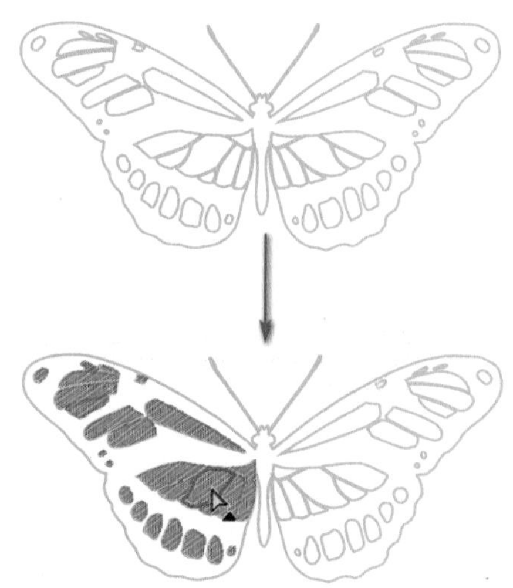

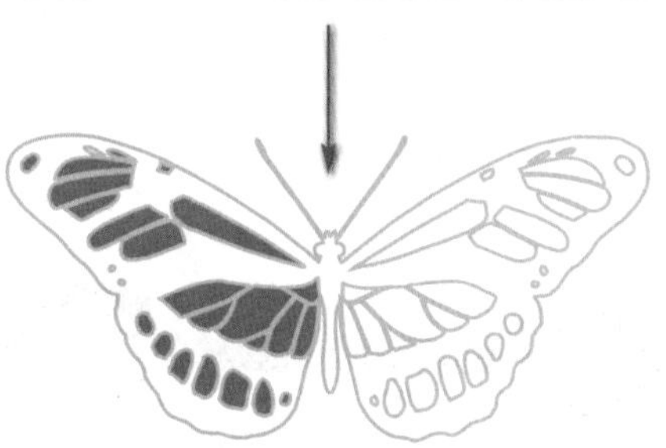

图 A08-53

A08.10　实例练习——汽车涂装方案设计

本实例练习完成的最终效果如图 A08-54 所示。

图 A08-54

制作步骤

01 打开本课提供的素材以及素材配色卡，如图 A08-55 所示。

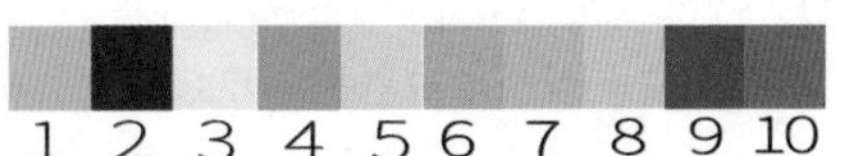

图 A08-55

02 使用【直接选择工具】选中素材，然后使用【实时上色工具】为图片填色。选择车的顶部，直至光标变成【单击以建立“实时上色”组】状态，单击红框内区域，设定车顶【填色】色值为 R：235、G：230、B：235，然后选中顶部车窗，依次设定【填色】为白色，如图 A08-56 所示。

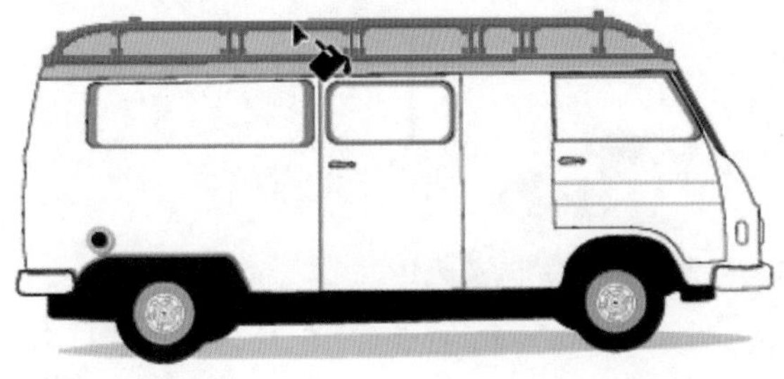

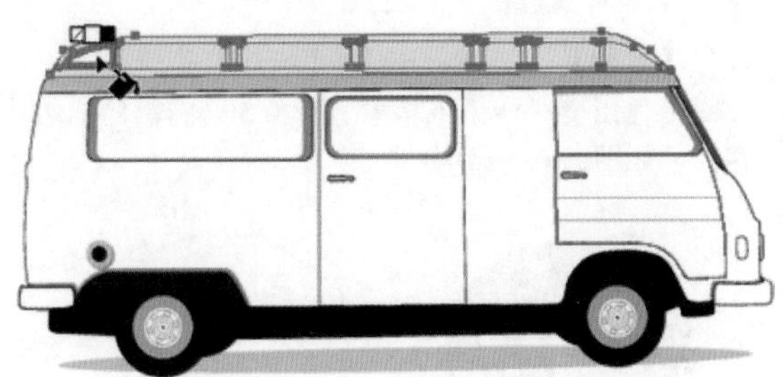

图 A08-56

03 用步骤 2 的填色方法，选中需要填充的部分，使用【实时上色工具】，按车身上的颜色标号为汽车填色，如图 A08-57 所示。

图 A08-57

04 用同样的方法填充汽车的“车灯”为红色，“保险杠”为橙色，“轮胎”为灰色，“加油盖”和“挡泥板”为棕色，如图 A08-58 所示。

图 A08-58

05 导入“车贴”素材，完成设计。也可以按自己的想法设计更多色彩搭配方案，完成效果参考如图 A08-54 所示。

A08.11　作业练习——矿泉水包装设计

本作业练习完成的最终效果如图 A08-59 所示。

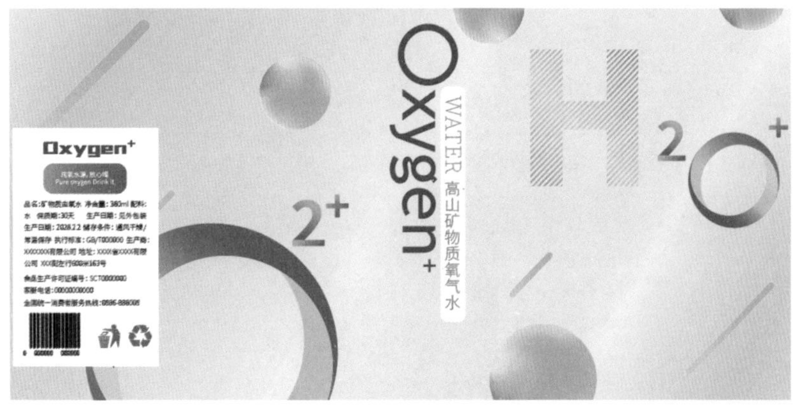

图 A08-59

图 A08-59（续）

作业思路

使用【椭圆工具】【网格工具】组合绘制出泡泡形状，并在网格点上填色；使用【直线段工具】绘制多个渐变线段，并与字母“H”建立剪切蒙版；然后使用【椭圆工具】【形状生成器工具】【渐变工具】【矩形工具】组合创建渐变圆环、数字“2”和符号“＋”以及渐变颜色条；最后置入产品信息素材和 logo 素材，放置到合适位置，完成作业练习。

总结

本课讲解了颜色方面的各种基本操作，读者要学会从【拾色器】中选择颜色的方法、【色板】面板的使用与创建、【颜色参考】的使用，还要掌握【网格工具】和【实时上色工具】的使用方法，为图形进行多功能的上色。

读书笔记

在创作时，除了使用形状工具、绘图工具之外，文字工具也是必不可少的，文字在创作中起到信息表达和传播的作用，也可以作为图形来装饰画面。在 Illustrator 中，可以对文字执行旋转、变换、上色等操作，其具有一般对象的通用属性。

A09.1 创建文字

右击工具栏中的【文字工具】按钮T，如图 A09-1 所示，使用这些工具可以创建不同形式的文字。

图 A09-1

1. 点文字

点文字就是横排或直排的文本行，是从单击的位置开始输入字符，从而扩展为一行或一列的文本，每一行文本都是独立的，且在编辑的时候根据文字数量的多少进行扩展或缩短，但是不会自动换行，适用于简短的文本。

单击【文字工具】按钮T（快捷键为 T），当前光标变成一个四周围绕虚线的文字插入指针，然后在画板上单击，将出现一行文字（占位符），如图 A09-2 所示。

此时占位符是选中的状态，直接输入文字就可以了，可按 Enter 键换行。

单击【直排文字工具】按钮，则创建垂直的文本行，如图 A09-3 所示。

图 A09-2

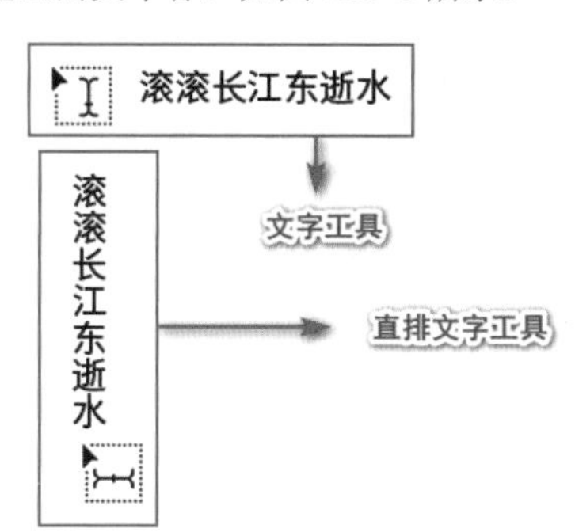

图 A09-3

A09课

文字工具

爱在字里行间

2. 区域文字

区域文字是利用一个图形边框将文本限定在这个区域内，任何封闭路径对象都可以作为区域。

首先创建一个星星形状作为区域，再单击【区域文字工具】按钮，此刻光标变为一个带有圆形虚线的指针，单击星星上的锚点或路径，在这个区域即可出现占位符，如图 A09-4 所示，删除占位符，输入文字即可。

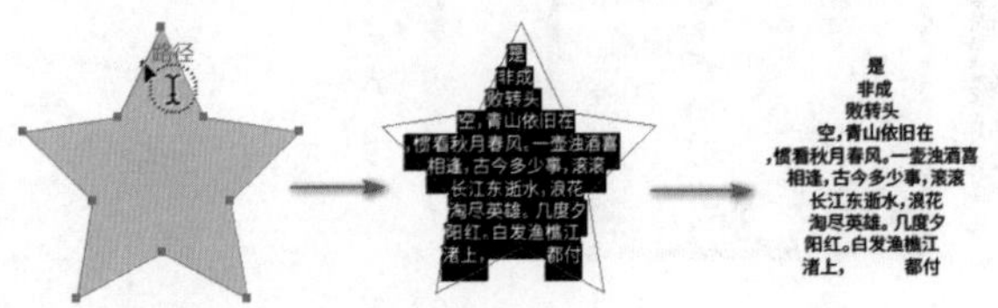

图 A09-4

同样单击【直排区域文字工具】按钮，则会在区域内创建直排的文本，如图 A09-5 所示。

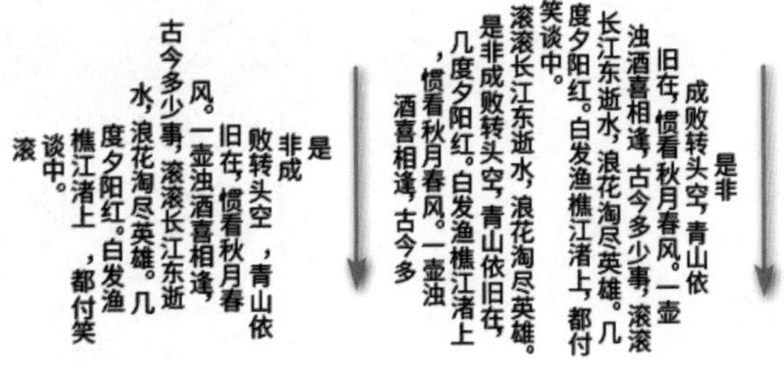

图 A09-5

3. 路径文字工具

使用【路径文字工具】可以使文字沿路径线输入，还可以通过【路径文字】选项设置文字的排列效果。

首先创建一个圆形路径，单击【路径文字工具】按钮，当前光标变为一个带有波浪虚线的指针，在路径上单击即可出现占位符，如图 A09-6 所示，删掉占位符，输入文字即可。

图 A09-6

同样单击【直排路径文字工具】按钮，在路径上将创建直排的文本，如图 A09-7 所示。

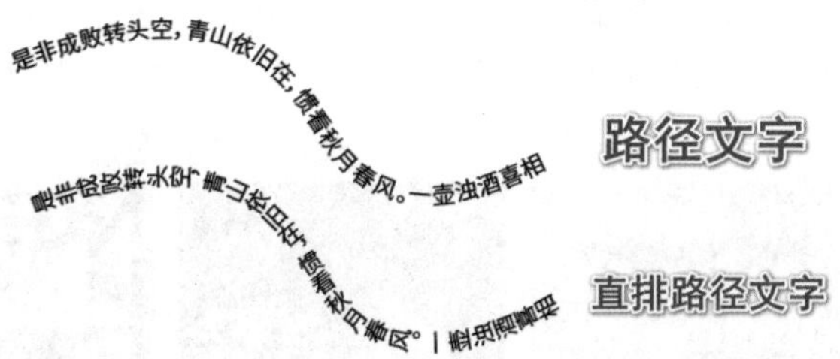

图 A09-7

选择刚刚创建的路径文字，执行【文字】-【路径文字】菜单命令，可选择不同路径的文字排序效果，如图 A09-8 所示。

图 A09-8

路径文字包括【彩虹效果】【倾斜效果】【3D 带状效果】【阶梯效果】及【重力效果】，各个效果如图 A09-9 所示。

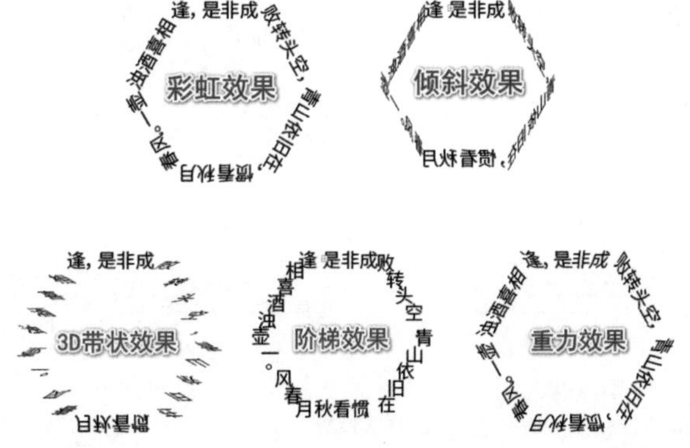

图 A09-9

在【路径文字】子菜单中选择【路径文字选项】，将弹出【路径文字选项】对话框，在这里可进行详细的效果设置，如图 A09-10 所示。

图 A09-10

- 效果：同【路径文字】选项里的效果。
- 翻转：即文字翻转，如图 A09-11 所示。

效果：彩虹效果 ☑ 翻转 → 是非成败转头空，青山依旧在，

图 A09-11

- 对齐路径：创建的路径文字与路径的对齐方式，包含以下 4 个选项。
  - 字母上缘：沿字体上边缘对齐，如图 A09-12（a）所示。
  - 字母下缘：沿字体下边缘对齐，如图 A09-12（b）所示。
  - 居中：沿字体上、下边缘之间的中心点对齐，如图 A09-12（c）所示。
  - 基线：沿基线对齐，如图 A09-12（d）所示。

（a） 是非成败转头空，青山依旧在， 路径 字母上缘
（b） 是非成败转头空，青山依旧在， 路径 字母下缘
（c） 是非成败转头空，青山依旧在， 路径 居中
（d） 是非成败转头空，青山依旧在， 路径 基线

图 A09-12

- 间距：用于调整路径文字的间距。

4. 修饰文字工具

使用【修饰文字工具】可以对文本上的单独文字进行移动、缩放及旋转。首先创建一段文字，单击【修饰文字工具】按钮，光标变成带有定边线的指针，单击文本中的一个文字，该文字上将出现一个定界框，代表可以对这个字进行单独修饰，如图 A09-13 所示。

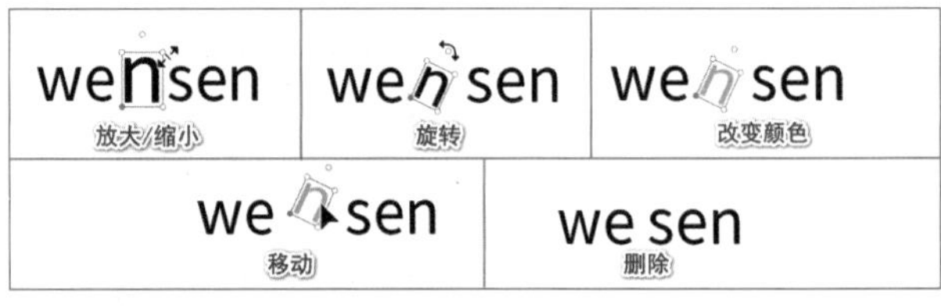

图 A09-13

5. 自动激活缺失字体

当 Illustrator 文件中的字体出现缺失时，如果这些字体在 Adobe Fonts 中有相对应的字体，Illustrator 将自动激活这些字体，激活过程会在后台进行，不会弹出缺少某字体的对话框。若在 Adobe Fonts 中没有对应字体，系统则自动弹出【缺失字体】对话框，并显示缺失的字体名称。

此外，执行【文字】-【Adobe Fonts 提供更多字体与功能】菜单命令，还可以下载并激活新字体样式。

> SPECIAL 扩展知识
>
> 在默认情况下，Illustrator的自动激活Adobe Fonts功能处于禁用状态。若要启用该功能，可执行【编辑】-【首选项】-【文件处理】-【激活Adobe Fonts】菜单命令。

A09.2 区域文本

1. 创建区域文本

利用边界框控制文本的排列，文本到边界时会自动换行，选择【文本工具】T，然后按住鼠标左键并向下拖曳，拖曳时就会出现矩形形状的定界框，拖到适合位置释放鼠标，即可创建区域文字，如图 A09-14 所示，按住 Shift 键拖曳，即可创建直排段落文字。

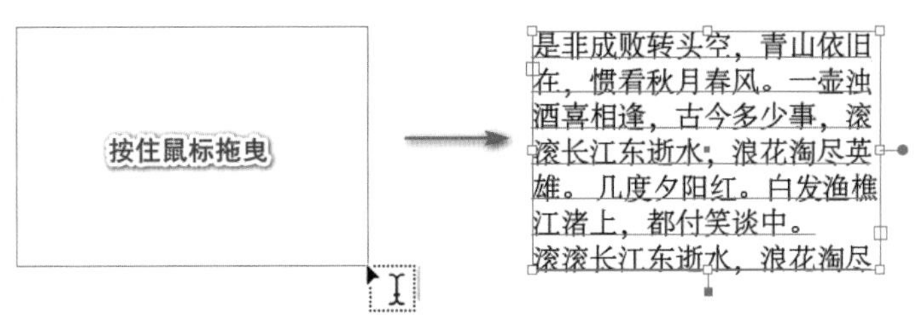

图 A09-14

◆ 可定义边界区域

选择【多边形工具】，创建一个多边形，再选择【文字工具】，单击多边形的路径边缘，将其作为边界区域对象。多边形的对象填充和描边属性不是重要的，因为使用【文字工具】单击对象路径时，Illustrator 会自动删除这些属性，如图 A09-15 所示。

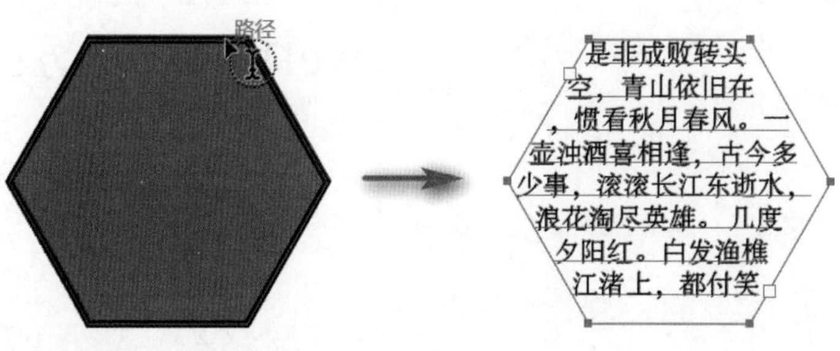

图 A09-15

2. 串接文本

如果输入的文本超出段落区域的容量，则在区域边框右下角的位置出现红色带框的加号⊞，如图 A09-16 所示。

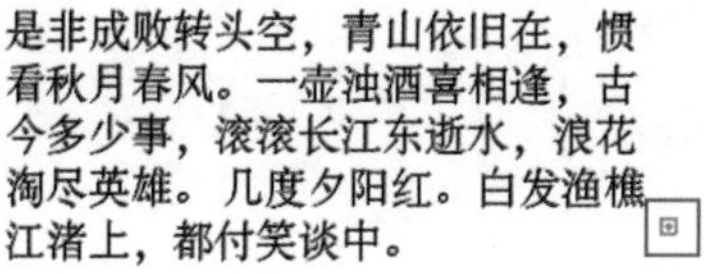

是非成败转头空，青山依旧在，惯
看秋月春风。一壶浊酒喜相逢，古
今多少事，滚滚长江东逝水，浪花
淘尽英雄。几度夕阳红。白发渔樵
江渚上，都付笑谈中。

图 A09-16

这时可以调整文本框的大小或者将其串接到另一个对象中，串接时，可单击红色带框的加号⊞，此时光标变成已加载的文本图标，在这段文本旁边单击或者按住鼠标左键拖曳，即可创建另一个区域的段落文本，在选中状态下，两段文本中间还会连着一根线，如图 A09-17 所示。

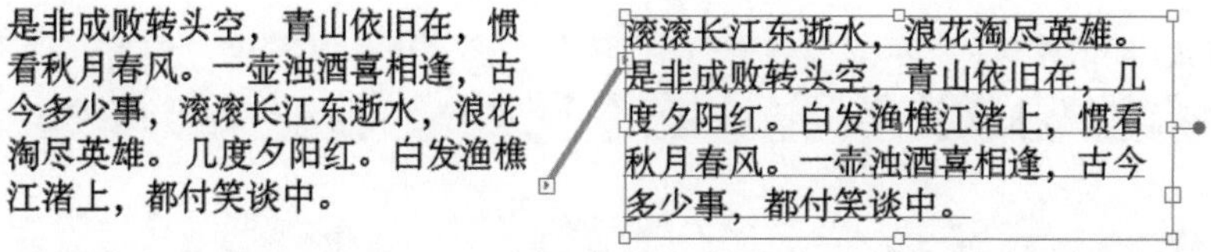

是非成败转头空，青山依旧在，惯
看秋月春风。一壶浊酒喜相逢，古
今多少事，滚滚长江东逝水，浪花
淘尽英雄。几度夕阳红。白发渔樵
江渚上，都付笑谈中。

滚滚长江东逝水，浪花淘尽英雄。
是非成败转头空，青山依旧在，几
度夕阳红。白发渔樵江渚上，惯看
秋月春风。一壶浊酒喜相逢，古今
多少事，都付笑谈中。

图 A09-17

如果想串联两段单独的段落文本，可先选择这两段文本，再执行【文本】-【串联文本】-【创建】菜单命令，即可将两段单独的段落串联起来，如图 A09-18 所示。再次执行【文本】-【串联文本】-【释放所选文字】菜单命令，就会解除串联关系。

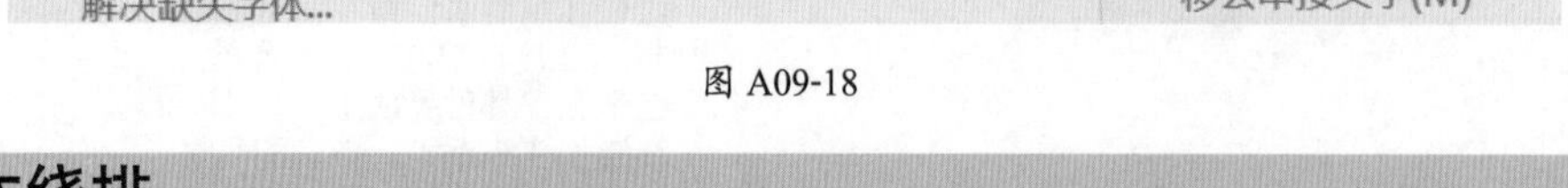

串接文本(T) ›
适合标题(H)
解决缺失字体...

创建(C)
释放所选文字(R)
移去串接文字(M)

图 A09-18

3. 创建文本绕排

文本绕排就是将文本围绕在图形的周围。

首先创建一段区域文字，在区域文字的上方置入一个图像或者创建一个图形，使用【选择工具】全选这两个对象，执行【对象】-【文本绕排】-【建立】菜单命令即可。

◆ 设置绕排选项

可以在绕排文本前或者后设置绕排选项。选择绕排对象，执行【对象】-【文本绕排】-【文本绕排选项】菜单命令，即可弹出【文本绕排选项】对话框，如图 A09-19 所示。

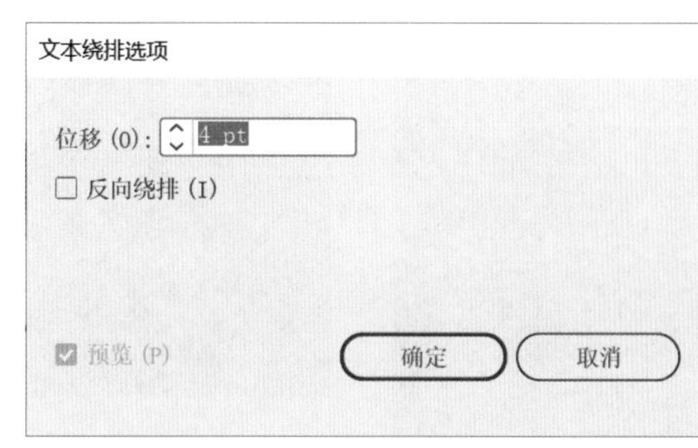

图 A09-19

◆ 位移：即文本与绕排对象之间的间距大小，数值越大，距离越远，如图 A09-20 所示。

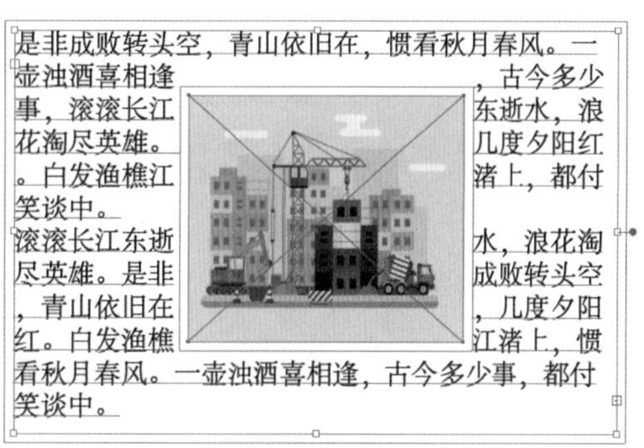

图 A09-20

◆ 反向绕排：围绕对象反向绕排文本，如图 A09-21 所示。

图 A09-21

A09.3 实例练习——药品包装设计

本实例练习的完成效果如图 A09-22 所示。

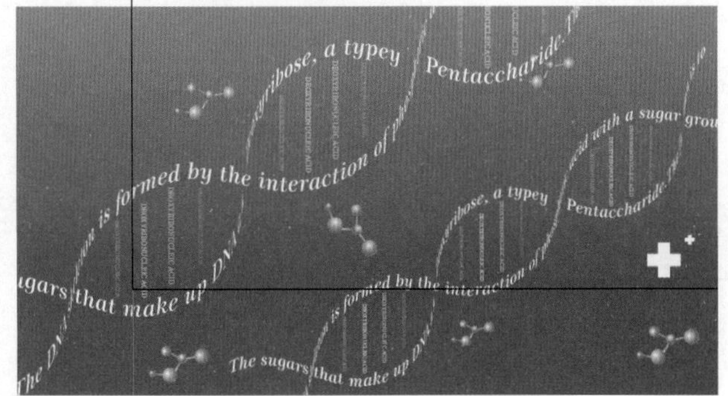

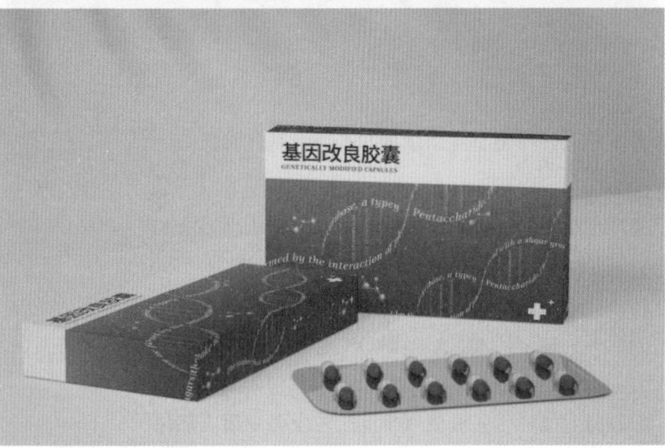

图 A09-22

制作步骤

01 新建文档，设置【颜色模式】为【RGB 颜色】。在控制栏中选择【文档设置】-【编辑画板】选项，回到控制栏，单击【新建画板】按钮，创建 3 个画板并修改尺寸，设置“画板 1”的尺寸为宽 11.5 毫米、高 7.5 毫米，“画板 2”的尺寸为宽 2.5 毫米、高 9.5 毫米，“画板 3”的尺寸为宽 11.5 毫米、高 2 毫米，单击空白处退出【编辑画板】。

02 设置包装的背景颜色。使用【矩形工具】创建宽 14 毫米、高 2 毫米的“矩形 1”，设置【填色】为白色；再创建“矩形 2”，设置其尺寸为宽 14 毫米、高 7.5 毫米，使用【渐变工具】-【线性渐变】填充渐变，设置色标 1 的色值为 R：20、G：108、B：194，色标 2 的色值为 R：153、G：185、B：250，如图 A09-23 所示。

03 创建“DNA 分子结构”形状。使用【直线段工具】创建一条直线段，设置【描边】为黑色、1pt，执行【窗口】-【外观】菜单命令，在【外观】面板中选择【扭曲和变换】-【波纹效果】选项，参数及效果如图 A09-24 所示。

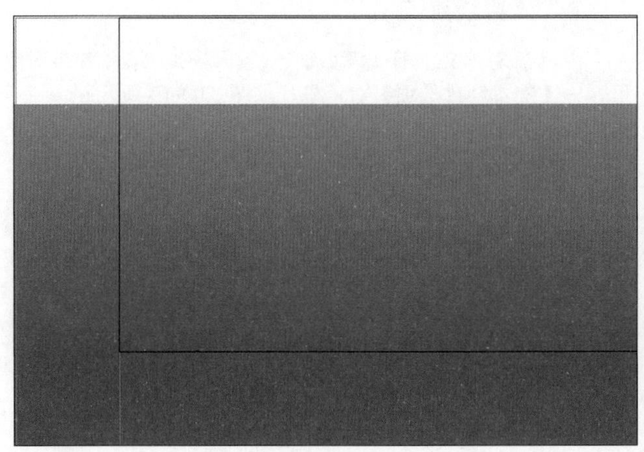

图 A09-23

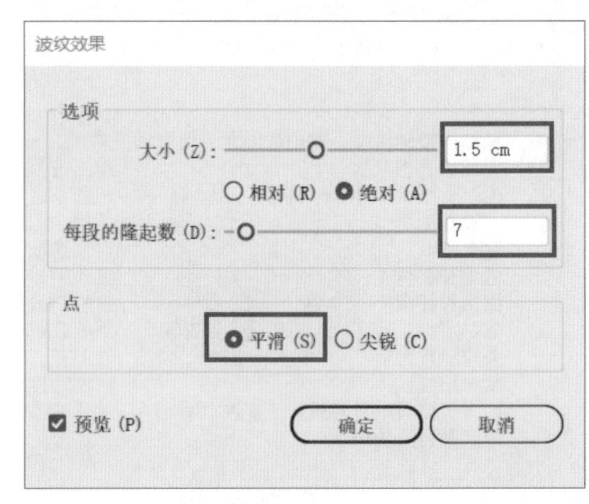

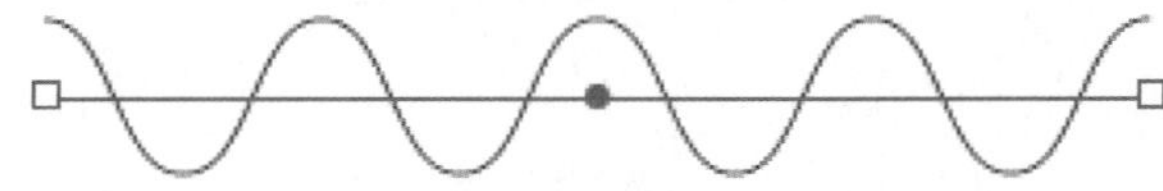

图 A09-24

04 执行【对象】-【扩展外观】菜单命令，将对象扩展为路径，使用【选择工具】选中路径，右击，在弹出的菜单中选择【变换】-【镜像】-【水平】-【复制】选项，并调整宽度，如图 A09-25 所示。

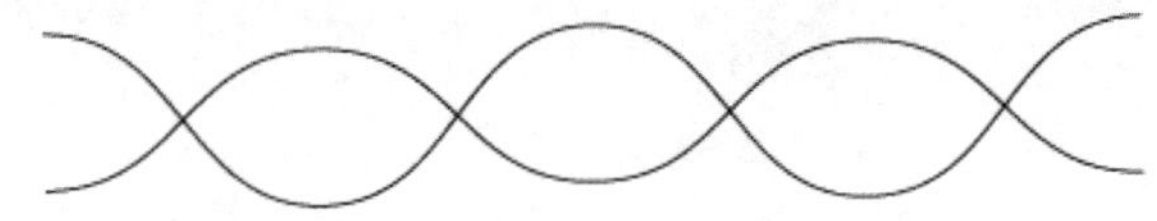

图 A09-25

05 使用【区域文字工具】单击波纹路径，将文字素材复制到波纹路径中，执行【文字】-【路径文字】-【倾斜效果】菜单命令，设置字体颜色为白色，字符参数和效果如图 A09-26 所示。

Century751 SeBd BT
Semi Bold Italic
12.378　15 pt
100%　100%

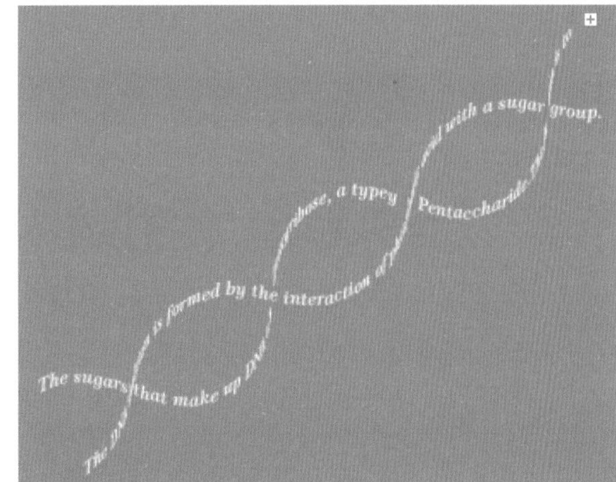

图 A09-26

06 使用【直排文字工具】在螺旋纹中间添加 4 组文字素材，并在控制栏中的【不透明度】面板中调整最左侧和最右侧文字的不透明度为 25%，将文字螺旋纹放在画板的合适位置，如图 A09-27 所示。

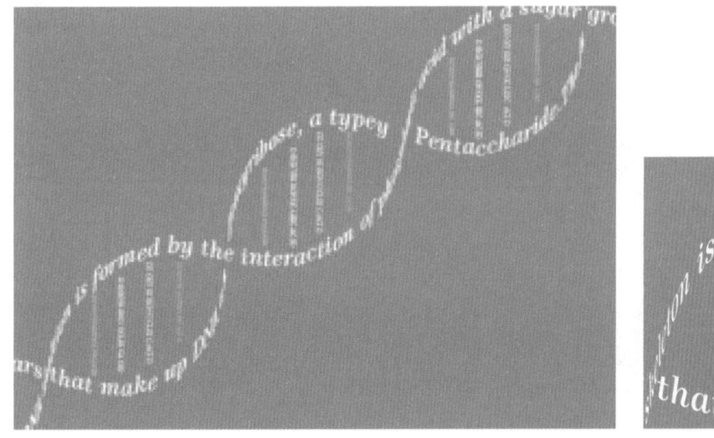

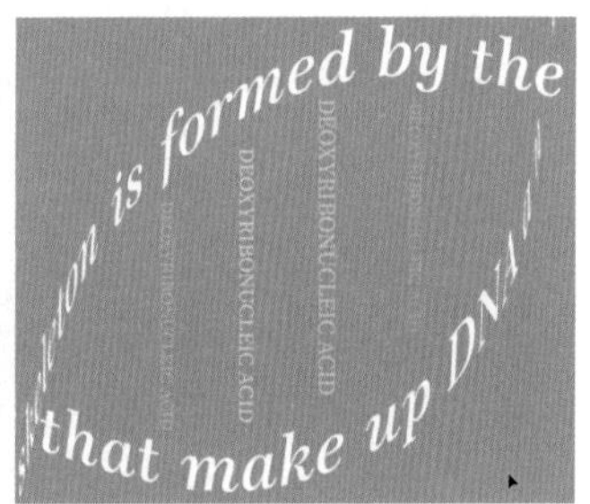

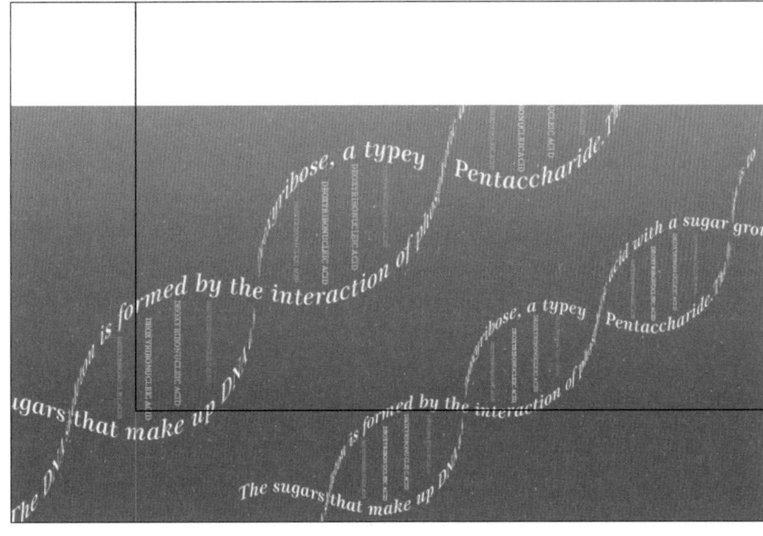

图 A09-27

07 创建“分子组件”图形。使用【椭圆工具】创建一个正圆，使用【渐变工具】-【径向渐变】填充渐变。再使用【矩形工具】创建矩形，设置填充渐变为【线性渐变】。然后复制多个圆球与矩形并将它们组合，如图 A09-28 所示。

图 A09-28

08 复制一些“分子组件”图形，将这些图形随机摆放在包装背景上，使用【矩形工具】创建“十字”符号，设置【填色】为白色。然后使用【文字工具】T.添加药品名称信息，为药品命名，如图 A09-29 所示。

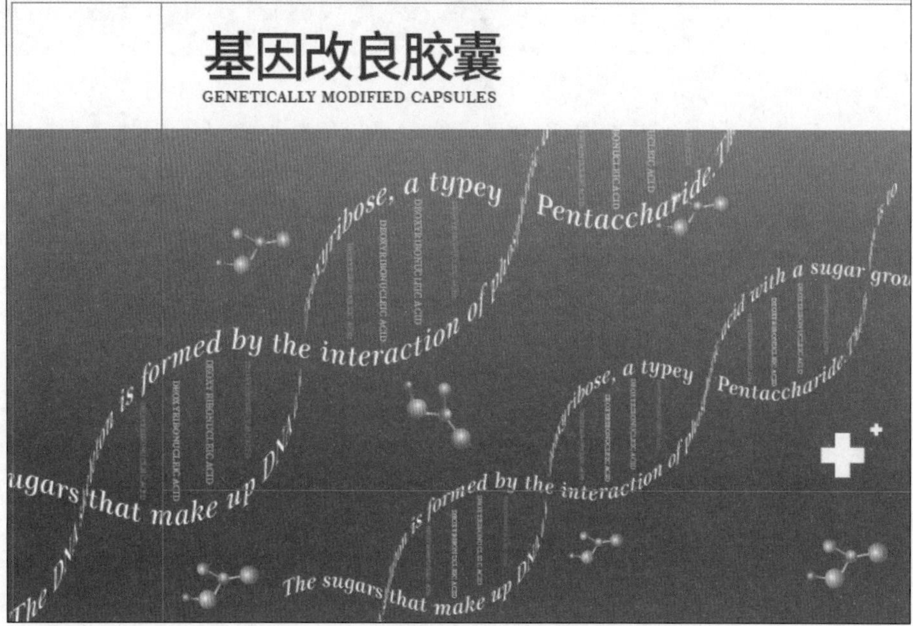

图 A09-29

09 导出画板，结合 Photoshop 制作包装立体效果，如图 A09-22 所示。

A09.4 文字编辑

1. 选择文字或路径

使用【选择工具】选择文本，出现定界框后可对文本进行移动、放大、缩小、旋转等操作。使用【直接选择工具】单击文本即可选中文本路径。

2. 字符面板

选择文本，通过【字符】面板可以设置字符格式、字体、文字大小等。执行【窗口】-【文字】-【字符】菜单命令，即可打开【字符】面板，面板在默认情况下只显示常规的选项，单击【面板菜单】-【显示选项】即可比较全面地显示字符的选项，如图 A09-30 所示。另外，也可以在控制栏中单击【字符】以设置字符格式。

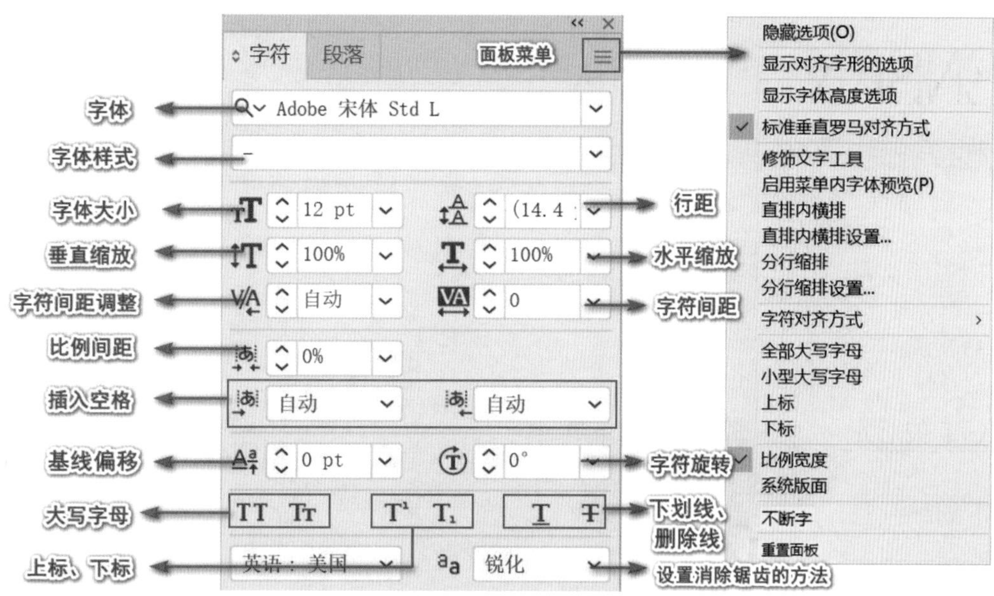

图 A09-30

- 字体及字体样式：点开【字体】，在下拉菜单中可以选择文字的字体；【字体样式】则是用于更改所选字体的相关样式。
- 行距及字符间距：即设置字体的行距和字符间距。
- 垂直 / 水平缩放：设置文字的垂直及水平缩放的百分比。
- 比例间距：用于设置字符的比例间距，该值越大，间距越小，如图 A09-31 所示。

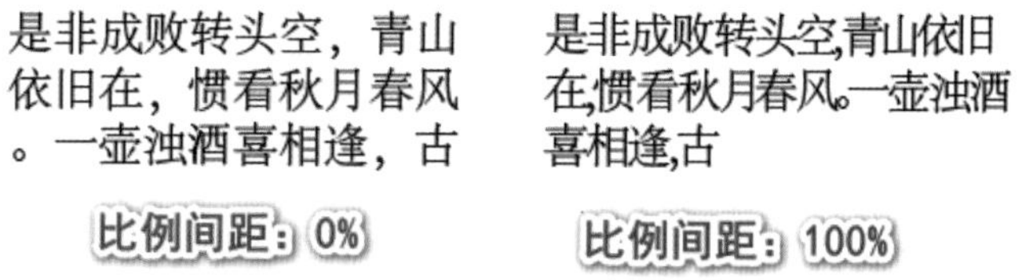

是非成败转头空，青山依旧在，惯看秋月春风。一壶浊酒喜相逢，古

比例间距：0%

是非成败转头空,青山依旧在,惯看秋月春风。一壶浊酒喜相逢,古

比例间距：100%

图 A09-31

- 插入空格：根据需求在【插入空格（左）】和【插入空格（右）】插入空格。
- 基线偏移：设置文字与基线的距离，如图 A09-32 所示。

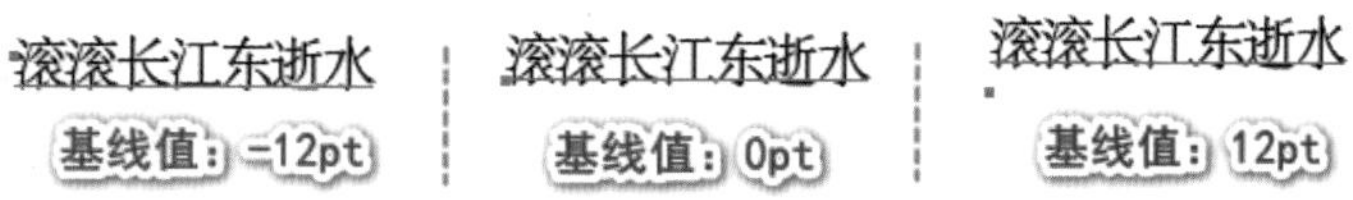

滚滚长江东逝水　基线值：-12pt

滚滚长江东逝水　基线值：0pt

滚滚长江东逝水　基线值：12pt

图 A09-32

- 字符旋转：输入度数，即可将字符进行相应旋转，如图 A09-33 所示。

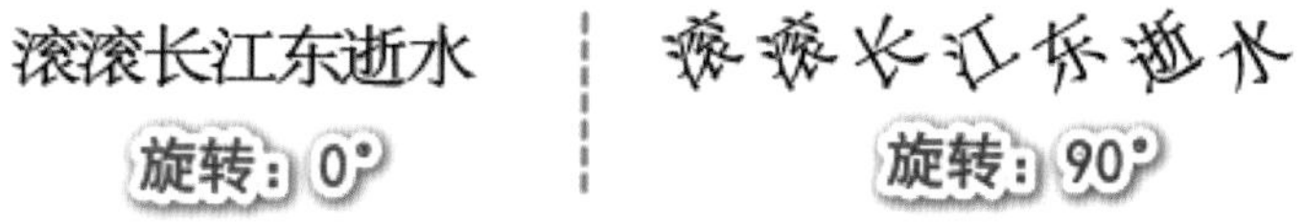

滚滚长江东逝水　旋转：0°

滚滚长江东逝水　旋转：90°

图 A09-33

- 大写字母：单击【全部大写字母】按钮TT，将字母转换为大写字母；单击【小型大写字母】按钮Tr，则将字母转换为小型大写字母，如图 A09-34 所示。

WENSEN 全部大写字母

WENSEN 小型大写字母

图 A09-34

- 上标、下标：将文本设置为上标或下标类型的字符。
- 下画线、删除线：为文字添加下画线或删除线，如图 A09-35 所示。

滚滚长江东逝水 下划线

滚滚长江东逝水 删除线

图 A09-35

- 设置消除锯齿的方法：设置字体的平滑效果。

◆ 字符面板菜单

- 标准垂直罗马对齐方式：是一种对齐方式。在英文字母比较少的情况下，可选中该选项，可看到每个字母将会占用一个汉字的位置，并且所有字母都会竖直排列；在英文字母较多的情况下，取消选中，可看到每个英文字母都是躺着的，如图 A09-36 所示。

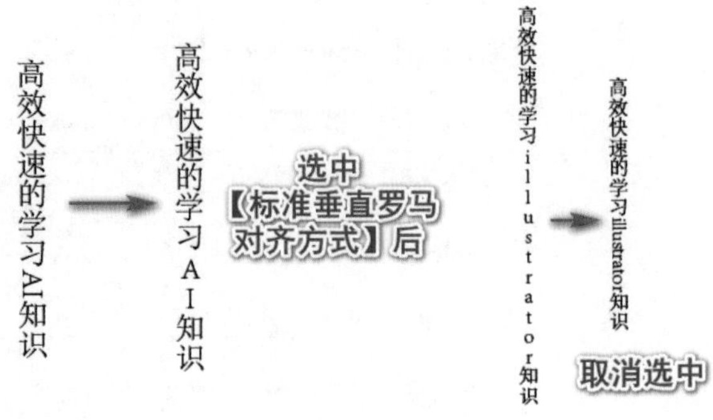

图 A09-36

- 修饰文字工具：选中该选项将在【字符】面板中出现修饰文字工具按钮，即工具栏中的【修饰文字工具】，快捷键为 Shift+T。
- 启用菜单内字体预览：选择画板上的文本，然后从下拉菜单中选择文本样式，如图 A09-37 所示。

图 A09-37

- 直排内横排：将直排文字行中的部分文字进行横排操作。为了方便阅读，可选中该选项，对直排文字中的半角字符（如数字、日期和其他语言文字等）进行调整。
- 直排内横排设置：单击该选项，可对【直排内横排】进行设置。可通过【上 / 下】【左 / 右】来移动调整文本，如图 A09-38 所示。
- 分行缩排：选中该选项，可将一行文本呈现多行显示的状态，如图 A09-39 所示。
- 分行缩排设置：单击该选项，可对【分行缩排】进行设置，如图 A09-40 所示。

直排内横排设置
直排内横排
上 / 下：0 pt
左 / 右：0 pt
预览（P）
确定
取消

图 A09-38

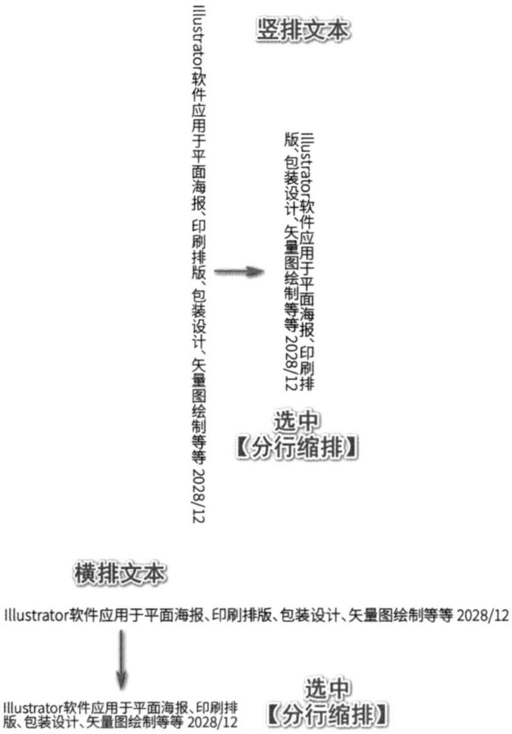

竖排文本
Illustrator软件应用于平面海报、印刷排版、包装设计、矢量图绘制等等 2028/12
Illustrator软件应用于平面海报、印刷排版、包装设计、矢量图绘制等等 2028/12
选中
【分行缩排】
横排文本
Illustrator软件应用于平面海报、印刷排版、包装设计、矢量图绘制等等 2028/12
Illustrator软件应用于平面海报、印刷排版、包装设计、矢量图绘制等等 2028/12
选中
【分行缩排】

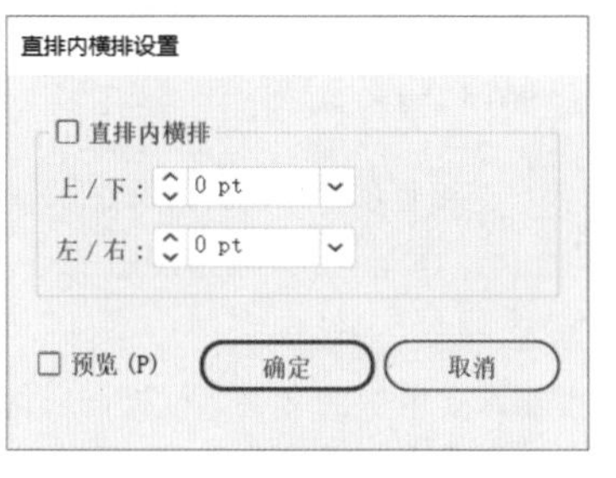

图 A09-39

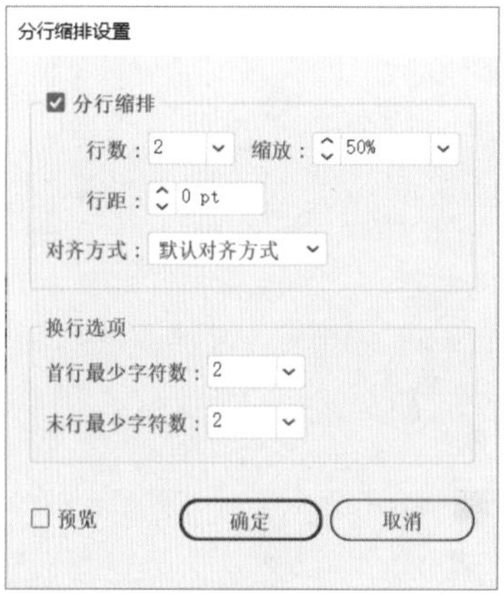

分行缩排设置
分行缩排
行数：2
缩放：50%
行距：0 pt
对齐方式：默认对齐方式
换行选项
首行最少字符数：2
末行最少字符数：2
预览
确定
取消

图 A09-40

豆包：【字符间距】和【比例间距】的区别是什么呢？

【字符间距】就是字母与字母之间以及文字与文字之间的距离大小，【比例间距】则是文字自己的框和文本定界框左右之间的距离，【字距】可以是负值，即字和字重叠在一起。【比例间距】最小为100%，即字形之间完全贴紧，如图A09-41所示。

北国
北国
每个字和文本定界框是有一个距离的
【比例间距】设定为100%的时候
即这个距离为零

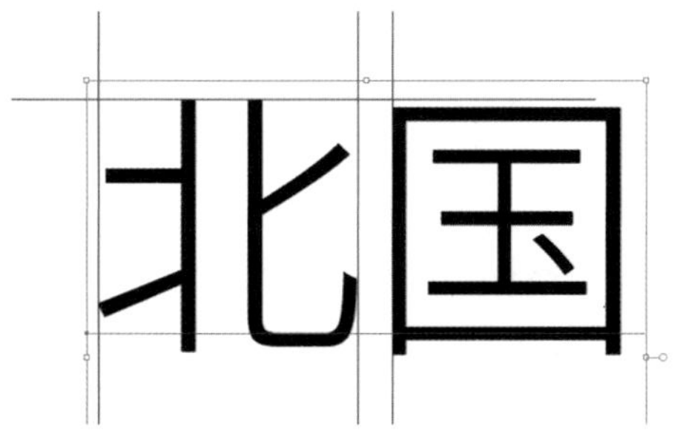

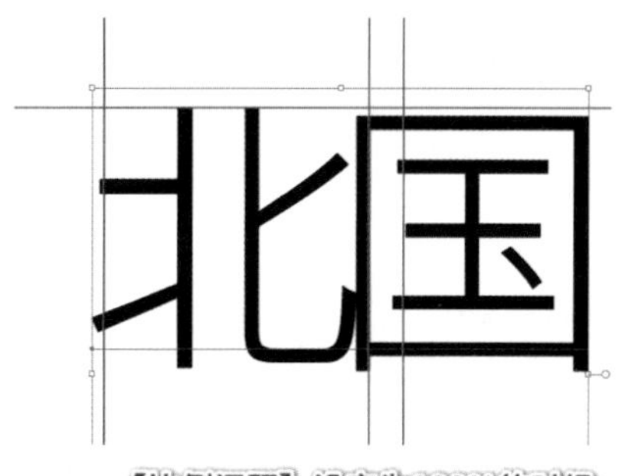

图 A09-41

3. 更改文字颜色和外观

选择文字后，可以在控制栏或属性面板中更改文字的颜色、描边颜色、描边粗细、不透明度等，如图 A09-42 所示。

图 A09-42

在【属性】面板中可通过【外观】更改文字的效果，如图 A09-43 所示。

单击【添加新效果】按钮，可弹出一些效果选项，如图 A09-44 所示，具体的效果会在 B08 课中讲解。

图 A09-43　　图 A09-44

4. 更改文字方向

选择文字，执行【文字】-【文字方向】菜单命令即可更改文字方向，如图 A09-45 所示。

图 A09-45

5. 显示隐藏字符

执行【文字】-【显示隐藏字符】菜单命令（快捷键为 Alt+Ctrl+I），即可显示被隐藏的字符，再次执行该命令即可将字符隐藏，如图 A09-46 所示。

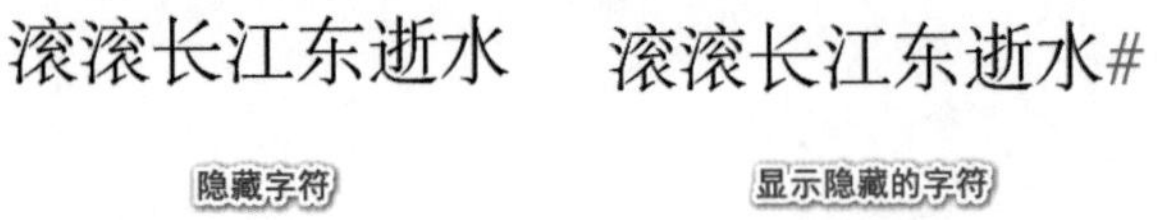

滚滚长江东逝水　　滚滚长江东逝水#

隐藏字符　　显示隐藏的字符

图 A09-46

6. 查找和替换

执行【编辑】-【查找和替换】菜单命令，弹出【查找和替换】对话框，如图 A09-47 所示。

图 A09-47

输入要查找的文字，再输入要替换的文字，根据需求选中合适的复选框，单击【完成】按钮即可替换。

7. 智能标点

使用【智能标点】命令可用来搜索文档中的标点符号，也可将其替换成印刷体的标点字符。选择要替换的文本，执行【文字】-【智能标点】菜单命令，在弹出的【智能标点】对话框中可进行相关的设置，如图 A09-48 所示。

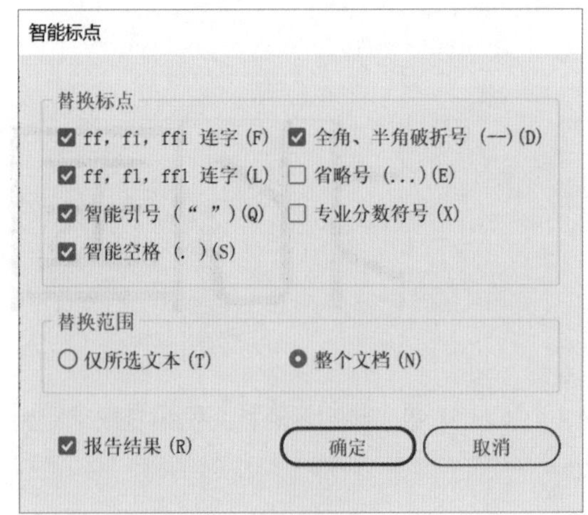

图 A09-48

设置完成后单击【确定】按钮，开始标点替换。替换结束后会弹出替换结果，如图 A09-49 所示。

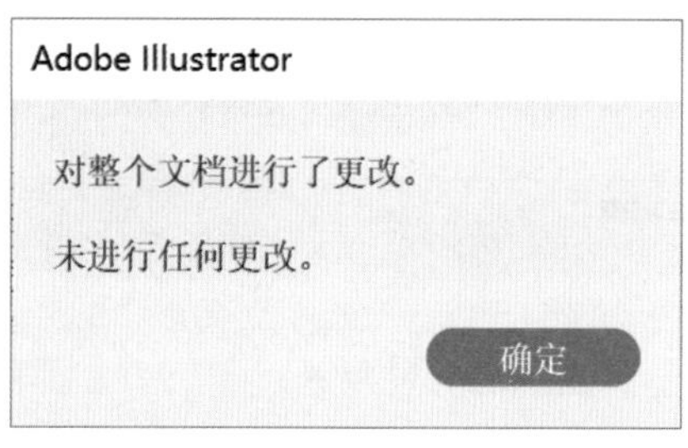

图 A09-49

- ff，fi，ffi 连字：将 ff、fi 或 ffi 式的字母组合转换成连字。
- ff，fl，ffl 连字：将 ff、fl 或 ffl 式的字母组合转换成连字。
- 智能引号（“ ”）：将键盘上的直引号改为弯引号。
- 智能空格（.）：删除句号后的多余空格。
- 全角、半角破折号（——）：用半角破折号替换两键破折号，用全角破折号替换三键破折号。
- 省略号（…）：用省略号替换三个句号点。
- 专业分数符号：用同一种分数字符替换分别用来表示分数的各种字符。
- 替换范围：选中【仅所选文本】单选按钮，仅替换所选文本中的符号；选中【整个文档】单选按钮，则可替换整篇文档中的符号。

8. 字形

除了键盘上的字符，字体中还包含很多其他字符，执行【窗口】-【文字】-【字形】菜单命令，打开【字形】面板，如图 A09-50 所示，在文本输入状态下，单击【字形】面板中的字符，即可将其插入文本中。

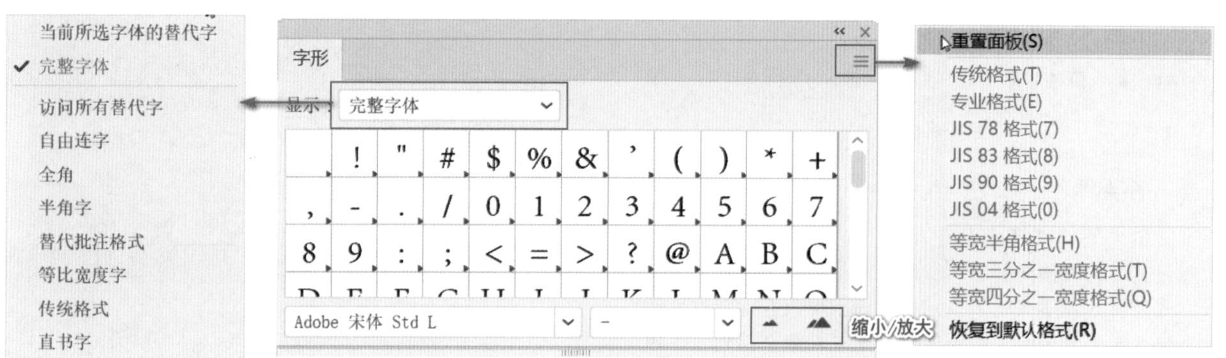

图 A09-50

9. OpenType 面板

可使用 OpenType 面板设定如何应用 OpenType 字体中的替代字符。例如，可在新的文本或现有文本中使用标准连字。需要注意的是，OpenType 字体提供的功能类型差别比较大，不是每一种字体都可以使用该面板中的选项。

执行【窗口】-【文字】-OpenType 菜单命令，快捷键为 Alt+Ctrl+Shift+T，即可打开 OpenType 面板，如图 A09-51 所示。

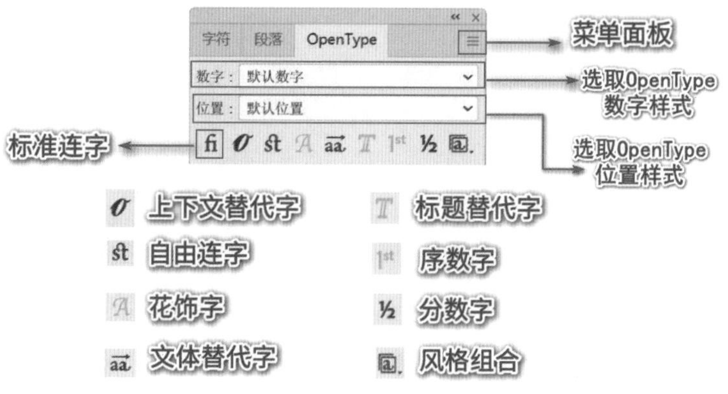

图 A09-51

A09.5 【段落】面板

在【段落】面板中可以设置段落格式，执行【窗口】-【文字】-【段落】菜单命令即可打开【段落】面板，如图 A09-52 所示。段落的设置方法与办公软件的段落设置方法大同小异，按排版需求设计即可。

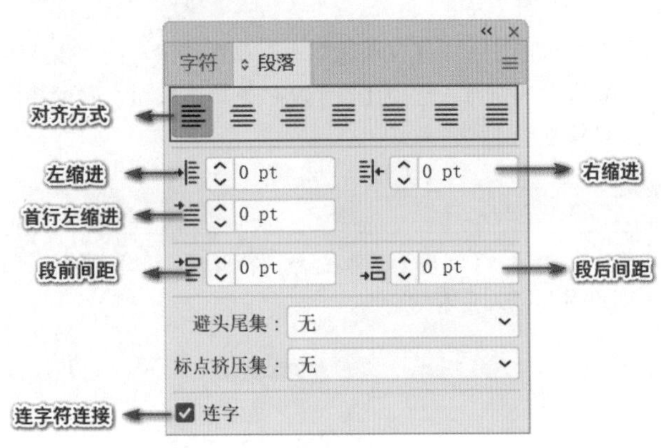

图 A09-52

◆ 避头尾集

中文的书写习惯是标点符号不会位于每行文字的第一位，在日文中也有同样的习惯，避头尾常用于中文或日文的换行方式。可通过避头尾来设定不允许出现在首行或行尾的字符。在【段落】面板中单击【避头尾集】的下拉列表，可以看到【严格】【宽松】和【避头尾设置】3 个选项，如图 A09-53 所示。

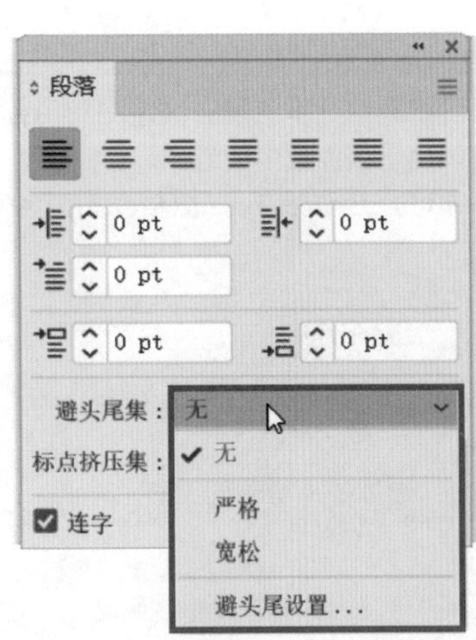

图 A09-53

可在【避头尾法则设置】对话框中创建新的【避头尾集】，并且为【避头尾集】输入新名称。若想在某个栏中添加新字符，可选择【不能位于行首的字符】【不能位于行尾的字符】【中文悬挂标点】或【不可分开的字符】，再输入要添加的新字符，单击【添加】按钮即可，如图 A09-54 所示。

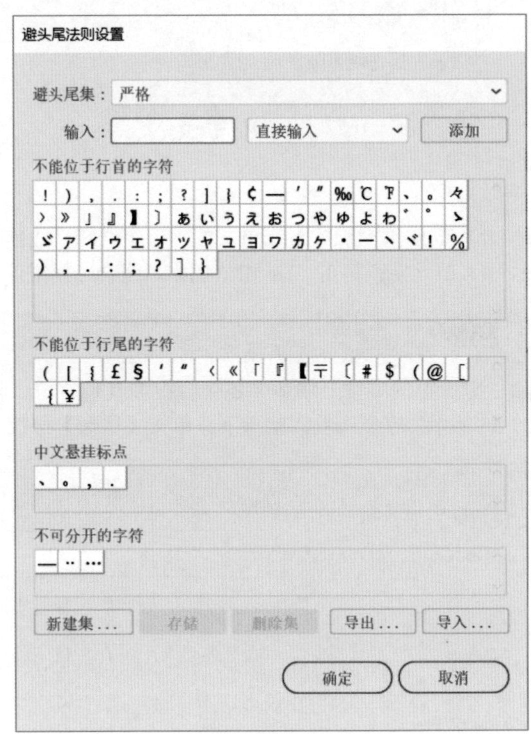

图 A09-54

◆ 标点挤压集

【标点挤压】常用于指定亚洲字符、罗马字符、标点符号、特殊字符、行首、行尾和数字之间的间距。默认情况下设置【标点挤压集】为【无】，在设计时可以根据需要选择不同的标点挤压类型，如图 A09-55 所示。

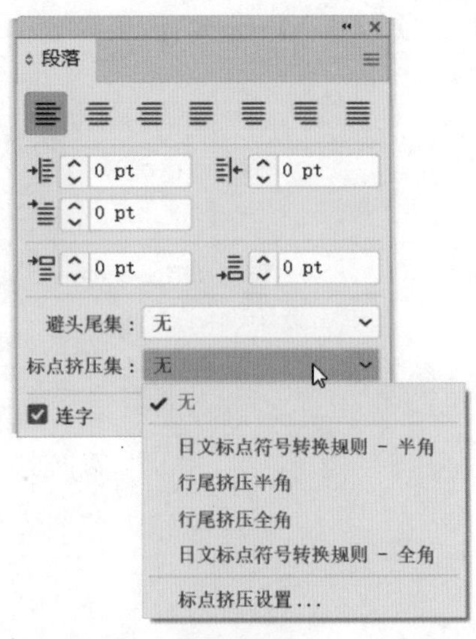

图 A09-55

A09.6 字符样式 / 段落样式

字符样式和段落样式是文字格式的属性集合，包括文字大小、字体、间距、行距、对齐方式等属性，可以应用于所选的文本范围，这样相对节省时间，而且还能使页面一致。

执行【窗口】-【文字】-【字符样式】菜单命令，打开【字符样式】面板，如图 A09-56 所示。

图 A09-56

【段落样式】面板与【字符样式】面板类似，不再赘述。

1. 创建新样式

打开面板菜单，选择【新建字符样式】选项，弹出【新建字符样式】对话框，如图 A09-57 所示，即可设置字符的样式。可以在【基本字符格式】中设置字符的字体系列、字体样式、大小、行距、间距、对齐等；在【高级字符格式】中设置字符的水平 / 垂直缩放、比例间距、偏移、字符旋转等；在【字符颜色】中设置字符的颜色等。

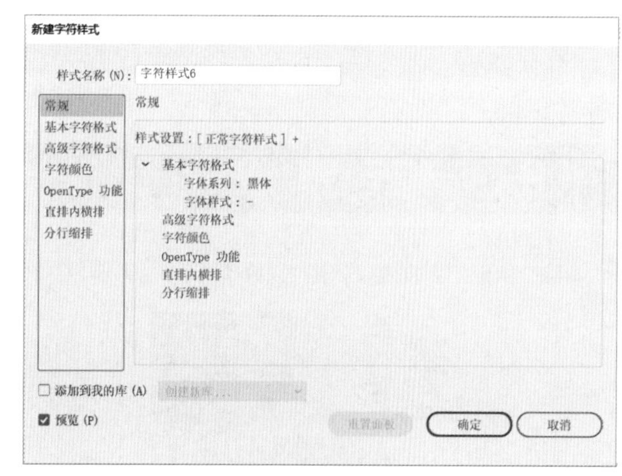

图 A09-57

还可以选择设置好的文本，单击面板上的【创建新样式】按钮，即可根据所选字体创建样式，如图 A09-58 所示。

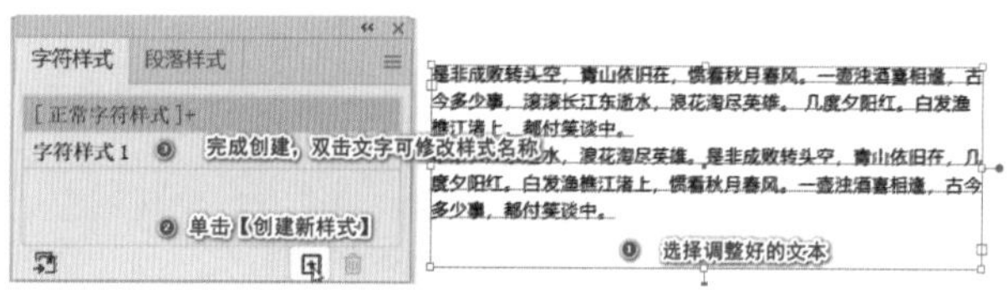

图 A09-58

2. 编辑字符 / 段落样式

选择一个字符样式，打开面板菜单，选择【字符样式选项】选项，或双击字符样式后面的空白处，如图 A09-59 所示，即可在弹出的对话框中编辑字符样式。

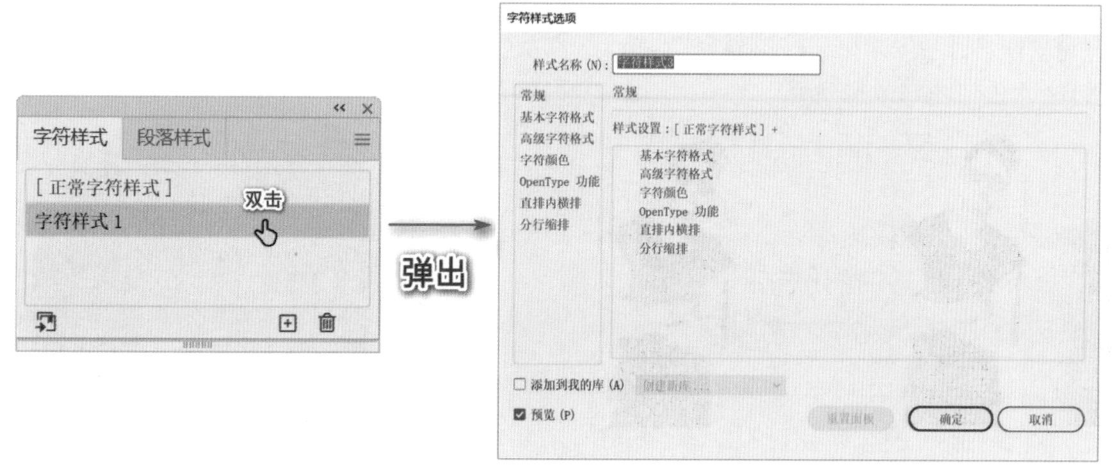

图 A09-59

段落样式同理，不再赘述。

3．删除样式

选择面板中的一个字符样式，单击【删除所选样式】按钮，即可删除；或选中要删除的字符样式，打开面板菜单，选择【删除字符样式】选项，在弹出的对话框中单击【是】按钮，也可以完成删除。

A09.7　综合案例——人像文字海报

本综合案例的完成效果如图 A09-60 所示。

图 A09-60

制作步骤

01 新建文档，设置文档尺寸为宽 600 毫米、高 900 毫米，【颜色模式】为【RGB 颜色】。

02 使用【矩形工具】创建背景，颜色为黄色。然后置入一张人像素材，在控制栏中选择【图像描摹】，并将描摹后的图形进行简化，如图 A09-61 所示。

图 A09-61

03 选中简化后的人像，右击，在弹出的菜单中选择【释放复合路径】选项，使用【区域文字工具】单击路径边缘，将文字素材粘贴到区域中，在控制栏的【字符】中调整字体样式和字体大小，如图 A09-62 所示。

04 重复步骤 3 的操作方法，将文字素材粘贴到区域中并调整字体大小，如图 A09-63 所示。

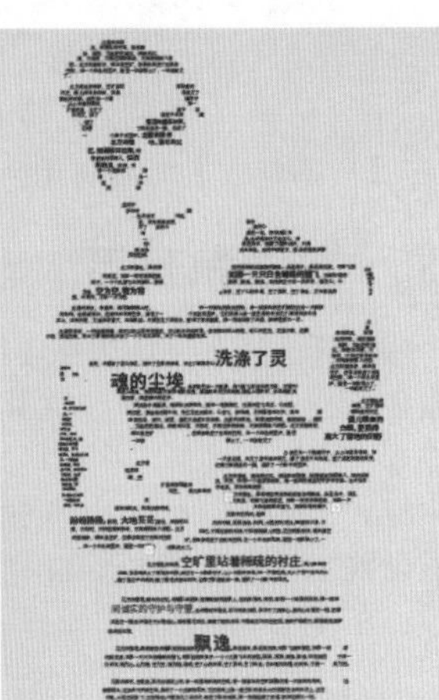

图 A09-62　　图 A09-63

05 使用【椭圆工具】创建椭圆，填充橙色。然后使用【直排文字工具】、【路径文字工具】创建文字标题以及内容，使用【直线段工具】创建直线，以区分标题及内容，如图 A09-64 所示。最后为人像添加一个描边并填充颜色，效果如图 A09-60 所示。

图 A09-64

A09.8 导入、导出文本

1. 导入文本

可以将其他程序的文本（.doc 或 .txt 文件）导入 Illustrator 的图稿中，执行【文件】-【打开】菜单命令，选择要导入的文本文件，单击【打开】按钮就可以将文本导入 Illustrator 中，导入的文本可以在 Illustrator 中编辑。

如果想将文本导入已经打开的文件中，则执行【文件】-【置入】菜单命令，选择要导入的文本文件，导入 Word 文件时会弹出【Microsoft Word 选项】对话框，如图 A09-65 所示。

导入 .txt 文件时会弹出【文本导入选项】对话框，选择一个平台和字符集，按需选择【额外回车符】选项，如果想在 Illustrator 制表符中替换文件中的空格字符串，则在【额外空格】中输入替换的空格数即可，如图 A09-66 所示。

图 A09-65

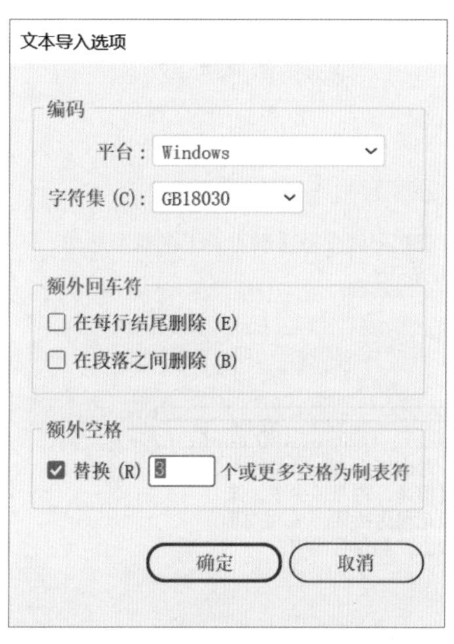

图 A09-66

2. 导出文本

选择区域文字或段落文字，执行【文件】-【导出】-【导出为】菜单命令，选择 .txt 格式，输入文件名称，选择保存位置，单击【导出】按钮，在弹出的【文本导出选项】对话框中再选择导出【平台】及【编码】，单击【导出】按钮即可，如图 A09-67 所示。

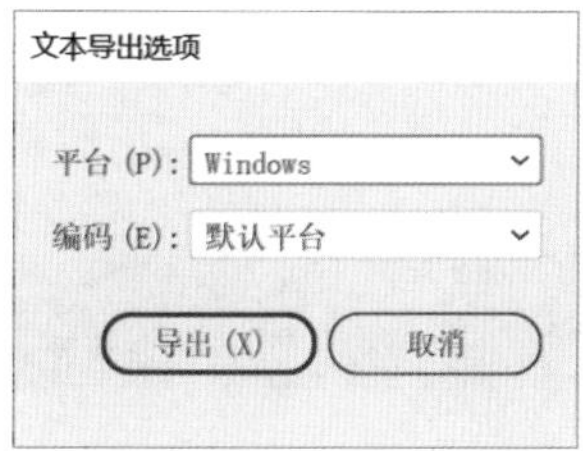

图 A09-67

- 平台：可选择【Windows】、【Mac（基于 PowerPC）】或【Mac（基于 Intel）】。
- 编码：通常有【默认平台】和【Unicode】两种编码方式。

A09.9　制表符

在【制表符】面板中可以设置段落或文本的制表位，执行【窗口】-【文字】-【制表符】菜单命令（快捷键为Shift+Ctrl+T），即可打开【制表符】面板，如图A09-68所示。

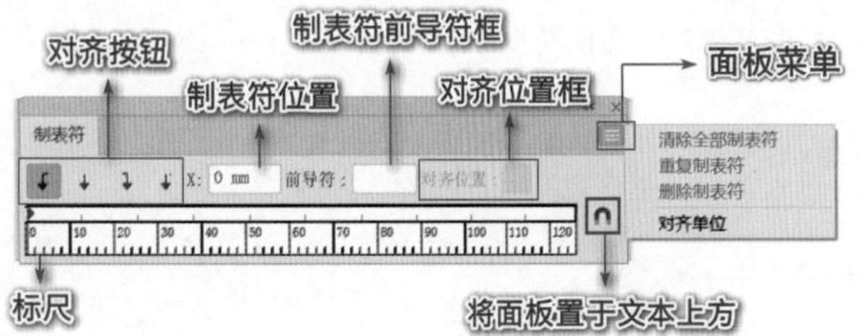

图 A09-68

◆ 将面板置于文本上方

选择文本，单击按钮，即可将【制表符】面板与所选文字对齐，如图A09-69所示。

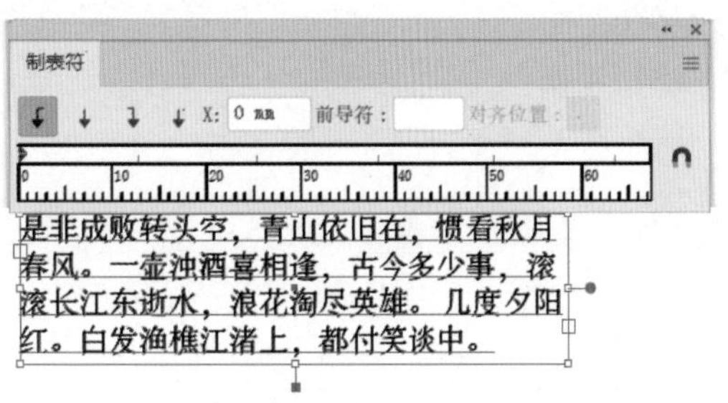

图 A09-69

◆ 对齐按钮

【制表符】面板中有4种对齐方式，可以用来使【制表符】对齐文本，分别为【左对齐制表符】【居中对齐制表符】【右对齐制表符】【小数点对齐制表符】。

首先选择一种对齐方式，如选择【左对齐制表符】，然后在X框输入一个位置数值，按Enter键即可设置文本左侧位置。将光标放在需要调整文字的前面，按Tab键可以查看文字对齐效果，如图A09-70所示。

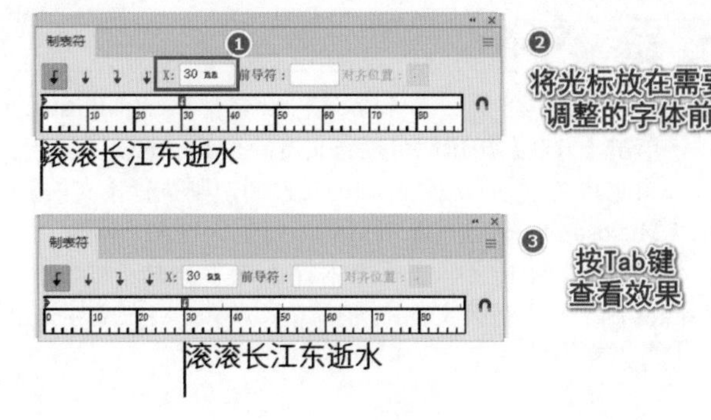

图 A09-70

◆ 标尺

选择对齐方式后，也可以直接在标尺的刻度上单击，确定对齐位置，按Tab键可以查看文字对齐效果。

◆ 前导符

可以输入最多含8个字符的图案，在制表符的宽度范围内会重复显示此字符。

◆ 设置缩进

通过标尺上的缩进标记可以灵活设置文本的缩进，拖动最上方的三角标记，可以缩进首行文本。拖动下方的三角标记，可以缩进除第一行之外的所有行。

◆ 面板菜单

打开【面板菜单】即可清除、重复或删除制表符，如图A09-71所示。

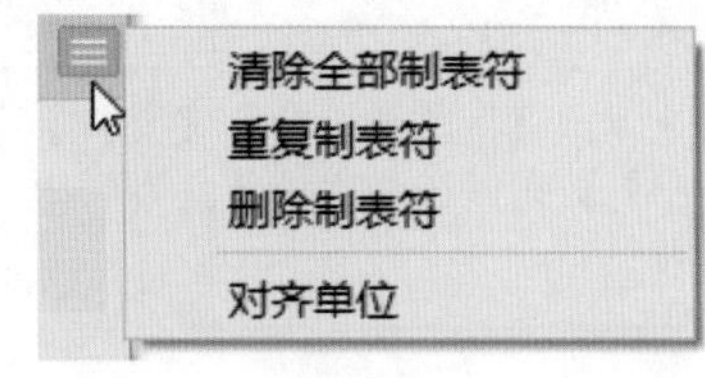

图 A09-71

A09.10　拼写检查

选择一段文本，执行【编辑】-【拼写检查】菜单命令，如图A09-72所示。

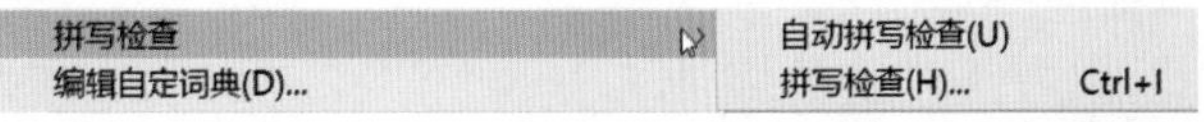

图 A09-72

◆ 自动拼写检查

执行此命令，文字可自动检查，有问题的会在文字下方出现波浪线，如图A09-73所示，再次执行该命令即可关闭【自动拼写检查】。

White haired fishermen and woodcutters on
the Jiangzhu River are laughing.

图 A09-73

◆ 拼写检查

执行该命令（快捷键为 Ctrl+I），弹出【拼写检查】对话框，单击【开始】按钮，即可进行拼写检查，有问题的会被检查出来，同时在【建议单词】中列出正确的单词。在窗口右侧有【忽略】【全部忽略】【更改】【全部更改】及【添加】选项，根据拼写需求选择相应的选项，然后单击【完成】按钮即可，如图 A09-74 所示。

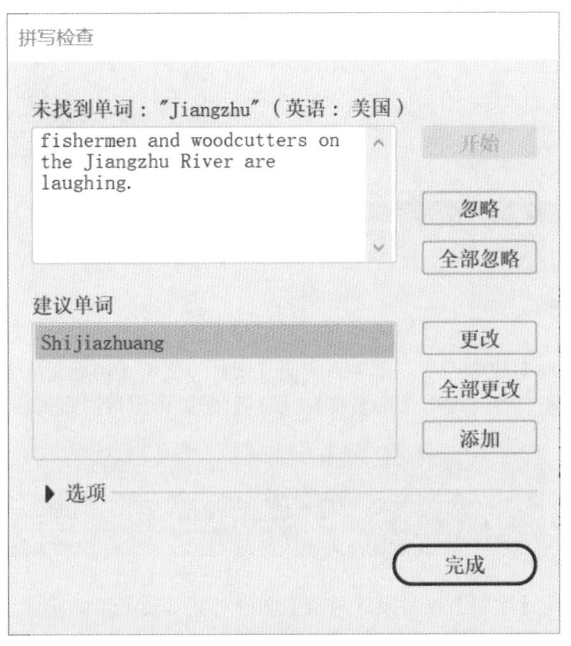

图 A09-74

扩展知识

单击【忽略】按钮即保持该单词不变。单击【全部忽略】按钮可使所有在文档中出现的该单词保持不变。

单击【添加】按钮，可以将未识别出来的单词添加到Illustrator的【编辑自定词典】中（执行【编辑】-【编辑自定词典】菜单命令即可打开），这样在以后的【拼写检查】中就不会将该单词判断成错误拼写。

A09.11　创建轮廓

创建轮廓就是将文字创建成图形，此时不能对文字进行字体、大小等设置，创建轮廓后的字体有了锚点和路径，即为一般的图形对象，可以对其锚点和路径进行编辑。在文稿传输交付时，如果对方计算机上没有对应字体，将文字创建为轮廓可解决这个问题，俗称为“转曲”。选择要创建轮廓的文字，执行【文字】-【创建轮廓】菜单命令（快捷键为 Shift+Ctrl+O），或右击，在弹出的菜单中选择【创建轮廓】选项，效果如图 A09-75 所示。

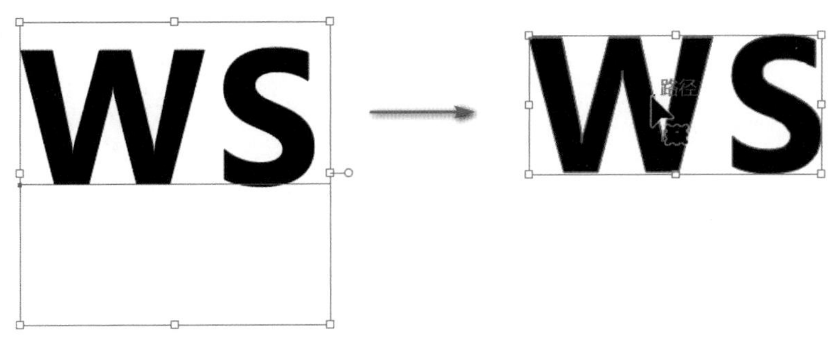

图 A09-75

A09.12 作业练习——咖啡厅菜单

本作业练习的完成效果如图 A09-76 所示。

A09-76

◆ 作业思路

本作业练习使用了【矩形工具】【剪切蒙版】【文字工具】【制表符】组合完成。首先置入照片素材，使用【剪切蒙版】调整角度，放在合适的位置；然后使用【文字工具】为菜单添加标题和内容，使用【制表符】【字符】面板调整行间距等内容；最后使用【区域文字工具】及基础的形状工具制作咖啡菜单的 logo，完成作业。

总结

本课讲解了如何创建文字，如何制作绕排文字及串接文字，使用【字符】面板及【段落】面板对文本及段落的属性进行设置等。为了避免字体丢失的问题，可使用【创建轮廓】将文字转换为普通图形来解决。

读书笔记

使用图形样式可以快速改变对象的外观，如更改对象的填色、描边及透明度。图形样式可应用于单独的对象、图层或组。应用于组或图层时，组或图层中的所有对象都会具有同样的图形样式效果。

A10.1 图形样式面板

执行【窗口】-【图形样式】菜单命令即可打开【图形样式】面板，如图 A10-1 所示。

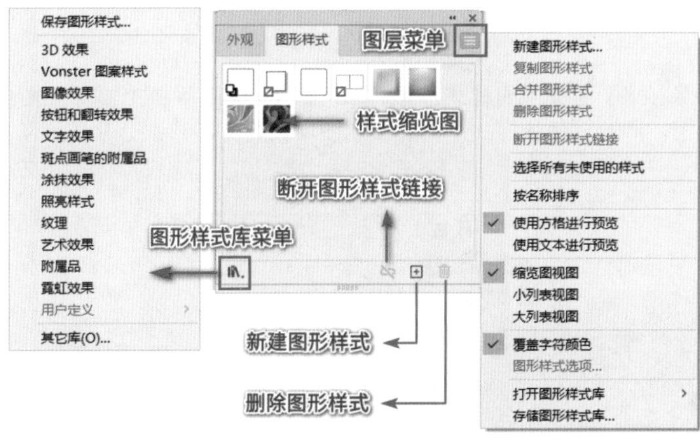

图 A10-1

◆ 样式缩览图：右击样式缩览图，可以查看缩览图，如图 A10-2 所示。

图 A10-2

◆ 新建图形样式 ⊞：单击该按钮即可将所选对象创建为新的图形样式。
◆ 删除图形样式 🗑：单击该按钮即可从面板上删除该图形样式。
◆ 断开图形样式链接：选择应用了图形样式的对象，组或图层。单击该按钮，即可将该样式的链接断开，被断开链接的图形对象继续保留原来的外观属性，但不再与该图形样式相互关联。
◆ 图形样式库菜单：单击该按钮即可打开预设的图形样式。

A10课

图形样式

快速搞定外观

A10.2 应用图形样式

◆ 为图形对象应用图形样式

选择一个图形对象，打开【图形样式】面板，选择一个图形样式，单击即可将所选的样式赋予图形对象，如图 A10-3 所示。

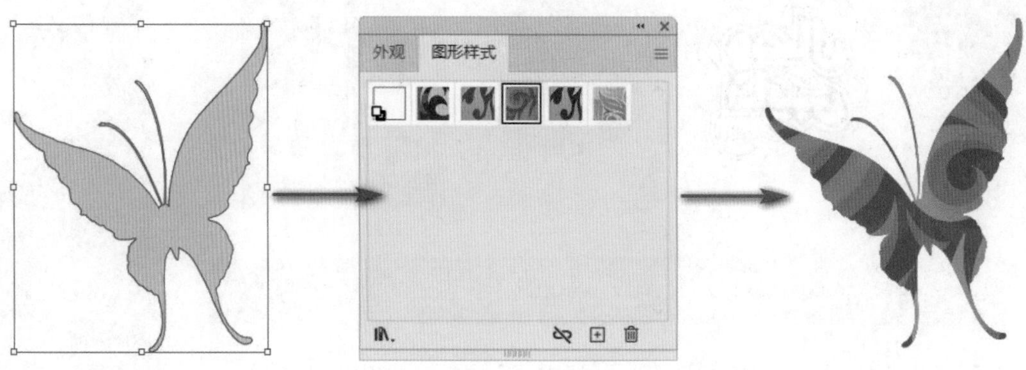

图 A10-3

◆ 为图层对象应用图形样式

单击图层后面的定位圆点，再单击【图形样式】面板上的样式按钮，即可在【外观】面板上添加此图形样式相应的外观。将图形样式的外观拖曳到【内容】之上，即可显示该样式，之后在此图层创建的图形都会具备该样式的外观，如图 A10-4 所示。

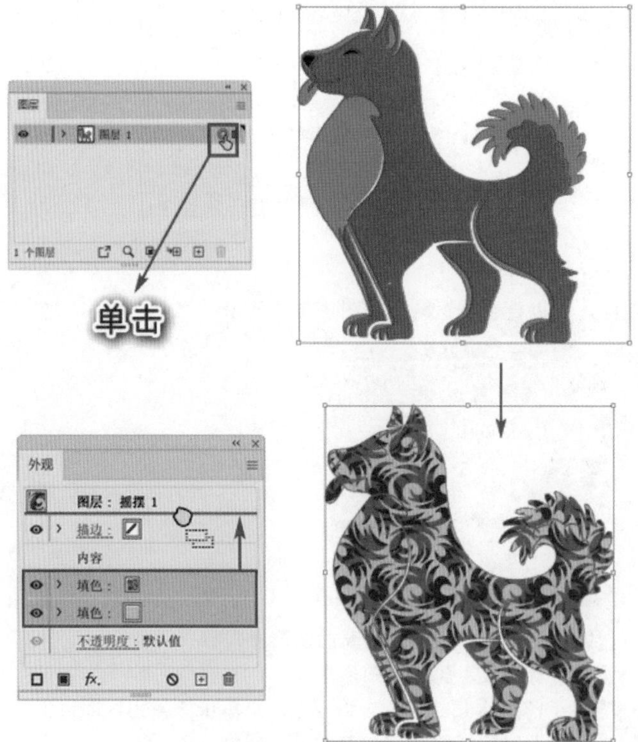

图 A10-4

A10.3 图形样式操作

1. 创建图形样式

为图形对象添加外观属性，如投影、发光、模糊等特殊的效果后，可以将这个效果创建为图形样式，以便下次使用。

创建一个对象，调整外观，包括填色和描边、效果、不透明度的设置，单击【图形样式】面板的【新建图形样式】⊞按钮，或打开面板菜单，选择【新建图形样式】选项即可创建一个图形样式，如图 A10-5 所示。

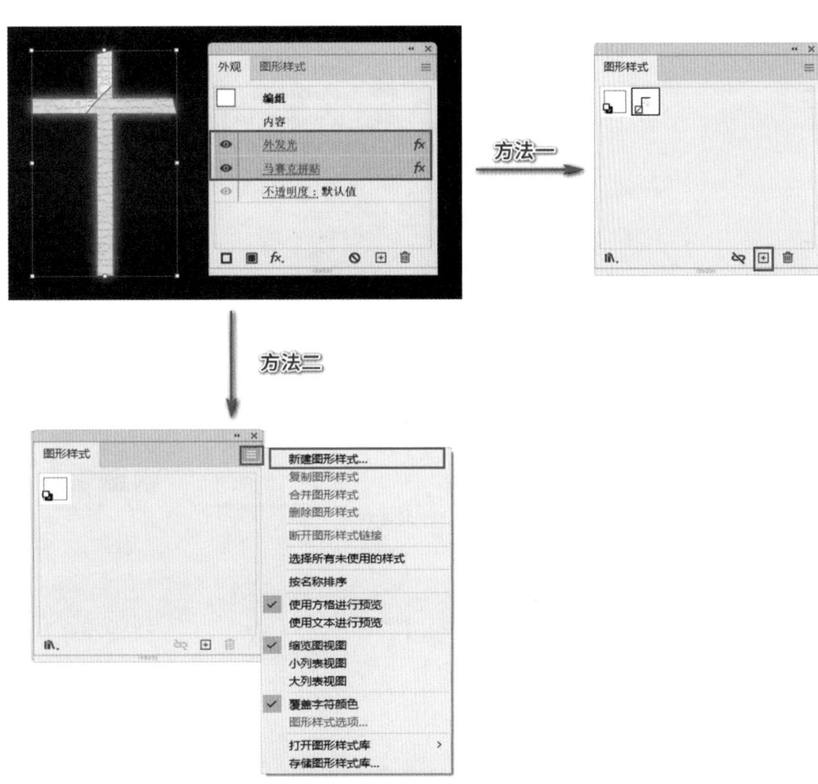

图 A10-5

SPECIAL 扩展知识

要创建一个带有外观样式的图形对象，可打开【外观】面板，拖动这个对象的缩览图到【图形样式】面板中，即可快速创建新图形样式，如图A10-6所示。

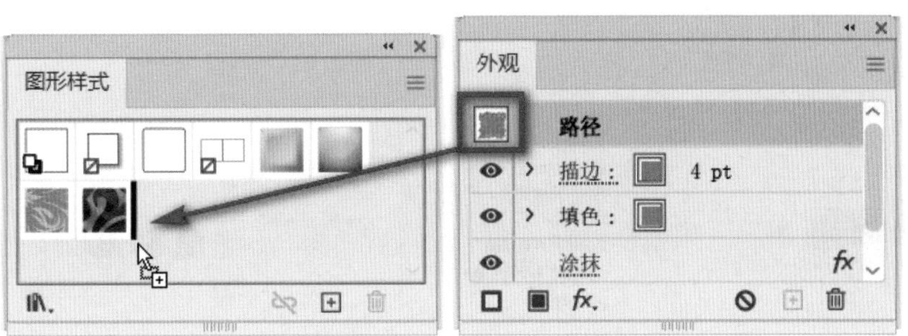

图 A10-6

2. 复制图形样式

在【图形样式】面板中选择一个样式缩览图，在面板菜单中选择【复制图形样式】选项；或选择一个样式缩览图，按住鼠标左键将其拖动至【新建图形样式】按钮上，即可复制图形样式，如图 A10-7 所示。

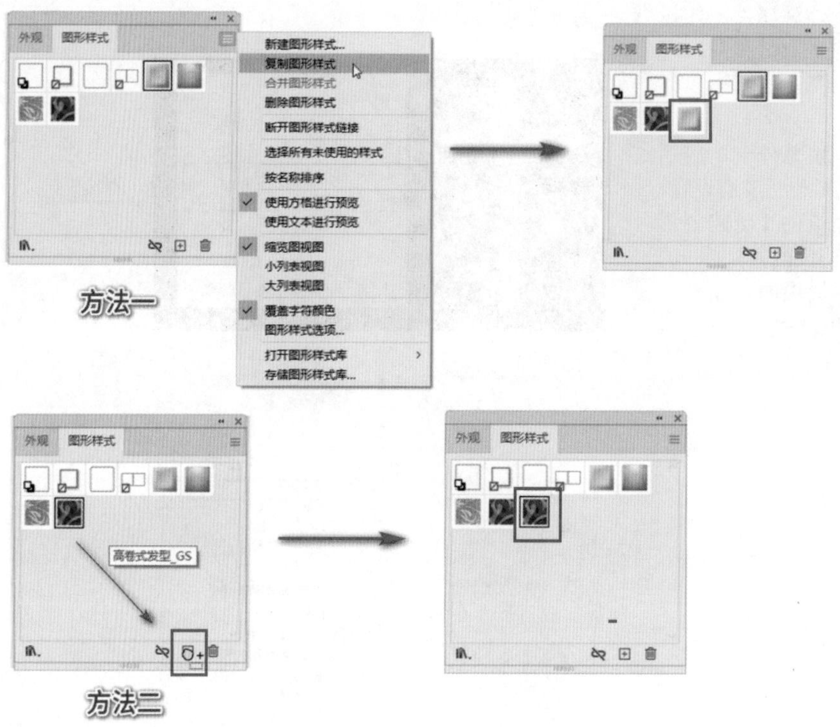

图 A10-7

3. 清除图形样式

在【图形样式】面板中选择一个样式缩览图，单击【删除图形样式】按钮，在弹出的对话框中单击【是】按钮即可从面板中删除该图形样式。

4. 合并图形样式

合并已有的图形样式，即可将所选择的图形样式合并成一个新的图形样式，在【图形样式】面板中按住 Shift 键并选择两个样式缩览图，打开面板菜单，选择【合并图形样式】选项，弹出【图形样式选项】对话框，更改或使用默认样式名称，单击【确定】按钮即可合并图形样式，如图 A10-8 所示。

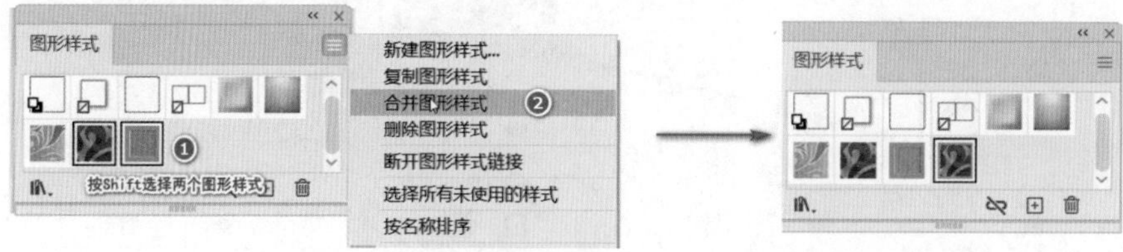

图 A10-8

5. 从其他文档导入所有图形样式

执行【窗口】-【图形样式库】-【其他库】菜单命令，或从【图形样式】面板菜单中选择【打开图形样式库】-【其他库】选项，即可弹出【选择要打开的库】对话框，如图 A10-9 所示，选择要导入的文档，单击【打开】按钮，导入的图形样式可从【图形样式库菜单】中查找到。

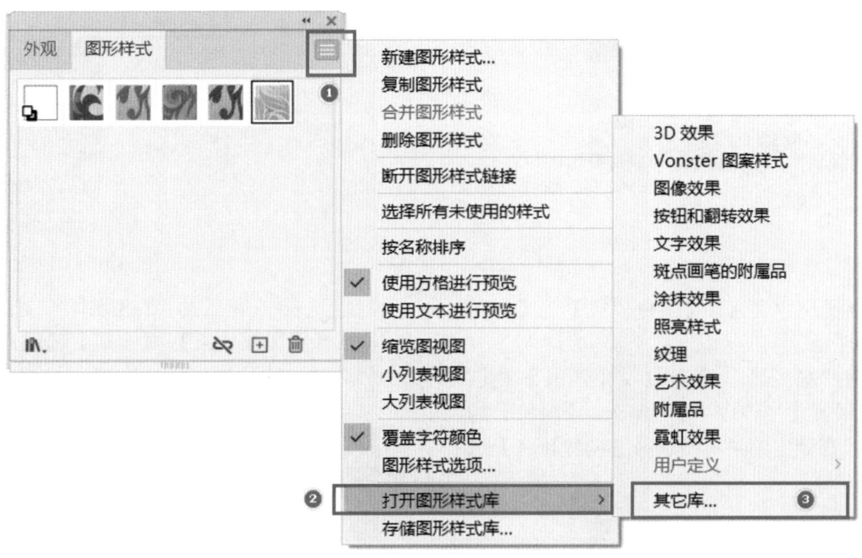

图 A10-9

扩展知识

保存图形样式库能够对【图形样式】面板中的所有样式进行存储。打开【图形样式】面板菜单，选择【存储图形样式库】选项，在弹出的对话框中选择一个合适的存储位置并进行命名，单击【保存】按钮完成保存，如图A10-10所示。

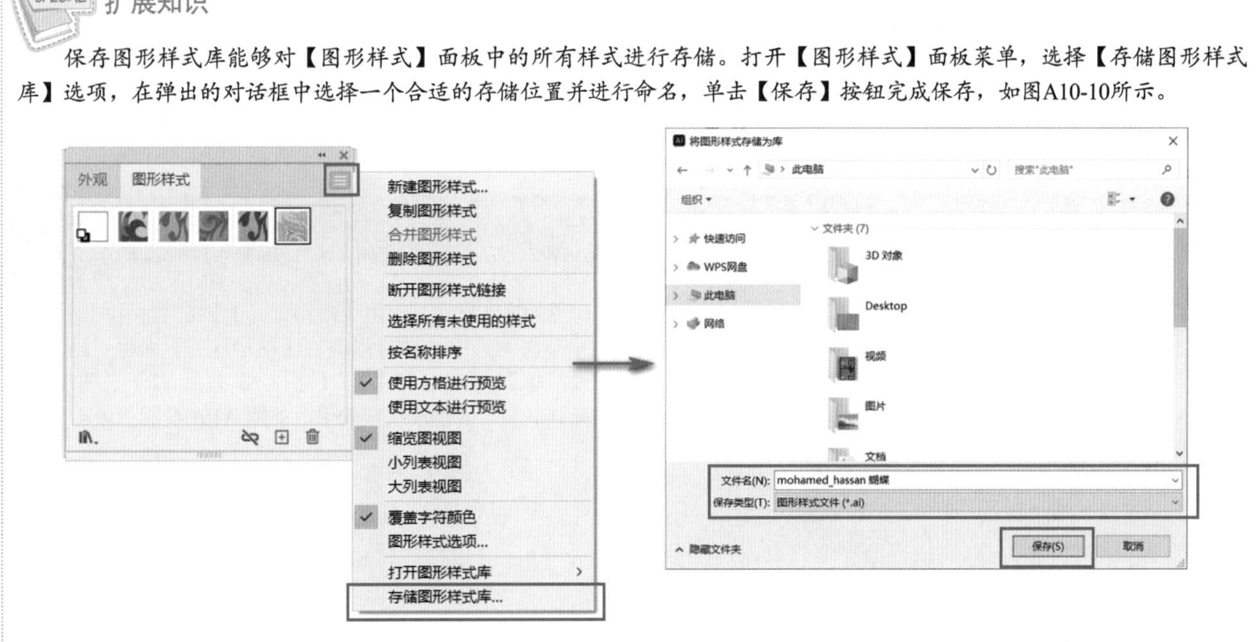

图 A10-10

A10.4 实例练习——制作水印效果

本实例练习最终完成的效果如图 A10-11 所示。

图 A10-11

制作步骤

01 新建文档，设置尺寸为A4，【颜色模式】为【RGB颜色】。

02 置入素材图片“猫头鹰”，使用【文字工具】T.创建文本“123 水印”，设置【字体大小】为45pt，【填色】为白色，在文本上右击，在弹出的菜单中选择【创建轮廓】选项，如图 A10-12 所示。

图 A10-12

03 按Shift+F5快捷键打开【图形样式】面板，选择“123 水印”，打开【图形样式库菜单】，选择【附属品】-【大型物体网格】选项，执行【对象】-【扩展外观】菜单命令，效果如图 A10-13 所示。

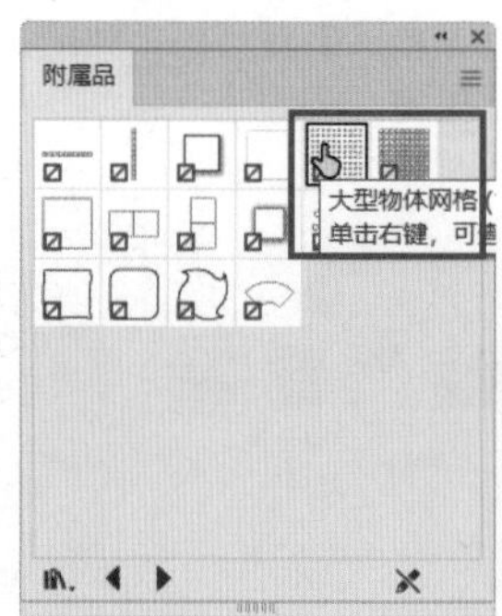

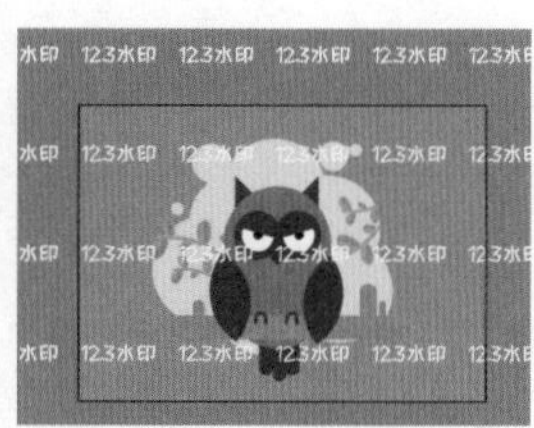

图 A10-13

04 选择扩展后的“123 水印”，打开【图形样式库菜单】，选择【图像效果】-【水印】选项，如图 A10-14 所示。

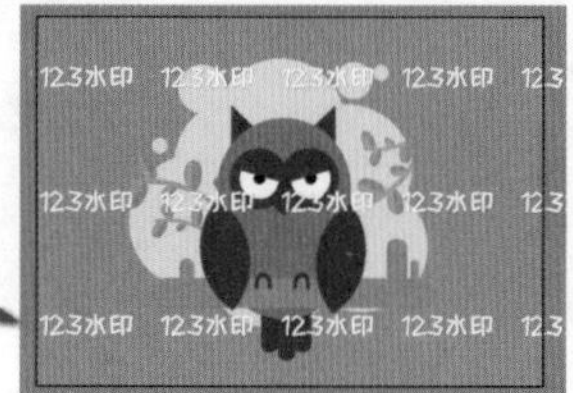

图 A10-14

05 选择“123 水印”，调整控制栏中的【不透明度】为30%，右击对象，选择【变换】-【旋转】选项，设置旋转角度为45°。使用【矩形工具】创建画板大小的矩形，设置【填色】为白色，选择“123 水印”并右击，选择【建立剪切蒙版】选项，最终完成的效果如图 A10-11 所示。

A10.5 综合案例——电商主图设计

本综合案例最终完成的效果如图 A10-15 所示。

图 A10-15

制作步骤

01 新建文档，设置宽和高均为800像素，【颜色模式】为【RGB颜色】。

02 创建背景。使用【矩形工具】创建两个画板大小的矩形，为其中一个矩形添加【图形样式】面板-【图形样式库菜单】-【涂抹效果】-【涂抹5】效果，【不透明度】为柔光、30%，创建浅纹理效果，如图 A10-16 所示。

图 A10-16

03 使用【矩形工具】创建矩形，设置【填色】为粉色，使用【图形样式】面板-【图形样式库菜单】-【3D效果】中的【3D效果21】创建出柱状展台。然后置入“耳机”素材，复制一个“耳机”素材，再使用【创建剪切蒙版】做出投影效果，摆放位置如图 A10-17 所示。

图 A10-17

04 使用【矩形工具】创建矩形边框，在【外观】面板中为矩形添加两层描边和投影等效果，参数如图 A10-18 所示。

图 A10-18

05 使用【矩形工具】创建一个长矩形和一个短矩形。再使用【直接选择工具】拖动短矩形的圆角控制点，制作价格标签条，并使用【图形样式】中的【投影】效果，为其添加投影，如图 A10-19 所示。

图 A10-19

06 使用【矩形工具】创建矩形，设置【填色】为粉色，【描边】为白色、1pt，再使用【自由变换工具】调整角度，将该图形放在“耳机”素材的后面，如图 A10-20 所示。

图 A10-20

07 使用【直线段工具】创建分隔线，使用【圆角矩形工具】创建文字边框，并设置【描边】为粉色渐变、1pt。然后使用【文字工具】添加标题、价格及产品卖点，最终效果如图 A10-15 所示。

A10.6 作业练习——流面板效果

本作业练习最终完成的效果如图 A10-21 所示。

图 A10-21

作业思路

本作业主要使用了基础的形状工具、【形状生成器工具】、【图形样式】、【文字工具】、【直线段工具】组合创建流面板效果。首先使用基础的形状工具绘制出面板的形状，然后打开【外观】面板设置样式，如外发光、颗粒、描边等效果，再把设置好的外观效果拖入到【图形样式】面板中，保存该样式，即可为其它的文字或图形应用该图形样式。

总结

本课讲解了图形样式的应用方法，使用该功能可以快速地为文档中的对象赋予某种特殊的效果。至此，我们已经学完了A入门篇的所有课程，已经基本掌握Illustrator的使用方法，能够应对大部分的绘制、设计工作，但学习还远远没有结束，接下来的B精通篇将讲解Illustrator的更多操作技巧和实用技能，请继续学习后面的精彩课程，实现从入门到精通。

读书笔记

B 精通篇

高级功能 进阶操作

本篇将讲解 Illustrator 的高级功能，带领读者学习并掌握其进阶操作，包括透明度、混合模式、混合对象、符号、图表工具、3D 对象、效果、动作和批处理等。

B01课

对象的进阶操作

对象尽在掌握

在 A 篇中我们学习了一些关于对象的基础操作，这些基础操作可以用来创建很多简单的图形对象。接下来我们学习进阶操作，从而设计一些较为复杂的图形对象和路径。

B01.1 对象的进阶变换

在 A07 课中我们学习了对象的基础变换，我们还可以通过特定工具对图形对象进行精准的变换。首先执行【对象】-【变换】菜单命令，如图 B01-1 所示。关于【移动】【旋转】【镜像】【缩放】【倾斜】的操作可参见 A07 课。本篇主要讲解【再次变换】和【变换】面板，以及【分别变换】等进阶变换操作。

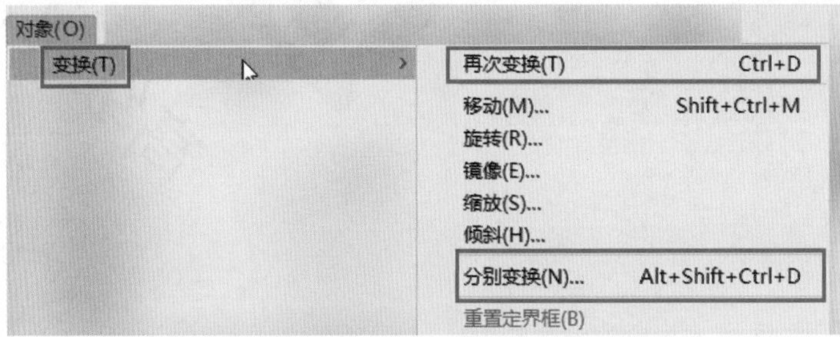

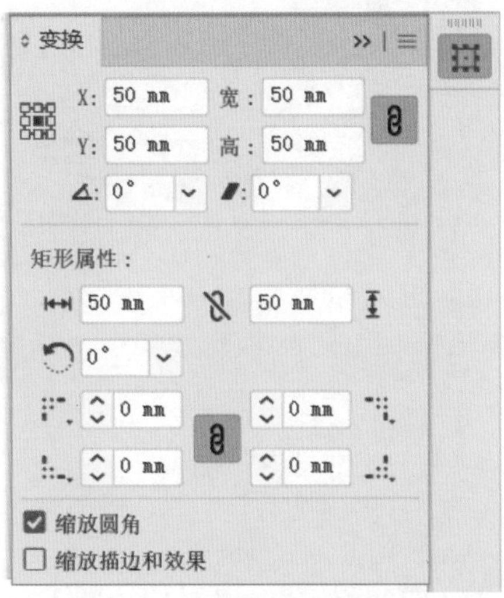

图 B01-1

1. 再次变换

每次执行移动、旋转、镜像或倾斜操作时，执行【再次变换】命令，可对对象重复执行上一次的操作。

执行移动、旋转、镜像或倾斜操作后，执行【对象】-【变换】-【再次变换】菜单命令（Ctrl+D），或在对象上右击，选择【变换】-【再次变换】选项即可重复上次操作。

例如，创建一条直线，执行【对象】-【变换】-【旋转】菜单命令，在弹出的【旋转】对话框中设置旋转角度，如图 B01-2 所示。

单击【复制】按钮，再按 Ctrl+D 快捷键，使之重复上次操作，可以连续按，如图 B01-3 所示。

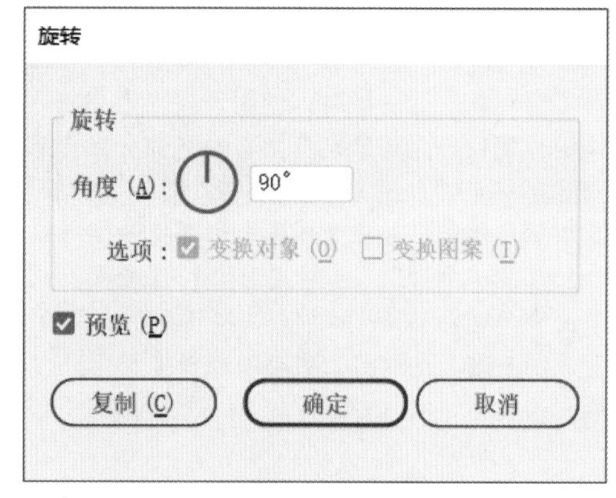

图 B01-2

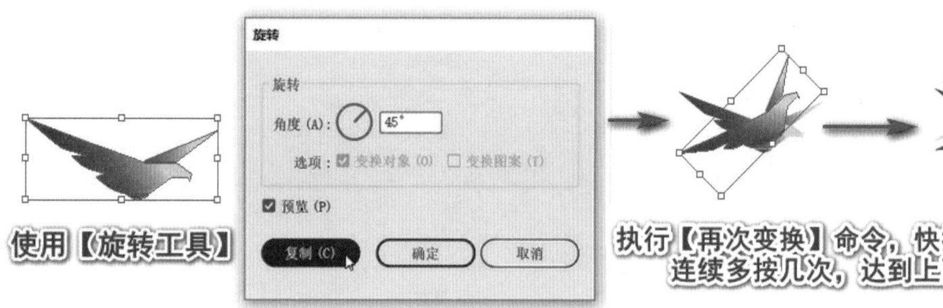

图 B01-3

2. 变换对象

在 Illustrator 中，还可以通过【变换】面板对图形进行精准的移动、缩放、镜像、旋转和倾斜等操作。

执行【窗口】-【变换】菜单命令（Shift+F8），弹出【变换】面板，输入数值即可改变图形的位置、旋转及倾斜角度，打开面板菜单，即可进行翻转等相应操作，如图 B01-4 所示。

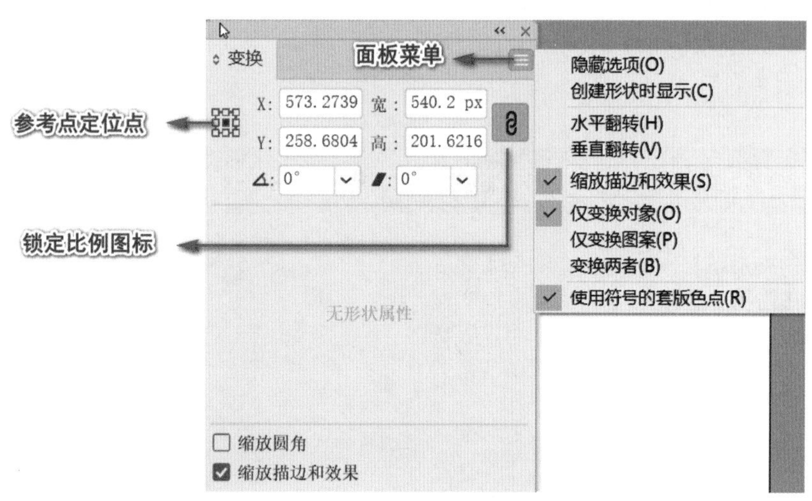

图 B01-4

- 仅变换对象：选中该选项，即对图形进行变换处理，不对效果及其他属性进行变换。
- 仅变换图案：选中该选项，即对图形中的填充图案进行变换，图形保持原有形状不进行变换。
- 变换两者：选中该选项，即对图形和图案填充一起变换。

针对不同的形状图形，【变换】面板会显示不同的属性选项，可以根据相应的属性来设置。

3. 分别变换

当对多个对象进行变换时，使用直接变换会将对象当作一个整体进行变换，而【分别变换】命令则会针对各个对象按单独对象的中心点进行变换（移动、旋转、缩放等），如图 B01-5 所示，还可以对各个图形进行随机变换。

选择一个或多个对象，执行【对象】-【变换】-【分别变换】菜单命令，如图 B01-6 所示，快捷键为 Alt+Shift+Ctrl+D，或选择对象，右击，在弹出的菜单中选择【变换】-【分别变换】选项。

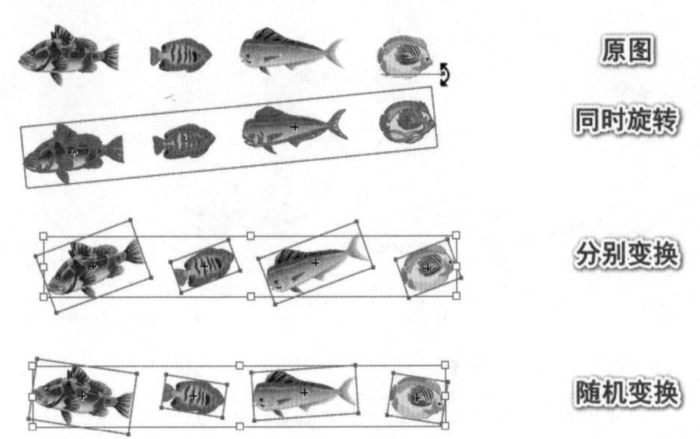

图 B01-5

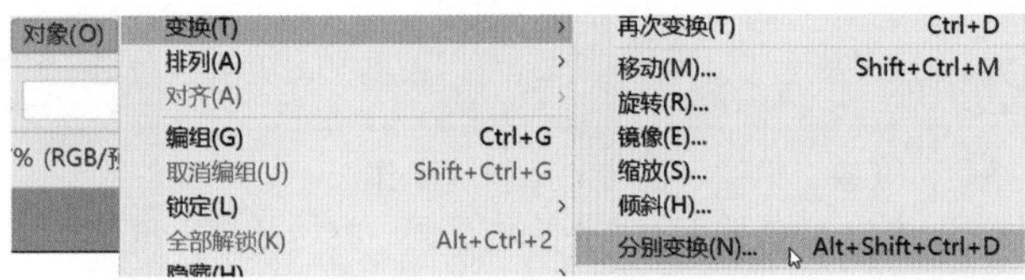

图 B01-6

弹出【分别变换】对话框，如图 B01-7 所示，可以设置【缩放】【移动】【旋转】等参数。

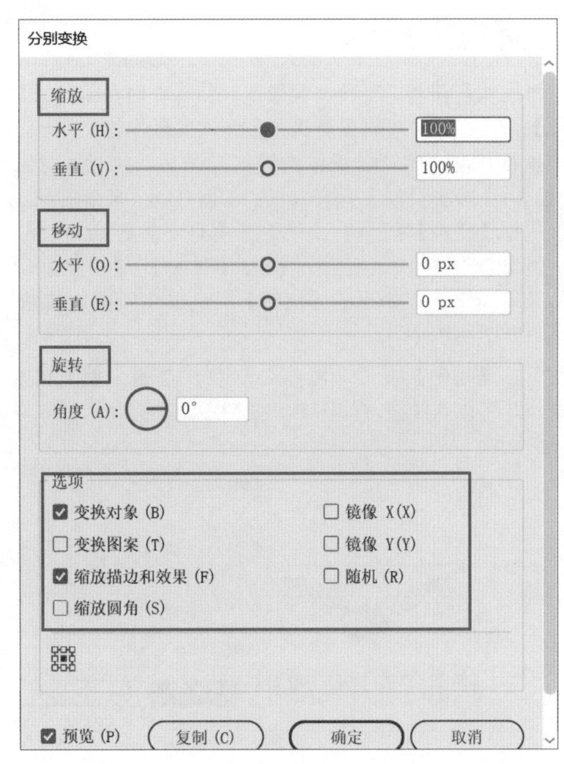

图 B01-7

- 缩放：调整图形大小，100% 为正常大小，向左调为缩小，向右调为放大，一般会将【水平】和【垂直】设置为相同的参数，这样不会改变图形的宽、高比例。
- 移动：调整图形移动距离。
- 旋转：在【角度】中输入想要的数值即可旋转图形。
- 镜像：【镜像 X】代表水平镜像，【镜像 Y】代表垂直镜像，可以同时选中。
- 随机：选中该复选框，即可进行随机变换。

B01.2 对象的进阶变形

A07 课讲解了基础的变形工具，如【宽度工具】【变形工具】【旋转扭曲工具】【缩拢工具】。本课将对更多的变形工具进行讲解。右击工具栏中的【宽度工具】，可以看到子菜单选项，其中包括【膨胀工具】【扇贝工具】【晶格化工具】【褶皱工具】等，如图 B01-8 所示。

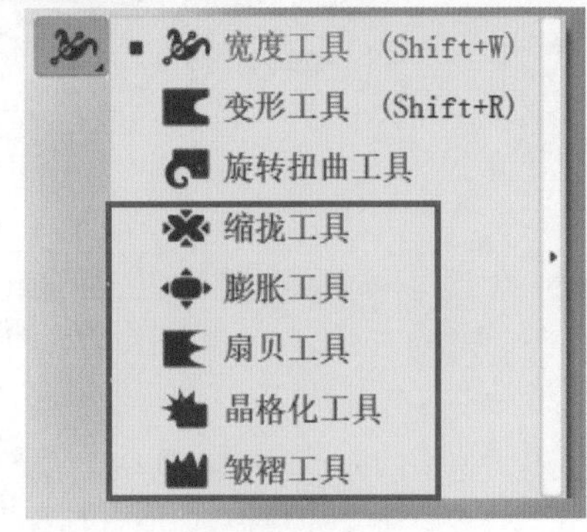

图 B01-8

1. 膨胀工具

可以使图形产生膨胀效果，选择【膨胀工具】，将光标移动到图形上，单击即可使对象膨胀，按住的时间越长，膨胀程度就越高，如图 B01-9 所示，同样也可以通过【膨胀工具选项】调整画笔尺寸及收缩参数等。

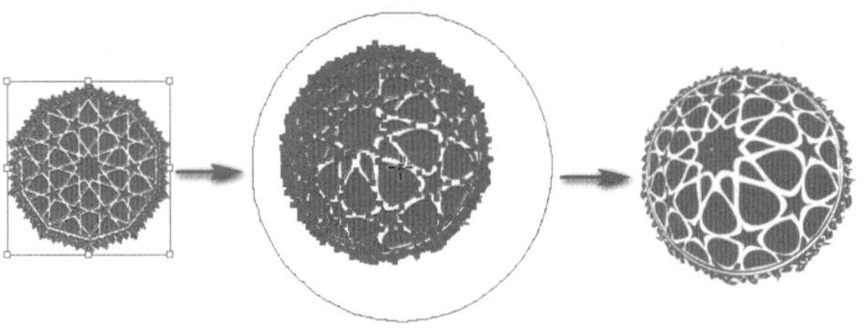

图 B01-9

2. 扇贝工具

可以使图形产生向内的锯齿尖刺的变形效果，选择【扇贝工具】，将光标移动到图形上，单击即可使对象变形，按住的时间越长，变形程度越高，如图 B01-10 所示；同样也可以通过【扇贝工具选项】调整画笔尺寸、强度及复杂性等，如图 B01-11 所示。

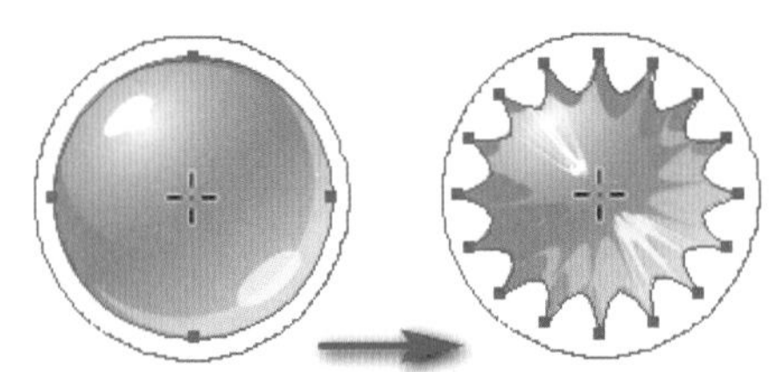

边缘处向中心点内收缩
边缘发生尖刺变形

图 B01-10

扇贝工具选项

全局画笔尺寸

宽度 (W): 100 px

高度 (H): 100 px

角度 (A): 0°

强度 (I): 50%

使用压感笔 (U)

扇贝选项

复杂性 (X): 1

细节 (D): 2

画笔影响锚点 (P)

画笔影响内切线手柄 (N)

画笔影响外切线手柄 (O)

显示画笔大小 (B)

按住 Alt 键，然后使用该工具单击，即可相应地更改画笔大小。

重置　确定　取消

图 B01-11

- 复杂性：该值越大，所添加的锚点数就越多，如图 B01-12 所示。

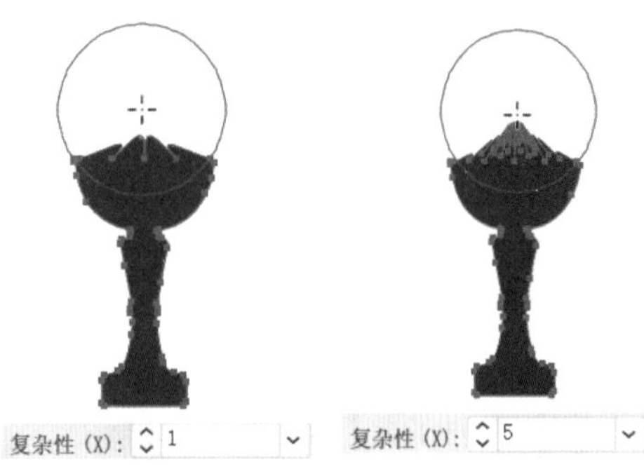

图 B01-12

- 细节：数值越小，显示出来的波浪越少；数值越大，波浪或尖点突出越多。
- 画笔影响内切线手柄：选中该复选框，画笔将影响对象的内切线手柄。
- 画笔影响外切线手柄：选中该复选框，画笔将影响对象的外切线手柄。

3. 晶格化工具

可以将图形变为由内向外的锯齿的变形效果，选择【晶格化工具】，将光标移动到图形上，单击即可使对象变形，按的时间越长，变形程度越高，如图 B01-13 所示；同样也可以通过【晶格化工具选项】调整画笔尺寸、强度及复杂性等。

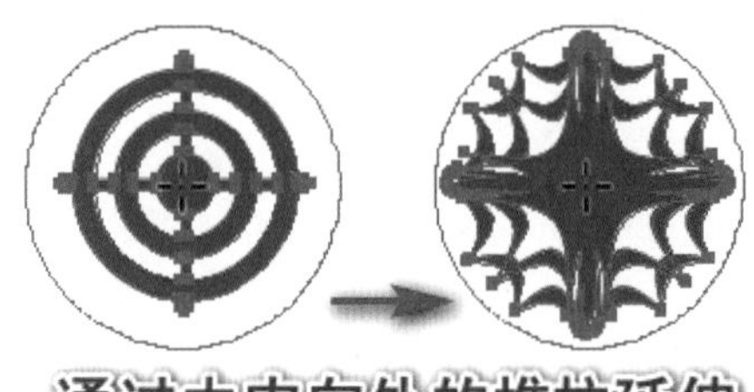

图 B01-13

豆包：老师，【扇贝工具】与【晶格化工具】的区别是什么呢？

【扇贝工具】用于制作不规则的棘突形状，它是由中心点向内收缩，图形的边缘会发生尖刺的变形，按住鼠标不放则会加强这种效果。

而使用【晶格化工具】则产生由里向外的推拉延伸的变形效果。

4. 褶皱工具

使用【褶皱工具】可以使图形产生褶皱的变形效果，选择【褶皱工具】，将光标移动到图形上，单击即可变形，按住鼠标左键并拖动，褶皱效果会变得越来越尖锐，如图 B01-14 所示。同样也可以通过【褶皱工具选项】调整画笔尺寸、褶皱选项及复杂性等，如图 B01-15 所示。通过【褶皱工具】制作的随机褶皱可以用于绘制水波、绸缎等不规则的图形。

素材作者：pinwhalestock

图 B01-14

皱褶工具选项
全局画笔尺寸
宽度 (W)：200 px
高度 (H)：200 px
角度 (A)：0°
强度 (I)：50%
使用压感笔 (U)
皱褶选项
水平 (Z)：0%
垂直 (V)：100%
复杂性 (X)：1
细节 (D)：2
画笔影响锚点 (P)
画笔影响内切线手柄 (N)
画笔影响外切线手柄 (O)
显示画笔大小 (B)
按住 Alt 键，然后使用该工具单击，即可相应地更改画笔大小。

图 B01-15

5. 封套扭曲工具

除了使用变形工具进行变形之外，还可以使用【封套扭曲】对图形进行扭曲和变形，【封套扭曲】就是将图形放在特定的封套里进行变形。执行【对象】-【封套扭曲】菜单命令，弹出子菜单，可以看到【用变形建立】【用网格建立】【用顶层对象建立】等封套扭曲命令，如图 B01-16 所示。

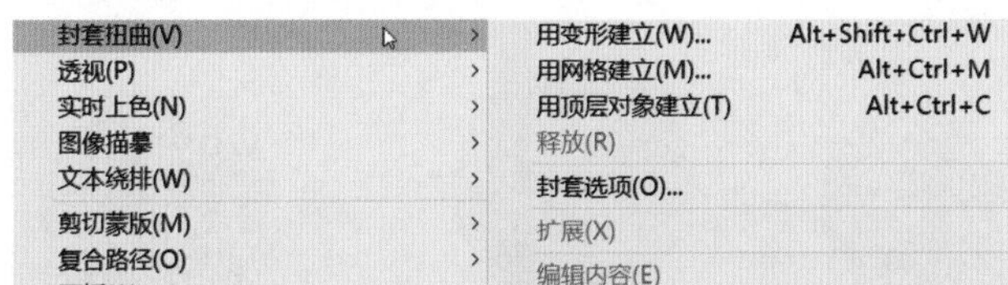

图 B01-16

◆ 【用变形建立】封套扭曲

选择一个对象，执行【用变形建立】菜单命令，快捷键为 Alt+Shift+Ctrl+W，弹出【变形选项】对话框，选择变形样式，并对选择的样式进行弯曲、扭曲等操作，如图 B01-17 所示。

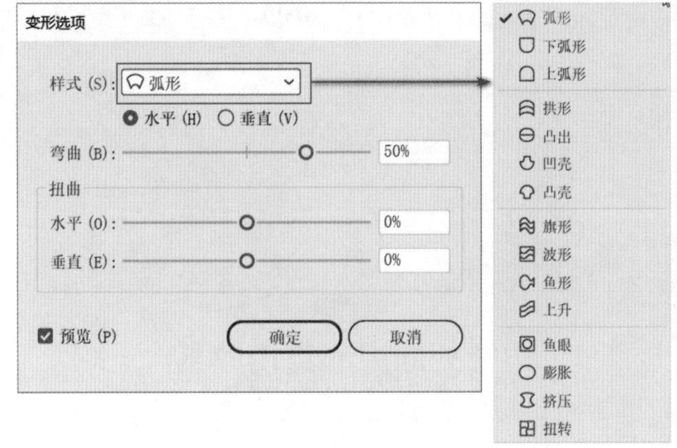

图 B01-17

- 样式：包含弧形、下弧形、上弧形、拱形、凸出、凹壳、凸壳、旗形、波形、鱼形、上升、鱼眼、膨胀、挤压、扭转共 15 个样式，其效果如图 B01-18 所示。

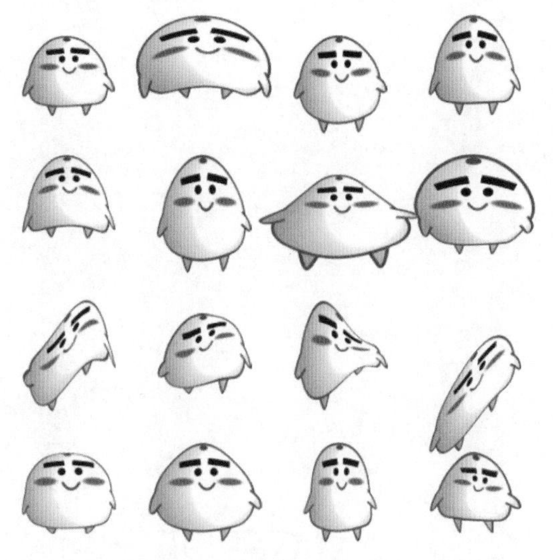

图 B01-18

- 水平 / 垂直：设置图形扭曲方向，如图 B01-19 所示。

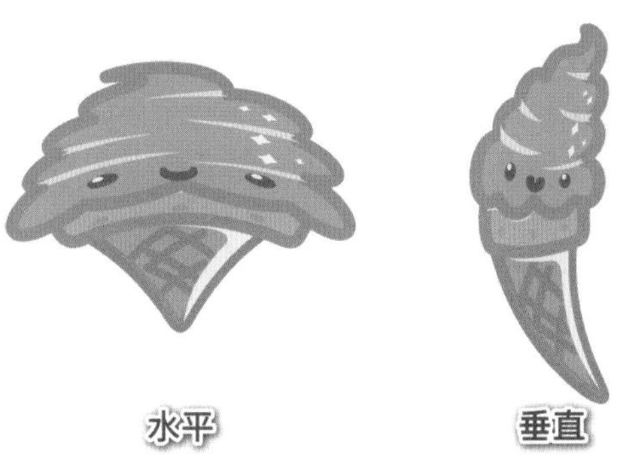

图 B01-19

◆ 弯曲：设置图形的弯曲程度，如图 B01-20 所示。

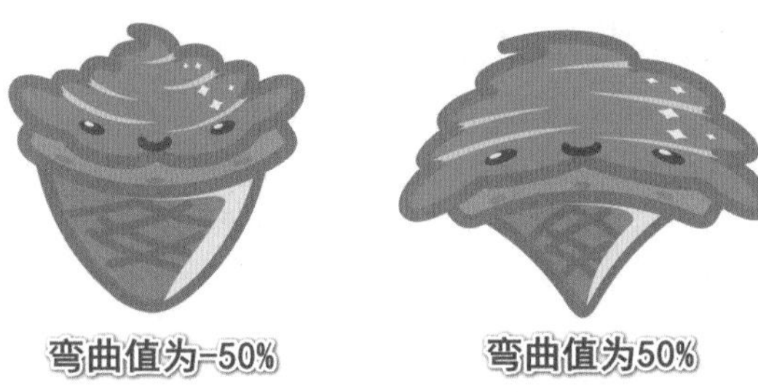

图 B01-20

◆ 扭曲：设置图形水平 / 垂直扭曲程度，如图 B01-21 所示。

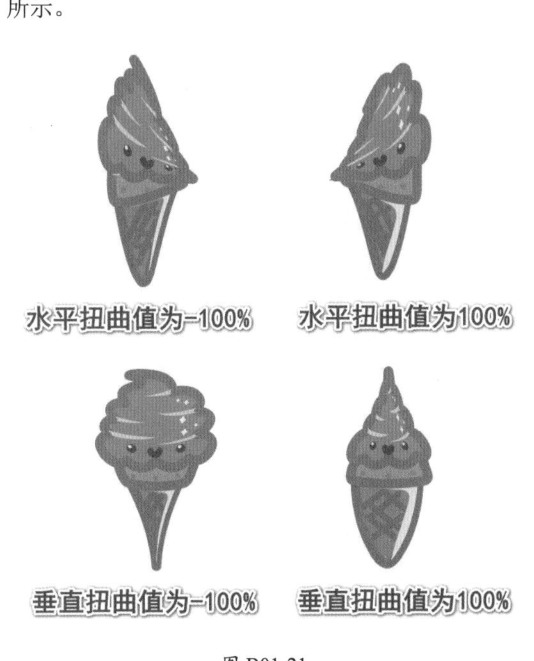

图 B01-21

◆ 【用网格建立】封套扭曲

选择一个对象，执行【用网格建立】菜单命令（Alt+Ctrl+M），弹出【封套网格】对话框，设置网格行数及列数，如图 B01-22 所示。

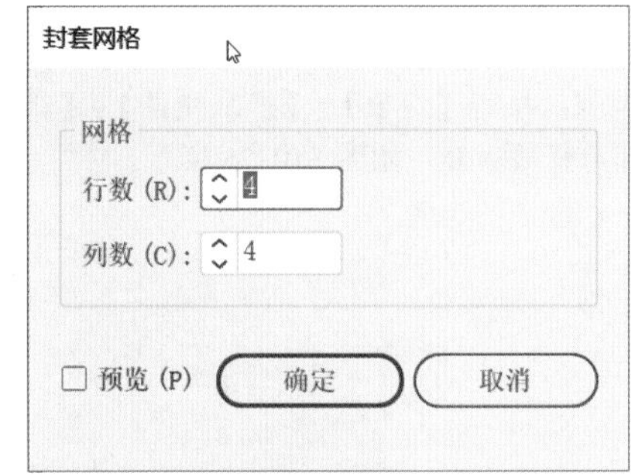

图 B01-22

设置完成后，图形上会出现封套网格，横向与纵向的交叉点为网格点，使用【直接选择工具】拖动网格点即可使网格变形，如图 B01-23 所示。

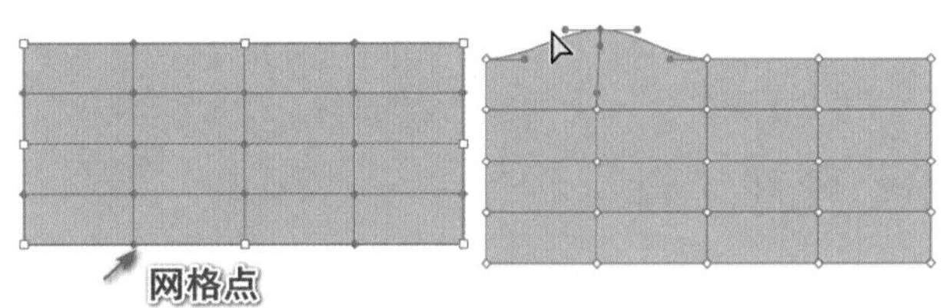

图 B01-23

◆ 【用顶层对象建立】封套扭曲

它是利用顶层的图形外形调整底层对象扭曲的变换方式。例如，先确定要变形的对象，然后创建一个作为顶层对象的矢量图，调整位置，同时选择这两个对象，执行【对象】-【封套扭曲】-【用顶层对象建立】菜单命令，快捷键为 Alt+Ctrl+C，即可完成用顶层对象建立的封套扭曲，如图 B01-24 所示。

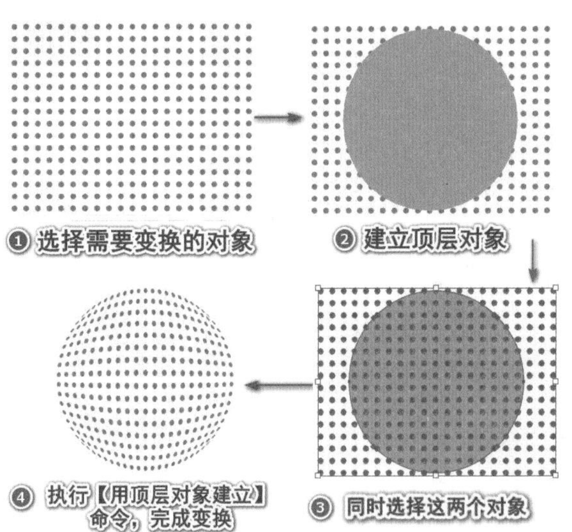

图 B01-24

- 编辑封套：选择被封套变换过的对象，单击控制栏中的【编辑封套】按钮，即可对顶层的封套进行编辑，单击【编辑内容】按钮，即可对图形进行编辑。
- 释放封套：执行【对象】-【封套扭曲】-【释放】菜单命令即可释放封套，如图 B01-25 所示。

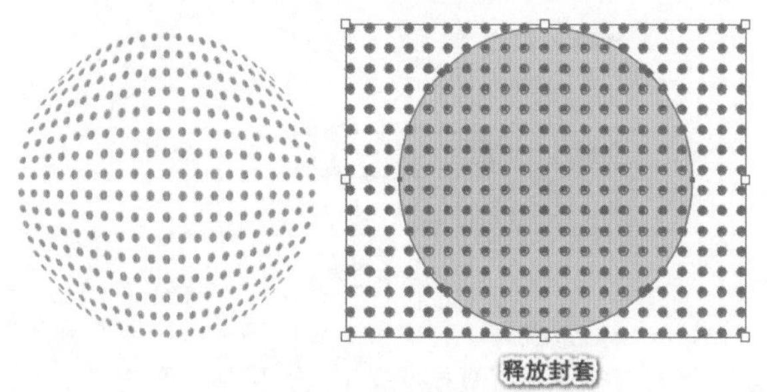

图 B01-25

- 扩展封套：选择封套，然后执行【对象】-【封套扭曲】-【扩展】菜单命令，即可将封套扩展为一般图形对象。

6. 整形工具

在工具栏中右击【比例缩放工具】，可看到工具组中的【整形工具】，如图 B01-26 所示。

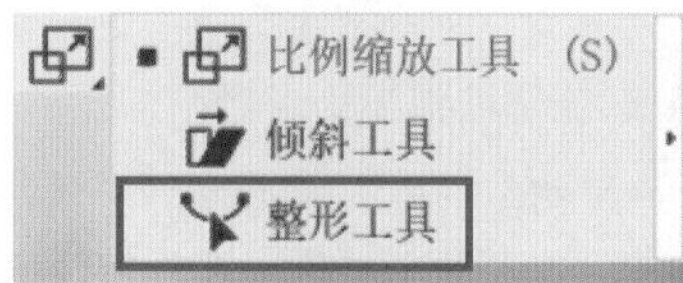

图 B01-26

使用【整型工具】可以在路径上添加及拖动锚点，以对图形进行调整，而拖动其中一个锚点时，不只是影响选择的锚点，其周围的区域也会有相应的趋势变化，使之更加自然。打开“图标”素材，使用【直接选择工具】选中对象锚点，使用【整型工具】，按住鼠标左键并拖动锚点，效果如图 B01-27 所示。

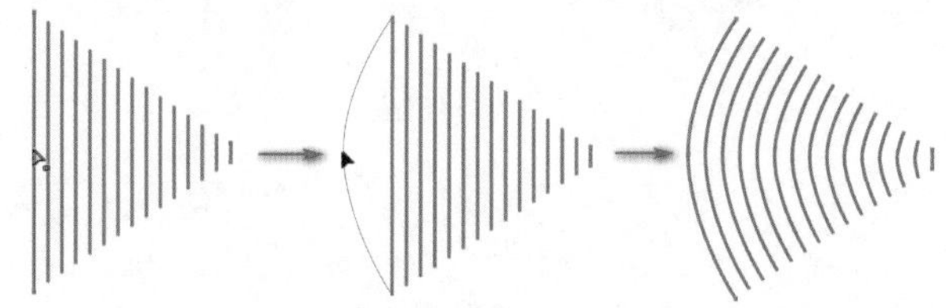

图 B01-27

7. 操控变形工具

在工具栏中右击【自由变换工具】，可以看到工具组中的【操控变形工具】，如图 B01-28 所示。利用操控变形功能，可以对图形进行高度自由化的扭转和扭曲，在操作过程中可以添加、移动和旋转点，使变形更加灵活。

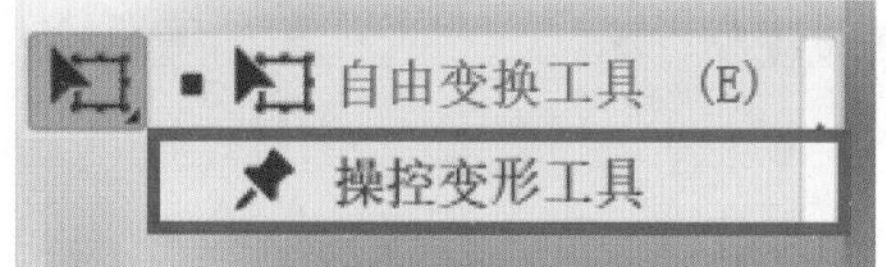

图 B01-28

选择一个对象，使用【操控变形工具】选择要变换的区域以添加更多的点，选择操控点，此时选择的点会出现虚线圆圈，拖动即可移动调整，如图 B01-29 所示。

图 B01-29

8. 图案建立

虽然 Illustrator 提供了多种预设图案，但在某些情况下，这些图案不能完全满足我们的设计需要。这时可在图稿中选中一个对象，执行【对象】-【图案】-【建立】菜单命令，会弹出【新图案已添加到“色板”面板中】对话框，单击【确定】按钮后打开【图案选项】面板，如图 B01-30 所示。

图 B01-30

- 名称：为图案命名。
- 拼贴类型：包含网格、砖形（按行）、砖形（按列）、十六进制（按列）、十六进制（按行）共 5 种类型，如图 B01-31 所示。

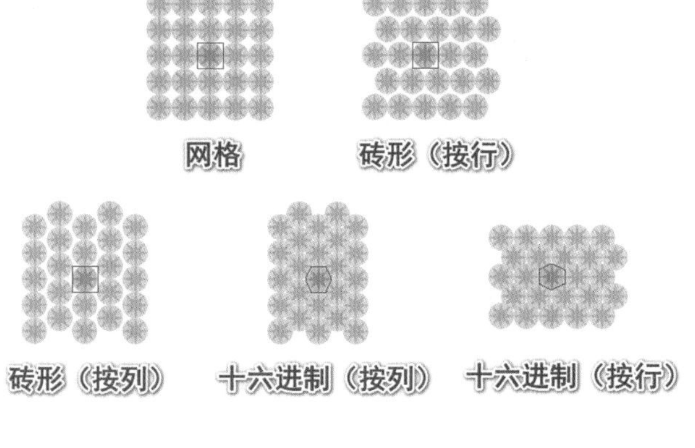

图 B01-31

- 砖形位移：仅应用于【砖形】，共有 9 种效果，如图 B01-32 所示。

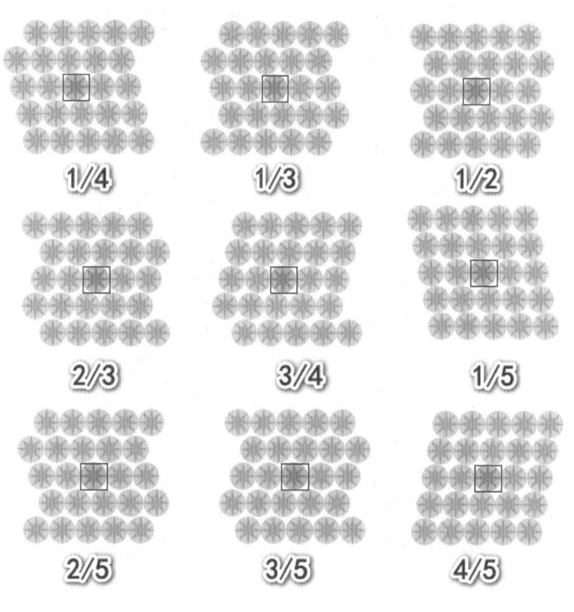

图 B01-32

- 宽度 / 高度：指拼贴对象的整体宽和高。大于图稿对象的尺寸，会使拼贴变得比图稿更大，并在拼贴各处插入空白；小于图稿对象的尺寸，会使相邻的拼贴对象进行重叠。
- 将拼贴调整为图稿大小：选中该复选框，可将拼贴对象的尺寸大小进行等比缩放到创建图案所用的图稿大小。
- 将拼贴与图稿一起移动：选中该复选框，在移动图稿时，拼贴对象也会一并移动。
- 水平间距 / 垂直间距：用于设置相邻拼贴对象之间的空间。
- 重叠：在拼贴重叠时，用来确定哪些拼贴对象在前。◆为左侧在前，◆为右侧在前，◆为顶部在前，◆为底部在前。
- 份数：在修改图案时，用来确定有多少行和列的拼贴对象可见。
- 副本变暗至：用来设置预览中的图稿拼贴副本的不透明度。
- 显示拼贴边缘：选中该复选框，会在拼贴周围出现一个蓝色区域框。
- 显示色板边界：选中该复选框，会显示一个带有虚线形状的区域框，未包含在区域框范围之内的对象不会重复。

B01.3 实例练习——禁止酒驾海报

本实例练习最终完成的效果如图 B01-33 所示。

图 B01-33

制作步骤

01 新建文档，设置尺寸为 A4，【颜色模式】为【RGB 颜色】。

02 制作海报的背景。使用【矩形工具】创建画板大小的矩形，设置【填色】为黑色。

03 绘制“酒瓶”形状。使用【圆角矩形工具】创建一个小“圆角矩形 1”和一个大“圆角矩形 2”，设置【填色】为灰色，将“圆角矩形 1”和“圆角矩形 2”编组，生成一个酒瓶形状，如图 B01-34 所示。

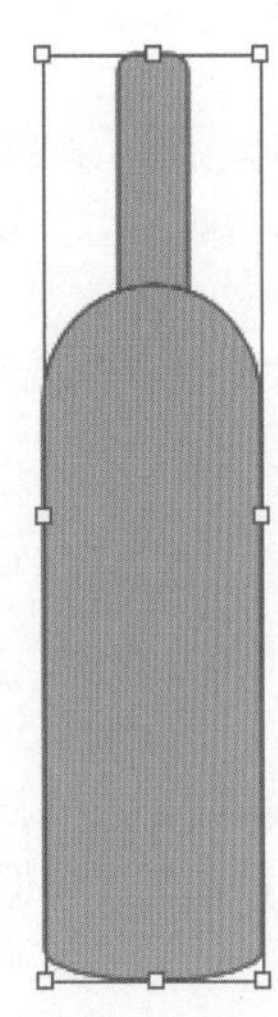

图 B01-34

04 使用【美工刀工具】将“酒瓶”从瓶身中间进行上下分割，再按照瓶身的结构走向依次将其分割成若干份，然后右击，在弹出的菜单中选择【取消编组】选项，如图 B01-35 所示。

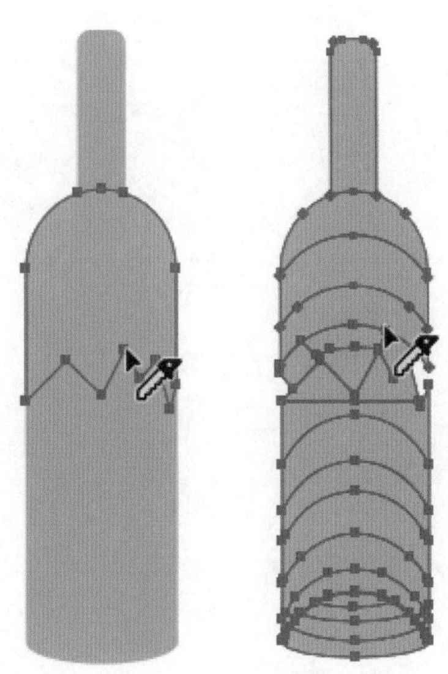

图 B01-35

05 使用【文字工具】在被分割的部分创建一句关于禁止酒驾的宣传标语，并在【字符】面板上调整字体的参数，设置字体颜色为红色，如图 B01-36 所示。

06 将文案置于底层并选中分割部分，按 Alt+Ctrl+C 快捷键，执行【用顶层对象建立】（即封套扭曲）命令，如图 B01-37 所示。

图 B01-36　　图 B01-37

07 使用与步骤 5、6 同样的方法完成剩下分割的部分，文字部分制作完成，摆放位置如图 B01-38 所示。

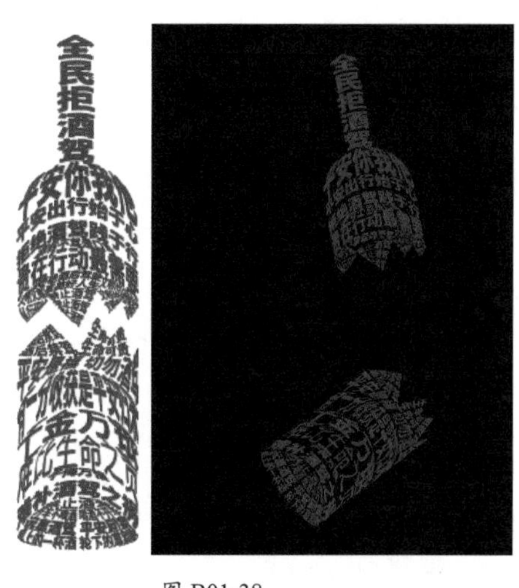

图 B01-38

08 置入汽车素材，在【外观】面板中设置参数。再复制两份汽车素材，调整其不透明度和摆放位置，如图 B01-39 所示。

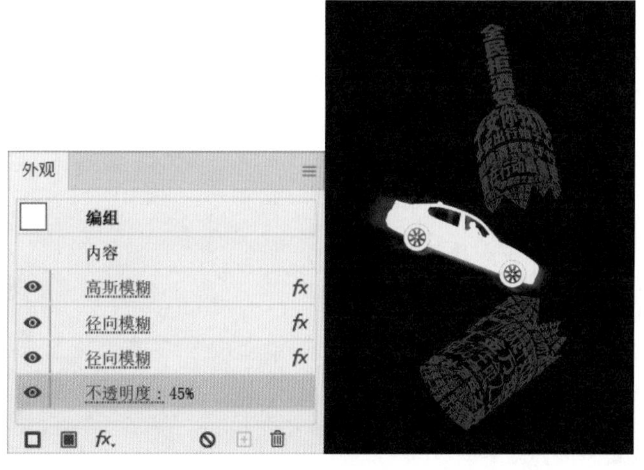

图 B01-39

09 使用【文字工具】【修饰文字工具】组合创建酒瓶撞碎的效果文字，最终完成的效果如图 B01-33 所示。

B01.4 路径的进阶操作

打开菜单【对象】-【路径】，可看到各种编辑路径的命令，如图 B01-40 所示。关于【连接】【轮廓化描边】【偏移路径】【反转路径方向】【简化】的内容请参见 A06 课，本课将对路径的进阶操作进行讲解，如【平均】【分割为网格】【清理】。

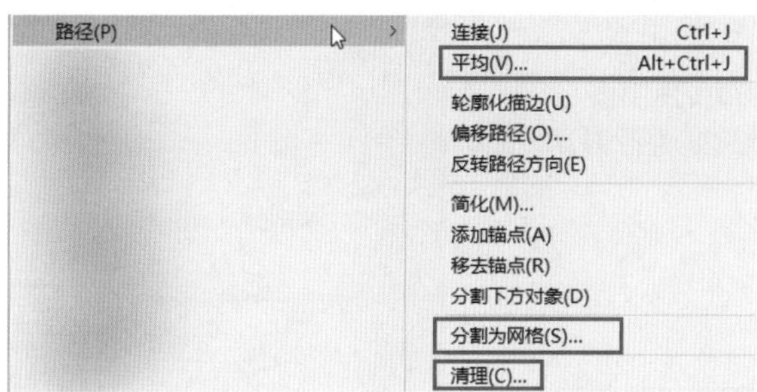

图 B01-40

1. 平均

执行【平均】菜单命令，选择【水平】【垂直】及【两者兼有】都可以将同一路径或不同路径的锚点排列在同一水平或垂直线上，如图 B01-41 所示。

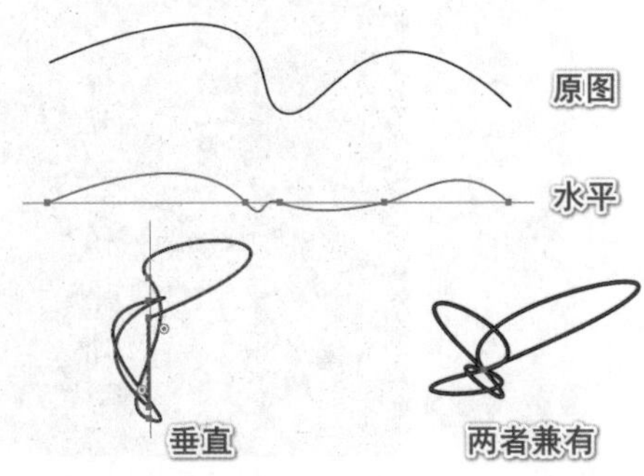

图 B01-41

2. 分割为网格

将一个或多个对象分割成按行、列排列的矩形。选择一个对象或多个对象（如果选择多个对象，分割出来的属性按照上面一层的外观属性分割），执行【对象】-【路径】-【分割为网格】菜单命令，弹出【分割为网格】对话框，可以设置行数、列数及间距，如图 B01-42 所示。

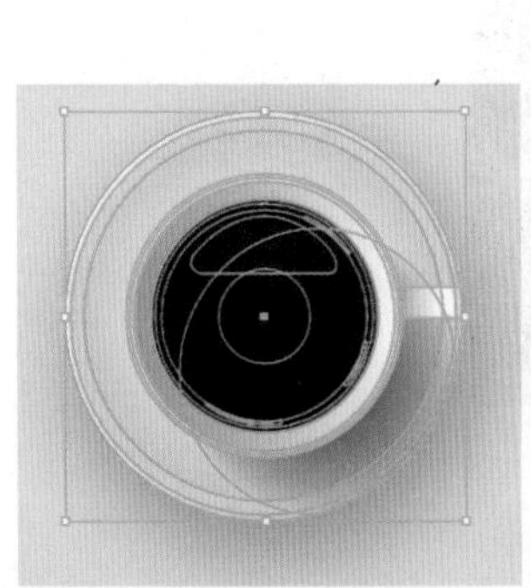

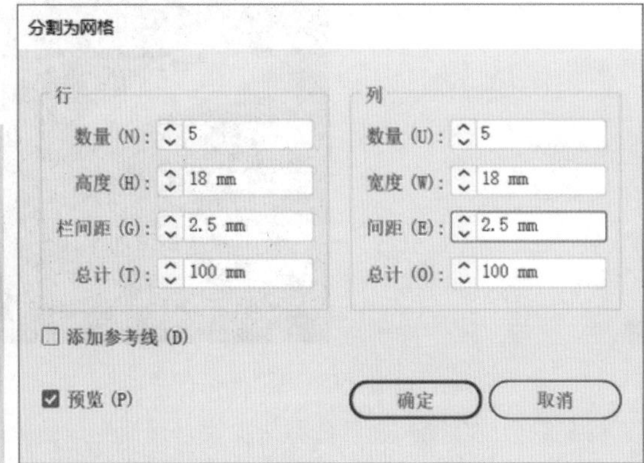

图 B01-42

3. 清理

执行【对象】-【路径】-【清理】菜单命令，弹出【清理】对话框，选择想要清理的路径点，如图 B01-43 所示。

- 游离点：清理没有用到的多余的单独锚点。
- 未上色对象：清除没有填色及描边的路径。
- 空文本路径：清除无附有任何文字的路径对象。

图 B01-43

B01.5 综合案例——中国风邀请函

本综合案例最终完成的效果如图 B01-44 所示。

图 B01-44

制作步骤

01 新建文档，设置尺寸为 A4，【颜色模式】为【RGB 颜色】。

02 置入背景素材和邀请函纸张素材，如图 B01-45 所示。

图 B01-45

03 制作腰封。使用【矩形工具】创建矩形，设置【填色】为金色渐变，位置如图 B01-46 所示。

图 B01-46

04 制作腰封上的“回纹”样式。使用【矩形工具】创建宽、高均为 90 毫米的矩形，设置【填色】为白色，【描边】为 1pt，执行【对象】-【路径】-【分割为网格】菜单命令，参数如图 B01-47（a）所示，单击【确定】完成网格分割，如图 B01-47（b）所示。然后选择所有网格，按 Ctrl+G 快捷键进行编组。

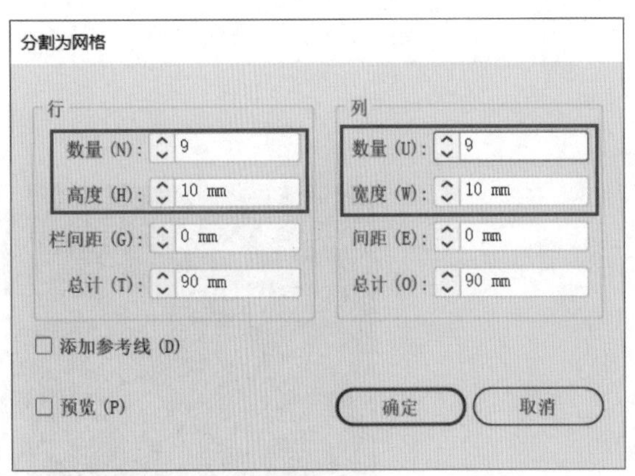

（a）

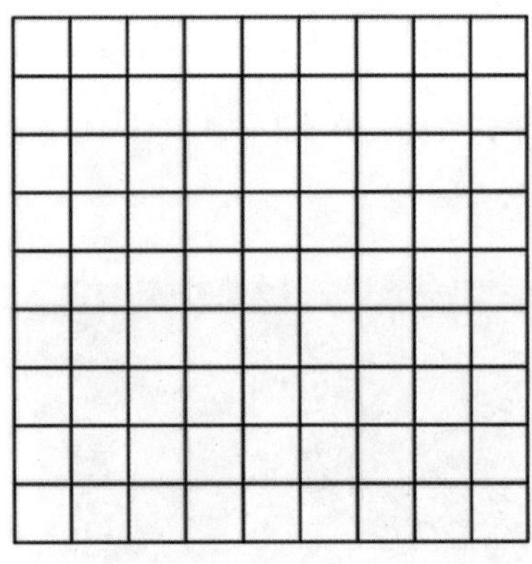

（b）

图 B01-47

05 使用【形状生成器】，并按住鼠标右键绘制“回纹”样式，再按住 Alt 键减选多余的正方形，设置【填色】为黑色，如图 B01-48 所示。

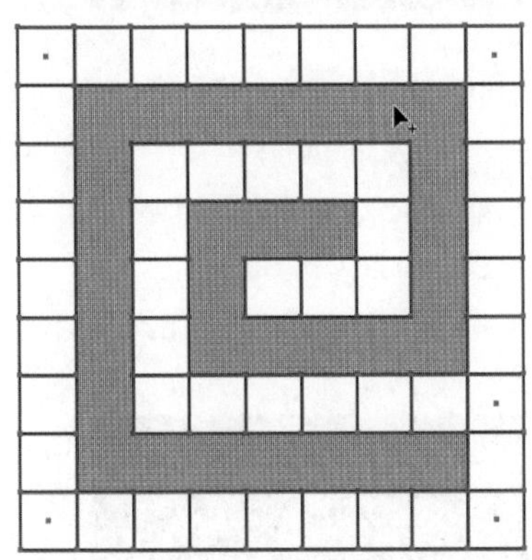

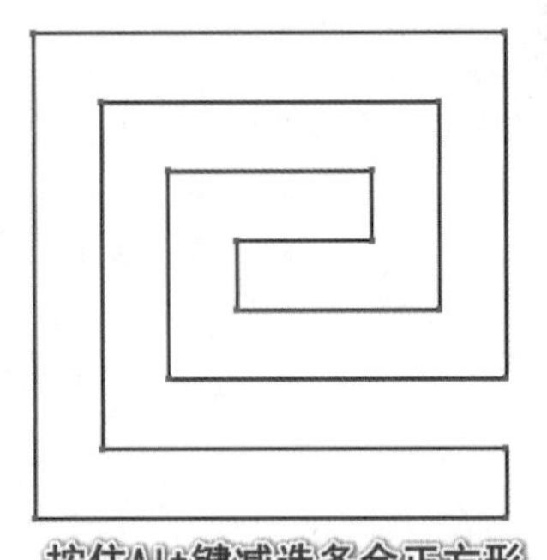

按住Alt键减选多余正方形

设置【填色】为黑色，无描边

图 B01-48

06 打开【变换】面板，设置“回纹”的宽、高均为 25 毫米。在“回纹”形状上右击，在弹出的菜单中选择【变换】-【对象】-【垂直】-【复制】选项，将复制出来的回纹移动到合适位置并留出边距，将这两个回形纹样编组。然后再复制出一组新“回纹”，右击，设置【旋转】为 180 度，将这些纹样组合，如图 B01-49 所示。

07 将“回纹”填充为黄色，并复制出一个新“回纹”，按 Ctrl+D 快捷键重复上一操作，得到 12 个“回纹”对象，编组所有“回纹”，再次复制出一组“回纹”，如图 B01-50 所示。

图B01-49

按Ctrl+D键
重复上一操作

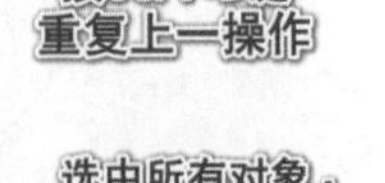

图B01-50

08 在【外观】面板中设置“回纹”的【不透明度】为 80%，将“回纹”移动到腰封位置，设置为居中对齐，如图 B01-51 所示。

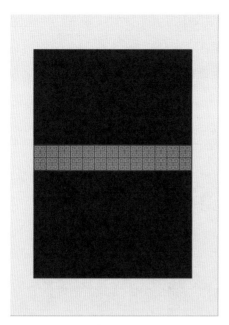

图 B01-51

09 置入素材“腰封卡扣”，调整宽、高均为 54 毫米，放在邀请函的腰封正中心位置，如图 B01-52 所示。

图 B01-52

10 制作装饰树枝。首先使用【弧形工具】绘制一条弧线，在控制栏中设置【变量宽度配置文件】为【宽度配置文件 5】,【描边】为 1pt，完成树枝的绘制，如图 B01-53 所示。

11 使用【椭圆工具】创建椭圆，将红色框选区域的锚点选中，在控制栏中单击【将所选锚点转换为尖角】按钮，完成叶子的绘制。然后复制多个叶子，并将树枝与叶子编组，如图 B01-54 所示。

图 B01-53

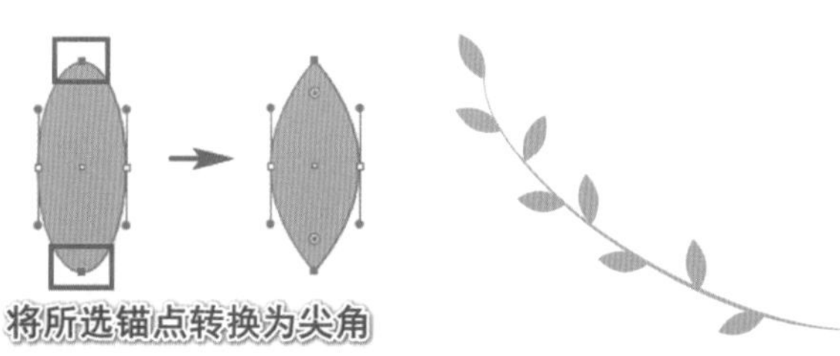

图 B01-54

12 在图形上右击，执行【变换】-【镜像】(垂直)-【复制】菜单命令，将两个树枝装饰编组，摆放位置如图 B01-55 所示。

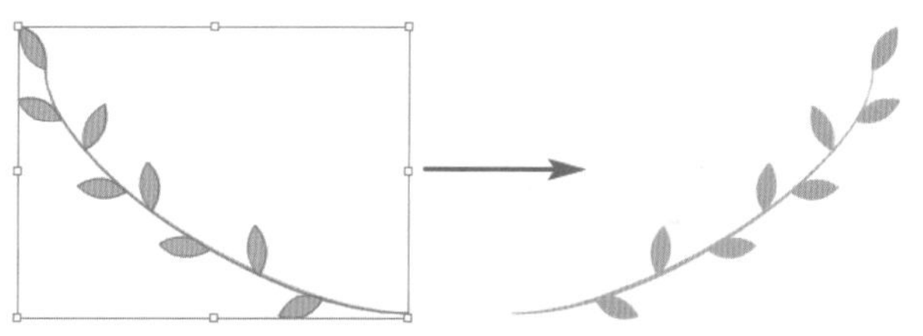

图 B01-55

13 添加背景装饰纹样素材，使用【文字工具】T.创建标题文本“诚邀”以及日期、地址等内容，最终效果如图B01-44所示。

B01.6 作业练习——儿童书籍封面

本作业练习最终完成的效果如图 B01-56 所示。

图 B01-56

作业思路

本实例使用了基础的形状工具、【褶皱工具】【变形工具】【扇贝工具】【晶格化工具】【钢笔工具】组合完成书籍封面设计，首先使用【褶皱工具】制作积雪效果，然后使用【扇贝工具】做出雪花和树的效果并填色，再使用【变形工具】创建地面效果，最后使用【钢笔工具】和【文字工具】创建房子和封面主题。

总结

本课介绍了关于对象的进阶操作工具，每个工具都各有特色，各有用途，某些工具也具有相似的性质，可以结合使用。只要是创建矢量图形，都离不开对象变形的这些工具，当然也离不开操作者的想象力和创造力。

读书笔记

透明度属性被广泛应用于 Illustrator 设计中，可以通过降低对象的不透明度使下方图稿可见，还可以使用不透明蒙版进行区域设计，使用混合模式来融合对象。

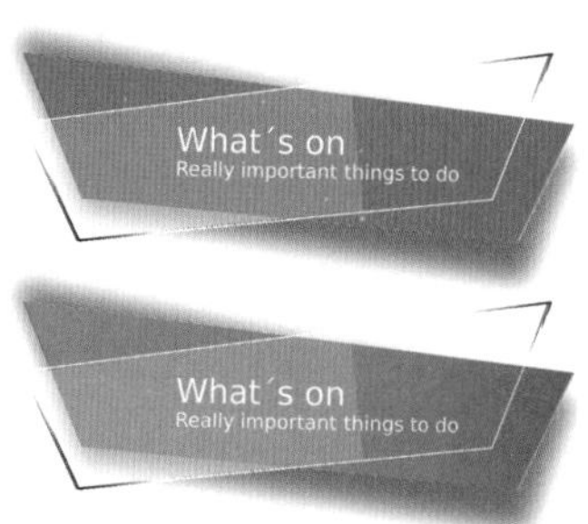

B02.1 透明度面板

1.【透明度】面板

执行【窗口】-【透明度】菜单命令即可打开【透明度】面板，打开面板菜单，选择【显示选项】选项，下方即可显示更多选项，如图 B02-1 所示。也可以在控制栏中单击【不透明度】按钮进行调整，如图 B02-2 所示。

图 B02-1

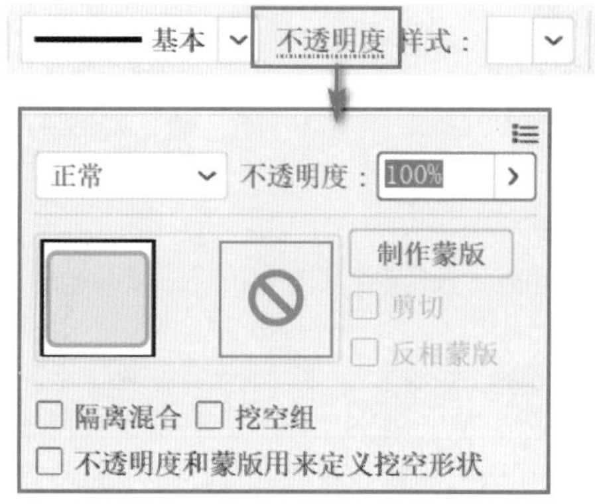

图 B02-2

透明度和混合模式

就是那么通透！

- 混合模式：设置所选对象与下方对象的各种混合效果。
- 缩览图：所选对象的缩览图。
- 不透明度：调整所选对象的不透明度，数值越小，越接近透明。
- 制作蒙版：制作不透明度蒙版效果。作为上方蒙版的图形对象颜色越深，蒙版的遮蔽性越强，被蒙版的对象会表现得越透明，反之效果相反。在 B02.4 课中会详细讲解制作蒙版的操作。
- 剪切：选中时将蒙版作为黑色背景，对象被建立成当前对象的剪切蒙版，是常见的蒙版效果。取消选中该复选框，蒙版为白背景，此时下方被蒙版对象的非蒙版区域可以正常显示。
- 反相蒙版：选中该复选框，作为上方蒙版的图形对象颜色越浅，蒙版的遮蔽性越弱，被蒙的对象会表现得越不透明，反之效果相反。
- 隔离混合：让编组图像中的混合模式失效。
- 挖空组：选中该复选框，则在透明挖空组中的元素不能互相显示彼此，如图 B02-3 所示。

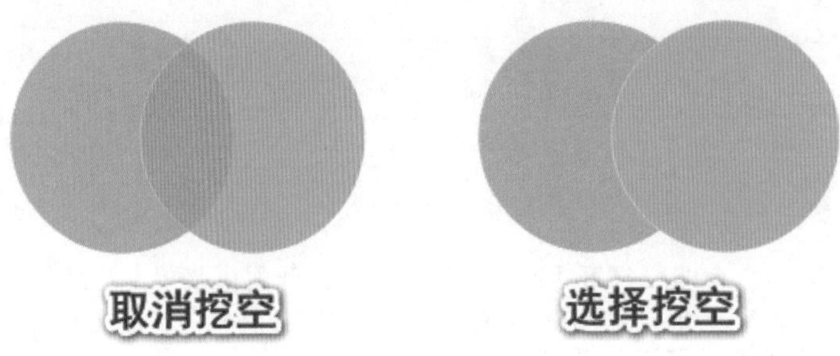

图 B02-3

- 不透明度和蒙版用来定义挖空形状：选中该复选框，即可创建与对象不透明度成比例的挖空效果，不透明度越高，挖空效果就越强，不透明度越低，挖空效果就越弱。

豆包：老师，在【透明度】面板中没有显示蒙版的功能，该怎么办呢？

当【透明度】面板只显示了较少选项时，可以在面板菜单中选择【显示缩览图】选项，如图B02-4所示。

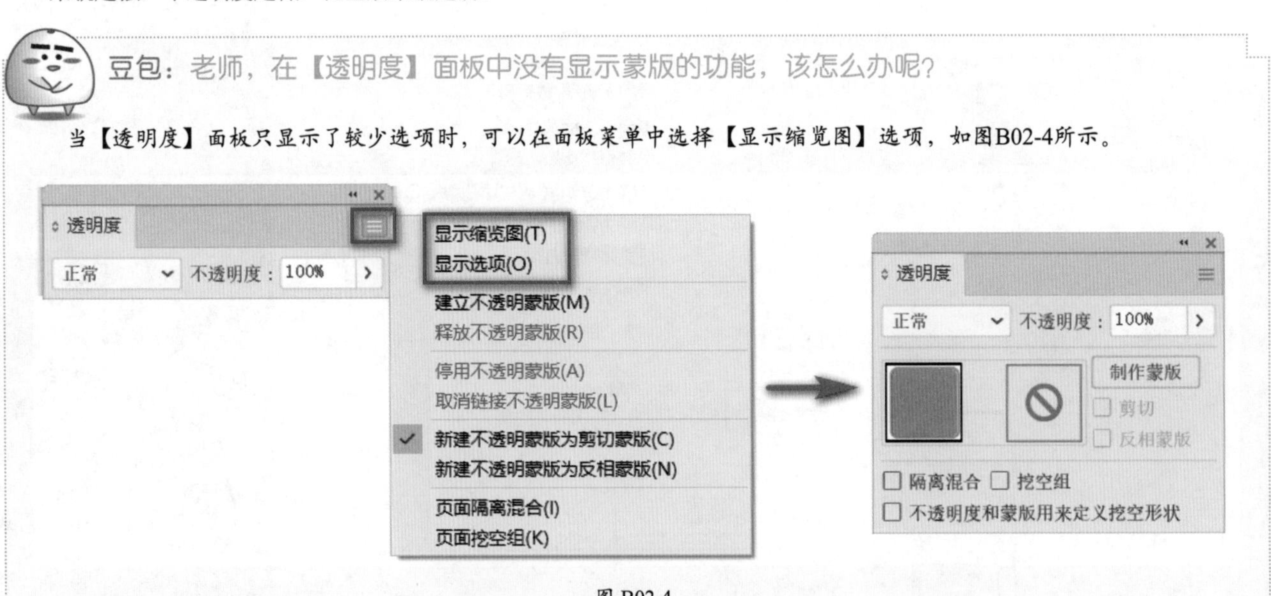

图 B02-4

2. 显示透明网格

在某些情况下，绘制图稿需要用白色的对象，而通常透明的空画板的颜色也是白色，这样对白色对象的查看和编辑非常不方便。这时可以执行【视图】-【显示透明度网格】菜单命令（Shift+Ctrl+D），将透明背景显示为灰白网格，如图 B02-5 所示。

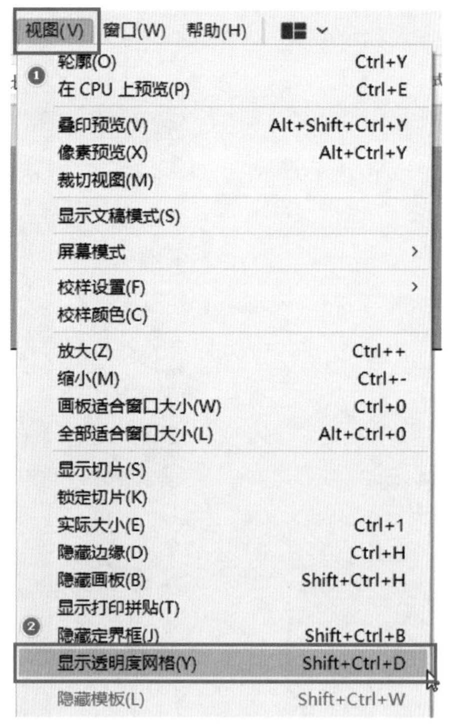

图 B02-5

3. 更改图稿的不透明度

可以更改一个对象的不透明度，也可以更改一个组或图层中所有对象的不透明度，还可以更改单个对象的填色或描边的不透明度。选择一个对象或组，打开【透明度】面板或单击控制栏中的【不透明度】按钮以设置对象的不透明度。

扩展知识

如果要选择所有使用特定不透明度的对象，则选择其中一个使用过特定不透明度的对象，执行【选择】-【相同】-【不透明度】菜单命令，即可选中所有相同属性的不透明度对象，如图B02-6所示。

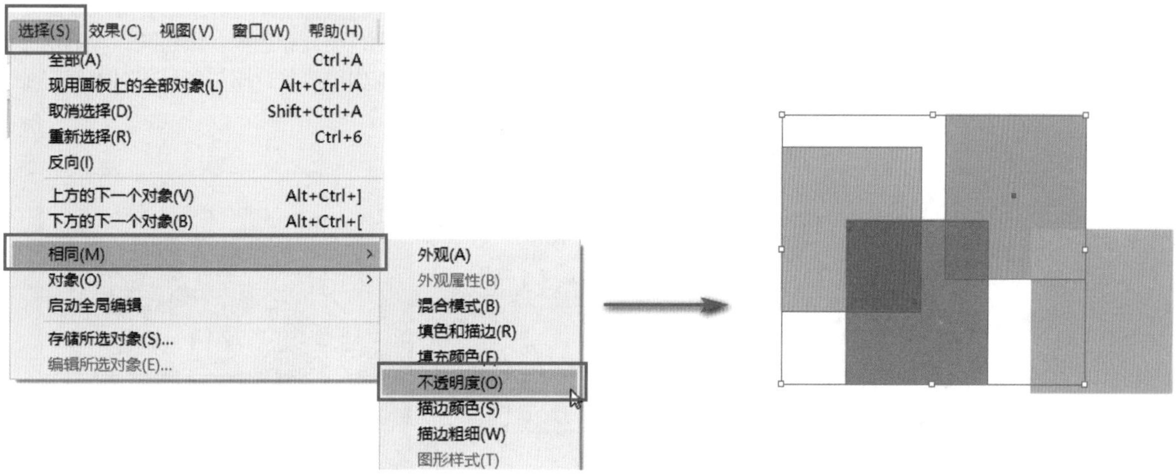

图 B02-6

如果对选中的组或图层进行不透明度设置，那么软件将会把它视作一个对象整体，调整不透明度时，整个图层或组都会随之发生改变，如图 B02-7 所示。

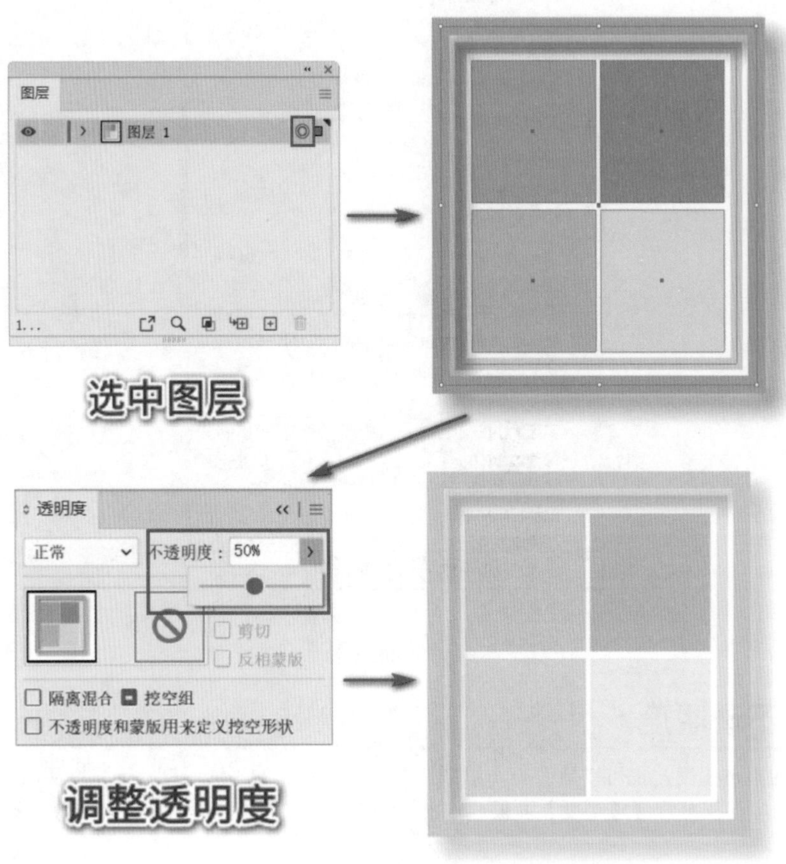

图 B02-7

4. 挖空组

【挖空组】是为了防止组内的透明元素相互透过对方显示出来。在选中【挖空组】复选框时，对象不会透过彼此显示出来。例如，正常情况下，对若干个重叠在一起的对象都设定不透明度，对象之间的颜色会互相影响；编组后，再选中【挖空组】复选框，带透明度的对象之间，颜色是不会互相影响的，也可以想象成图层在前面的对象把图层在后的对象挖空了，如图 B02-8 所示。

图 B02-8

SPECIAL 扩展知识

【挖空组】复选框有三种切换状态：打开☑（挖空）、关闭☐（不挖空）、中性■（当想要编组图稿，又不想与涉及的图层或组所决定的挖空行为产生冲突时，选择该选项）。

B02.2　实例练习——轻拟物图标

本实例练习最终完成的效果如图 B02-9 所示。

图 B02-9

制作步骤

01 新建文档，设置尺寸为 A4，【颜色模式】为【RGB 颜色】。

02 轻拟物图标分为四部分，首先制作第一部分。使用【椭圆工具】创建正圆，然后使用【圆角矩形工具】创建圆角矩形，将圆角矩形与正圆组合，设置【填色】色值为 R：120、G：80、B：210，位置如图 B02-10 所示。

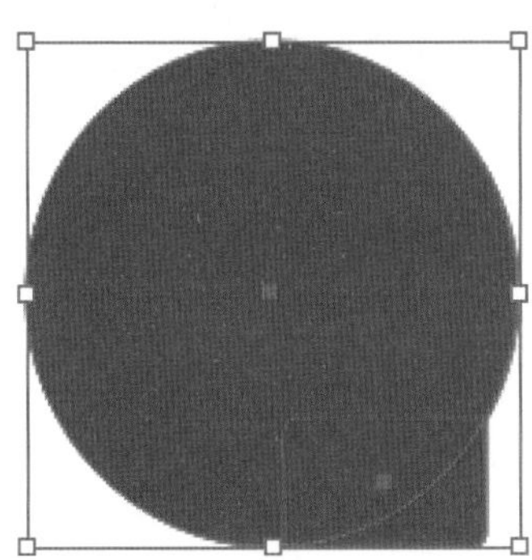

图 B02-10

03 执行【窗口】-【路径查找器】菜单命令，选择【联集】，将正圆和圆角矩形合并，按住 Alt 键向左下方移动复制一个对象，【填色】为白色，如图 B02-11 所示。再次复制一组图形和单独的一个白色图形，放在一旁备用。

04 选择【路径查找器】中的【减去顶层】，第一部分完成，如图 B02-12 所示。

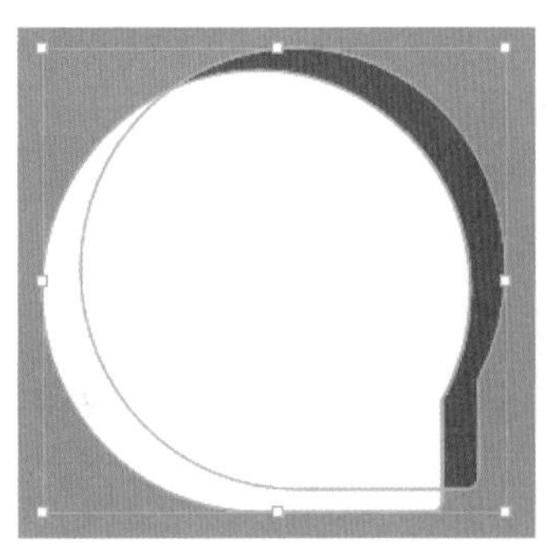

图 B02-11　　图 B02-12

05 制作第二部分。使用【选择工具】选中备用的图形，在控制栏中单击【不透明度】按钮，再单击【制作蒙版】按钮，执行【窗口】-【外观】菜单命令，在【外观】面板中选择【添加新效果】fx -【模糊】-【高斯模糊】选项，参数及效果如图 B02-13 所示，第二部分制作完成。

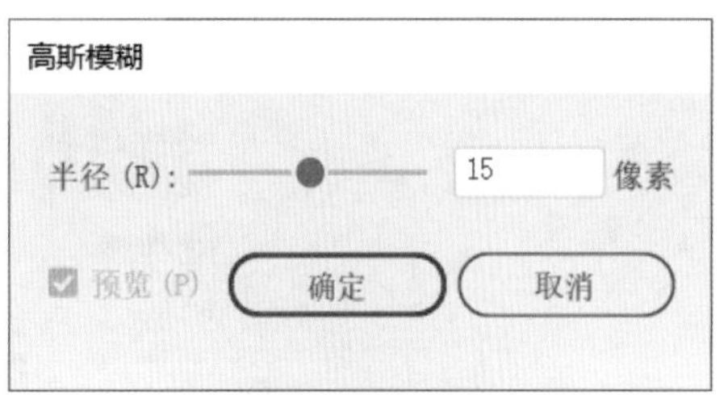

图 B02-13

06 将第一部分与第二部分编组，如图 B02-14 所示。

07 制作第三部分。选中备用的白色图形，更改颜色，设置【填色】色值为 R：168、G：150、B：178，在控制栏中调整【不透明度】值为 20%，如图 B02-15 所示。将第三部分与第二部分对齐，如图 B02-16 所示。

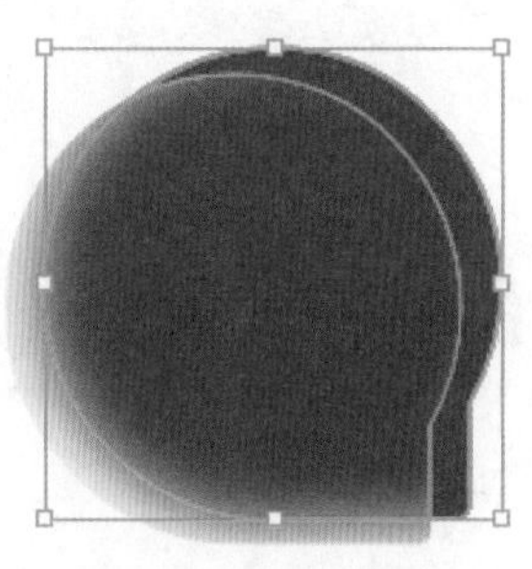
图 B02-14

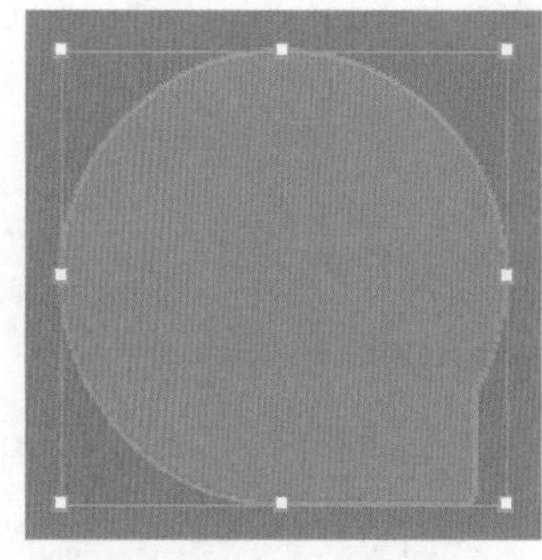
图 B02-15

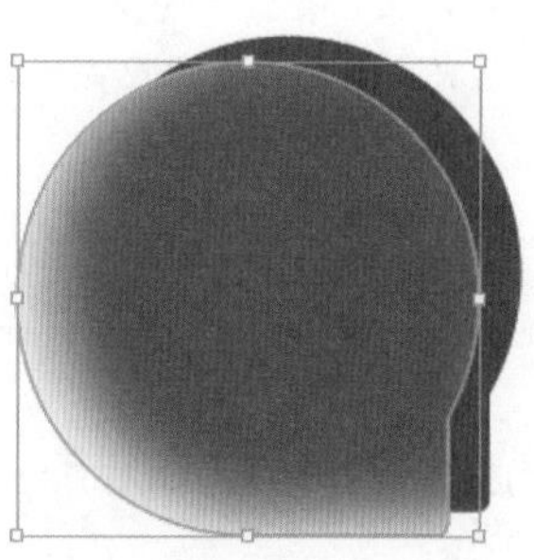
图 B02-16

08 制作第四部分。使用【圆角矩形工具】创建 3 个长度不同的圆角矩形，设置【填色】色值为 R：90、G：60、B：188，摆放位置如图 B02-9 所示。

B02.3 混合模式

在【透明度】面板中展开【混合模式】下拉列表框，可以设置所选对象与下方对象的各种混合效果，混合模式分为变暗型、变亮型、融合型、色差型和调色型 5 类，如图 B02-17 所示。一般默认的混合模式为【正常】模式，在【正常】模式下所选对象对下方对象不起作用。

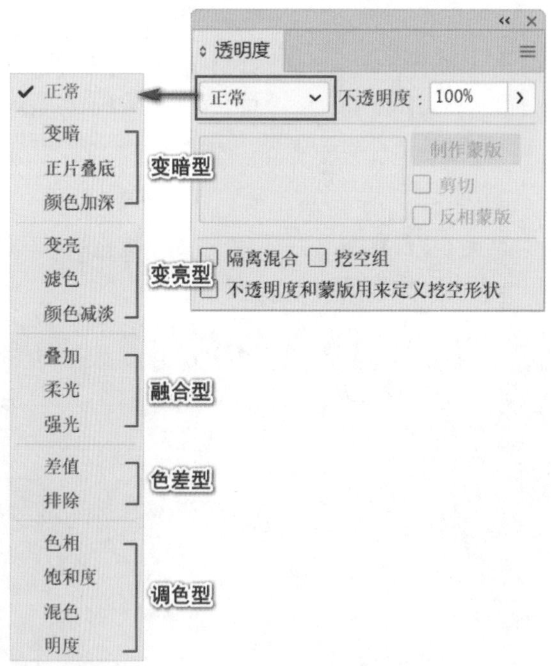

图 B02-17

关于混合模式的详细知识，可以参阅本系列丛书之《Photoshop 中文版从入门到精通》的 B06 课以及相关视频课程。

1. 设置图稿的混合模式

选择一个对象或组，调整外观，打开【透明度】面板，展开【混合模式】下拉列表框，从弹出的菜单中选择合适的混合模式即可，如图 B02-18 所示。

图 B02-18

2. 变暗型

变暗型混合模式包括 3 种：【变暗】【正片叠底】【颜色加深】。使用变暗型混合模式可使对象产生较暗的效果，如图 B02-19 所示。

变暗

正片叠底

颜色加深

图 B02-19

3. 变亮型

变亮型混合模式包括 3 种：【变亮】【滤色】【颜色减淡】。使用变亮型混合模式会使对象变亮，如图 B02-20 所示。

变亮

滤色

颜色减淡

图 B02-20

4. 融合型

融合型混合模式包括 3 种：【叠加】【柔光】【强光】，如图 B02-21 所示。融合型混合模式结合了变暗型和变亮型混合模式的特性，可以混合出更丰富的效果。

图 B02-21

5．色差型

色差型混合模式包括 2 种：【差值】【排除】，如图 B02-22 所示。

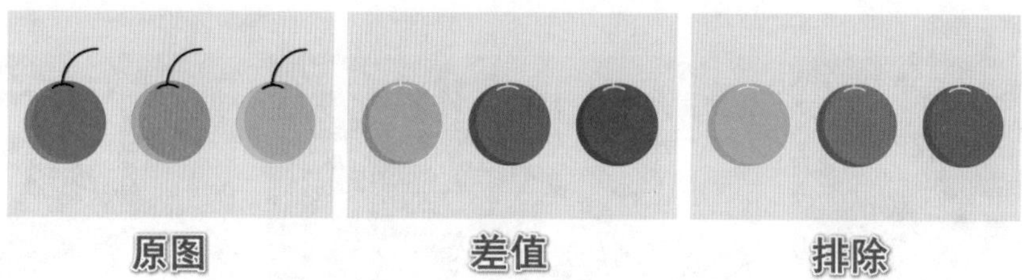

图 B02-22

6．调色型

调色型混合模式包括 4 种：【色相】【饱和度】【混色】【明度】。调色型混合模式会根据对象的亮度、饱和度、色相等自动识别颜色属性，如图 B02-23 所示。

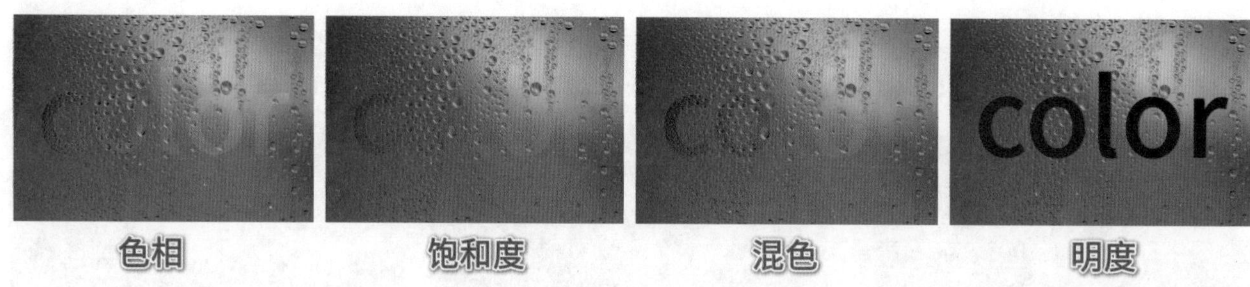

图 B02-23

B02.4　不透明蒙版

可以使用不透明蒙版更改图稿的透明度，蒙版的颜色灰度级别表示蒙版的不透明度。如果蒙版为最浅的白色，会完全显示图稿；如果蒙版为最深的黑色，则隐藏图稿。在蒙版上绘制的图形轮廓，即为被蒙版对象的最终形状。

1．创建不透明蒙版

在 Illustrator 中创建的蒙版有 2 种：剪切蒙版和不透明蒙版。创建剪切蒙版是将图像套在一个形状里，只能看到蒙版形状内的图形（具体参见 A07.5 课）。而创建的不透明蒙版除了可以控制被蒙版对象的区域形状显示，还可以用颜色的深浅控制不透明度。

◆ 制作空蒙版

选择一个对象，直接单击【透明度】面板中的【制作蒙版】按钮，即可创建空的蒙版对象，在缩览图后面单击蒙版，激活蒙版状态，创建一个星形，则该对象只有星形部分以半透明的形式显示出来，如图 B02-24 所示。

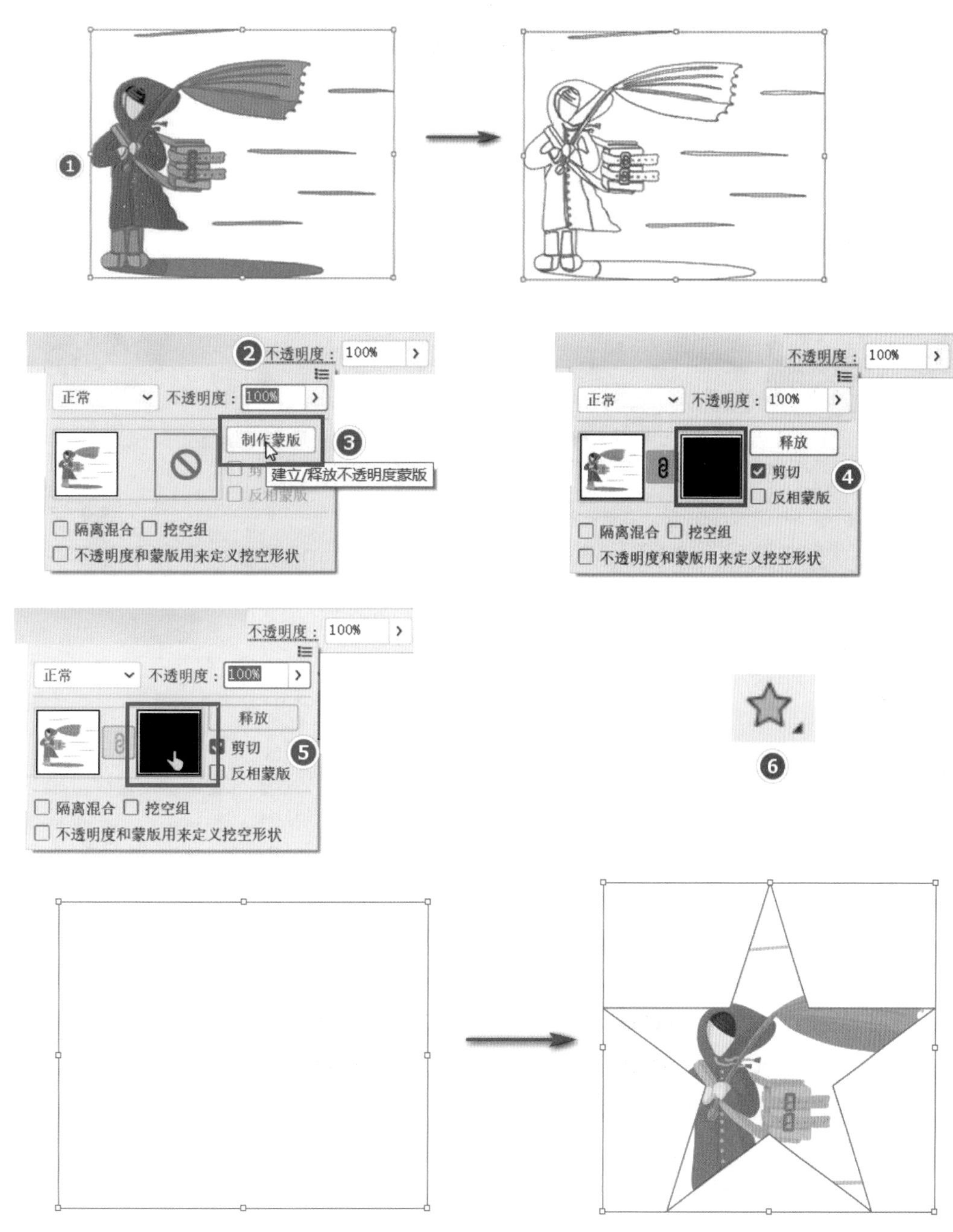

图 B02-24

◆ 整合两个对象制作蒙版

首先创建文字“WS”作为被蒙版的对象，然后在其上方创建一个带有黑白渐变的矩形作为不透明蒙版的内容。全选文字和矩形，在【透明度】面板中单击【制作蒙版】按钮，如图 B02-25 所示。在不透明蒙版中，黑色部分会被隐藏，白色部分则会显示出来，这样便制作了一个带有渐隐效果的文字。

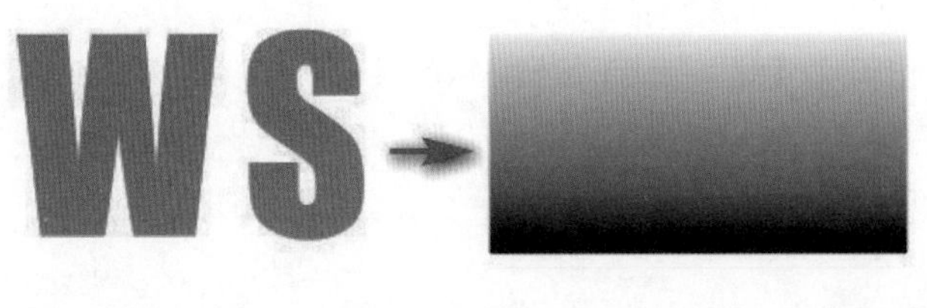

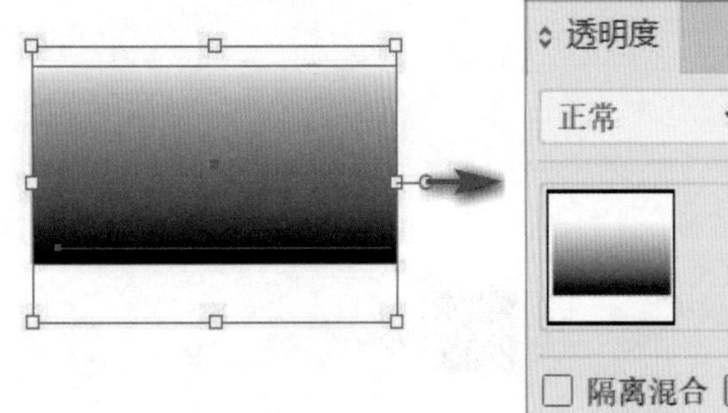

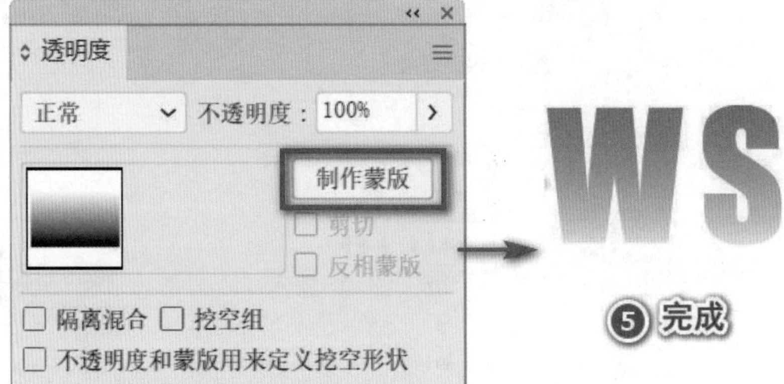

图 B02-25

2. 取消链接不透明蒙版

创建不透明度的对象与蒙版之间有一个链接按钮，在通常情况下，对象和蒙版为链接状态，移动时会同时移动对象和蒙版。如果单击链接按钮取消链接，移动对象时，蒙版将不会跟随移动变换。想要重新链接，再次单击链接按钮即可，如图 B02-26 所示。

图 B02-26

3. 停用或重新激活不透明蒙版

按住 Shift 键单击【透明度】面板中的蒙版对象缩览图，显示一个红色的 X 符号，表明该蒙版被停用。或者在【透明度】面板菜单中选择【停用不透明度蒙版】选项，也可停用该蒙版，如图 B02-27 所示。如果需要激活，同样重复此操作。

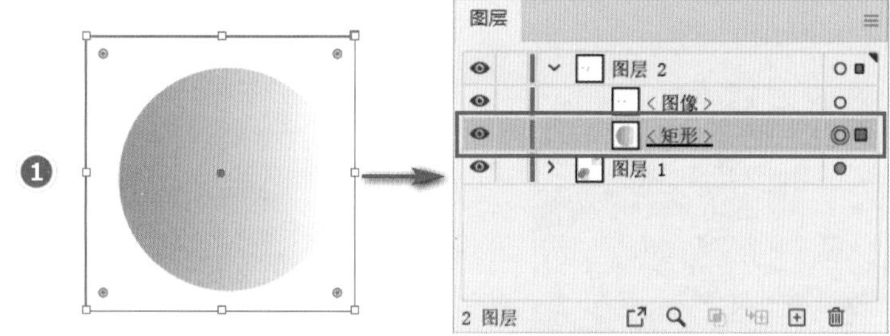

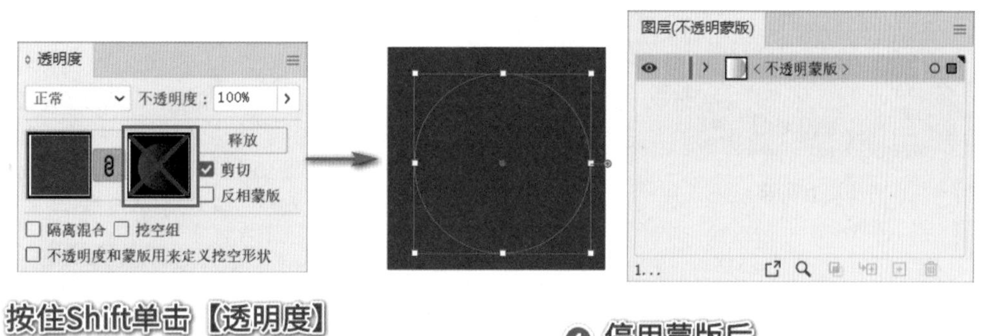

图 B02-27

4．删除不透明蒙版

选择蒙版对象，单击【透明度】面板中的【释放】按钮或从面板菜单中选择【释放不透明蒙版】选项，即可删除不透明蒙版，如图 B02-28 所示。

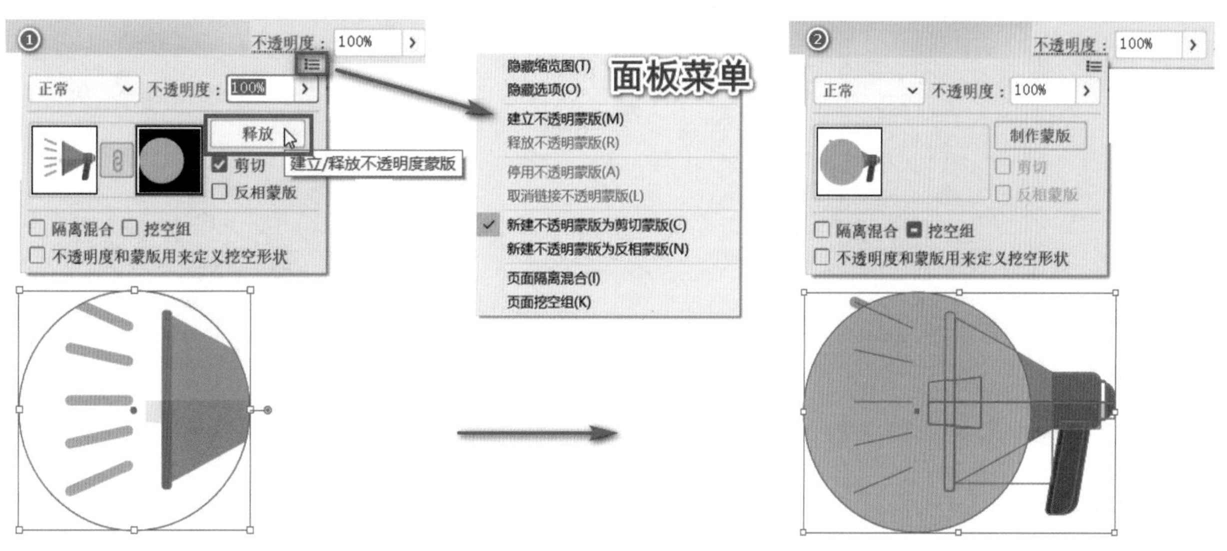

图 B02-28

B02.5 综合案例——天气 App 界面设计

本综合案例最终完成的效果如图 B02-29 所示。

图 B02-29

制作步骤

01 新建文档，设置尺寸为 A4，使用【矩形工具】创建背景，设置【填色】为绿色。

02 绘制 App 界面的背景，使用【圆角矩形工具】创建圆角矩形，设置【填色】为白色，【描边】为白色、0.5pt。执行【对象】-【路径】-【轮廓化描边】菜单命令，将矩形和描边区分开，在图形上右击，在弹出的菜单中选择【取消编组】选项，执行【窗口】-【透明度】菜单命令，将描边的透明度设定为 50%，将填色的描边设定为 15%，如图 B02-30 所示。

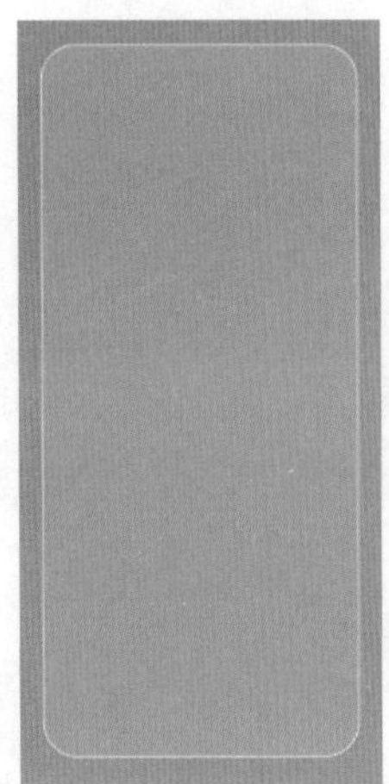

图 B02-30

03 使用【圆角矩形工具】创建"圆角矩形 1"，设置【填色】为橙色,【描边】为 0.5pt,【圆角半径】为 11pt。再创建"圆角矩形 2"，设置【不透明度】为 20%，如图 B02-31 所示。

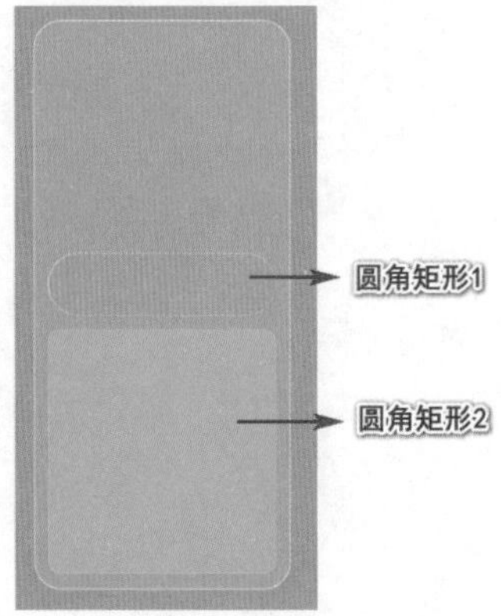

图 B02-31

04 复制一个"圆角矩形 1"，设置【填色】为深橙色，使用【矩形工具】创建黑白渐变矩形，选中"深橙色圆角矩形"和"黑白渐变矩形"，在【透明度】面板中单击【制作蒙版】按钮，效果如图 B02-32 所示。

图 B02-32

05 用相同的方法为"圆角矩形 2"制作蒙版，如图 B02-33 所示。

图 B02-33

06 置入“天气”“地标”图标，使用【文字工具】T、【椭圆工具】◯组合为界面添加主要信息，最终效果如图 B02-29 所示。

B02.6 作业练习——科学海报设计

本作业练习最终完成的效果如图 B02-34 所示。

图 B02-34

作业思路

使用【矩形工具】创建一个矩形，调整【缩放】参数，创建多个矩形。在【透明度】面板中设置【混合模式】为【正片叠底】；然后使用【文字工具】创建文字并扩展为形状，使用【自由变换工具】调整字体方向，接下来使用【不透明蒙版】为文字做出透明渐变效果；最后调整渐变文字的位置及大小，并添加海报标题。

总结

通过【透明度】面板的【不透明度】和【混合模式】功能可以制作丰富的视觉效果，如光效、多彩的颜色、图案纹理等。使用不透明蒙版可制作渐变透明效果并隐藏多余图像，这些功能的用途是非常广泛的，需要多加练习。

B03课

编辑颜色

搭配出时尚色彩

Illustrator 是行业标准的矢量图绘制软件，有着非常强大的颜色编辑功能，它能帮助我们在没有使用全局色的情况下更新图稿的颜色，在设计的过程中能更好地提高工作效率。

执行【编辑】-【编辑颜色】菜单命令即可弹出其子菜单，如图 B03-1 所示，可以选择相应的选项进行颜色编辑。

编辑颜色 ›	重新着色图稿...
编辑原稿(O)	使用预设值重新着色 ›
透明度拼合器预设(J)...	前后混合(F)
打印预设(Q)...	反相颜色(I)
Adobe PDF 预设(M)...	叠印黑色(O)...
SWF 预设(W)...	垂直混合(V)
透视网格预设(G)...	水平混合(H)
颜色设置(G)... Shift+Ctrl+K	调整色彩平衡(A)...
指定配置文件(A)...	调整饱和度(S)...
键盘快捷键(K)... Alt+Shift+Ctrl+K	转换为 CMYK(C)
我的设置 ›	转换为 RGB(R)
	转换为灰度(G)

图 B03-1

B03.1 【重新着色图稿】命令

选择多个对象或者多个对象的编组（也可以只选择一个对象），执行【编辑】-【编辑颜色】-【重新着色图稿】菜单命令，即可弹出【重新着色图稿】对话框，如图 B03-2 所示，或单击控制栏中的【重新着色图稿】图标也可以将其打开。

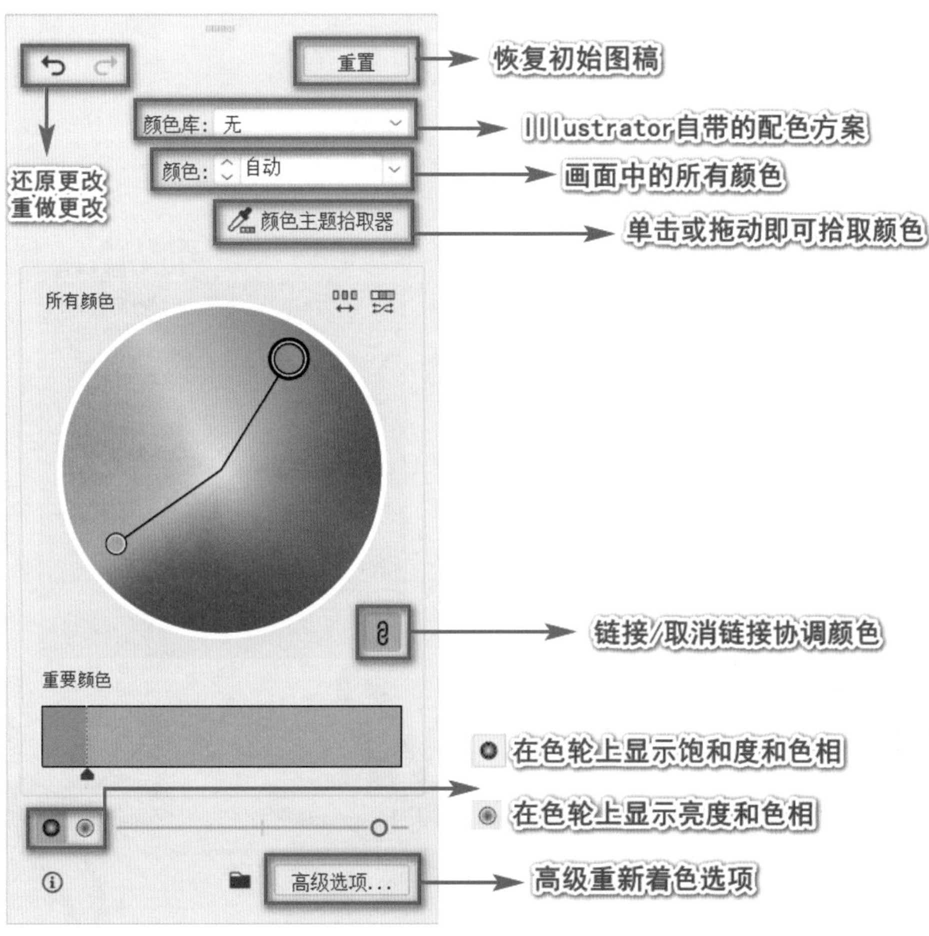

图 B03-2

- 还原更改：返回上一步的操作。
- 重做更改：恢复通过“还原”操作还原的最新更改。
- 重置：取消所有操作，恢复初始图稿。
- 颜色库：指 Illustrator 自带的配色方案。
- 颜色：指整个图稿中所有颜色的数量，可以控制颜色的数量。
- 颜色主题拾取器：单击或拖动（多个颜色主题），以从参考图像或图稿中拾取并应用颜色主题。
- 高级选项：单击可以弹出【重新着色图稿】对话框，从而进行重新着色。

1. 使用【颜色库】重新着色

在 Illustrator 自带的配色方案中，选择【儿童物品】配色方案，如图 B03-3 所示。也可执行【编辑】-【编辑颜色】-【使用预设值重新着色】-【颜色库】菜单命令，在弹出的对话框中选择【库】中的配色方案，再次单击【确认】按钮，弹出【重新着色图稿】对话框，从中可以修改并设置颜色，这样素材就会被重新上色，如图 B03-4 所示。

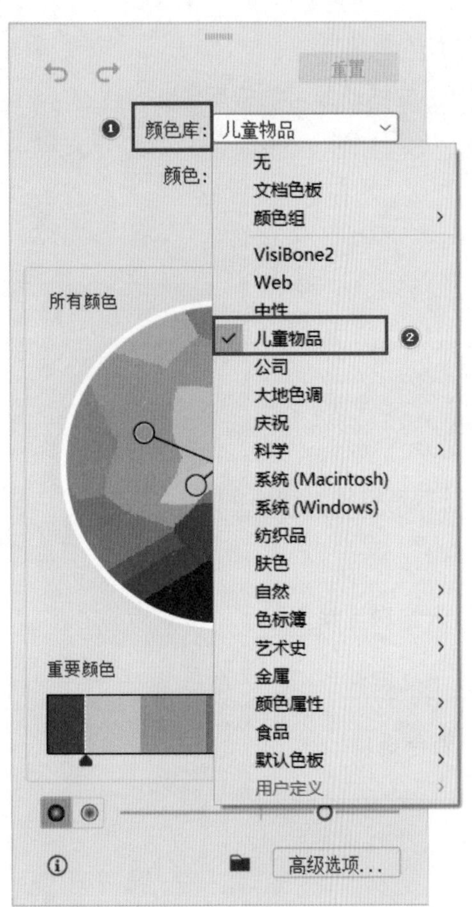

图 B03-3

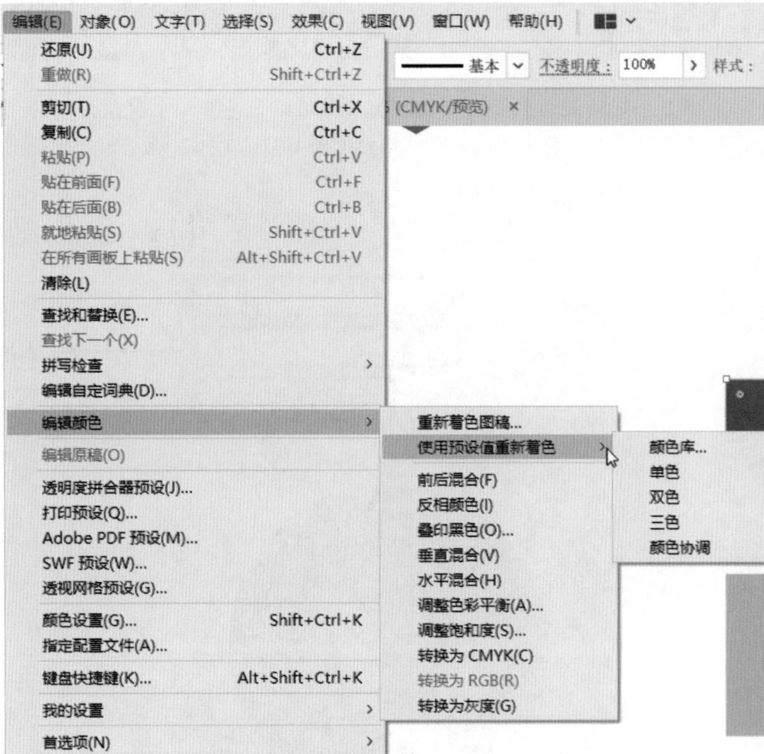

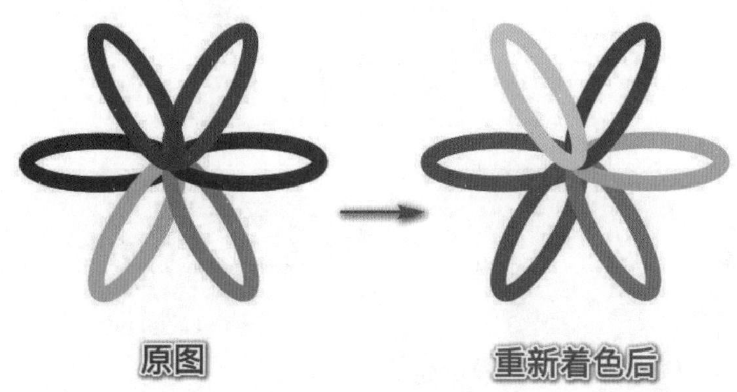

图 B03-4

2. 使用【颜色】重新着色

在不超过全部颜色数量的范围内，可任意更改颜色数量，得到新的配色效果。在【颜色】选项中选择 4，如图 B03-5 所示。

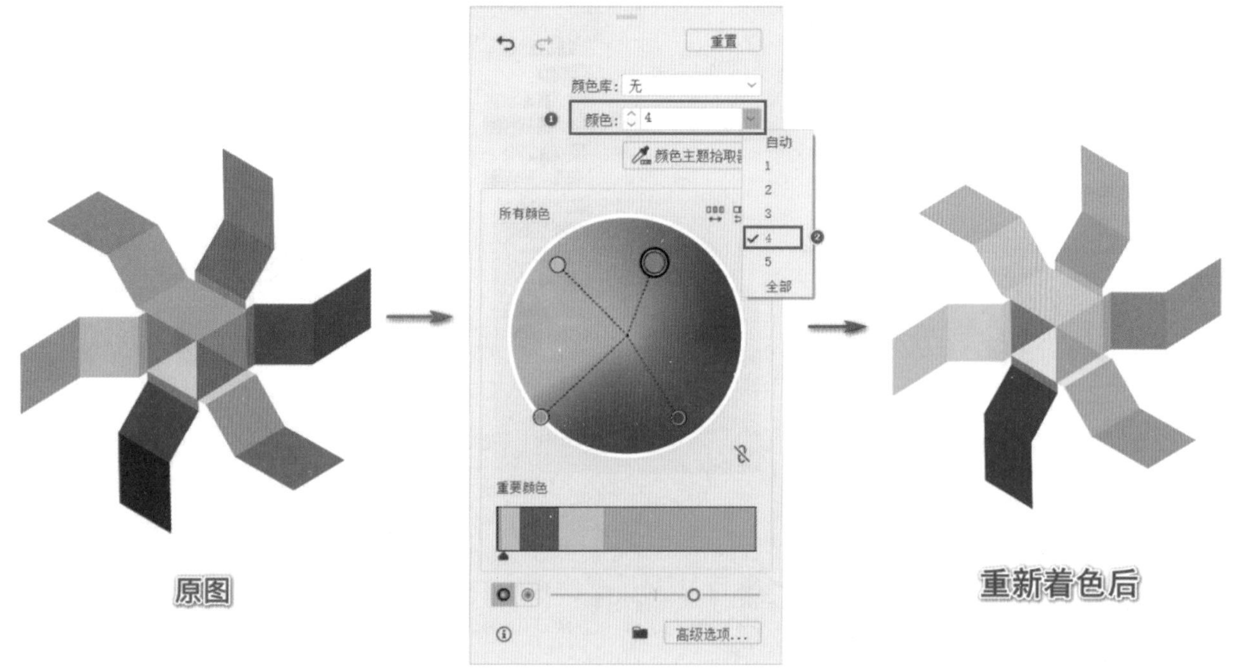

图 B03-5

3. 使用【重新着色图稿】重新着色

打开【高级选项】后，可以看到整个对话框分为【编辑 / 指定】和【颜色组】两列。单击对话框右侧的【隐藏颜色组存储区】按钮◀，可以暂时隐藏颜色组，如图 B03-6 所示。

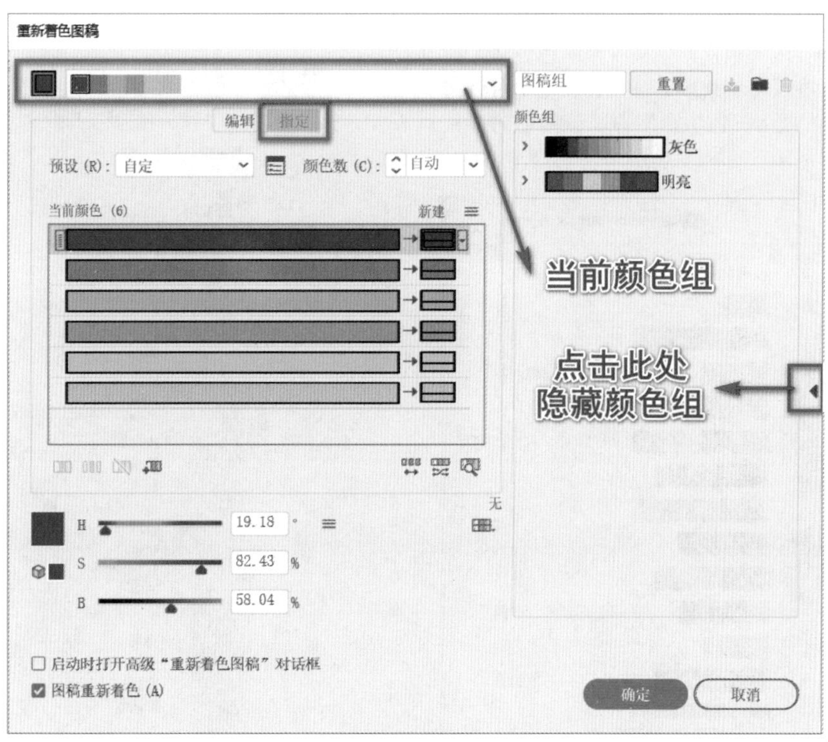

图 B03-6

◆ 减低颜色深度选项

单击【重新着色图稿】对话框中的【减低颜色深度选项】按钮，弹出【减低颜色深度选项】对话框，可自定义选项以减淡颜色，如图 B03-7 所示。

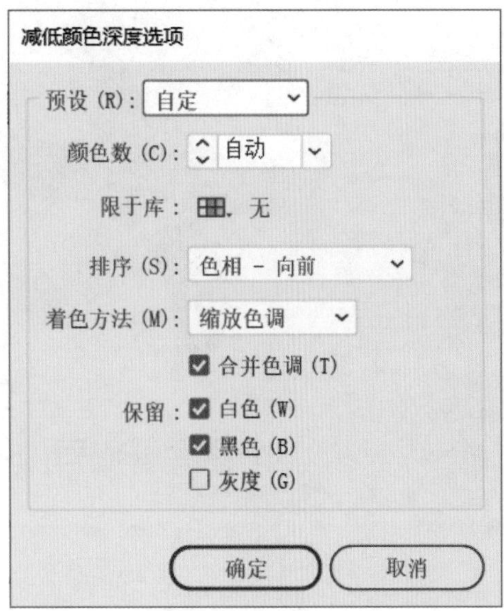

图 B03-7

◆ 协调颜色组（当前颜色组）

它是指当前选中图稿显示的所有颜色。同时协调颜色组也会在 Illustrator 中自动生成颜色配色方案。【将当前颜色设置为基色】会根据所需要的颜色立即生成一个颜色方案，如图 B03-8 所示。例如，在【协调规则】下拉列表框中可以选择“互补色”“近似色”或“三色组合”等基于基色的多种配色方案，如图 B03-9 所示。

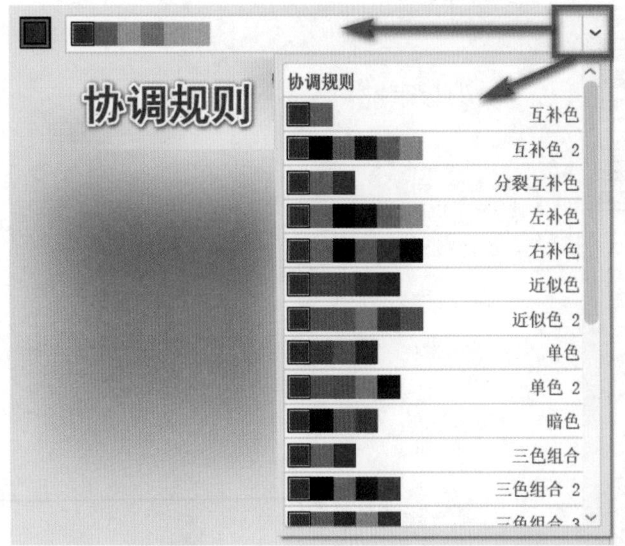

图 B03-8

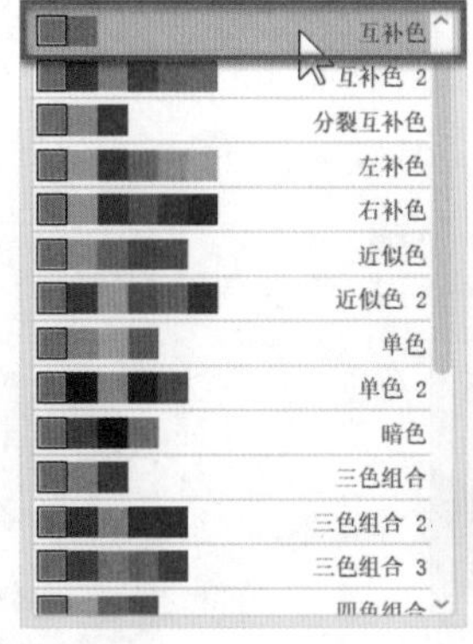

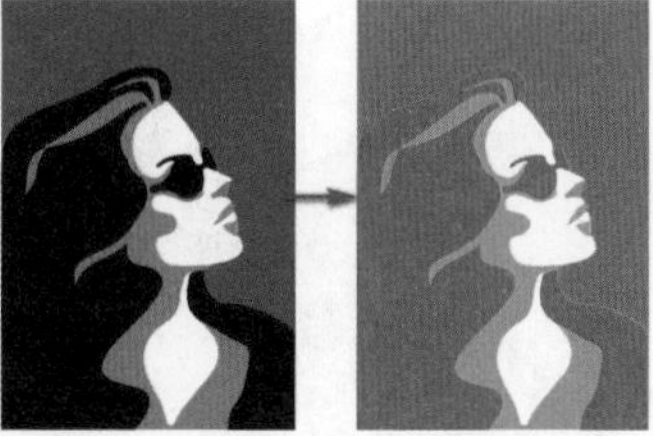

图 B03-9

◆ 指定

【指定】选项卡提供的颜色是“指定”颜色，其列出了选中图稿中包含的所有颜色，按照“色相 - 向前”的顺序排列，即按照色轮的顺序排列的。选择【预设】下拉列表框中的选项可将 Illustrator 中自带的配色方案添加到图稿中，如图 B03-10 所示。

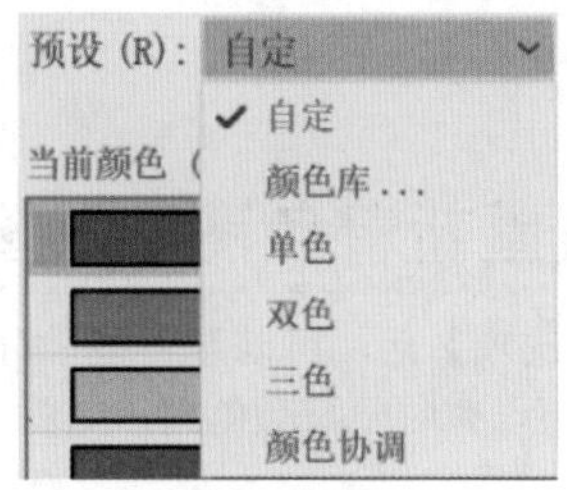

图 B03-10

选择【颜色库】选项，可以在弹出的【颜色库】对话框中看到多种颜色的选择方案，如图 B03-11 所示。

图 B03-11

在右边的【颜色数】中选择 1，可看到将整个色稿变为一个单色稿，通过明度高低体现颜色的层次，如图 B03-12 所示。

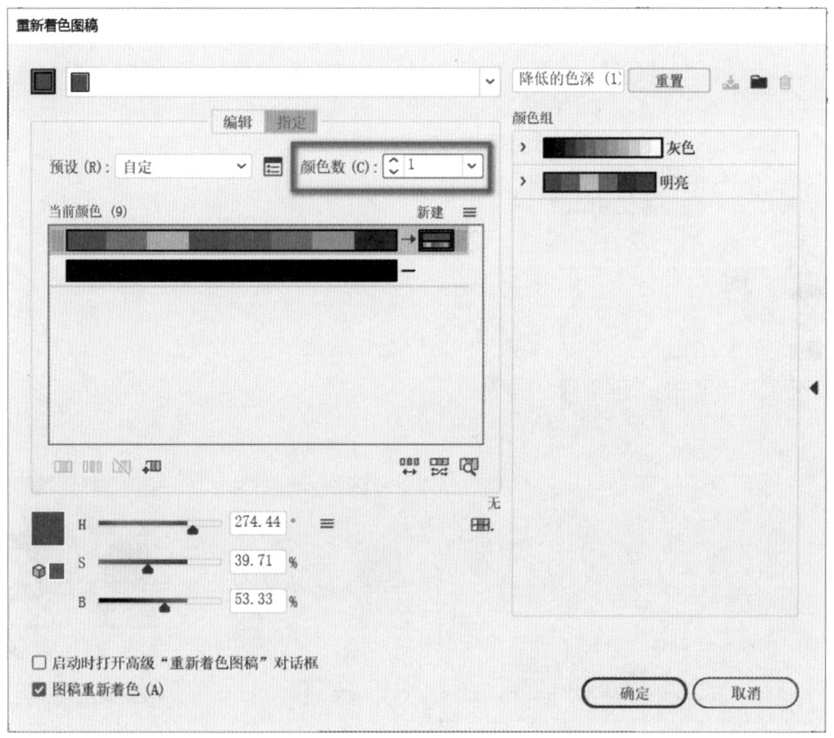

图 B03-12

也可以选择不同的颜色数目进行展示，如图 B03-13 所示。

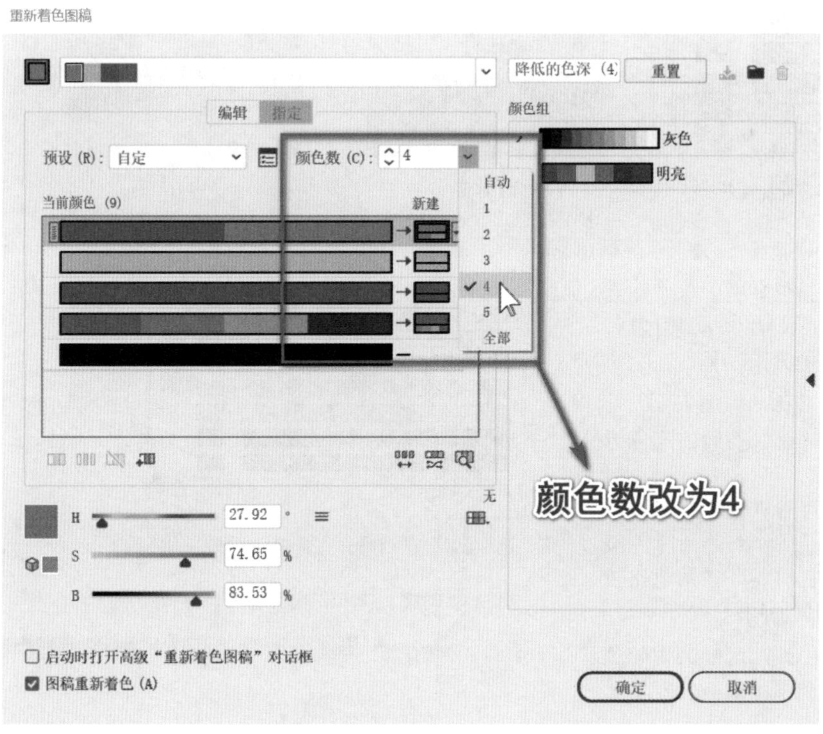

图 B03-13

而单击【当前颜色】栏中的任意颜色条可对其进行修改，双击右侧【新建】栏中的颜色块，即可打开【拾色器】对话框，选择黑色，单击【确定】按钮，就可以看到被选中颜色的图案被重新着色，呈现黑色状态，如图 B03-14 所示。

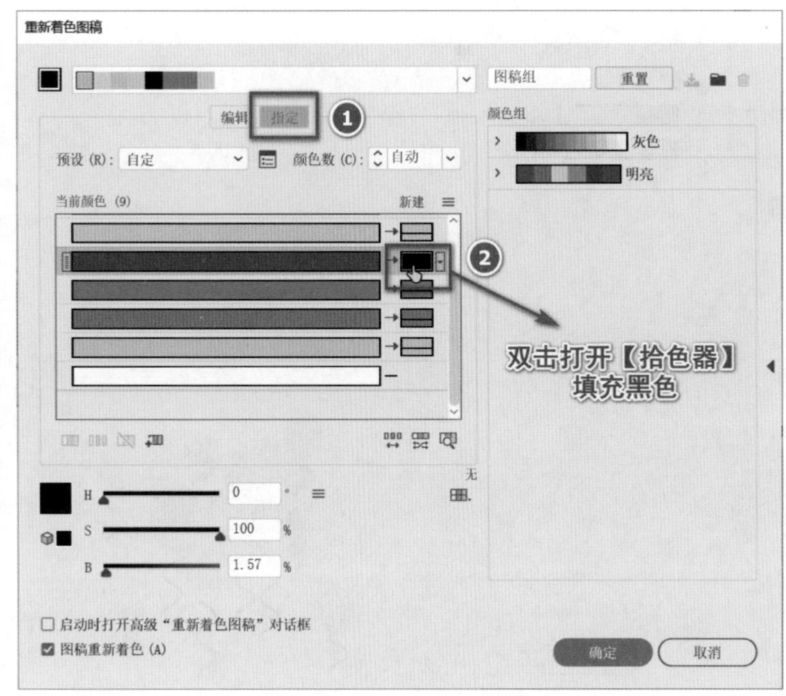

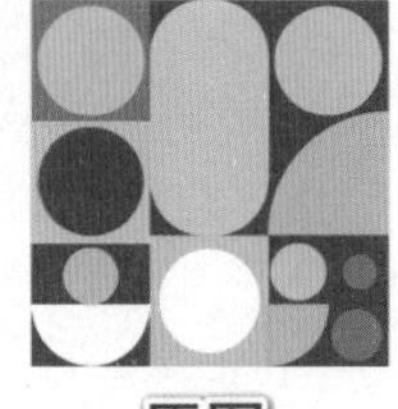

图 B03-14

当拖动颜色块时，颜色将发生互换，如图 B03-15 所示。

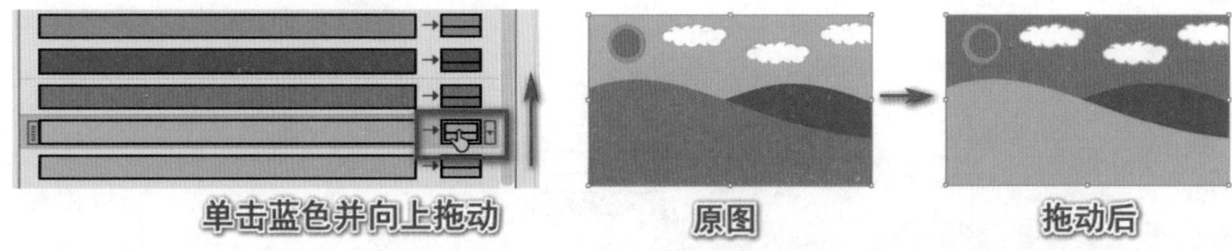

图 B03-15

按住键盘上的 Shift 键，在【当前颜色】栏中选中任意颜色条，可以看到下方左侧的 4 个按钮被激活，这 4 个按钮用来处理整行的选项，如图 B03-16 所示。

在颜色条下方右侧还有 3 个按钮，具体功能如下。

- 随机更改颜色顺序：单击可随机获取不同的配色方案，直到满意为止。
- 随机更改饱和度和亮度：单击可随机调整饱和度和亮度。
- 单击上面的颜色以在图稿中查找它们：在颜色比较多且杂的情况下，可以用来查找相同的颜色。

另外，还可以单击【颜色库】按钮，选择其他配色方案，例如，选择【肤色】，就可以看到图稿的颜色发生了变化，如图 B03-17 所示。

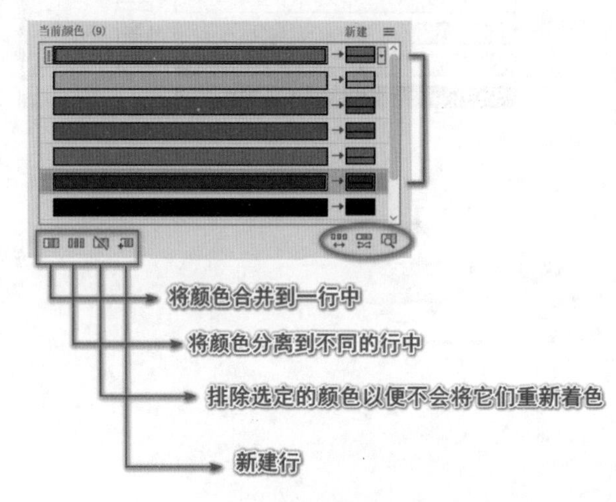

图 B03-16

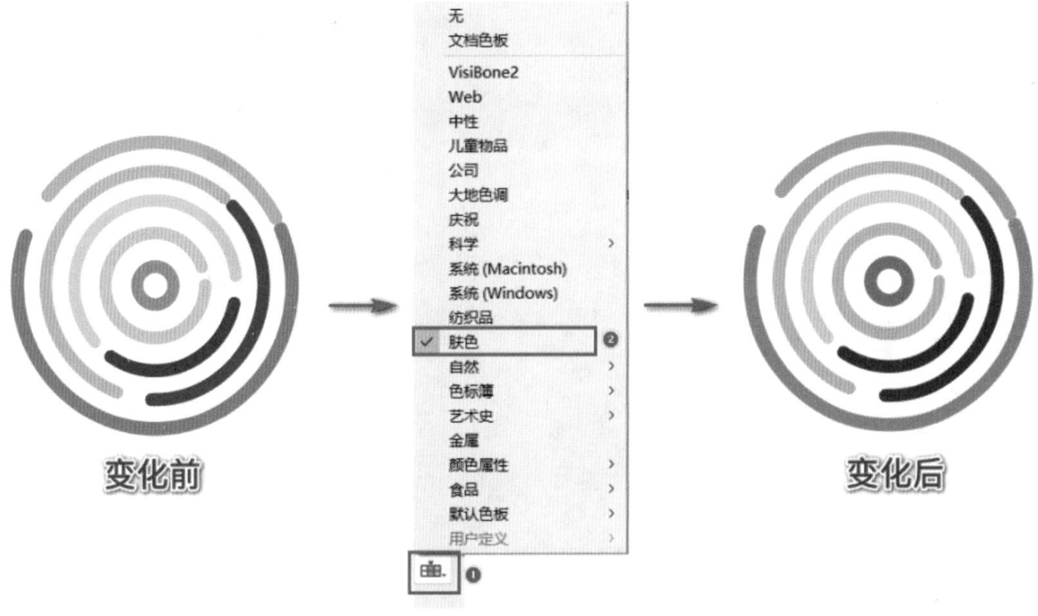

图 B03-17

◆ 编辑

在【编辑】选项卡中，色轮可显示颜色在整体画面中是如何关联的，同时通过颜色条也可查看和处理各个颜色值，还可以调整亮度、添加和删除颜色、存储颜色组以及预览选定图稿上的颜色。

【指定】和【编辑】选项卡有哪些不同呢？首先，颜色的呈现方式是完全不一样的，在【指定】选项卡中可以看到我们用到的所有颜色被罗列出来，而【编辑】选项卡中则有一个大色轮，如图 B03-18 所示。

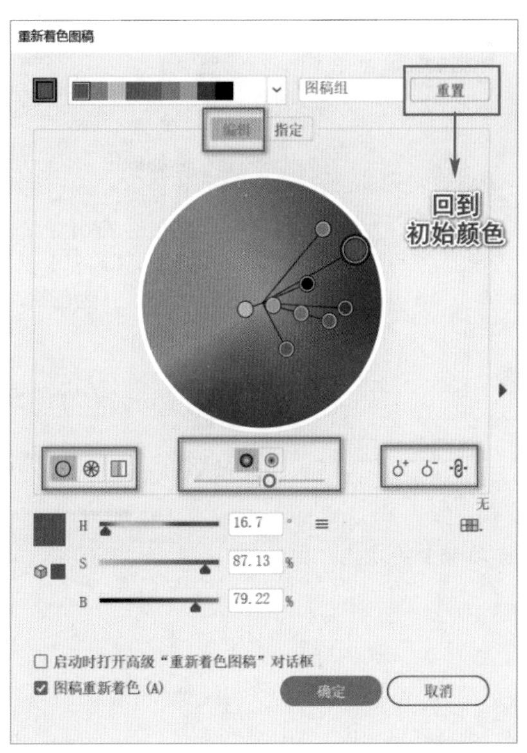

图 B03-18

色轮左下方的 3 个按钮和中间两个按钮都用来指示这个色轮所显示的方式。

- 显示平滑的色轮：激活此图标，色轮颜色过渡平滑，颜色数量多，可以细微地调整色彩，如图 B03-19 所示。

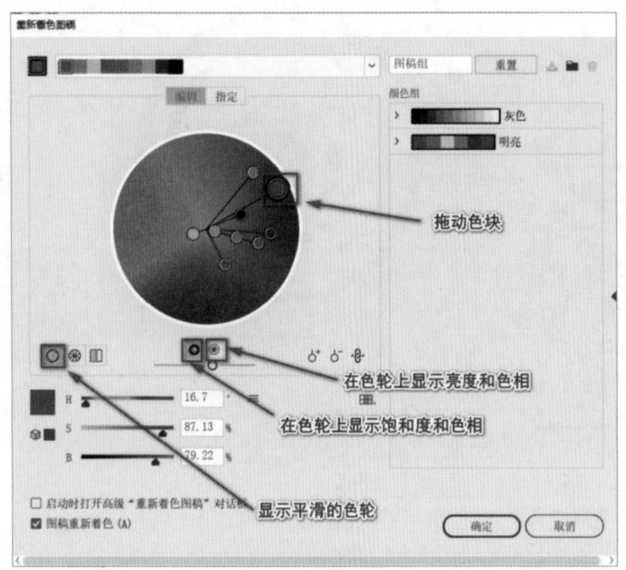

图 B03-19

- 显示分段的色轮：激活此图标，可显示分段式的颜色分类，颜色更加简洁明确，如图 B03-20 所示。

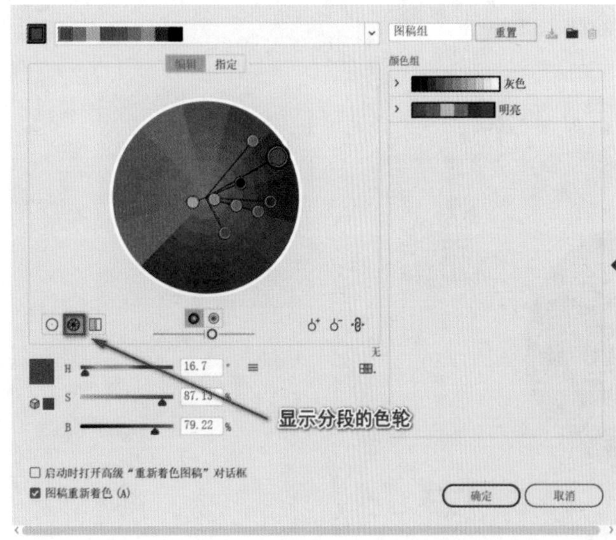

图 B03-20

- 显示颜色条：类似【指定】选项卡中的功能，如图 B03-21 所示。

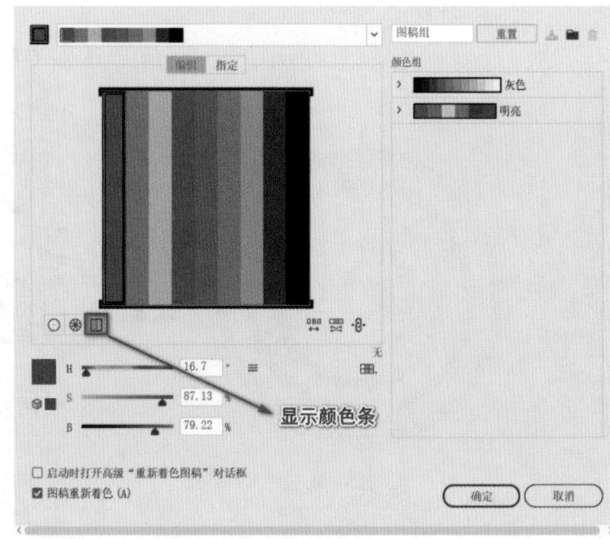

图 B03-21

色轮下方右侧的 3 个按钮如图 B03-22 所示。

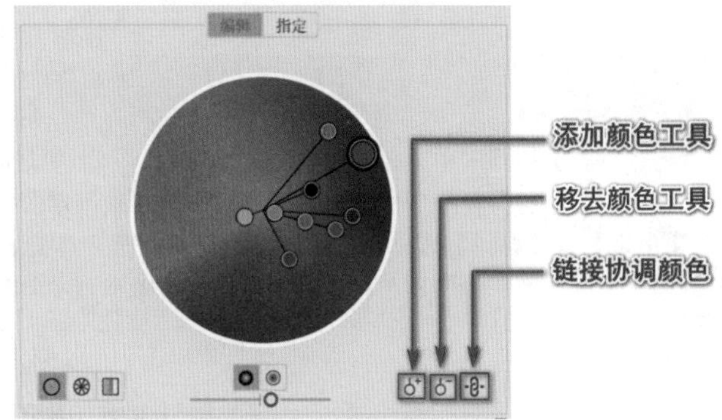

图 B03-22

- 添加颜色工具：在色轮上单击，可添加一个新的颜色。
- 移去颜色工具：在色标上单击，可移除此颜色标记。
- 链接协调颜色：单击可取消或激活色标之间的链接状态。

另外，【编辑】选项卡的左下角为颜色调整色块，是 HSB 状态，H 为色相，S 为饱和度，B 为明度，如图 B03-23 所示。

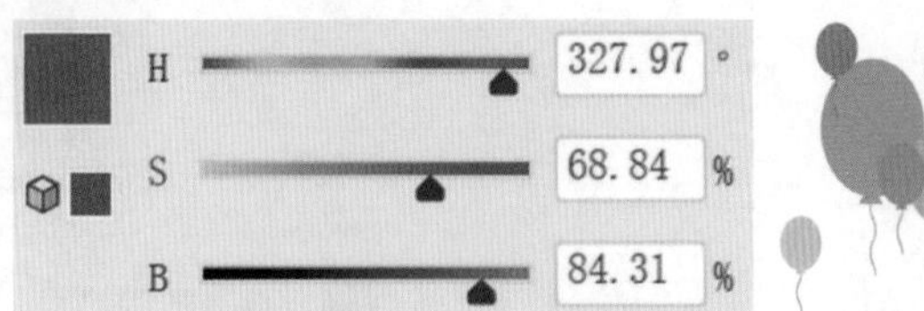

图 B03-23

◆ 颜色组

颜色组是一个组织颜色的工具，可以将图稿上的相关颜色编组在一起。执行【编辑颜色】-【重新着色图稿】菜单命令，单击【高级选项】按钮，弹出【重新着色图稿】对话框，也可以按 Shift+F3 快捷键打开【颜色参考】面板中的【编辑或应用颜色】，创建协调颜色组，如图 B03-24 所示。

图 B03-24

扩展知识

颜色组只能对专色、印刷色或全局色进行分组，不能对渐变和图案进行分组。

◆ 新建颜色组

若想要新建颜色组，可单击【新建颜色组】按钮，随即可看到新建了【图稿组】，双击【图稿组】可修改名称，单击空白处即可完成颜色组的名称修改，如图 B03-25 所示。

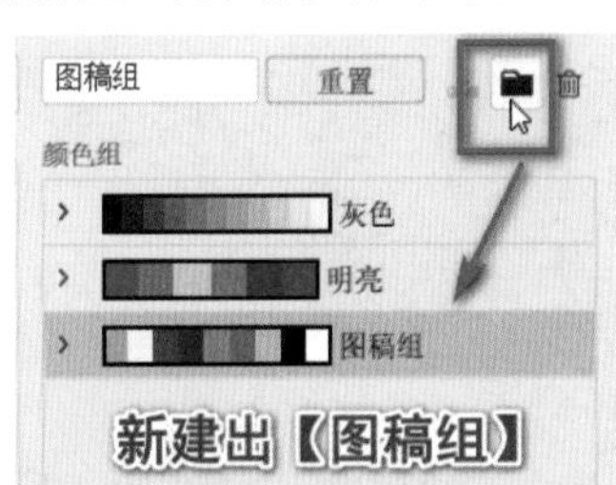

图 B03-25

若要更改颜色组中的颜色，可双击【指定】中的颜色条，如图 B03-26 所示，弹出【拾色器】对话框，在该对话框中可修改颜色，修改完成后单击【将更改保存到颜色组】按钮。

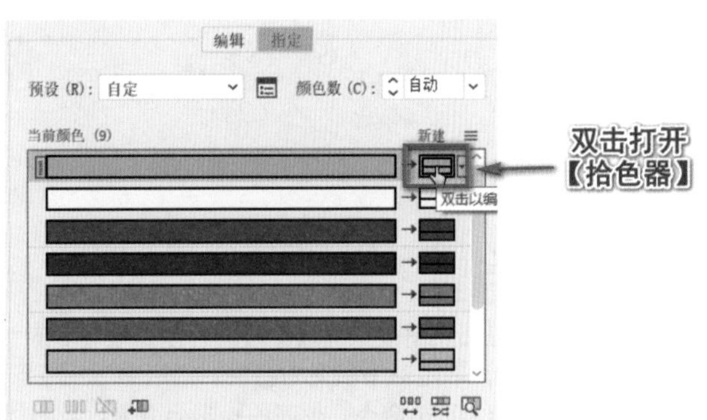

图 B03-26

新建颜色组可以在【颜色组】列表中编辑、删除和更改名称，这些颜色组也将在【色板】面板中显示，如图 B03-27 所示。当对颜色组中的颜色进行更改时，【色板】面板中的颜色组也会同步更改。在【色板】中选定颜色组，再单击【编辑或应用颜色组】按钮，图稿将显示当前颜色组的颜色。

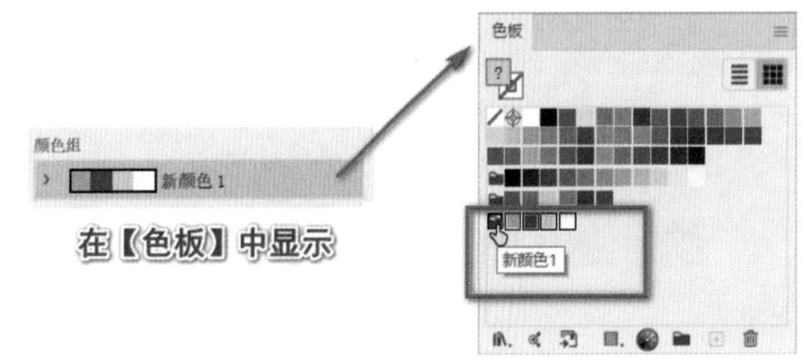

图 B03-27

B03.2 【使用预设值重新着色】命令

1. 前后混合

【前后混合】是指在图稿中，将最前面的对象和最后面的对象进行前后渐变混合，将混合的结果作为中间对象的颜色。

创建3个图形，分别填充颜色，顺序为：粉色1在最底层，黄色2在中间，黄色3在顶层。选中所有图形，执行【编辑】-【编辑颜色】-【前后混合】菜单命令，中间的黄色2变成了橙色，如图B03-28所示。

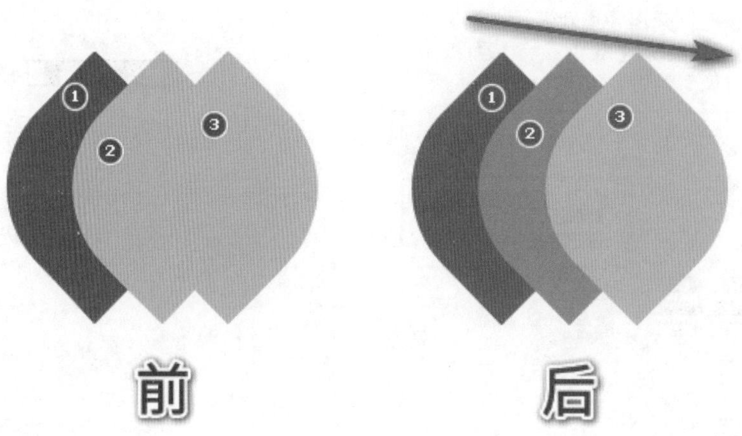

图 B03-28

2. 水平混合

【水平混合】是指在图稿中将最左边的对象和最右边的对象进行水平渐变混合，将混合的结果作为中间对象的颜色。

创建4个矩形，将矩形1填充为粉色，将矩形2～矩形4均填充为黄色，然后选中所有矩形对象，执行【编辑】-【编辑颜色】-【水平混合】菜单命令，中间的矩形会变为过渡的相关色彩，如图B03-29所示。

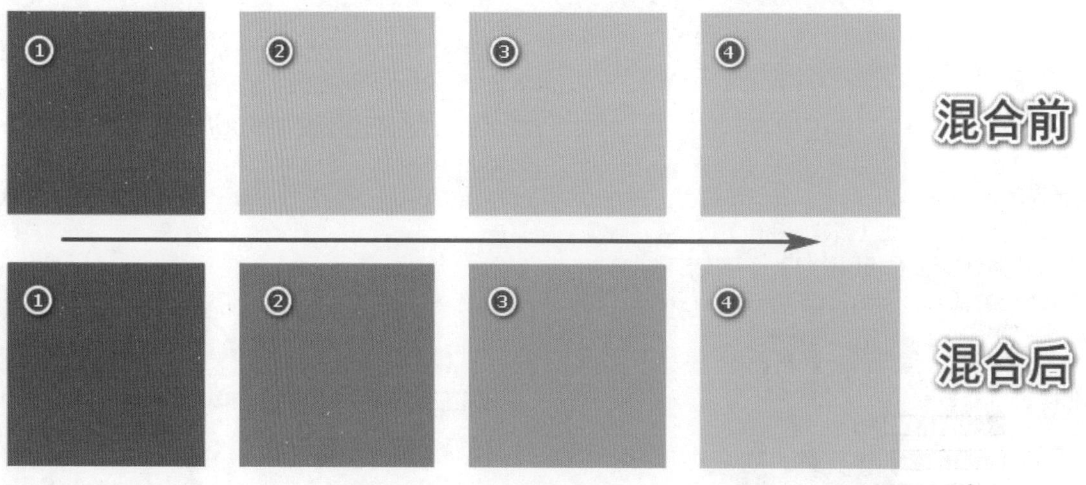

图 B03-29

3. 垂直混合

【垂直混合】与【水平混合】同理，是指将最上方的对象和最下方的对象进行混合，将结果作为中间对象的颜色。

4. 反相颜色

【反相颜色】是指图稿中的颜色应用与当前颜色相反。

建立两个矩形，将矩形1填充为粉色，矩形2填充为黄色，然后选中两个矩形对象，执行【编辑】-【编辑颜色】-【反相颜色】菜单命令，如图B03-30所示。

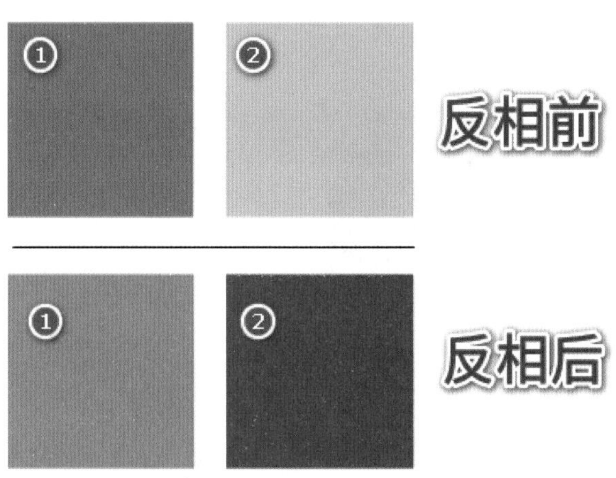

图 B03-30

5. 叠印黑色

若要叠印图稿中的所有黑色，可选择所有对象，执行【编辑】-【编辑颜色】-【叠印黑色】菜单命令，弹出【叠印黑色】对话框，如图 B03-31 所示，通过该命令可以为包含特定的百分比黑色的对象设置叠印。输入要叠印黑色的百分比数，指定的百分比会对所有对象产生叠印效果。可选择【描边】或【填色】，也可以两项全选，从而对图稿进行指定的叠印。

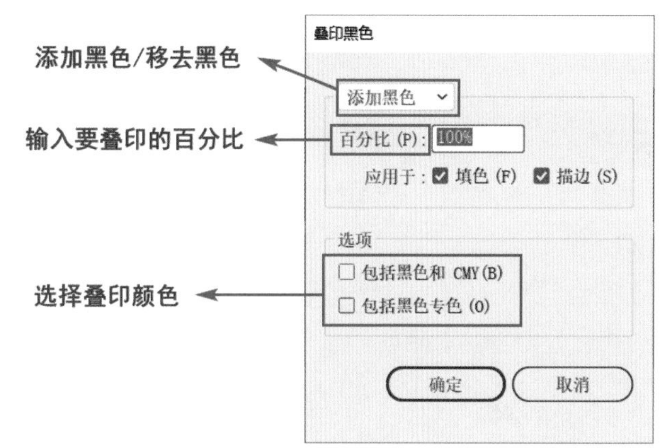

图 B03-31

- 包括黑色和 CMY：当需要执行叠印动作的图稿中的颜色包含青色、洋红、黄色以及黑色时，需要选中该复选框。
- 包括黑色专色：当需要执行叠印动作的图稿和与其相同的印刷色中涵盖指定百分比黑色的专色时，需选中该复选框。

注意：如果要叠印的图稿中包含印刷色以及指定的百分比黑色专色，需同时选中【包括黑色和 CMY】和【包括黑色专色】两个复选框。

B03.3　常用调色工具

1. 调整色彩平衡

调整色彩平衡是图像处理中的一个重要环节，它影响着所有画面色彩的精确度与色彩风格，它可以用于矫正图片偏色的现象，我们也可以根据自己的喜好进行调整。

选择图稿，执行【编辑】-【编辑颜色】-【调整色彩平衡】菜单命令，打开【调整颜色】对话框，如图 B03-32 所示。

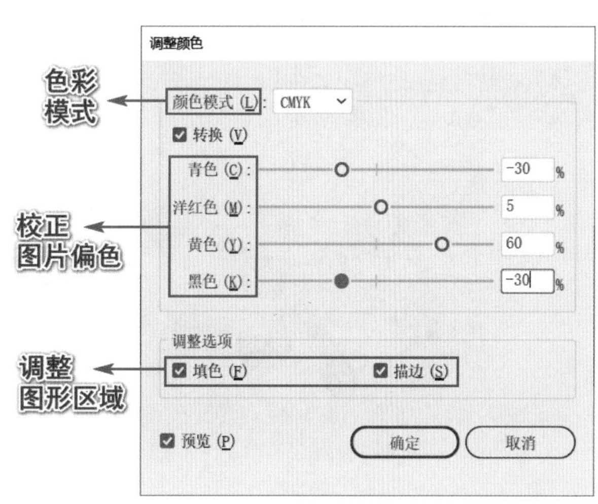

图 B03-32

移动青色、洋红色、黄色和黑色的滑块（范围是 -100% ～ 100%），可以直接看到图稿的颜色变化，如图 B03-33 所示。

图 B03-33

2. 调整饱和度

执行【编辑】-【编辑颜色】-【调整饱和度】菜单命令，弹出【饱和度】对话框，如图 B03-34 所示。向右移动滑块是增加饱和度，向左移动滑块是降低饱和度。饱和度的范围值是 -100% ～ 100%，也可以手动输入数值。

调整滑块可以看出，饱和度越高，色彩越鲜艳。饱和度偏低，则图稿整体颜色偏灰白，如图 B03-35 所示。

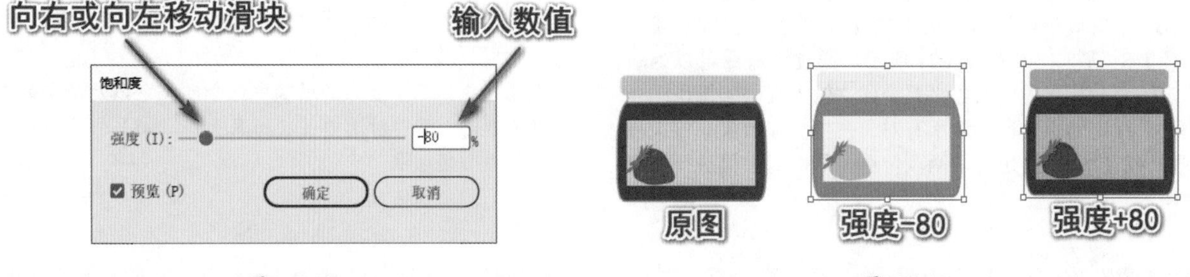

图 B03-34　　图 B03-35

B03.4　实例练习——重新着色插画素材

本实例练习完成的效果如图 B03-36 所示。

素材作者：freepik.com

图 B03-36

制作步骤

01 打开本课素材，执行【编辑】-【颜色编辑】-【重新着色图稿】菜单命令，若要更改图稿的颜色风格，可在此面板中选择【预设】-【颜色库】选项，重新指定一个风格，如图 B03-37 所示。

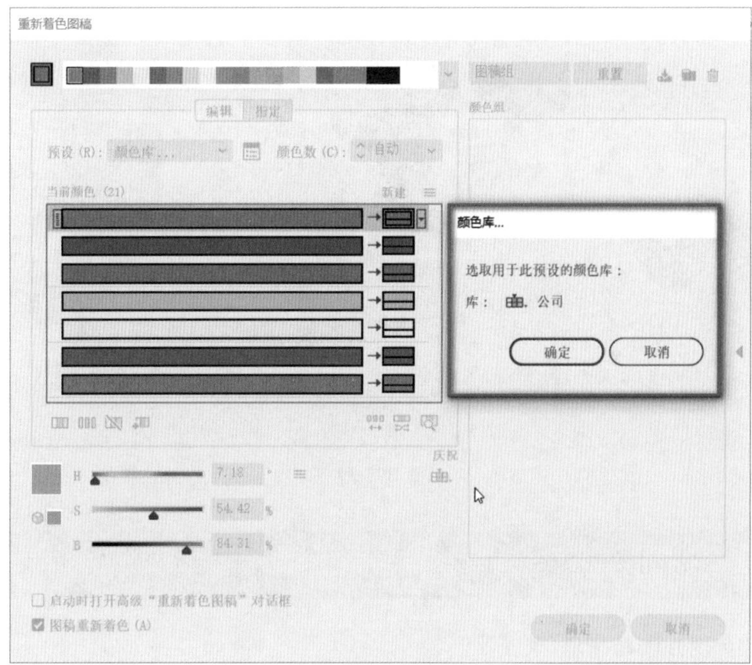

图 B03-37

02 也可通过色轮手动调整配色（见图 B03-38），效果如图 B03-39（a）所示。

03 若想更改其中的某一个颜色，可在色轮中双击要修改的颜色，弹出【拾色器】对话框，在此即可修改，如图 B03-39（b）所示。

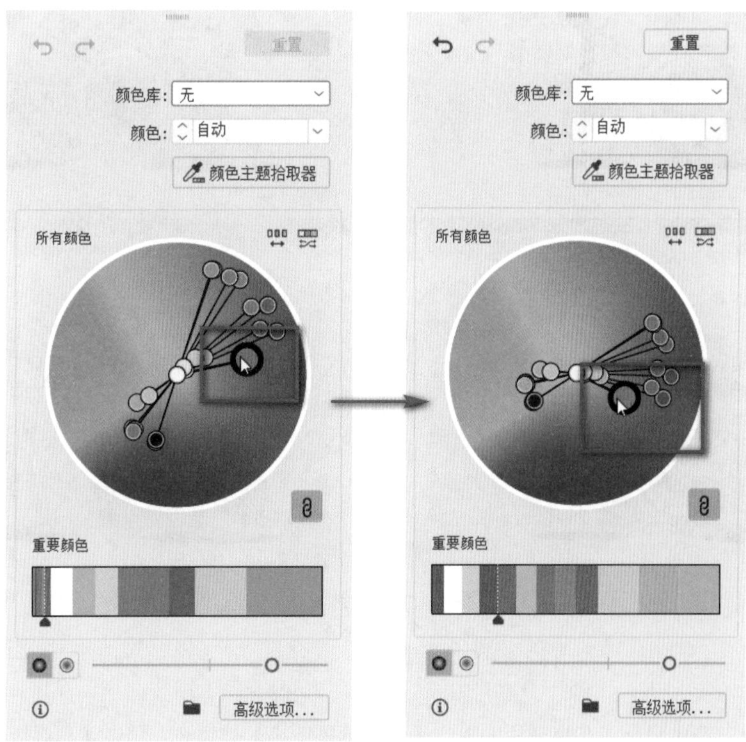

图 B03-38

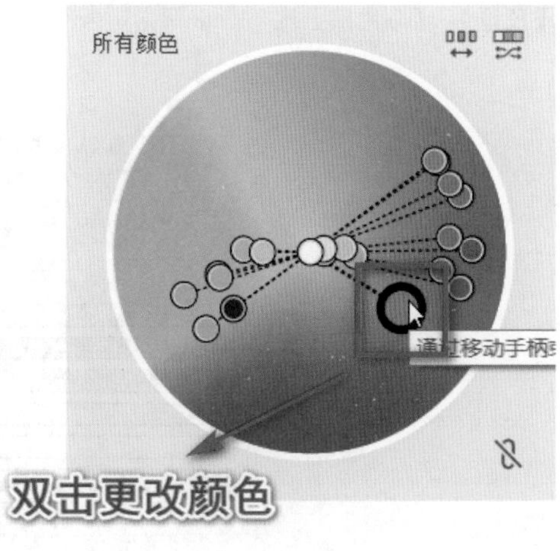

（a）　　　　　　　　（b）

图 B03-39

B03.5　综合案例——摄影主题插画

本综合案例完成的效果如图 B03-40 所示。

图 B03-40

制作步骤

01 置入本课案例素材，选中素材，在控制栏中单击【重新着色图稿】按钮，单击【高级选项】按钮。可在【当前颜色】栏中对素材进行重新着色；也可选择【预设】-【颜色库】选项，选择颜色库，如图 B03-41 所示。

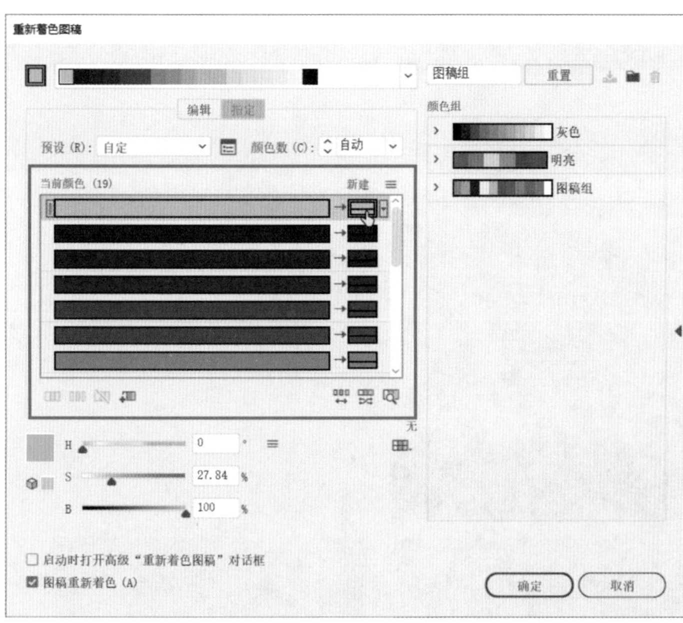

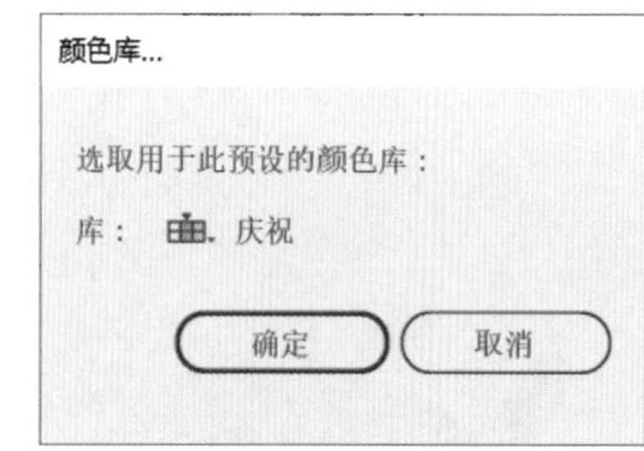

图 B03-41

02 将自定义的颜色保存在颜色组中，这些颜色也可在【色板】面板中应用，如图 B03-42 所示。

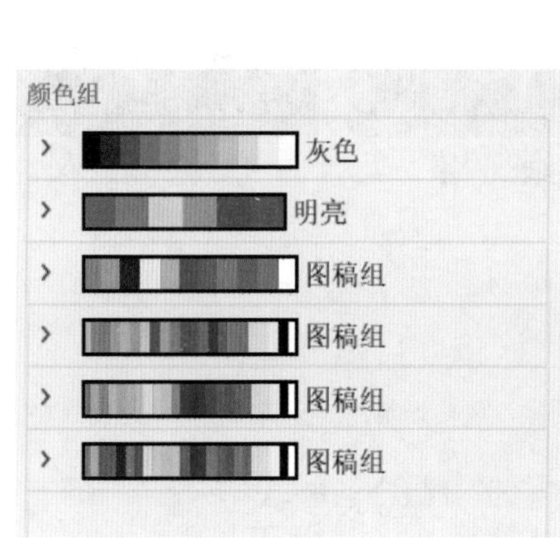

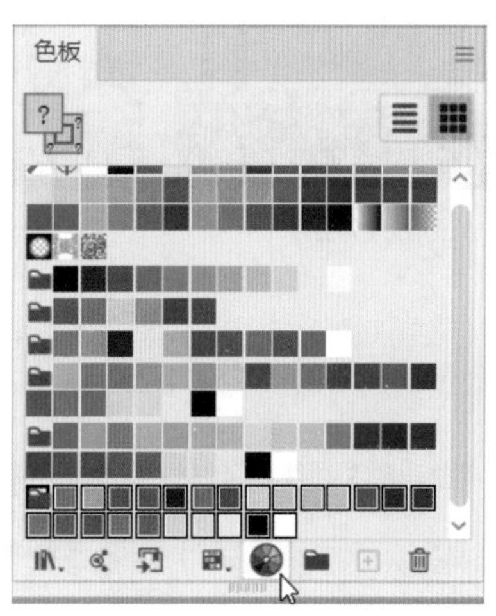

图 B03-42

03 若当前颜色丢失或想重置当前颜色，选中需要重置颜色的插画组，再打开【色板】面板，单击【重新着色图稿】按钮，即可看到插画组被上色，如图 B03-43 所示。

图 B03-43

B03.6 作业练习——不同颜色风格的插画

本作业练习完成的效果如图 B03-44 所示。

金属风格　中世纪风格　文艺复兴风格

素材作者：freepik.com

图 B03-44

作业思路

主要使用【重新着色图稿】功能，可以对图稿进行不同的颜色风格设定，如金属风格、中世纪风格、文艺复兴风格等。

总结

色彩是一门大学问，Illustrator 为设计者提供了非常便利的色彩设计工具和参考方案，使用【重新着色图稿】功能可以快速改变色彩方案。另外，本课还讲解了更多着色、调色技巧，请根据不同的情况灵活使用。

读书笔记

混合对象是指在两个或两个以上的对象之间创建平均分布的形状或颜色，可以创建平滑的过渡，还可以实现不同颜色的渐变过渡，不仅可以创建图形混合，也可以对颜色进行混合，如图 B04-1 所示。

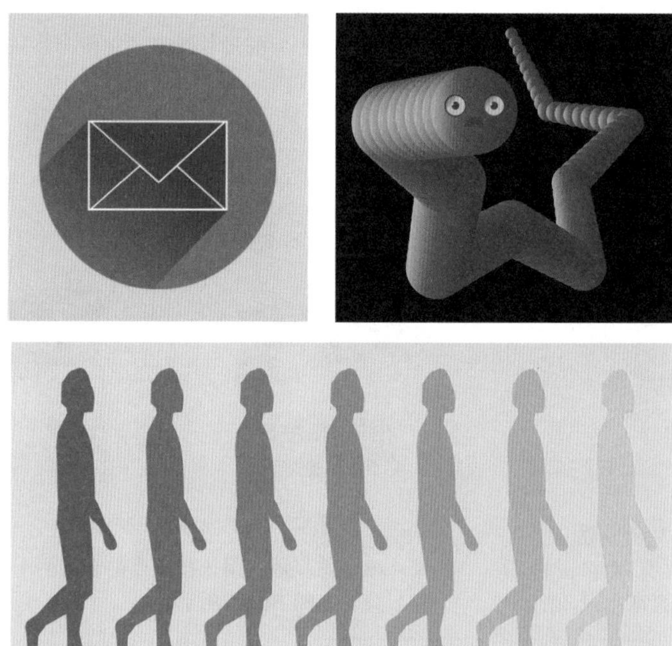

图 B04-1

B04.1　创建混合对象

选择两个对象，在工具栏中双击【混合对象】按钮，或者执行【对象】-【混合】-【混合选项】菜单命令，弹出【混合选项】对话框，设置【间距】及【取向】，单击【确定】按钮，再分别单击这两个对象，或全选对象，执行【对象】-【混合】-【建立】菜单命令，即可完成混合对象的创建，如图 B04-2 所示。

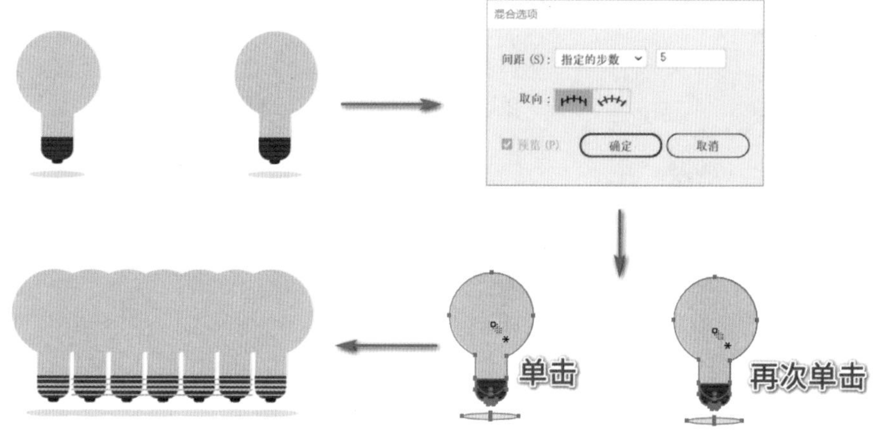

图 B04-2

B04课

混合对象

合体，变身！

B04.2　混合选项

双击【混合对象】按钮，或者执行【对象】-【混合】-【混合选项】菜单命令，弹出【混合选项】面板，如图 B04-3 所示。

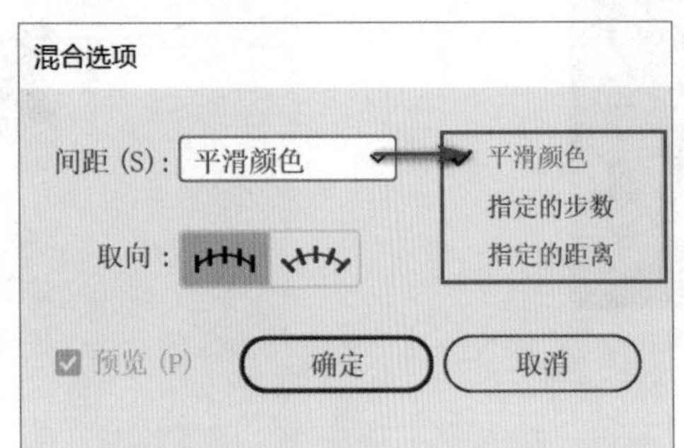

图 B04-3

- 间距：确定要添加到混合的步骤数。
  - 平滑颜色：根据两个对象自动计算出混合步数。如果两个对象的颜色不同，则计算出来的步数将根据颜色平滑过渡计算出最佳的步数；如果两个对象的颜色、渐变或者图案相同，则根据两个对象定界框边缘之间的最长距离计算得出步数，如图 B04-4 所示。

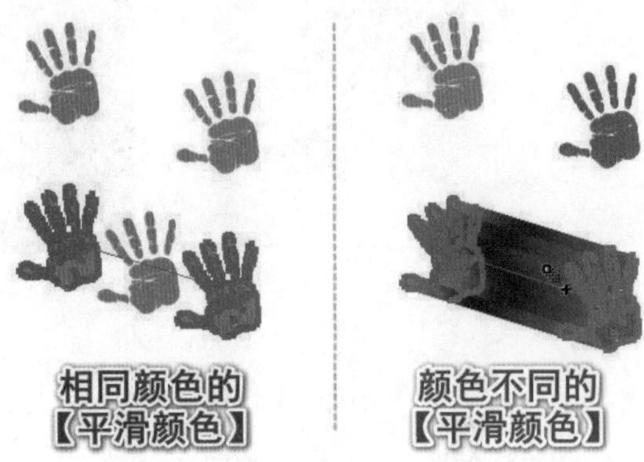

图 B04-4

  - 指定的步数：用来指定要混合的两个对象之间的步数，如图 B04-5 所示。

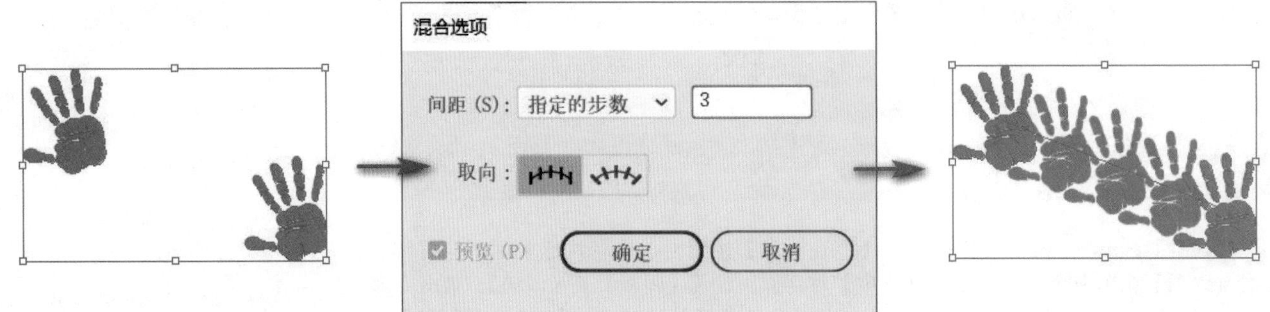

图 B04-5

  - 指定的距离：用来指定要混合的两个对象之间的距离，如图 B04-6 所示。

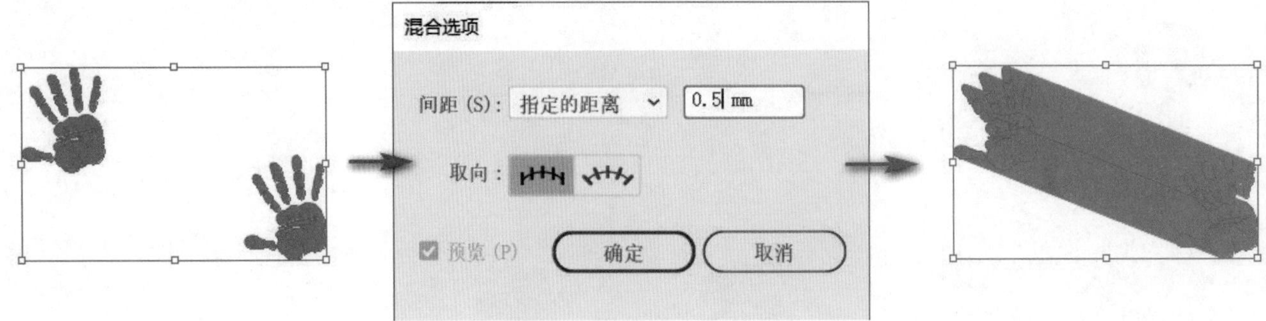

图 B04-6

- 取向：确定两个对象混合的方向。
  - 对齐页面：使混合垂直于页面的 X 轴。
  - 对齐路径：使混合垂直于路径。

B04.3 编辑混合对象

混合轴是指混合对象中的所有对象对齐于一条路径。在默认情况下，混合轴普遍会形成一条直线。

1. 调整混合轴的形状

使用【直接选择工具】拖动混合轴上的锚点或拖动路径段，即可调整混合轴的形状和角度，如图 B04-7 所示。

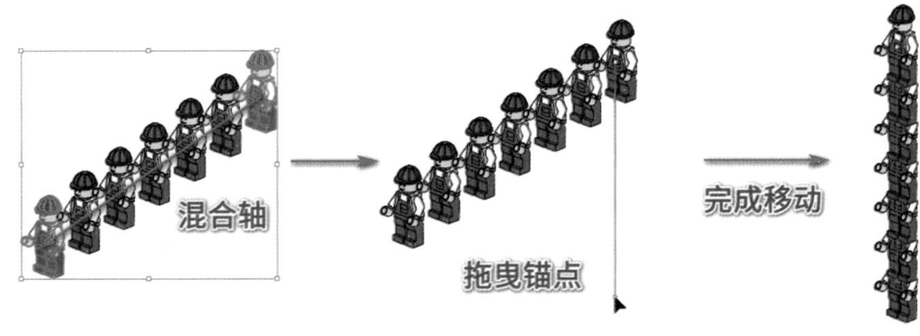

图 B04-7

豆包：我们用这种方式做出来的每个对象之间的距离都是相等的，如果想让它有一种发散随机的关系，该怎么做呢？

每个混合对象都有一条路径，这个路径可以用【直接选择工具】和【钢笔工具】调整，所以可以用【直接选择工具】选取路径两端的锚点，使其变平滑，然后用锚点的手柄改变发散关系，如图B04-8所示。

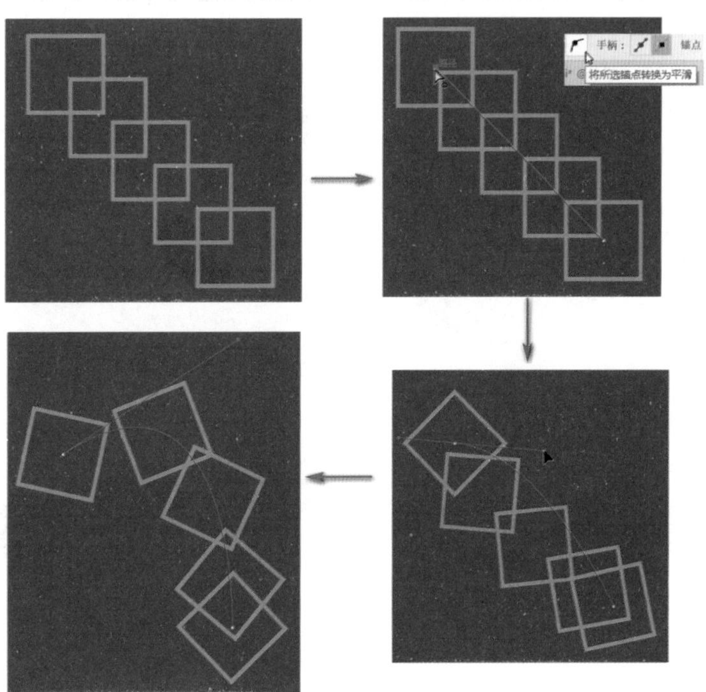

图 B04-8

2. 替换混合轴

【混合工具】的进阶用法就是替换混合轴，替换混合轴就是将混合后的对象沿着某一路径进行变化。重新绘制一个对象作为新的混合轴，选择混合轴对象和混合对象，执行【对象】-【混合】-【替换混合轴】菜单命令，如图 B04-9 所示。

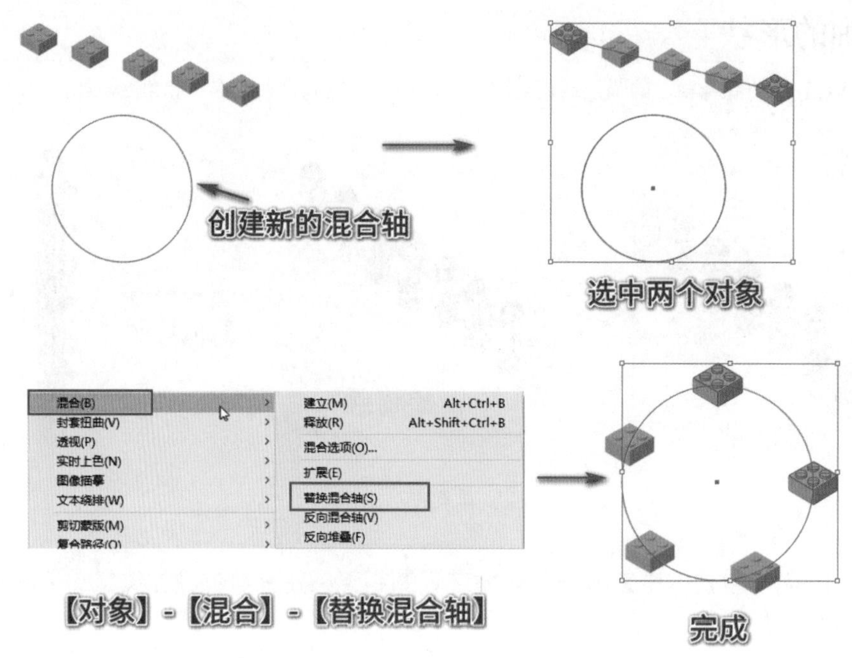

图 B04-9

3. 颠倒混合顺序

选择混合对象，执行【对象】-【混合】-【反向混合轴】菜单命令，如图 B04-10 所示。

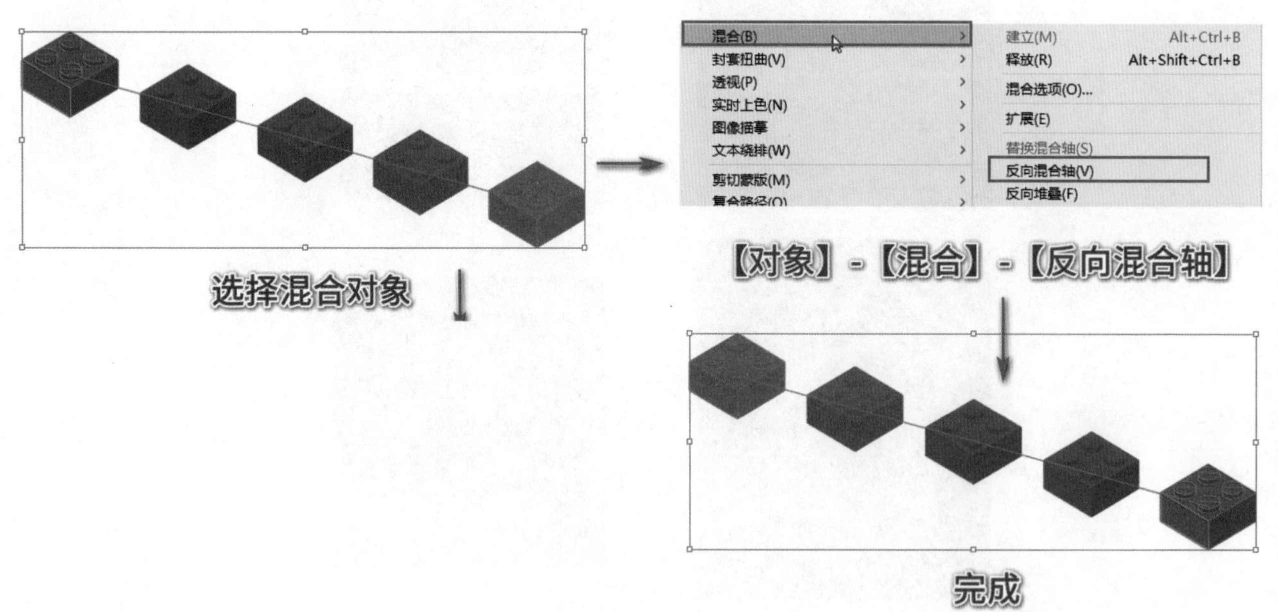

图 B04-10

豆包：如果两个对象同时有多个外观属性，想要将两个对象进行混合，会如何变化呢？

若两个对象同时具有多个外观属性（描边、填色或效果），Illustrator 也会试图混合，如图B04-11所示。

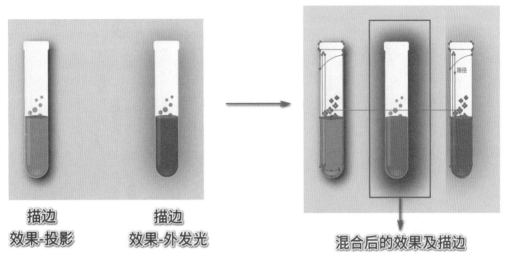

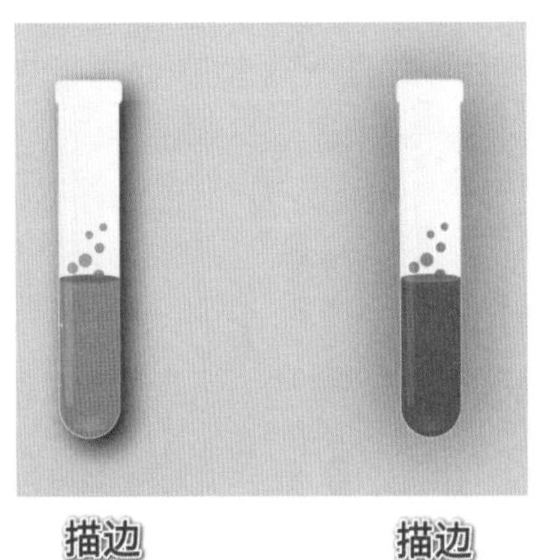

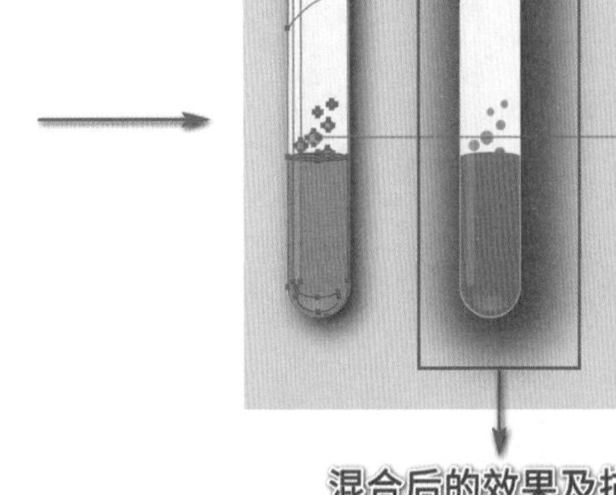

图 B04-11

B04.4 释放 / 扩展混合对象

释放混合对象即恢复到原始对象，而扩展混合对象可将混合的部位分割成多个不同的对象，可以编辑其中任意一个对象。

1. 释放混合对象

选择混合对象，执行【对象】-【混合】-【释放】菜单命令，即可恢复到混合前的原始对象，快捷键为Alt+Shift+Ctrl+B。

2. 扩展混合对象

选择混合对象，执行【对象】-【混合】-【扩展】菜单命令，即可将其扩展为普通路径对象，如图 B04-12 所示。

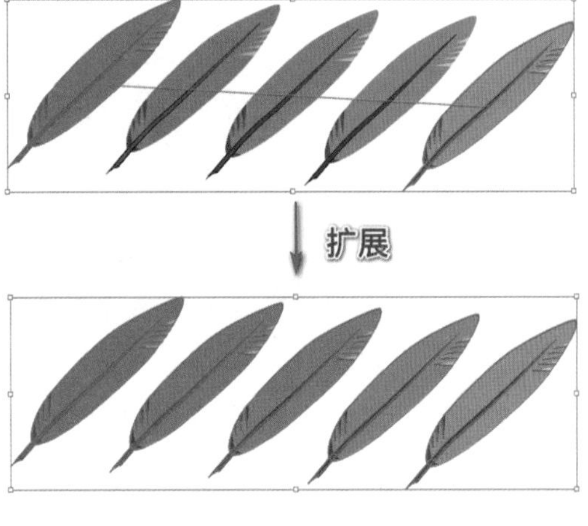

图 B04-12

B04.5 实例练习——制作创意字体

本实例练习最终完成的效果如图 B04-13 所示。

图 B04-13

制作步骤

01 新建文档，设置尺寸为 A4，【颜色模式】为【RGB 颜色】。

02 制作背景。使用【矩形工具】创建宽 28 毫米、高 210 毫米的“长方形 1”，设置【填色】为浅橘色，再创建相同大小的“长方形 2”，【填色】为深橘色，分别将“长方形 1”和“长方形 2”放在画板的左右两侧，如图 B04-14 所示。

图 B04-14

03 选择“长方形 1”和“长方形 2”，双击【混合工具】按钮，在弹出的对话框中设定【间距】为【平滑颜色】，【取向】为【对齐页面】，如图 B04-15 所示。

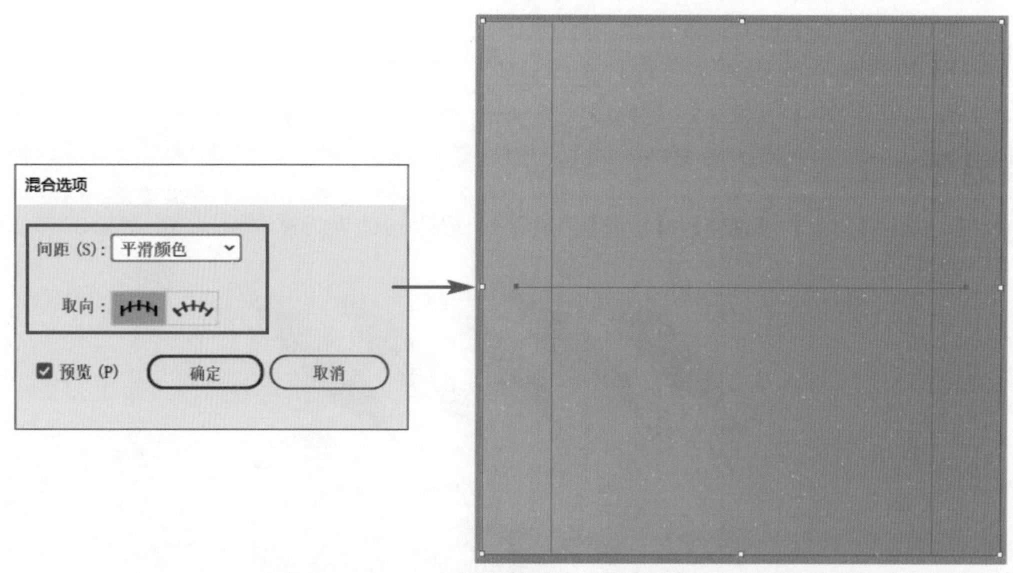

图 B04-15

04 使用【钢笔工具】绘制英文字母 P 的形状，设置【描边】为无，再使用【椭圆工具】创建正圆，使用【渐变工具】填充渐变，并设置【渐变类型】为【线性渐变】，左色标为白色，右色标为浅橘色，复制出多个正圆，调整各个正圆大小并将这些正圆按照字母 P 的路径摆放，如图 B04-16 所示。

05 同时选中 P 路径和这些渐变正圆，按 Alt+Ctrl+B 快捷键建立混合对象，如图 B04-17 所示。

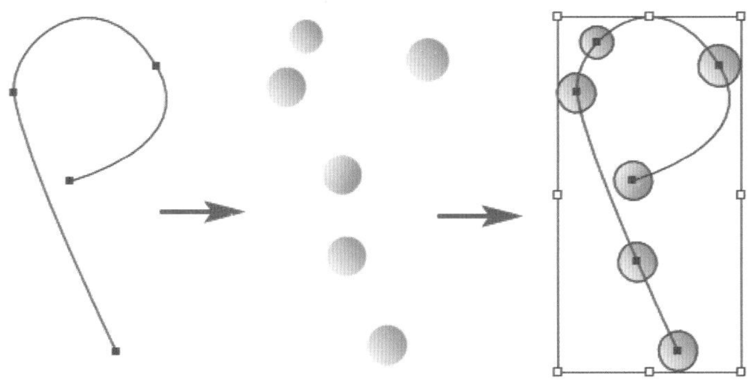

图 B04-16

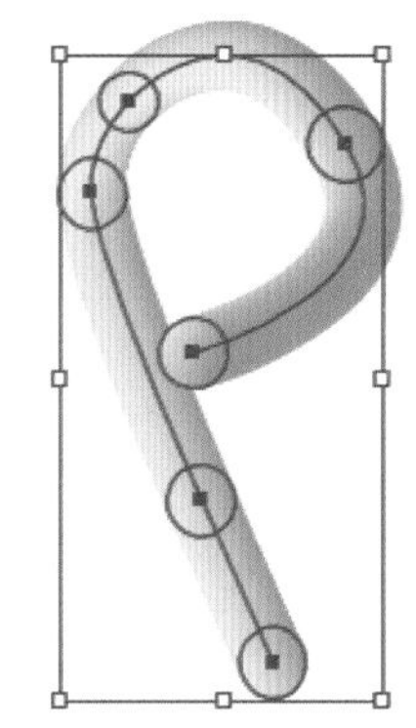

图 B04-17

06 制作字母 L 的创意字体。同样使用【钢笔工具】绘制英文字母 L 的拆分形状，设置【描边】为无，选择两个渐变正圆，使用【混合工具】设置参数，选中路径以及混合后的渐变正圆，执行【对象】-【混合】-【替换混合轴】菜单命令，如图 B04-18 所示。

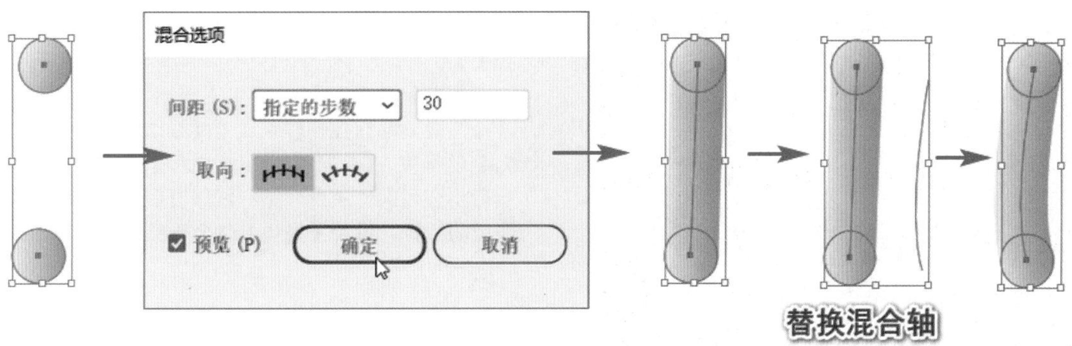

图 B04-18

07 字母 L 的另一部分可参考步骤 6 中字母 L 上半部分的制作方法，完成后将两个部分拼接到一起，如图 B04-19 所示。

08 字母 AY 的制作方法与字母 L 相同，可参考步骤 6，完成后将这些笔画拼接到一起，如图 B04-20 所示。

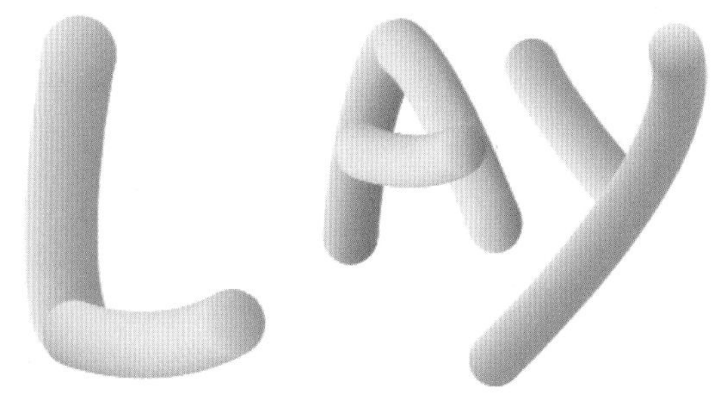

图 B04-19　　图 B04-20

09 选择所有字母，按 Ctrl+G 快捷键进行编组，并将其放在背景的中间位置，如图 B04-21 所示。

图 B04-21

10 创建装饰素材。使用【星形工具】创建“星星 1”，设置【填色】为淡橙色，再次创建“星星 2”，设置【填色】为橙色，在控制栏中设置【不透明度】为 30%，然后使用【混合工具】，设定【间距】为【平滑颜色】，【取向】为【对齐页面】，效果如图 B04-22 所示。

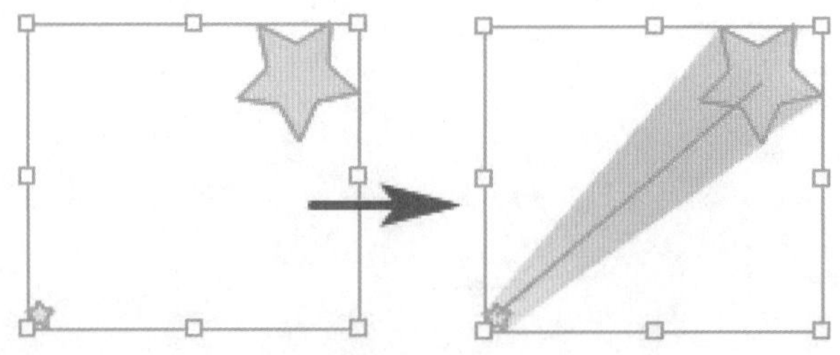

图 B04-22

11 复制多个星星扫尾，用【直接选择工具】调整“星星 2”的不透明度，然后将这些星星随机摆放，最终效果如图 B04-13 所示。

B04.6　综合案例——赛事海报设计

本综合案例最终完成的效果如图 B04-23 所示。

图 B04-23

制作步骤

01 新建文档，设置尺寸为 A4，【颜色模式】为【RGB 颜色】。

02 绘制“凤凰”。使用【钢笔工具】创建多条平滑的路径线段，并在控制栏中设置【描边】为 1pt，【描边】颜色为金色渐变，【变量宽度配置文件】为【宽度配置文件 1】。然后将金色的“凤凰”路径线段复制一份，缩小并调整路径线段的位置，设置【描边】颜色为黑色，如图 B04-24 所示。

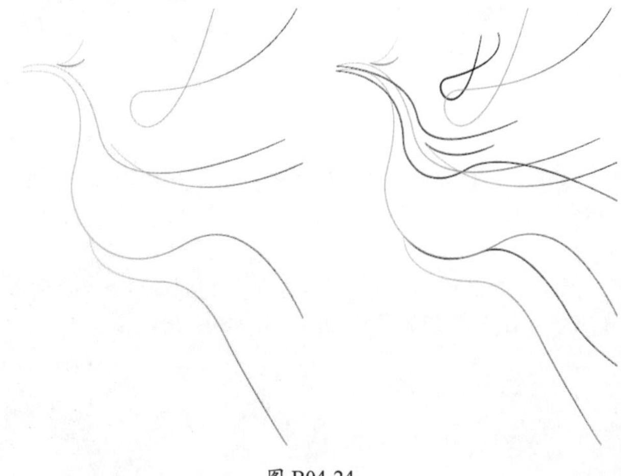

图 B04-24

03 将金色线段与黑色线段进行混合。选中这两条线段，按 Ctrl+Alt+B 快捷键建立混合，双击【混合工具】打开【混合工具】对话框，设定参数如图 B04-25 所示。

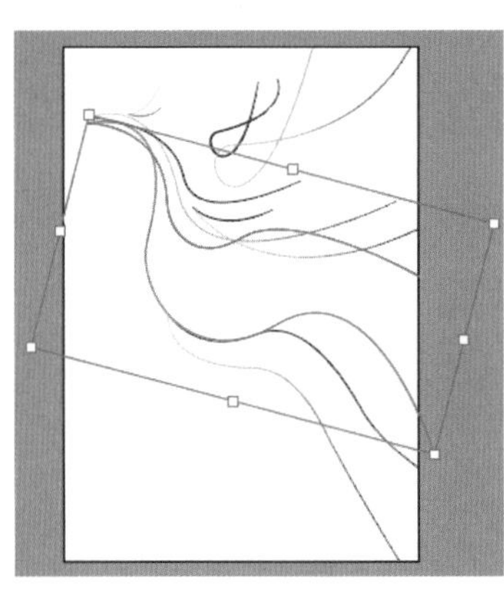

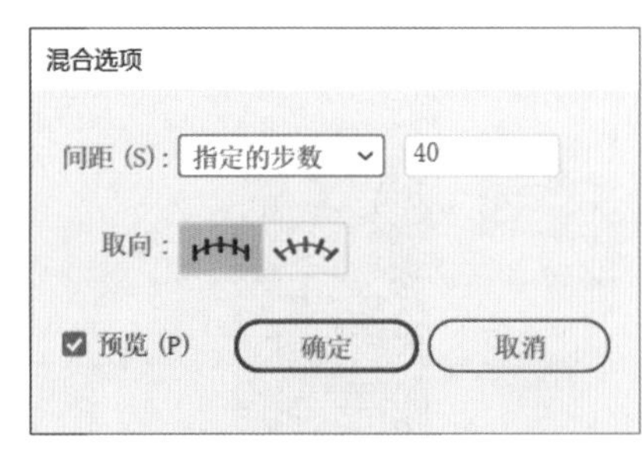

图 B04-25

04 其他路径线段的操作与步骤 3 的操作方法相同。将其他金色渐变线段与黑色线段分别进行混合，并调整【混合间距】以及前后关系，如图 B04-26 所示。

05 使用【矩形工具】创建海报的背景颜色，设置【填色】为黑色，按 Ctrl+2 快捷键锁定背景，如图 B04-27 所示。

图 B04-26

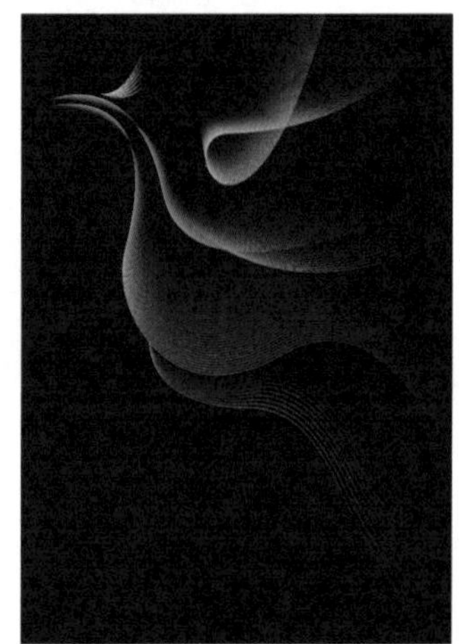

图 B04-27

06 使用【文字工具】创建大赛标题“飞凤杯 创意设计大赛”，设置字体样式和颜色，如图 B04-28 所示。

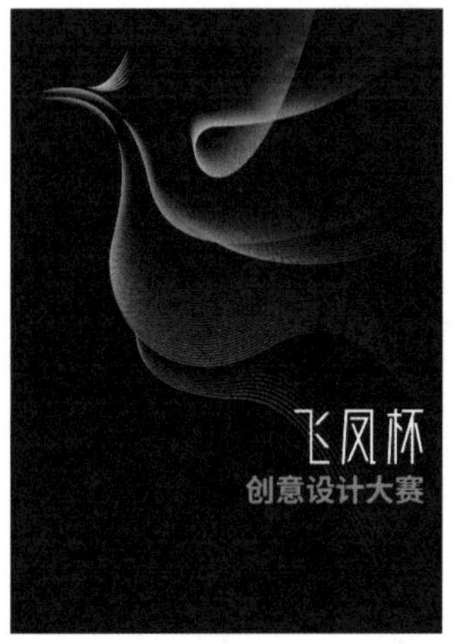

图 B04-28

07 最后对海报的其他文字信息如“大赛流程”“承办单位”“活动主题”等进行排版，最终效果如图 B04-23 所示。

B04.7 作业练习——设计展广告

本作业练习最终完成的效果如图 B04-29 所示。

图 B04-29

作业思路

使用【矩形工具】区分每个区域的大小，并填充颜色；使用【钢笔工具】【椭圆工具】【多边形工具】【文字工具】【区域文字工具】和【混合工具】组合做出不同的视觉效果；最后在画面的四周添加一些文字信息。

总结

本课学习了【混合工具】的使用方法，通过【混合工具】选项可创建不同间距的混合效果，掌握了原理后，就需要多加观察和练习，才能更好地应用到日后的设计中。

符号是储存在【符号】面板中可以重复使用的图稿对象，Illustrator 包含许多不同类型的预设符号，也可以自定义符号。可以使用【符号工具】对符号进行智能创建及调整，图 B05-1 所示为使用符号工具完成的作品。

图 B05-1

B05.1 符号面板

【符号】面板中包含许多预设符号，也可以自己创建符号对象并添加到【符号】面板中。执行【窗口】-【符号】菜单命令（Shift+Ctrl+F11），即可打开【符号】面板，如图 B05-2 所示。

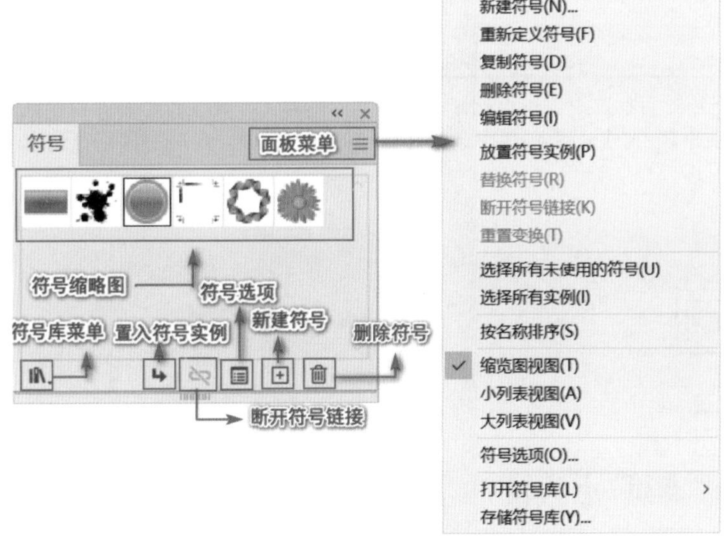

图 B05-2

◆ 符号缩略图

在符号缩略图中选择一个符号，按住鼠标左键可直接将其拖入画布中创建符号，或根据类型从【符号库菜单】中选择其他符号，还可以执行【窗口】-【符号库】菜单命令创建符号。

◆ 新建符号

选择想要新建的符号，单击【符号】面板上的【新建符号】按钮，弹出【符号选项】对话框，可以修改符号名称及类型等参数，然后单击【确定】按钮即可完成符号创建。

◆ 删除符号

在符号缩略图中选择要删除的符号，单击【符号】面板上的【删除符号】按钮，即可删除符号。

1. 移动符号

单击符号并移动，当在所需移动到的位置出现一条黑线时松开鼠标，即可移动符号，如图 B05-3 所示。

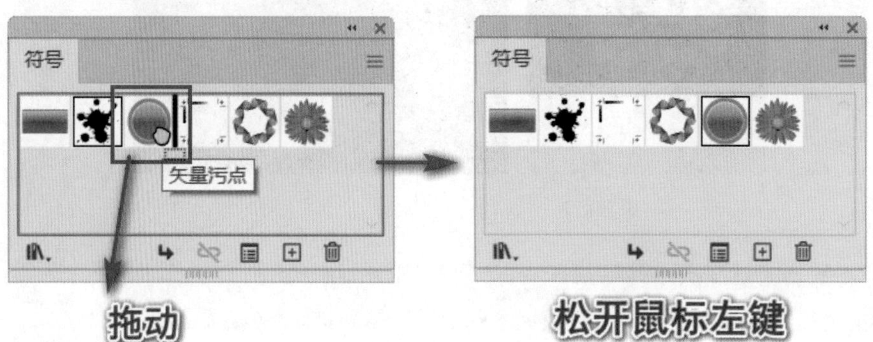

图 B05-3

2. 符号排序

选择【符号】面板菜单中的【按名称排序】选项即可按字母顺序排列符号。

3. 复制符号

复制【符号】面板中的符号是创建新符号的简单方法。也可创建一个符号的副本，即在【符号】面板中选择一个符号，将该符号拖动到【新建符号】按钮上，或者在【符号】面板菜单中选择【复制符号】选项，均可创建符号副本，如图 B05-4 所示。

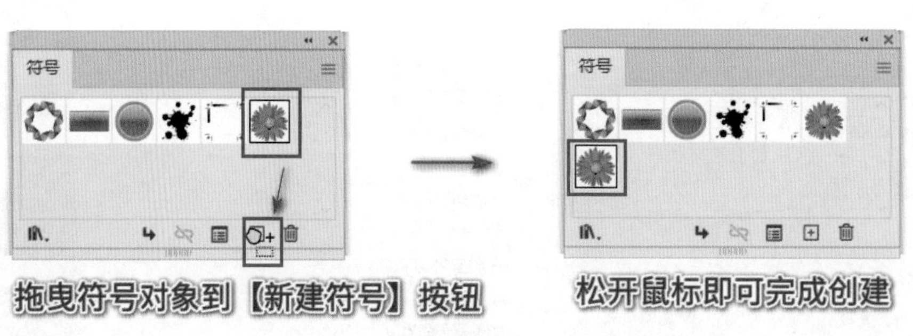

图 B05-4

4. 重命名符号

在【符号】面板中选择需要重新命名的符号，打开【符号】面板菜单，选择【符号选项】选项，在弹出的对话框中重新输入符号名称即可。

5. 置入或创建符号

◆ 置入符号

在【符号】面板中按住并拖曳符号到希望其在画板上显示的位置，也可选中符号并在【符号】面板菜单中选择【放置符号实例】选项，即可置入符号，如图 B05-5 所示。

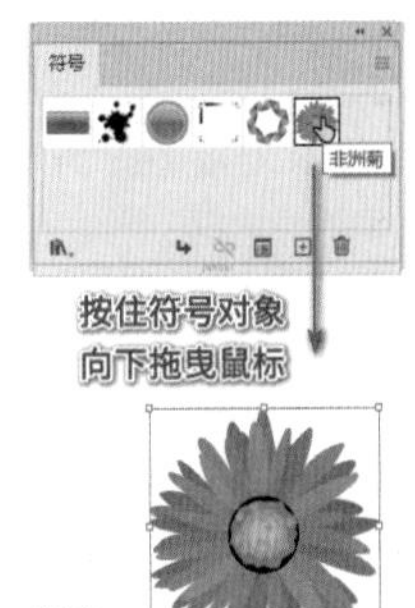

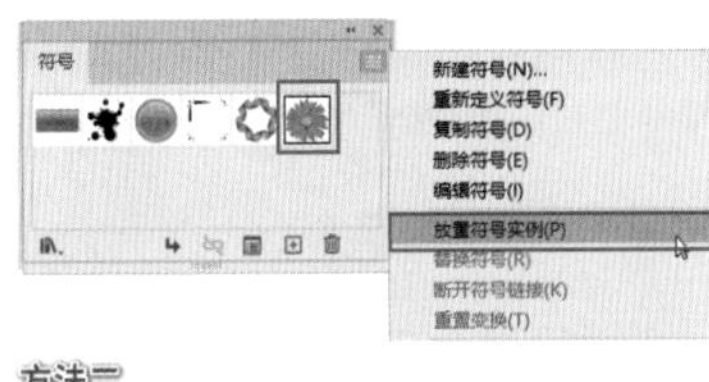

扩展知识

将应用到文件中的符号称为实例，实例和符号之间存在着链接。例如，编辑符号，实例也将随着符号的更新而更新。

图 B05-5

◆ 创建符号

选择一个要用作符号的对象，将其拖动到【符号】面板中。或者在面板菜单中选择【新建符号】选项，在弹出的【符号选项】对话框中更改新建符号的名称，并进行相关设置，即可创建一个新符号，如图 B05-6 所示。

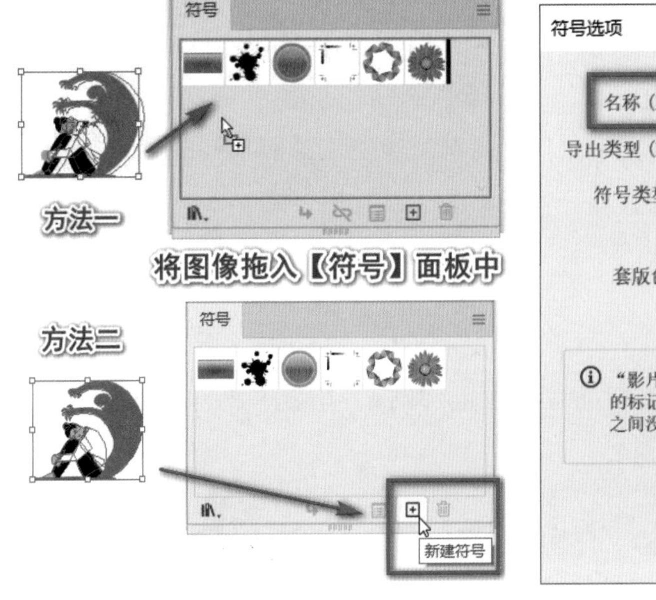

图 B05-6

- 名称：设置新符号的名称。
- 导出类型：包含【影片剪辑】和【图形】两种类型。在 Animate（Flash）和 Illustrator 软件中，【影片剪辑】通常为默认符号导出类型。
- 符号类型：包含【动态符号】和【静态符号】两种类型。
- 套色版：用于设置符号的锚点位置。锚点位置用于确定符号在屏幕中的具体位置，通常情况下，锚点位置会影响符号在屏幕坐标中的位置。启用 9 格切片缩放的参考线，如果要在 Animate 中使用 9 格切片缩放，需选中该复选框。

豆包：所有对象都可以创建符号吗？

并不是所有对象都可以创建符号，只有路径、复合路径、文本、栅格图像、网格对象和对象组可以用来创建符号。注意，不可以用链接图稿创建符号；还有在创建动态符号时，不可以包含文本、置入的图像或网格对象。

6. 使用符号实例

可以对符号实例执行如移动、缩放、旋转、倾斜或对称等操作；还可以在【透明度】【外观】【图形样式】面板中对符号实例执行任何操作，如图 B05-7 所示，也可以应用【效果】菜单中的任何效果。但是，如果想修改符号实例中的某个部分，必须将该符号实例先进行【扩展】。但扩展时会断开符号和符号实例之间的链接，并且会将该实例转为常规的对象。

图 B05-7

7. 修改符号实例

选择一个符号，单击【符号】面板中的【断开符号链接】按钮，即可对符号进行修改，如图 B05-8 所示。

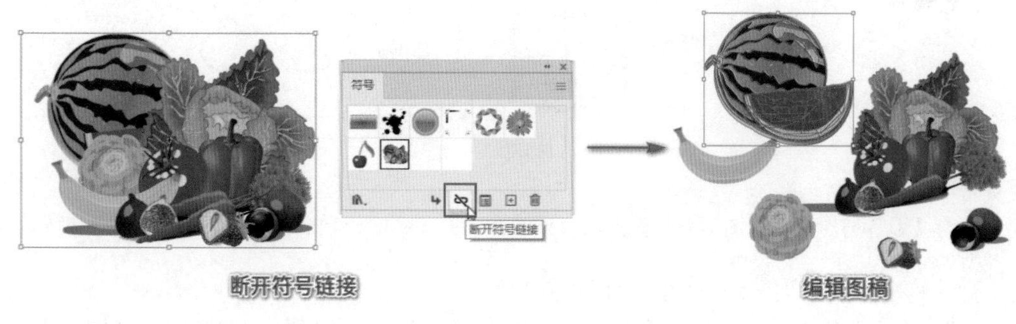

图 B05-8

8. 编辑或重新定义符号

通过更改符号的图稿可编辑符号，也可以使用新的图稿对象替换旧的符号，从而重新定义该符号。编辑符号和重新定义符号会更改该符号在【符号】面板中的外观，以及所有画板中有此符号的所有符号实例。

◆ 编辑符号

双击符号的实例，弹出对话框，单击【确定】按钮；或者双击【符号】面板中的符号，画板中会显示此符号的临时实例，并进入隔离模式，在画板的左上角可单击【退出隔离模式】按钮，也可按 Esc 键退出隔离模式，如图 B05-9 所示。

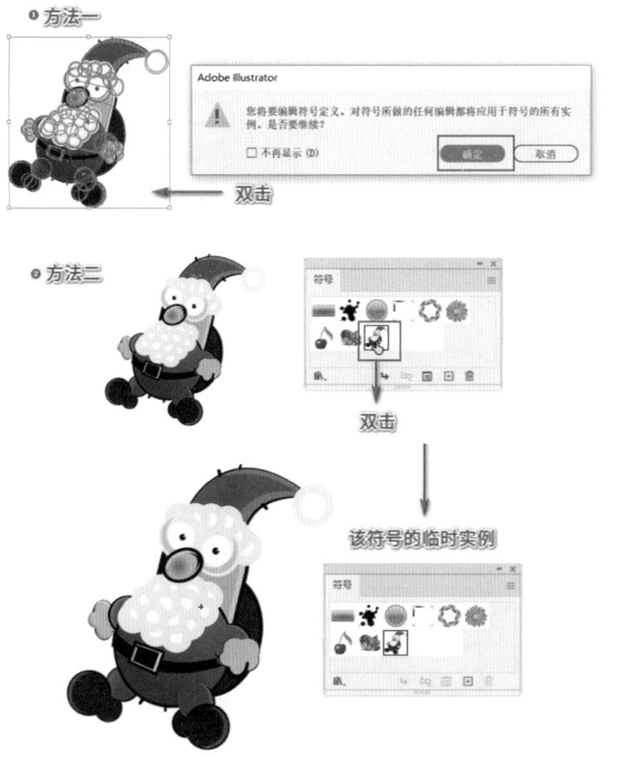

图 B05-9

◆ 重新定义符号

选择现有的图稿对象（要保证选择的图稿是原始图稿，不是符号实例），在【符号】面板中选择要被重新定义的符号，并在面板菜单中选择【重新定义符号】选项即可重新定义符号，如图 B05-10 所示。

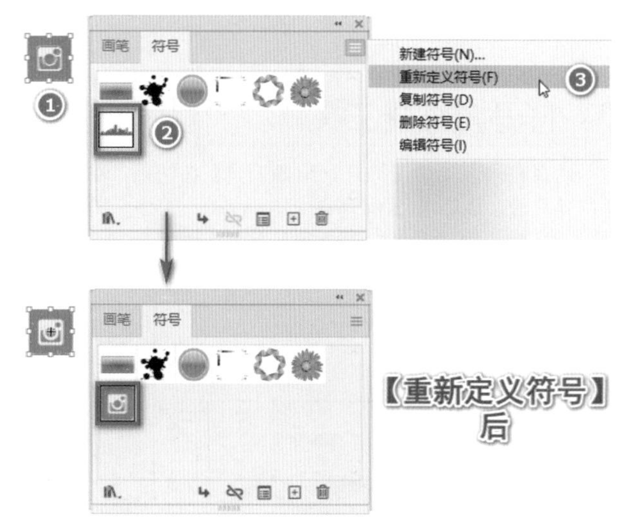

图 B05-10

B05.2 符号工具

在工具栏中右击【符号喷枪工具】按钮，弹出【符号工具】选项菜单，如图 B05-11 所示。

图 B05-11

1. 符号喷枪工具

在【符号】面板中选择一个符号，单击【符号喷枪工具】按钮，按住鼠标在画布上拖动或者在画布上长按，可以一次性将一个符号大量地添加到画板上。按住 Alt 键则会删减创建的符号，如图 B05-12 所示。

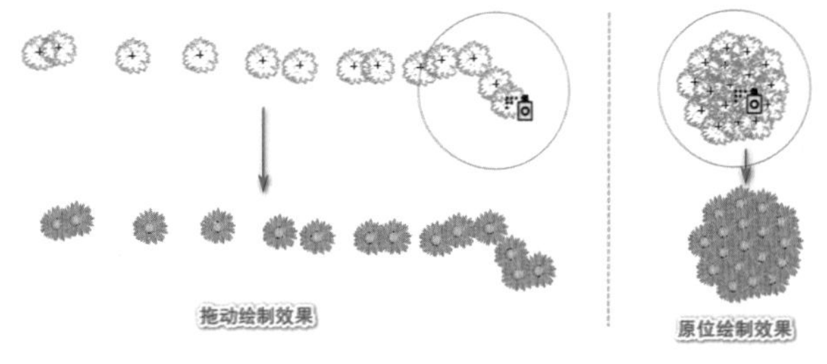

图 B05-12

2. 符号移位器工具

选择要移动的符号，单击【符号位移器工具】按钮，按住鼠标向想要移动的方向拖动即可，如图 B05-13 所示。在使用【符号位移器工具】移动符号时，按住 Shift 键即可将符号向前移动一层，按住 Shift+Alt 键可将符号向后移动一层。

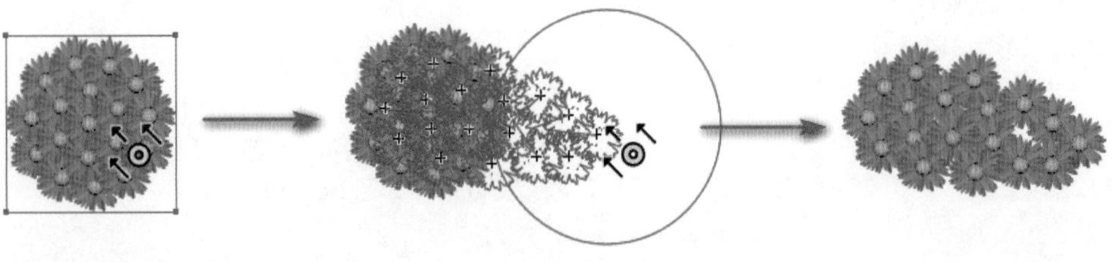

图 B05-13

3. 符号紧缩器工具

选择符号，单击【符号紧缩器工具】按钮，单击、拖动或长按即可使符号集中，按住 Alt 键单击、拖动或长按则可以使符号分散，如图 B05-14 所示。

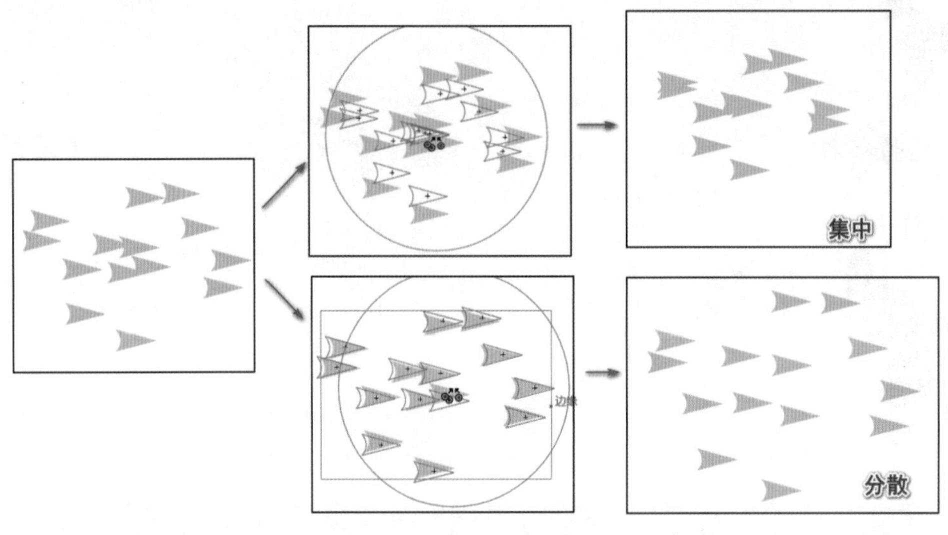

图 B05-14

4. 符号缩放器工具

使用【符号缩放器工具】可以调整符号的大小。选择符号，单击【符号缩放器工具】按钮。单击、拖动或长按符号，即可放大符号实例；按住 Alt 键单击、拖动或长按符号，即可缩小符号；按住 Shift 键单击、拖动或长按，缩放时则会保持符号的尺寸比例，如图 B05-15 所示。

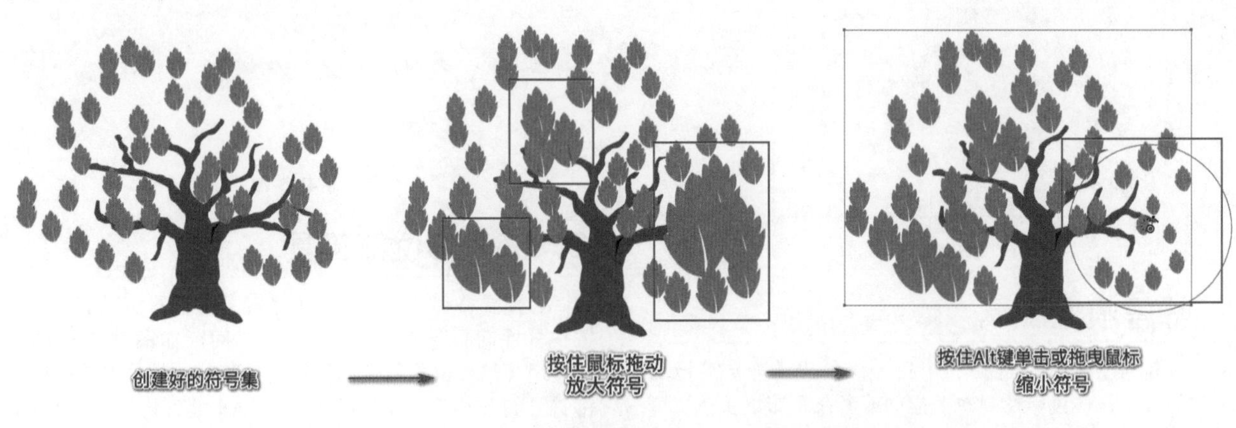

图 B05-15

5. 符号旋转器工具

使用【符号旋转器工具】可以旋转符号。选择符号，单击【符号旋转器工具】按钮，按住鼠标朝相应的方向拖动即可，如图 B05-16 所示。

图 B05-16

6. 符号着色器工具

使用【符号着色器工具】可以对符号实例更改色调，同时保留原始明度。选择符号，在【颜色】面板中选择想要更改的颜色，单击【符号着色器工具】按钮。单击、拖动或长按符号实例即可上色，按的时间越长，上色量越多；按住 Alt 键，单击、拖动或长按即可逐渐减少着色量，如图 B05-17 所示。

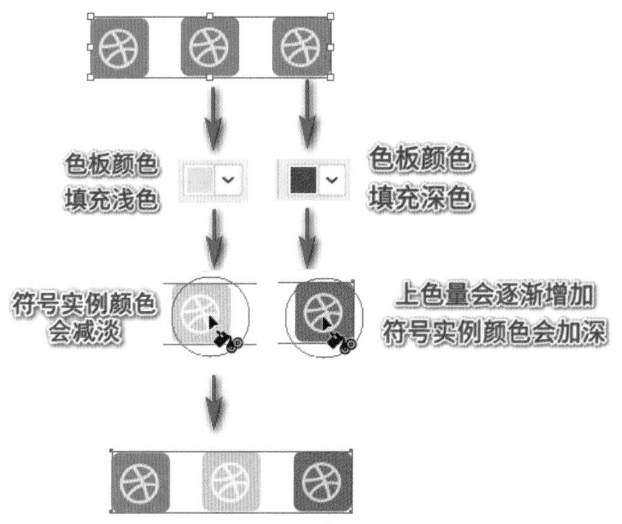

图 B05-17

7. 符号滤色器工具

使用【符号滤色器工具】可以调整符号的透明度。选择符号，单击【符号滤色器工具】按钮，单击、拖动或长按可使符号变得透明，按住 Alt 键则执行相反的操作，如图 B05-18 所示。

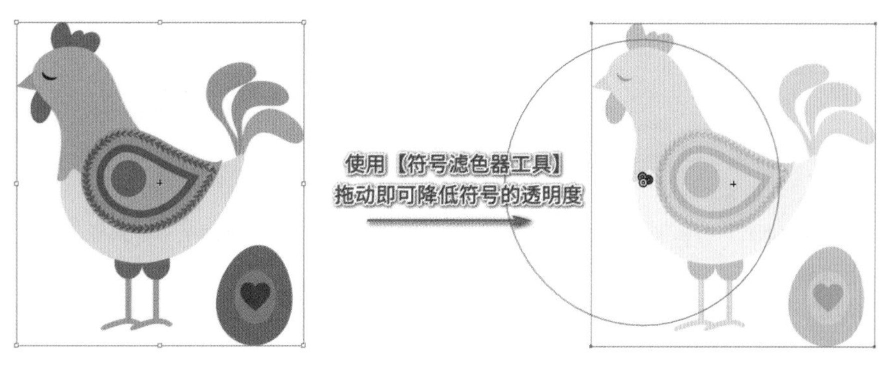

图 B05-18

8. 符号样式器工具

选择符号，执行【窗口】-【图形样式】菜单命令，选择一种样式，然后单击【符号样式器工具】按钮，单击、拖动或长按即可为符号添加图形样式，按住 Alt 键操作会降低【图形样式】强度并趋于原始符号样式，如图 B05-19 所示。

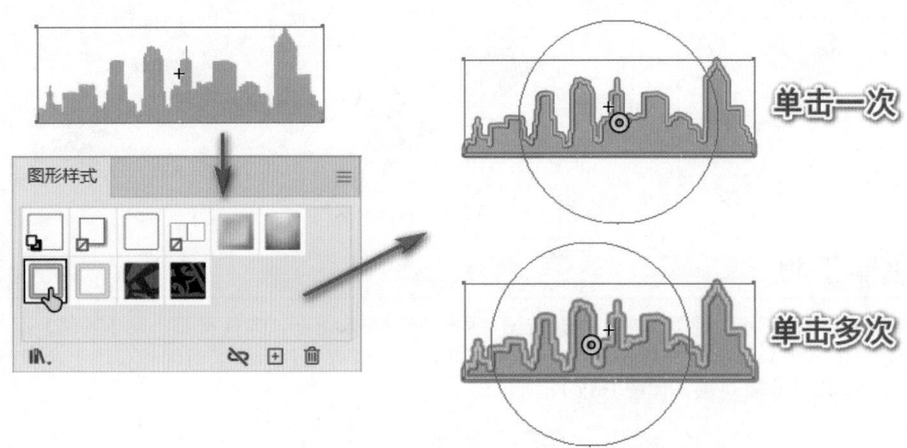

图 B05-19

B05.3 符号工具选项

每个符号工具都可以通过【符号工具选项】对话框调整工具的强度、密度及光标的直径大小，双击【符号工具】或选择【符号工具】，按 Enter 键即可弹出【符号工具选项】对话框，如图 B05-20 所示。

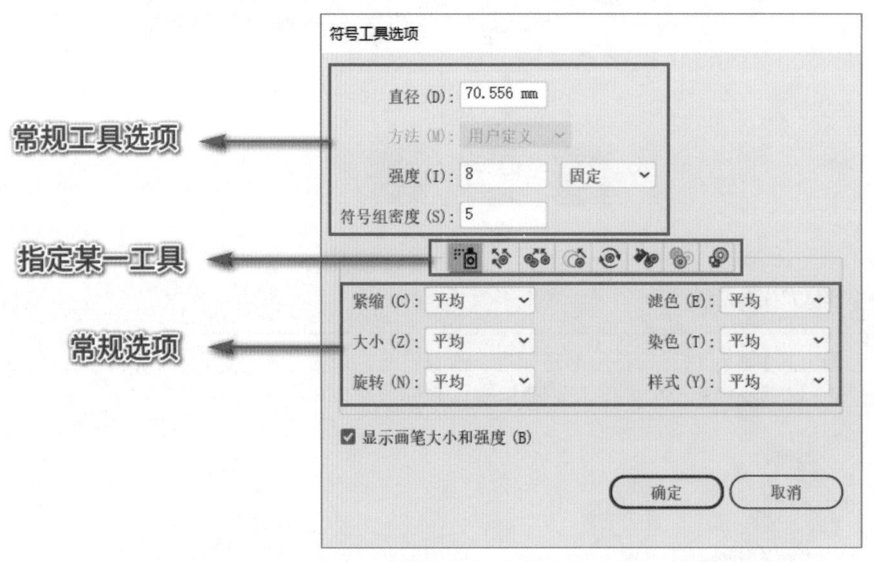

图 B05-20

- 直径：【符号喷枪工具】的画笔大小。
- 方法：【符号位移器工具】【符号紧缩器工具】【符号缩放器工具】【符号旋转器工具】【符号着色器工具】【符号滤色器工具】【符号样式器工具】调整符号实例的方式。
- 强度：可指定更改的速率，数值越高，更改越快。
- 符号组密度：可指定符号组的吸引值，数值越大，符号实例的堆积密度越大。
- 显示画笔大小和强度：使用【符号喷枪工具】时显示的画笔大小以及强度。

B05.4 实例练习——海底世界插画

本实例练习最终完成的效果如图 B05-21 所示。

图 B05-21

制作步骤

01 置入“海底”素材，如图 B05-22 所示。

图 B05-22

02 按 Shift+Ctrl+F11 快捷键打开【符号】面板，单击【符号库菜单】按钮，在【自然】面板中可以看到一些预设符号对象，如图 B05-23 所示。

03 选择【鱼类 1】作为主体鱼群。使用【符号喷枪工具】将符号对象放置在画面中，再使用【符号紧缩器工具】、【符号位移器工具】对【鱼类 1】进行调整，如图 B05-24 所示。

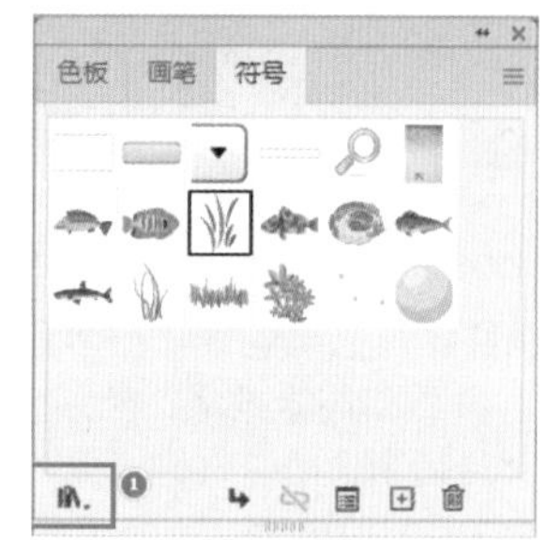

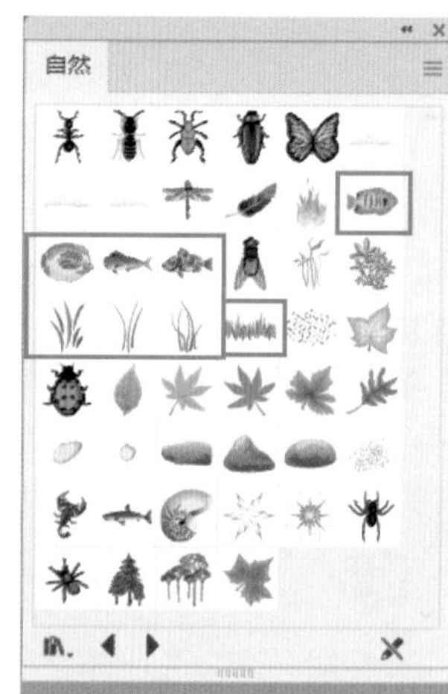

图 B05-23

图 B05-24

04 选择【鱼类 2】【鱼类 4】，补充并丰富画面，如图 B05-25 所示。

图 B05-25

05 在【自然】符号预设面板中找到【草地 1】【草地 3】【草地 4】，为底部沙子添加水草效果，如图 B05-26 所示。

图 B05-26

06 制作气泡效果。使用【椭圆工具】创建一个“正圆 1”，设置【填色】为淡蓝色。再创建一个小椭圆并放在正圆 1 的上方，设置【填色】为浅白色，并做出高光效果。然后复制出两个“正圆 1”重叠摆放并使用【形状生成器工具】减选多余部分，设置【填色】为蓝色。最后全选所有气泡对象，按 Ctrl+G 快捷键对其编组，如图 B05-27 所示。

07 将对象“气泡”拖曳到【符号】面板中，设置【符号选项】对话框中的参数，如图 B05-28 所示。

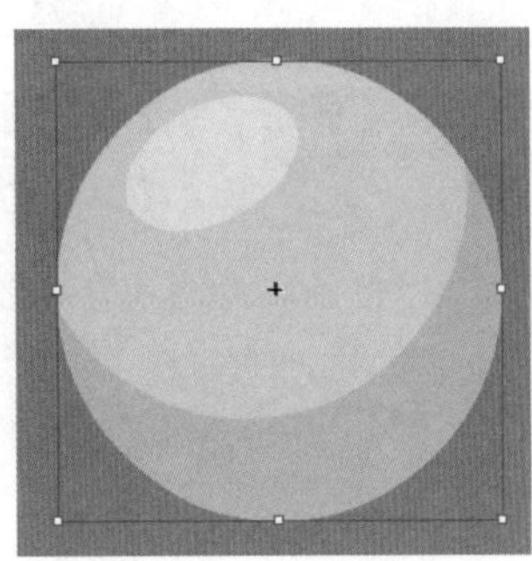

图 B05-27

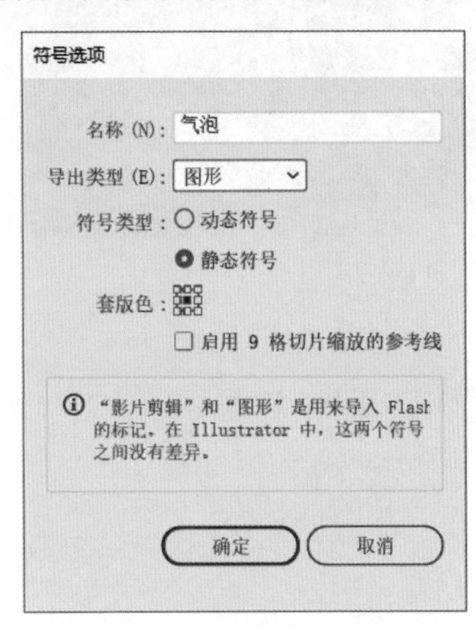

图 B05-28

08 使用【符号喷枪工具】在鱼群中添加气泡效果，并使用【符号缩放器工具】调整泡泡大小，如图 B05-29 所示。

09 制作沙子中的砂石效果。使用【椭圆工具】创建两个小圆点，分别设置【填色】为白色和黄色，将其拖曳到【符号】面板中，参数设置与“气泡”相同，将【名称】改为“砂石”。再次使用【符号喷枪器工具】，在“沙子”中添加“砂石”，即可完成砂石效果，如图 B05-30 所示。最终完成效果如图 B05-21 所示。

图 B05-29

图 B05-30

B05.5 综合案例——时装设计

本综合案例完成的效果如图 B05-31 所示。

图 B05-31

制作步骤

01 新建文档，设置尺寸为 A4，置入“人物”素材，如图 B05-32 所示。

图 B05-32

02 创建“花朵”图案。使用【圆角矩形工具】创建圆角矩形，设置【填色】为淡黄色，再使用【自由变换工具】中的【透视扭曲】对圆角矩形进行变形，如图 B05-33 所示。

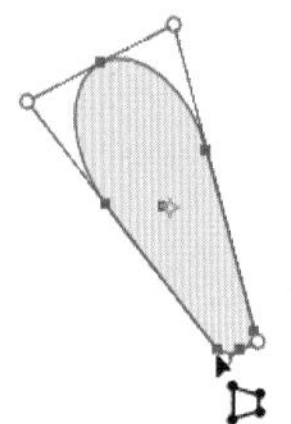

图 B05-33

03 使用【旋转工具】旋转圆角矩形，然后对其进行复制，再用 Ctrl+D 快捷键重复上一操作，旋转多次，效果如图 B05-34 所示。

图 B05-34

04 为“花朵”添加“花蕊”。使用【椭圆工具】在“花”的中心处创建正圆，设置【填色】为黄色，如图 B05-35（a）所示。然后将“花朵”图案拖曳到【符号】面板中，创建符号，参数设置如图 B05-35（b）所示。

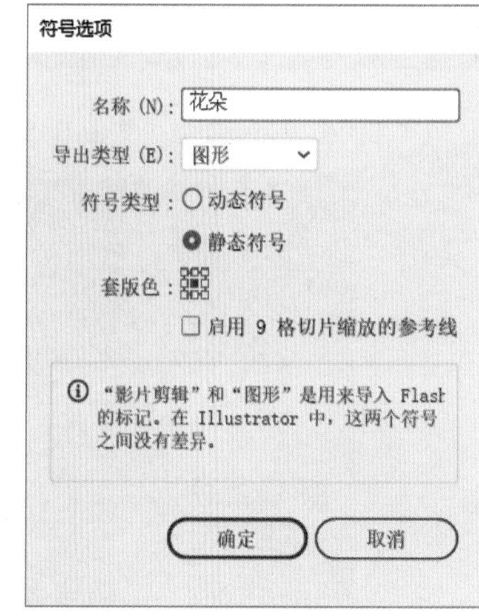

（a）（b）

图 B05-35

05 使用【符号喷枪工具】在“人物”素材的裙摆上创建多个“花朵”图案，再使用【符号滤色器工具】调整“花朵”的明暗效果，使用【符号紧缩器工具】调整“花朵”的紧密程度，如图 B05-36 所示。

图 B05-36

06 制作“秋叶”组合。使用【椭圆工具】创建 3 个椭圆，设置【填色】为深黄色，使用【直接选择工具】选择这 3 个椭圆的上下锚点，在控制栏中单击【将所选锚点转换为尖角】按钮，如图 B05-37 所示。

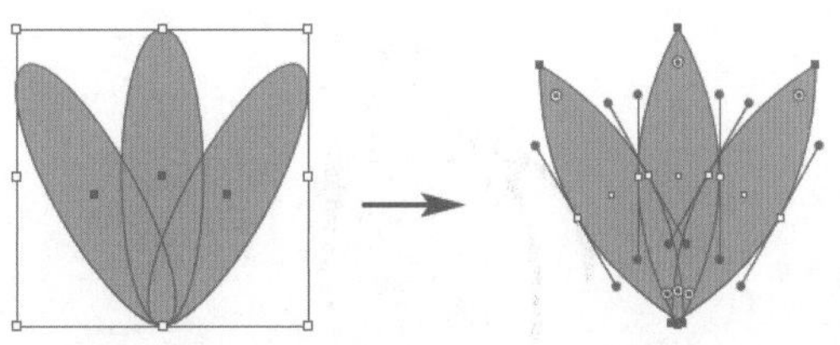

图 B05-37

07 复制多组“秋叶”图案，使用【变形工具】调整“秋叶”组合，如图 B05-38 所示。

图 B05-38

08 用与步骤 4 相同的方法，将“秋叶”拖曳到【符号】面板中，新建符号。然后使用【符号滤色器工具】【符号紧缩器工具】调整“秋叶”图案。再次置入素材“蝴蝶”并放在裙子上面，最终完成的效果如图 B05-31 所示。

B05.6 作业练习——沐浴露包装设计

本作业练习完成的效果如图 B05-39 所示。

图 B05-39

作业思路

使用【椭圆工具】和【外观】面板中的【添加效果】组合创建“泡泡形状”，将创建好的形状编组，并拖曳到【符号】面板中；然后使用【符号喷枪工具】【符号滤色器工具】【符号缩放器工具】创建多个“泡泡”，调整大小及明度；使用【文字工具】创建包装信息，最后导出画板，在 Photoshop 中做出包装效果。

总结

本课讲解了符号工具，当在文档中需要相同的图案时，可将图案转换为【符号】，以备随时取用。当需要创建大量不规则的分布对象时，使用符号工具可以简单、快速地完成。

读书笔记

B06课

图表工具

数据可视化

通过 Illustrator 的图表工具可以创建不同类型的图表，如柱形图、条形图、折线图、面积图等，使用图表可以更直观和清晰地表达数据信息，如图 B06-1 所示。

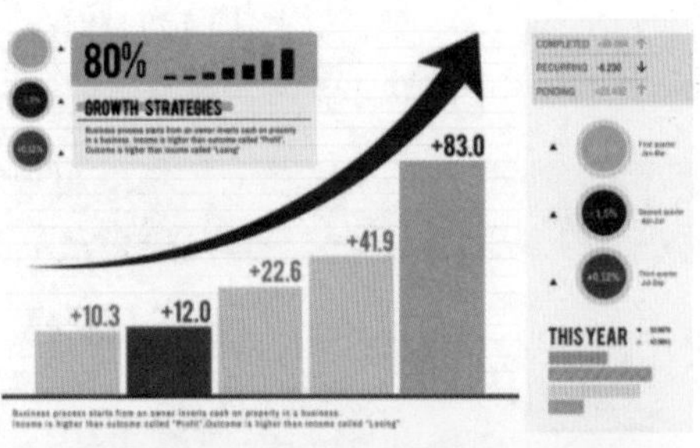

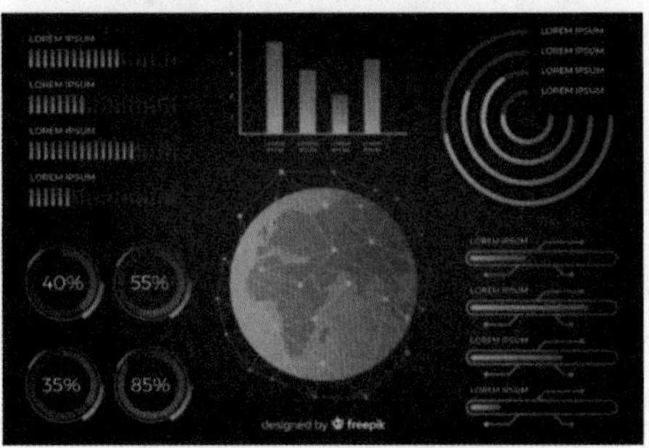

图 B06-1

右击工具栏中的【柱形图工具】，会弹出图表类工具组，如图 B06-2 所示。

图 B06-2

B06.1 创建图表

以【柱形图工具】为例进行讲解，在画板上按住鼠标进行拖曳，松开鼠标后会弹出一个图表数据窗口，如图 B06-3 所示。

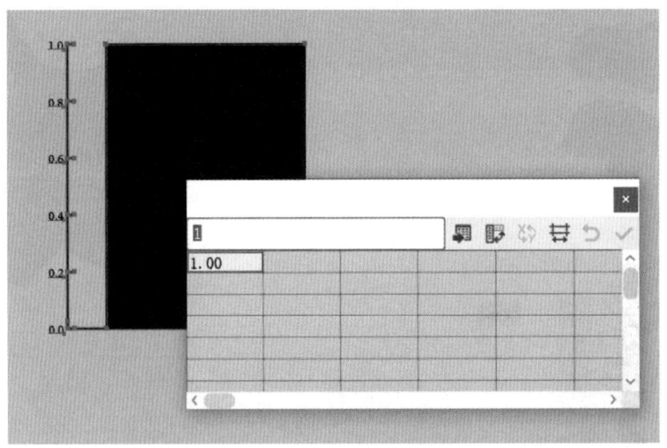

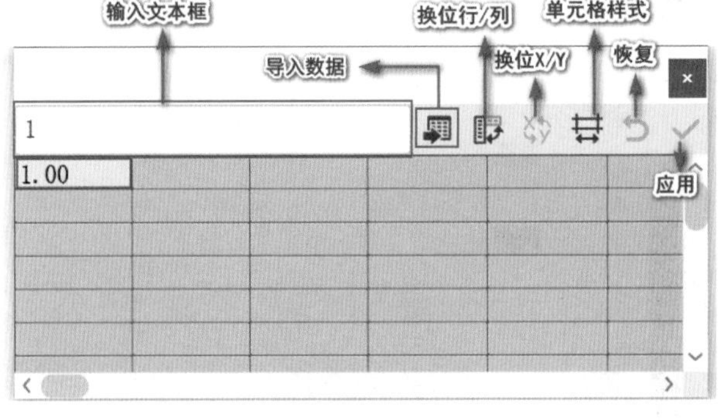

图 B06-3

◆ 输入文本框：输入数据。
◆ 导入数据：导入保存为文本的数据。
◆ 换位行 / 列：切换数据的行 / 列。
◆ 切换 X/Y：切换图表的 X 轴和 Y 轴。
◆ 单元格样式：调整单元格的列宽或小数位数。
◆ 恢复：恢复对图表数据的更改。
◆ 应用：应用图表中的数据或更改后的数据。

扩展知识

也可以选择任意一种图表工具，在创建图表的位置单击，在弹出的【图表】对话框中输入宽度、高度值，如图B06-4所示，单击【确定】按钮即可得到一个精准的图表。

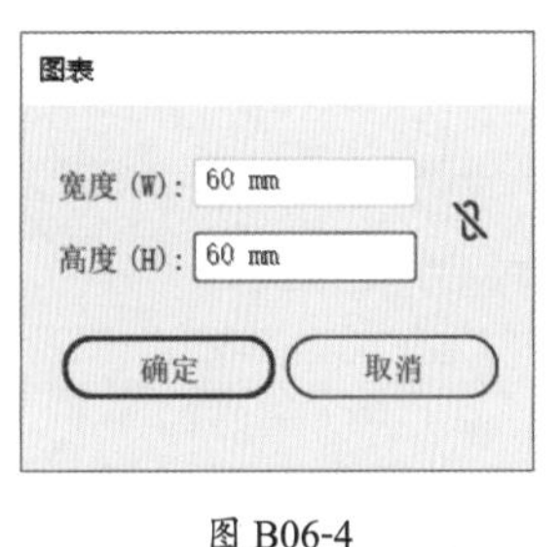

图 B06-4

在图表数据窗口中输入图表的数据后，单击【应用】按钮或按 Enter 键即可完成创建，如果不再需要该窗口，单击【关闭】按钮即可关闭，如图 B06-5 所示。其他图表的创建方法也基本相同。

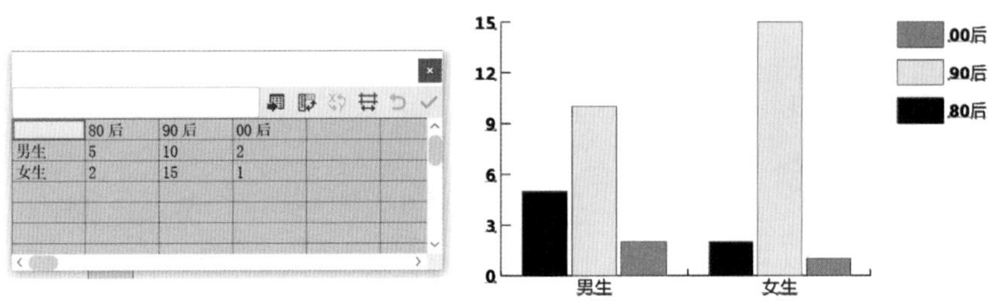

图 B06-5

扩展知识

复制Excel表格中的数据到Illustrator中的方法：复制Excel表格中的数据，在Illustrator中的图表数据窗口中选择一个单元格，执行【编辑】-【粘贴】菜单命令（Ctrl+V），效果如图B06-6所示。

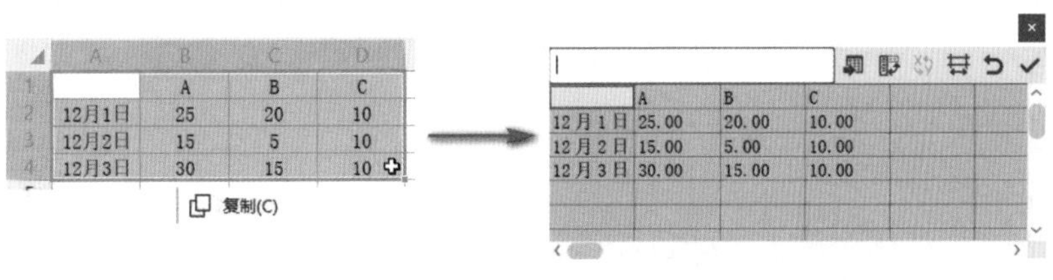

图 B06-6

B06.2 编辑图表

1. 修改图表数据

选中创建的图表，执行【对象】-【图表】-【数据】菜单命令，重新激活图表数据窗口，即可修改图表中的数据，修改完成后，单击【应用】按钮✓即可，如图 B06-7 所示。

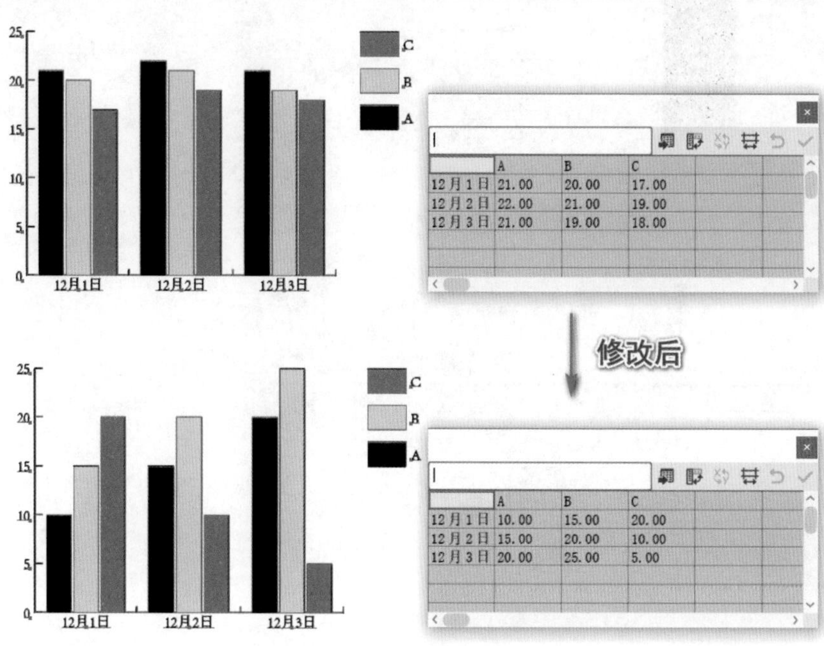

	A	B	C
12 月 1 日	21.00	20.00	17.00
12 月 2 日	22.00	21.00	19.00
12 月 3 日	21.00	19.00	18.00

	A	B	C
12 月 1 日	10.00	15.00	20.00
12 月 2 日	15.00	20.00	10.00
12 月 3 日	20.00	25.00	5.00

图 B06-7

2. 图表类型设置

选择创建的图表，双击【图表工具】，或执行【对象】-【图表】-【类型】菜单命令，即可打开【图表类型】对话框。在【图表类型】对话框中可以更改图表的类型、增加投影、修改列宽等，如图 B06-8 所示。

图 B06-8

◆ 【类型】: 单击要更换的图表按钮，单击【确定】按钮即可更改图表类型，如图 B06-9 所示。

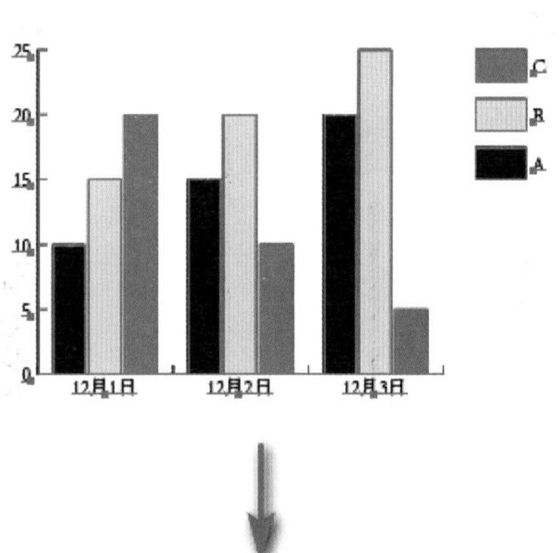

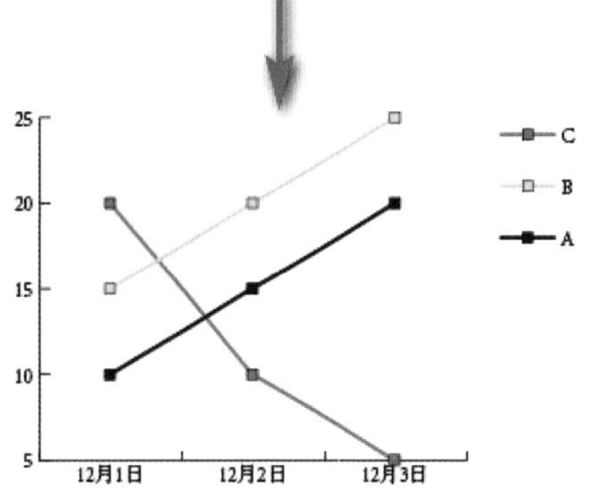

图 B06-9

◆ 在顶部添加图例：选中该复选框，即可将图表右侧的图例更换到图表顶部，如图 B06-10 所示。

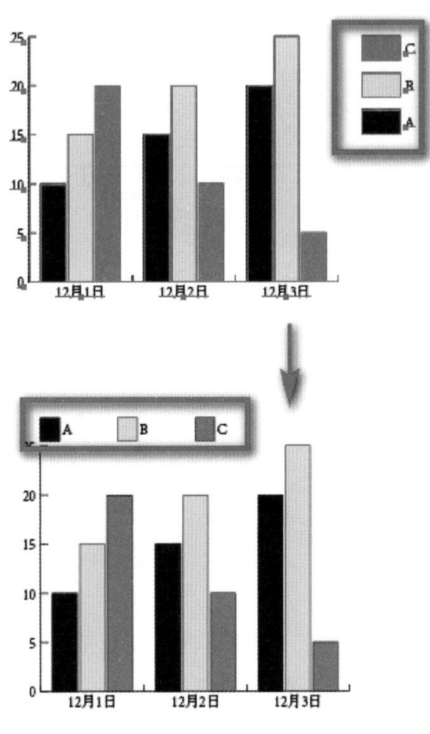

图 B06-10

◆ 第一行在前：当【簇宽度】大于 110% 时，可以控制图表中数据的类别或群集重叠方式。使用柱形或条形图时选中此复选框效果最明显。

◆ 第一列在前：在图表的顶部放置与图表数据窗口中第一列数据相对应的柱形、条形或者线段。除此之外，该选项还可以设置【列宽】大于 100% 时，柱形图和堆积柱形图中某一列位于顶部；以及【簇宽度】大于 100% 时，条形图和堆积条形图某一列位于顶部。

【柱形图】【堆积柱形图】【条形图】及【堆积条形图】的【选项】设置效果如图 B06-11 所示。

◆ 列宽：指每个柱形的宽度。

◆ 簇宽度：指整体宽度，包括每个柱子之间的距离。

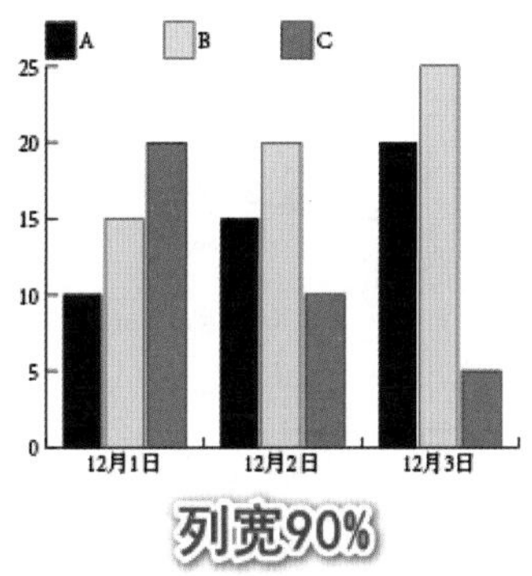

图 B06-11

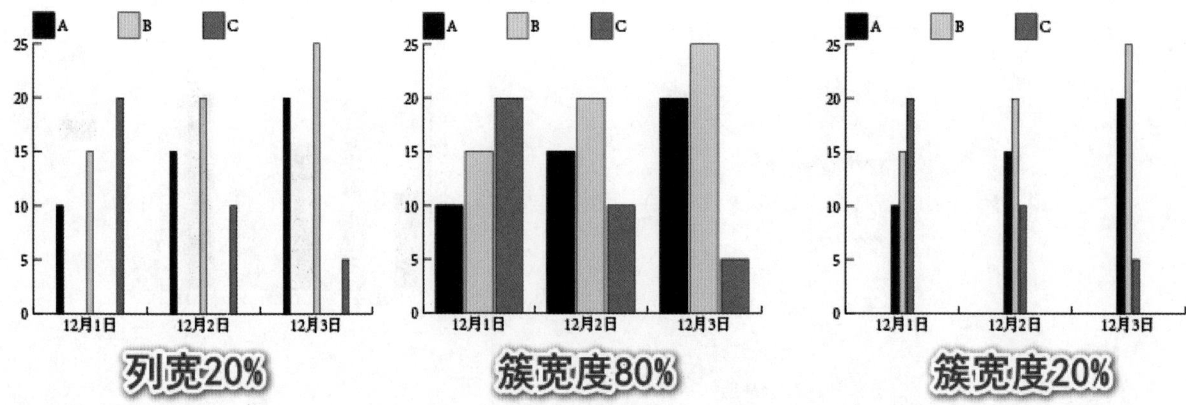

图 B06-11（续）

【折线图】【散点图】及【雷达图】的【选项】设置如图 B06-12 所示。

图 B06-12

◆ 标记数据点：选中该复选框，则显示数据的点，如图 B06-13 所示。

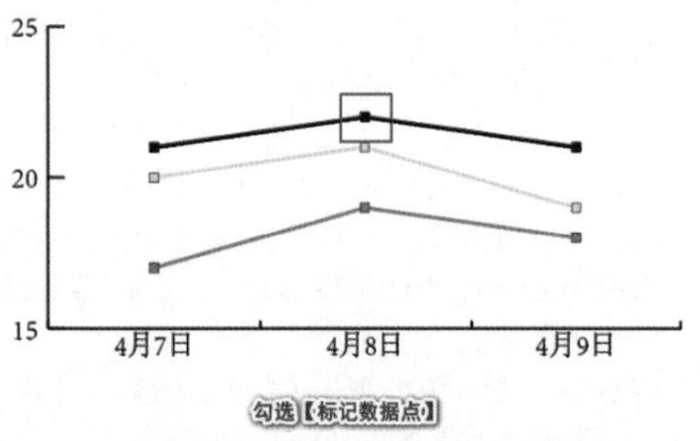

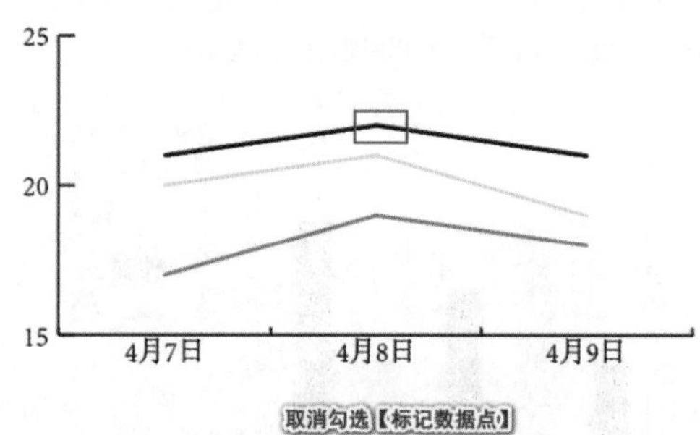

图 B06-13

◆ 连接数据点：即增加数据点之间的连接线。选中该复选框，显示连接线；取消选中该复选框，则只显示数据点，如图 B06-14 所示。

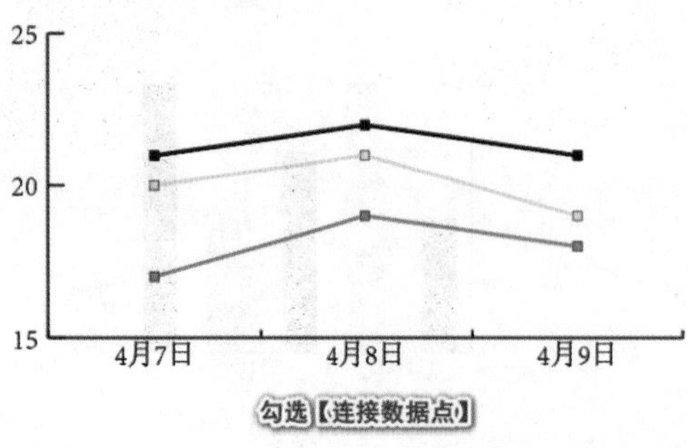

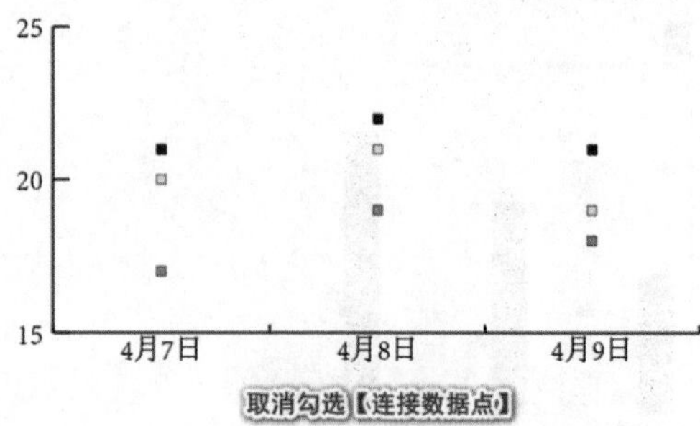

图 B06-14

◆ 线段边到边跨 X 轴：选中该复选框，则从 X 轴开始从左至右创建线段；取消选中该复选框，则线段居中创建，如图 B06-15 所示。

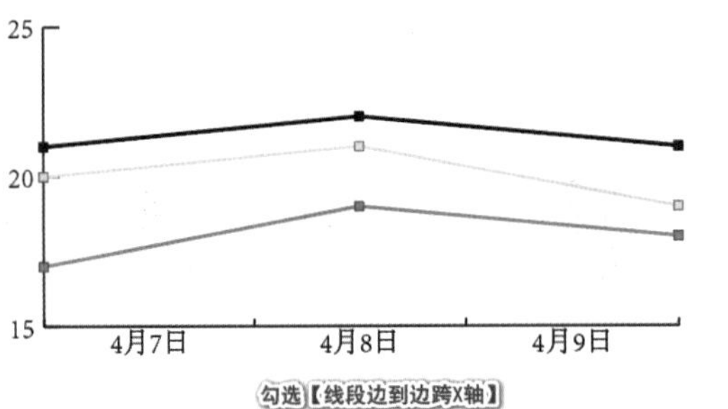

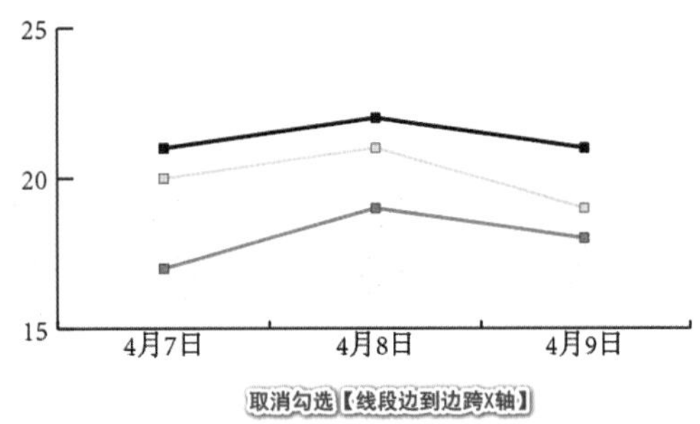

图 B06-15

◆ 绘制填充线：选中该复选框，可在【线宽】处输入线宽数值，以调整数据点的连接线粗细及折线粗细，如图 B06-16 所示。

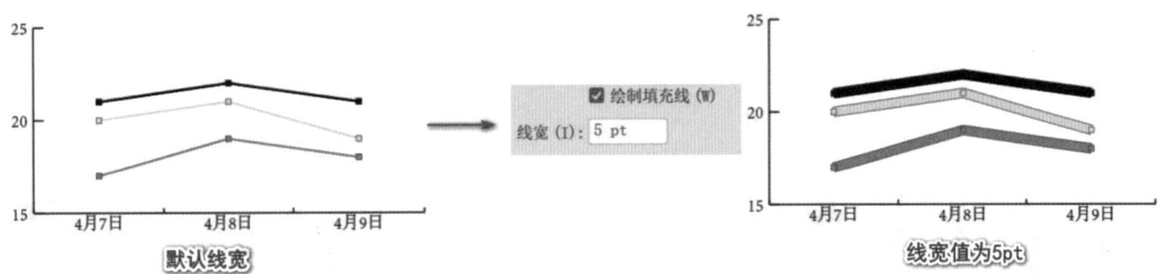

图 B06-16

【饼状图】的【选项】设置如图 B06-17 所示。

图 B06-17

◆ 图例：一般默认【标准图例】在图表的右上方。若选择【无图例】，即无图例显示；选择【楔形图例】，则图例将插入图表中，如图 B06-18 所示。

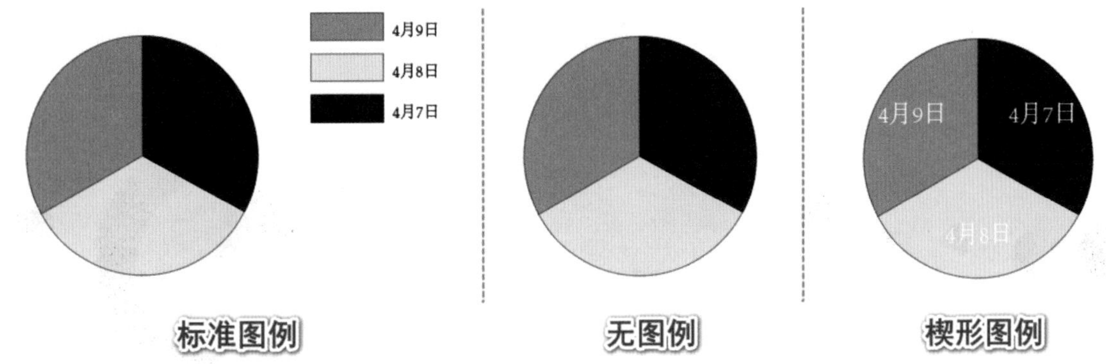

图 B06-18

◆ 排序：即【饼状图】的排列方式，选择【全部】，则按照顺时针从最大值到最小值排列；选择【第一个】，则按照第一幅饼图中的最大值放置在第一个楔形中，其他将按从大到小进行排序，所有其他图表将遵循第一幅图表中的顺序；选择【无】，则按照输入数据的顺序顺时针排列，如图 B06-19 所示。

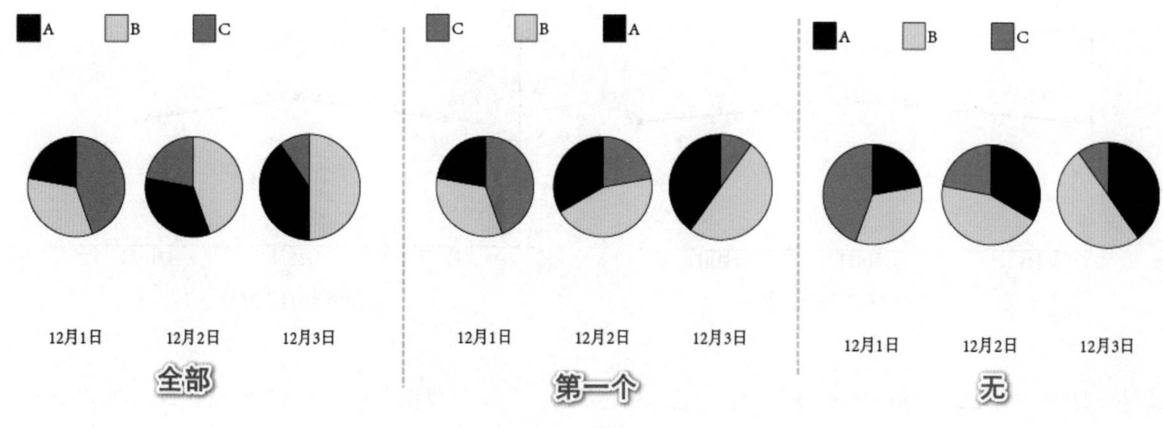

图 B06-19

- 位置：指定多个饼图的显示方式，选择【比例】，则按比例调整图表的大小；选择【相等】，则所有饼图都有相同的直径；选择【堆积】，则所有饼图相互堆积，每个图表按比例调整大小，如图 B06-20 所示。

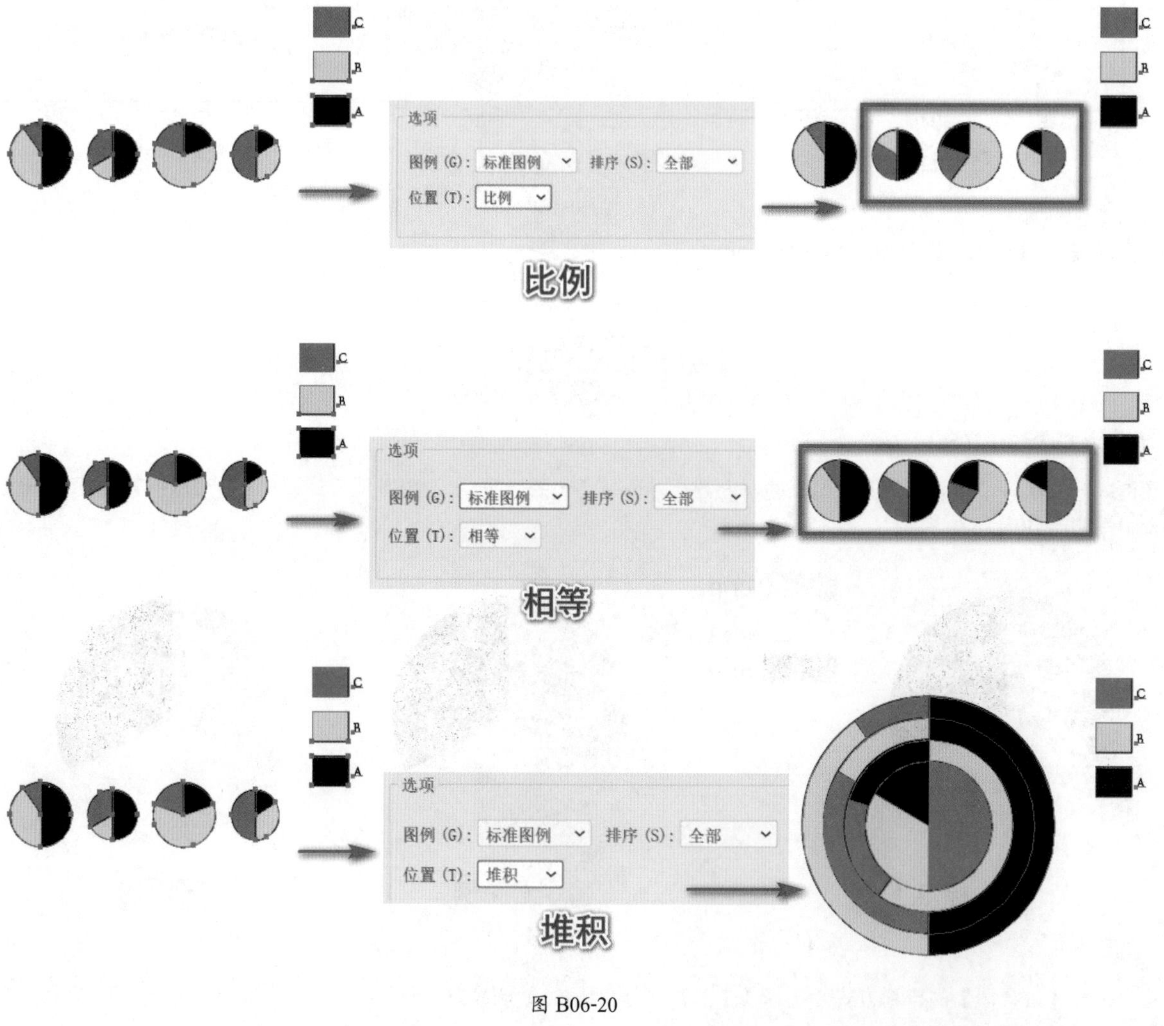

图 B06-20

3. 修改图表外观

◆ 更改图表颜色

创建的图表默认是以深浅不一的灰色显示，可以使用【直接选择工具】▷或【编组选择工具】▷（右击【直接选择工具】，在弹出的选项中选择【编组选择工具】），单击想要修改颜色的图表对象，按Shift键可以同时选中多个图表，在【色板】中选择颜色即可更改图表的颜色，如图B06-21所示。

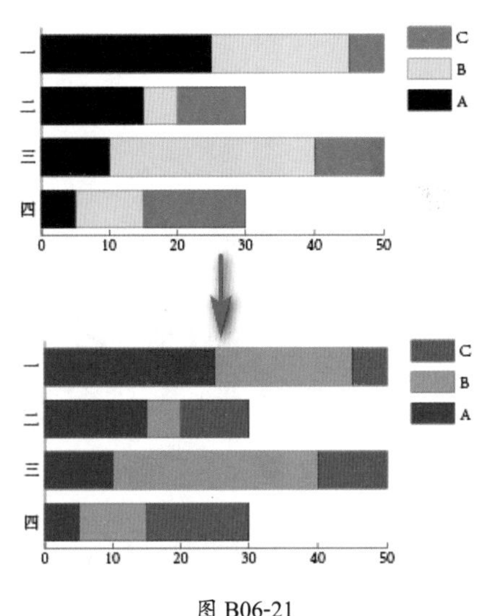

图 B06-21

◆ 更改图表中的文字属性

可以使用【文字工具】T.直接修改图表中文本的颜色、大小、字体等。

使用【文字工具】选择要修改的文字，在【字符】面板、控制栏或【属性】面板中直接修改即可，如图B06-22所示。

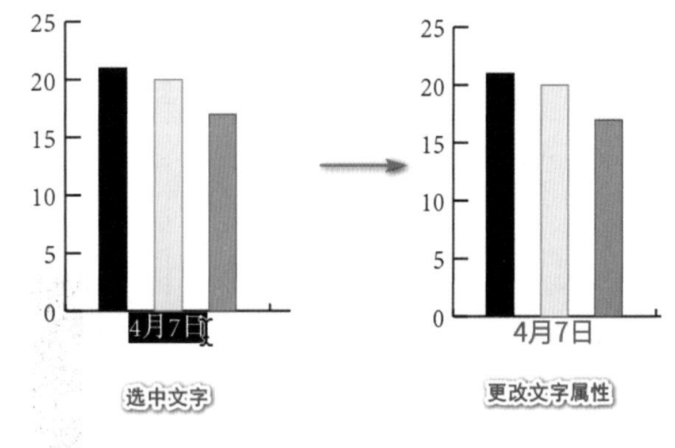

图 B06-22

4. 设计图表

前面所讲解的更改外观只是在原来的基础上进行修改，Illustrator还可以自定义图形并更改柱形和标记。例如，创建简单的图形或者其他符号替换柱状图中的柱子或点状图中的点等。

选择创建好的图形，执行【对象】-【图表】-【设计】菜单命令，弹出【图表设计】对话框，单击【新建设计】按钮，再单击【重命名】按钮即可重新命名该图形，如图B06-23所示。

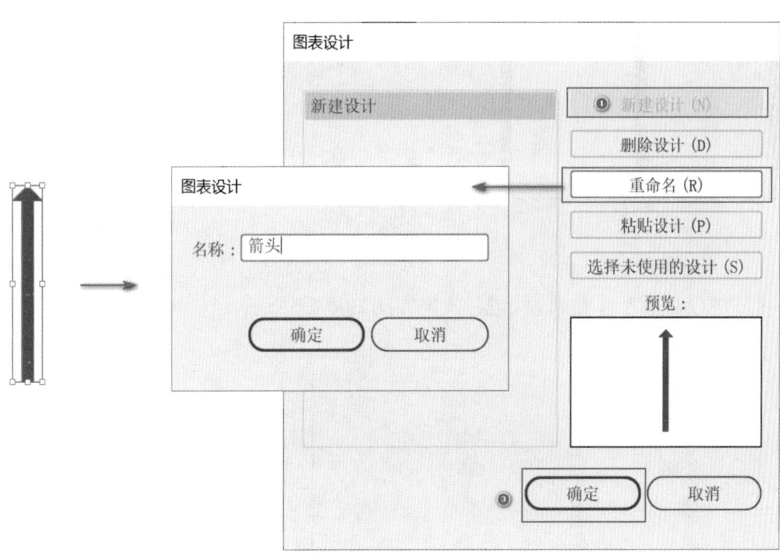

图 B06-23

然后选择已有图表，执行【对象】-【图表】-【柱形状图】菜单命令，弹出【图表列】对话框，选择刚才创建的“箭头”，选择【列类型】，然后单击【确定】按钮即可。右击图表对象，在弹出的菜单中选择【列】选项，也能弹出【列类型】对话框，如图 B06-24 所示。

◆ 垂直缩放：在垂直的方向进行伸展或压缩，不会改变其宽度，如图 B06-25 所示。

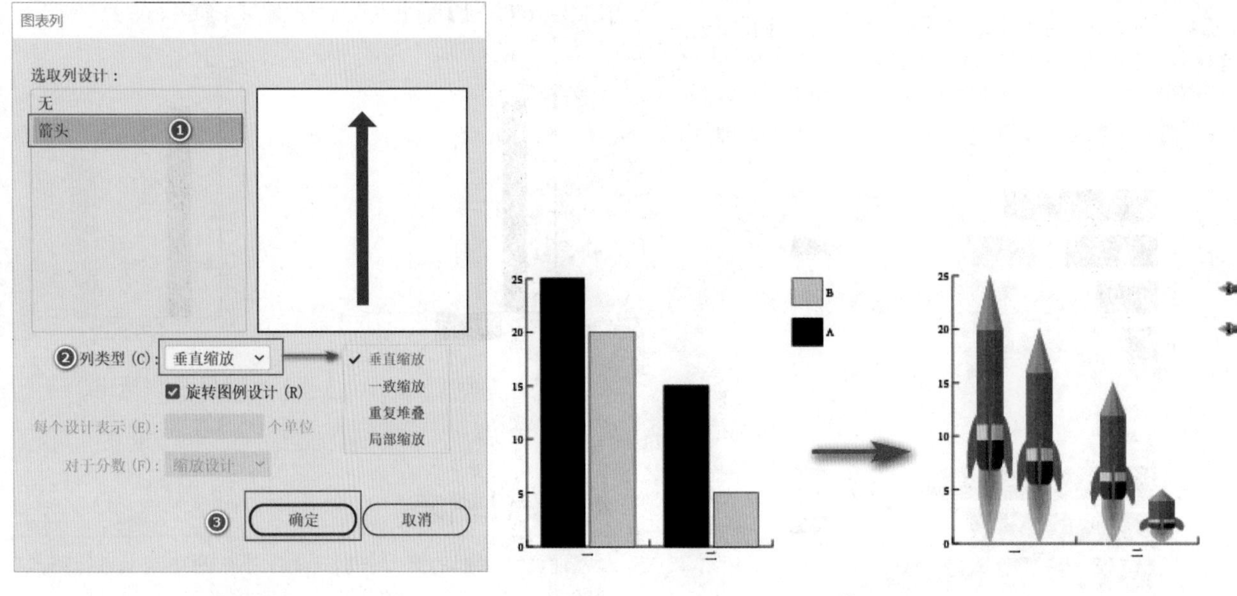

图 B06-24

图 B06-25

◆ 一致缩放：在水平和垂直方向等比例缩放，设计的水平间距不会因为不同宽度而调整，如图 B06-26 所示。

◆ 重复堆叠：以堆积的方式填充柱形。

◆ 每个设计表示：设定每个图形代表的数值，如图 B06-27 所示。

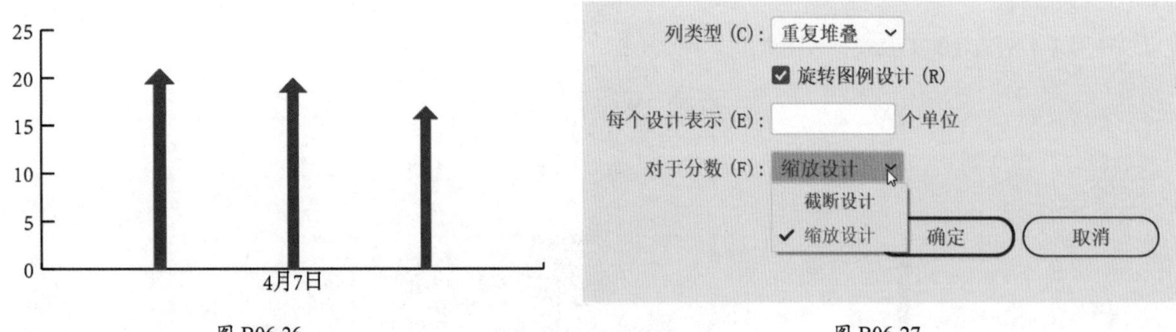

图 B06-26

图 B06-27

◆ 对于分数：分为【缩放设计】及【截断设计】，效果如图 B06-28 所示。

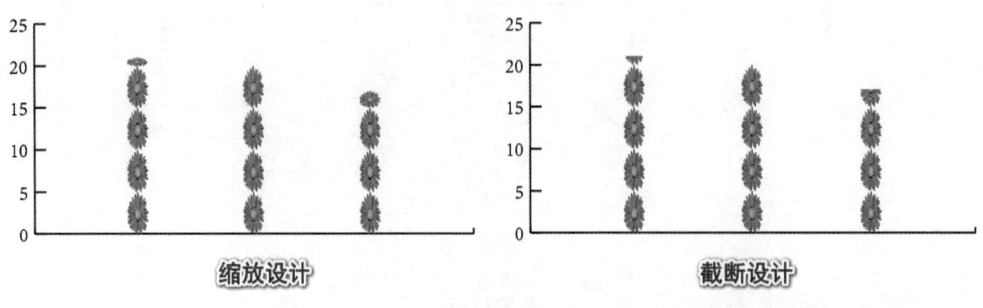

图 B06-28

◆ 局部缩放：与【垂直缩放】类似，但是【局部缩放】可以指定伸展或压缩的位置，如图 B06-29 所示。

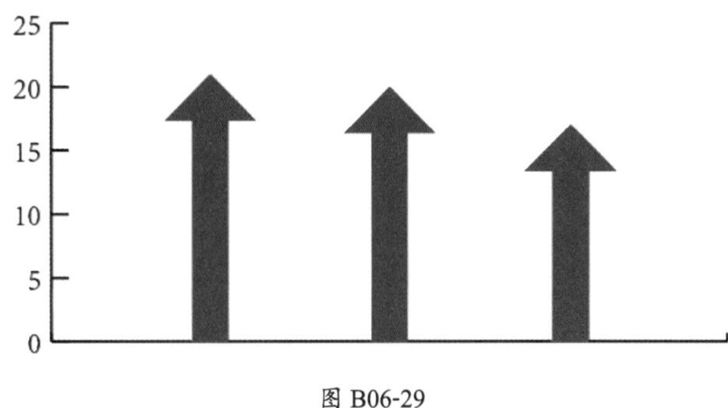

图 B06-29

B06.3 实例练习——幼儿园人数统计表

本实例练习最终完成的效果如图 B06-30 所示。

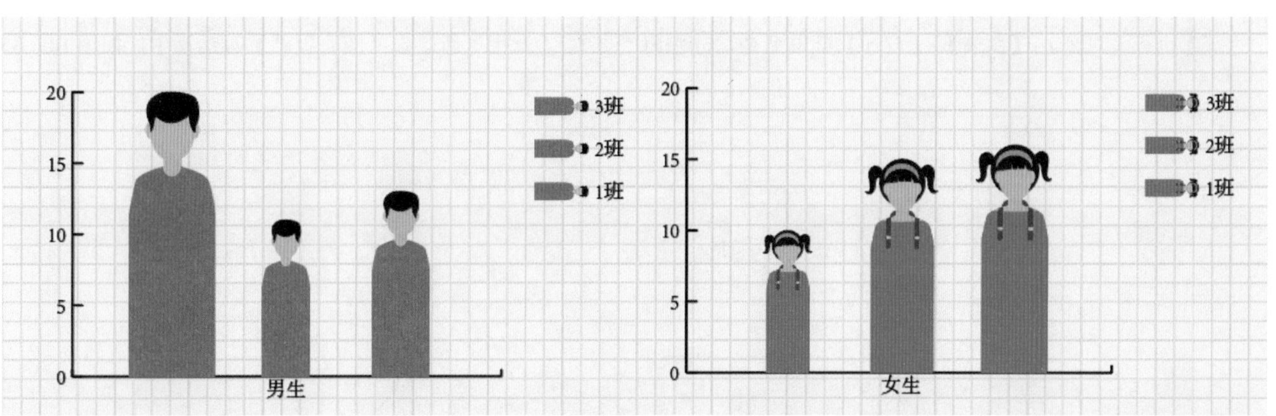

图 B06-30

制作步骤

01 新建文档，设置尺寸为 A4，【颜色模式】为【RGB 颜色】。

02 置入“女生”“男生”素材，如图 B06-31 所示。

图 B06-31

03 使用【矩形工具】创建与“女生”等宽的长方形，再使用【吸管工具】吸取“女生”衣服的颜色，填色到矩形中。同样创建等宽的长方形，放在素材“男生”的下方，并吸取“男生”衣服的颜色进行填充，如图 B06-32 所示。

04 使用【形状生成器工具】将矩形与对应的“女生”“男生”合并，并按 Ctrl+G 快捷键分别编组“女生”“男生”，如图 B06-33 所示。

图 B06-32　　图 B06-33

05 使用【柱形图工具】创建“男生”“女生”图表，数值如图 B06-34 所示。

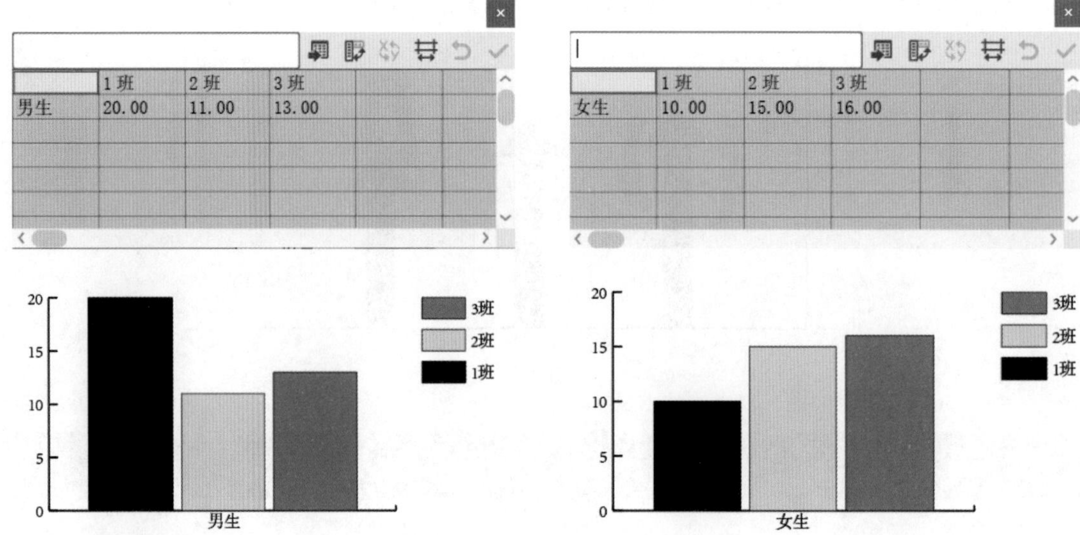

图 B06-34

06 执行【对象】-【图表】-【设计】菜单命令，分别将“男生”“女生”新建在【图表设计】对话框中，如图 B06-35 所示。

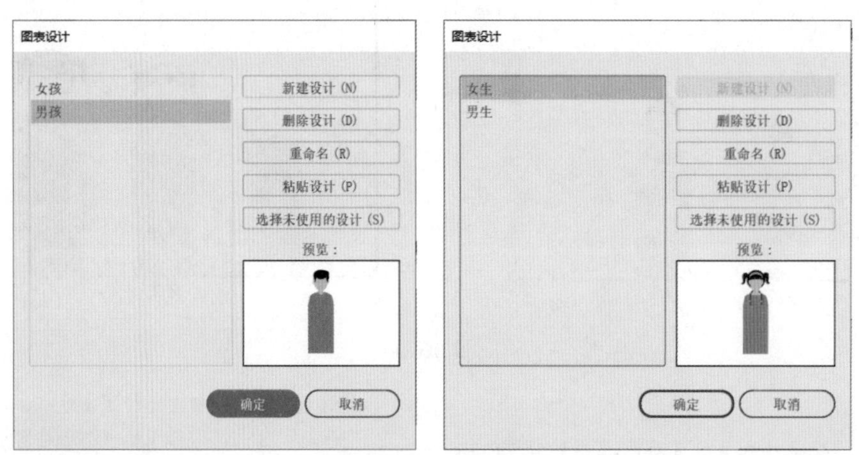

图 B06-35

07 选择“男生”的图表，右击，在弹出的菜单中选择【列】选项，设置【列类型】为【一致缩放】，选中【旋转图例设计】复选框，效果如图 B06-36 所示。

08 “女生”的图表设计方法可参考步骤 7，在【图表设计】对话框中选择【女生】，如图 B06-37 所示。最后将“男生”“女生”图表放在素材壁纸上，最终效果如图 B06-30 所示。

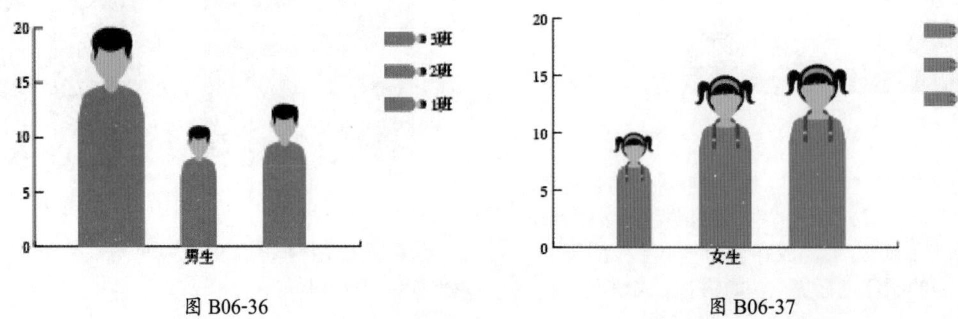

图 B06-36　　图 B06-37

B06.4 综合案例——流程图设计

本综合案例最终完成的效果如图 B06-38 所示。

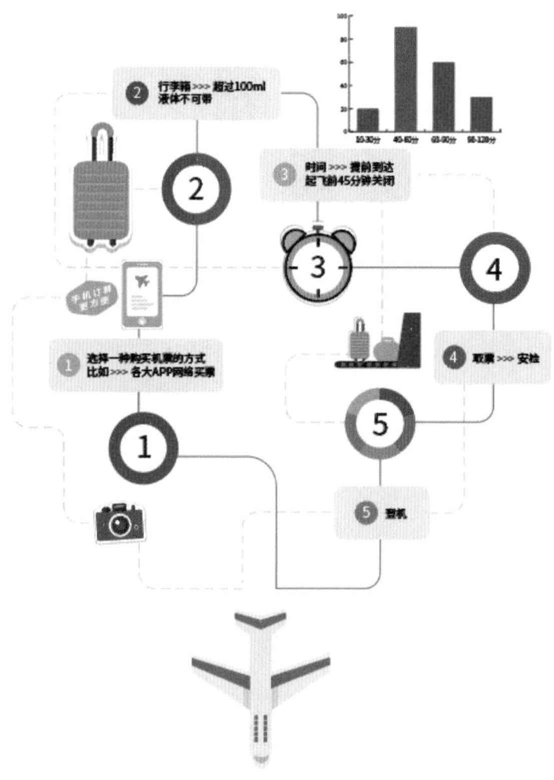

图 B06-38

制作步骤

01 新建文档，使用【钢笔工具】画出"路线图"，如图 B06-39 所示。

图 B06-39

02 使用【椭圆工具】、【文字工具】组合创建序号图标 1、2、3、4、5，摆放位置如图 B06-40 所示。

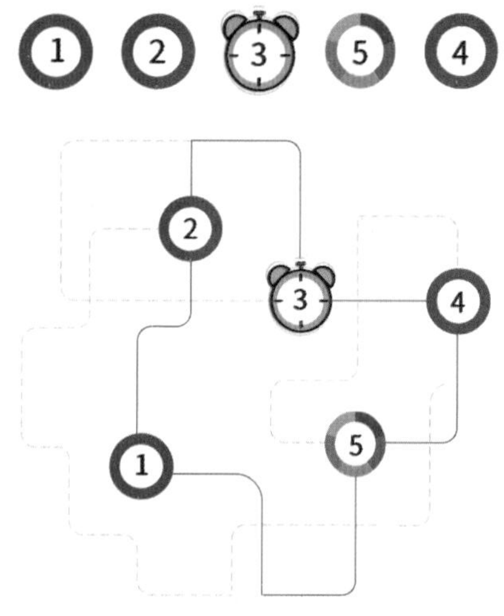

图 B06-40

03 使用【圆角矩形工具】【椭圆工具】和【文字工具】组合创建注意事项信息，摆放位置如图 B06-41 所示。

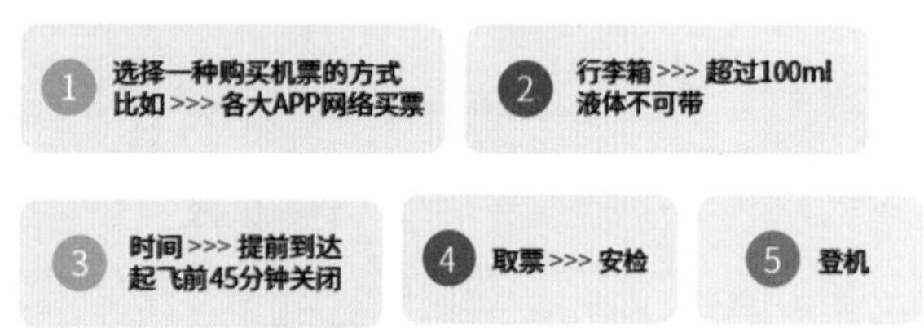

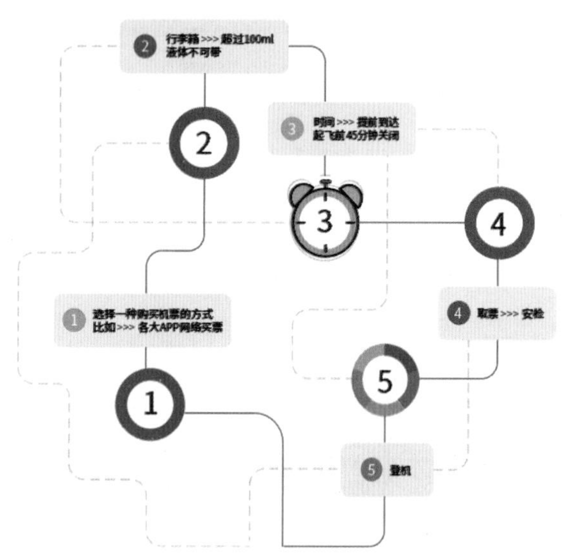

图 B06-41

04 置入每个环境的插画图标，摆放位置如图 B06-42 所示。

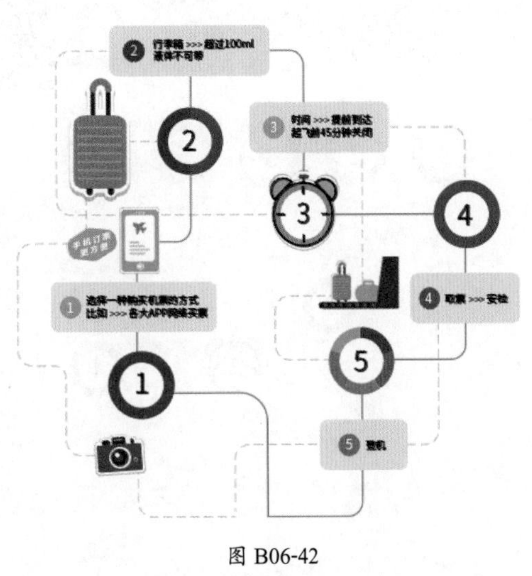

图 B06-42

05 使用【柱形图工具】导入数据，创建柱形图，执行【对象】-【取消编组】菜单命令，再执行【扩展】命令，为柱形图更换颜色，如图 B06-43 所示。

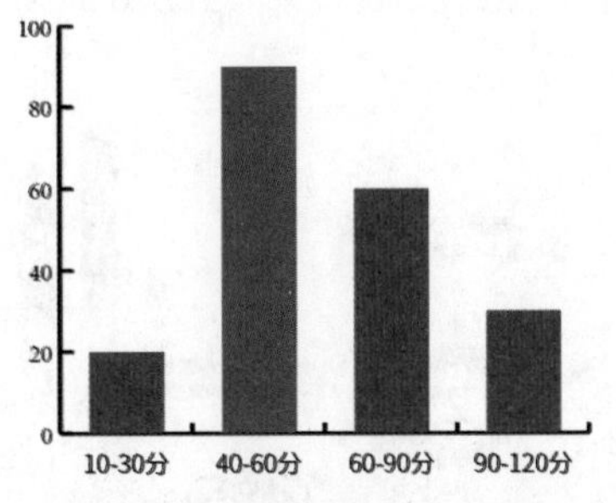

图 B06-43

06 置入“飞机”素材，摆放在流程图的底部，调整所有图标及图表的位置，最终效果如图 B06-38 所示。

B06.5 作业练习——汽车行业分析图

本作业练习最终完成的效果如图 B06-44 所示。

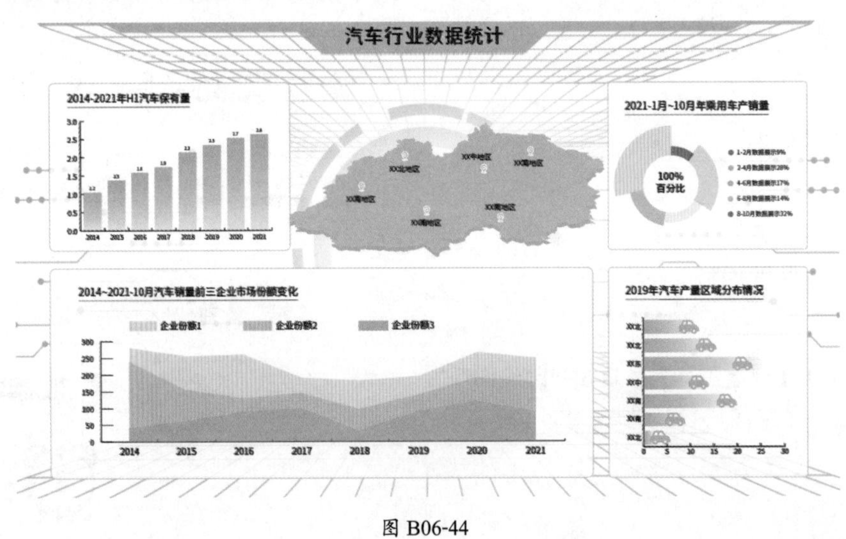

图 B06-44

作业思路

首先置入“背景”和“地图”素材，使用【圆角矩形工具】划分图表区域；然后使用【柱形图工具】【面积图工具】【饼状图工具】【条形图工具】创建图表；最后对创建好的图表进行【设计】或【取消编组】，为图表填充颜色。

总结

在本课中，我们掌握了图表工具的使用方法，学习了创建图表、编辑图表数据外观及设计自定义图案来替代柱状图中的柱子或点状图中的点等操作。通过本课的学习，我们能够制作企业画册、数据分析图、宣传册等带有图形化的数据展示的文档。

利用 Illustrator 的 3D 功能可以将矢量图或位图创建成 3D 对象，并且可以通过旋转角度、凸出的厚度、光源等控制 3D 的效果。

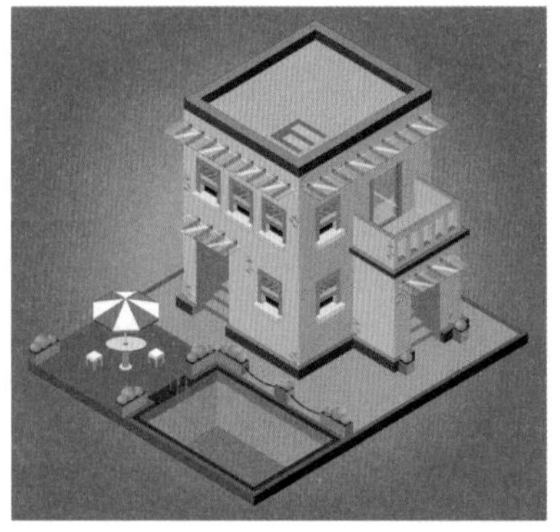

执行【效果】-【3D 和材质】菜单命令可以创建不同效果的 3D 对象，包括【凸出和斜角】【绕转】【膨胀】【旋转】【材质】和【3D（经典）】，如图 B07-1 所示。

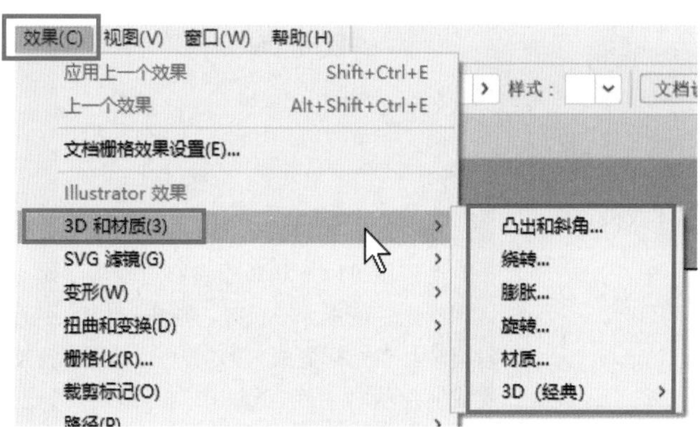

图 B07-1

B07.1　凸出和斜角

【凸出和斜角】是为矢量图形或者位图添加厚度、斜角及光照的 3D 效果，对创建好的 3D 图形还可以进行编辑。

选择一个对象，执行【效果】-【3D 和材质】-【凸出和斜角】菜单命令，弹出【3D 和材质】面板，可以选择【对象】，设置【3D 类型】【斜角】等参数，如图 B07-2 所示，单击【确定】按钮即可完成 3D 对象的创建。

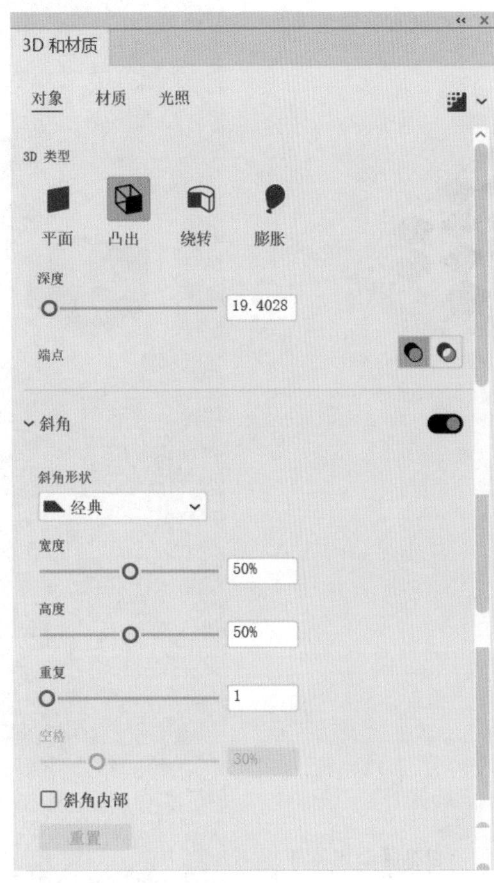

图 B07-2

- 3D 类型：分为【平面】【凸出】【绕转】【膨胀】4 种类型。

 平面：将对象拼合到平面上。扩展 2D 对象并添加深度。

 凸出：通过向路径增加线性深度创建 3D 立体效果。

 绕转：用来膨胀扁平的对象，通过旋转路径创建 3D 立体效果。

 膨胀：通过向路径增加凸起厚度创建 3D 立体效果。

- 深度：设置对象的深度。
- 端点：建立实心外观或建立空心外观，效果如图 B07-3 所示。

图 B07-3

- 斜角：3D 对象剪裁的斜角边缘类型，效果如图 B07-4 所示。

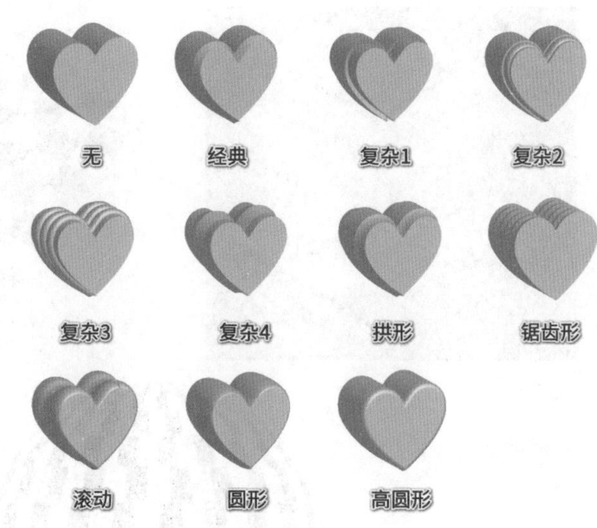

图 B07-4

- 斜角形状：可对对象的斜角边缘进行编辑，可编辑选项有【宽度】【高度】【重复】【空格】【斜角内部】。
- 旋转：指定绕 X 轴旋转；指定绕 Y 轴旋转；指定绕 Z 轴旋转。可通过输入数值改变旋转方向，如图 B07-5 所示。

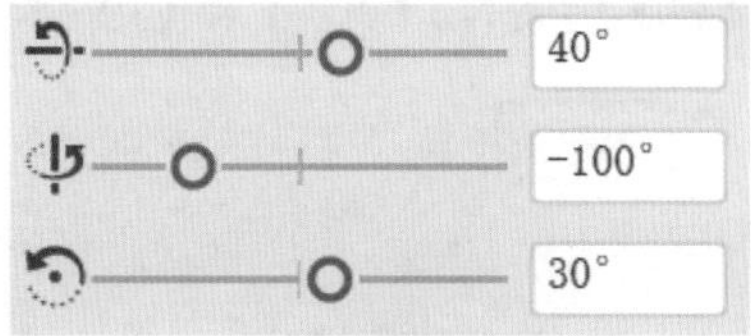

图 B07-5

- 预设：可通过 Illustrator 自带的预设设置对象的透视角度，还可以拖动对象调整透视角度。

当光标变成形状时，单击对象的中心处即可向任意方向旋转。当光标变成形状时，代表围绕 X 轴旋转；当光标变成形状时，代表围绕 Y 轴旋转；当光标变成形状时，代表围绕 Z 轴旋转，如图 B07-6 所示。

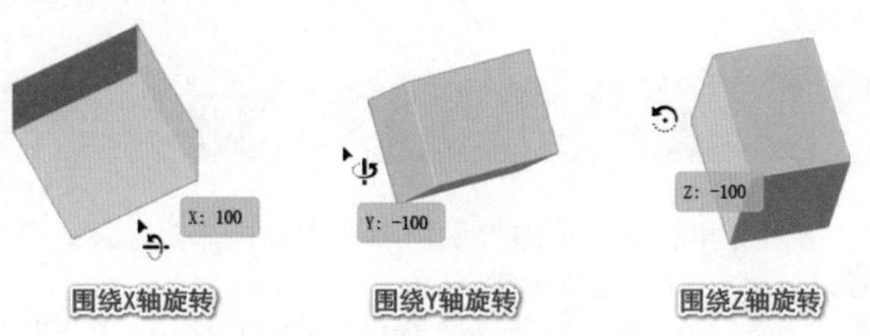

图 B07-6

B07.2 绕转

【绕转】是指围绕 Y 轴进行绕转，使其做圆周运动，以此创建 3D 对象。选择要绕转的对象，执行【效果】-【3D 和材质】-【绕转】菜单命令，打开【3D 和材质】面板，可设置绕转的角度、位置等参数，同【凸出与斜角】设置基本相同，完成后关闭该面板即可，如图 B07-7 所示。

- 绕转角度：设置 0 ～ 360° 的路径绕转度数，如图 B07-8 所示。

图 B07-7

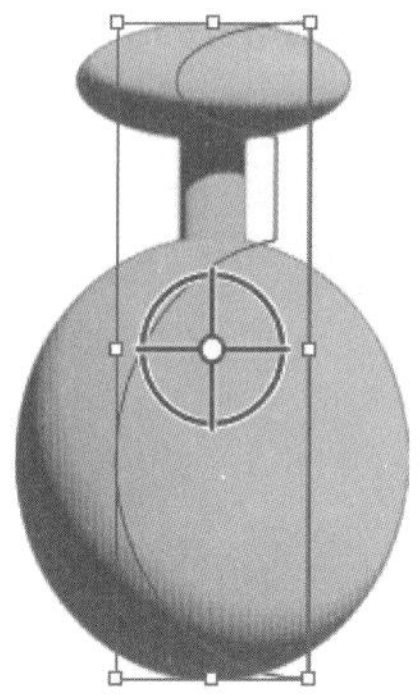

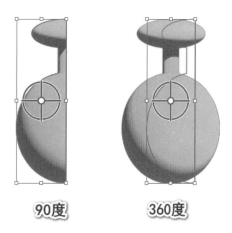

图 B07-8

- 位移：设置对象旋转及透视角度。
- 端点：建立实心外观或建立空心外观。

B07.3 膨胀

【膨胀】是指在图形原有的基础上添加一层厚度，达到凸起的立体效果。选择要膨胀的对象，执行【效果】-【3D 和材质】-【膨胀】菜单命令，打开【3D 和材质】面板，如图 B07-9 所示，可设置膨胀的深度、旋转角度等参数。

图 B07-9

◆ 深度：决定对象底面中间部分的厚度，数值越大，厚度越大，如图 B07-10 所示。

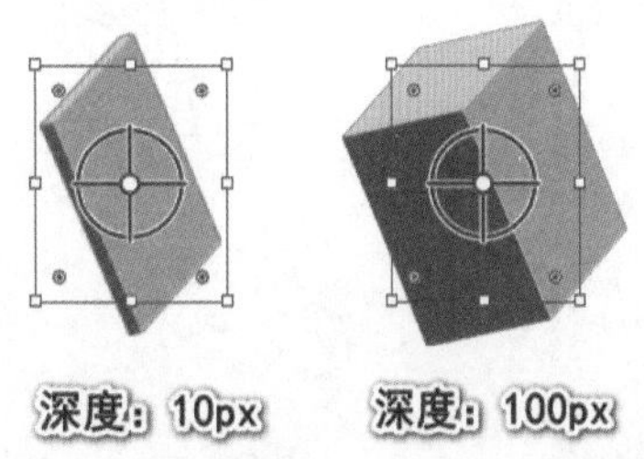

图 B07-10

◆ 音量：决定对象正面的凸起程度，数值越大，凸起越明显，如图 B07-11 所示。

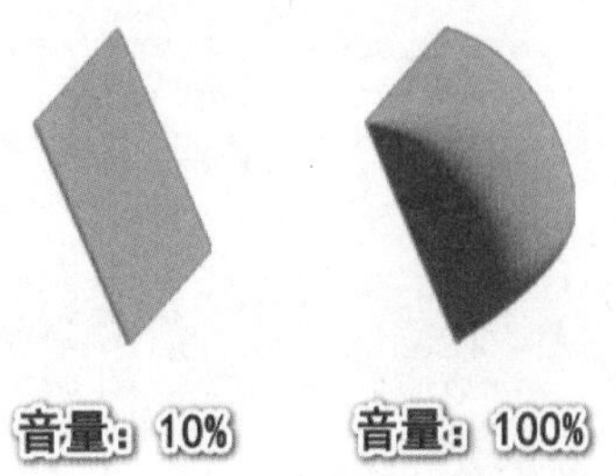

图 B07-11

B07.4 材质

执行【效果】-【3D 和材质】-【材质】菜单命令，弹出【3D 和材质】面板，可以使用 Adobe Substance 自带的材质选项创建逼真的 3D 对象，也可以到社区下载材质，还可以将本地的材质添加到面板，如图 B07-12 所示。

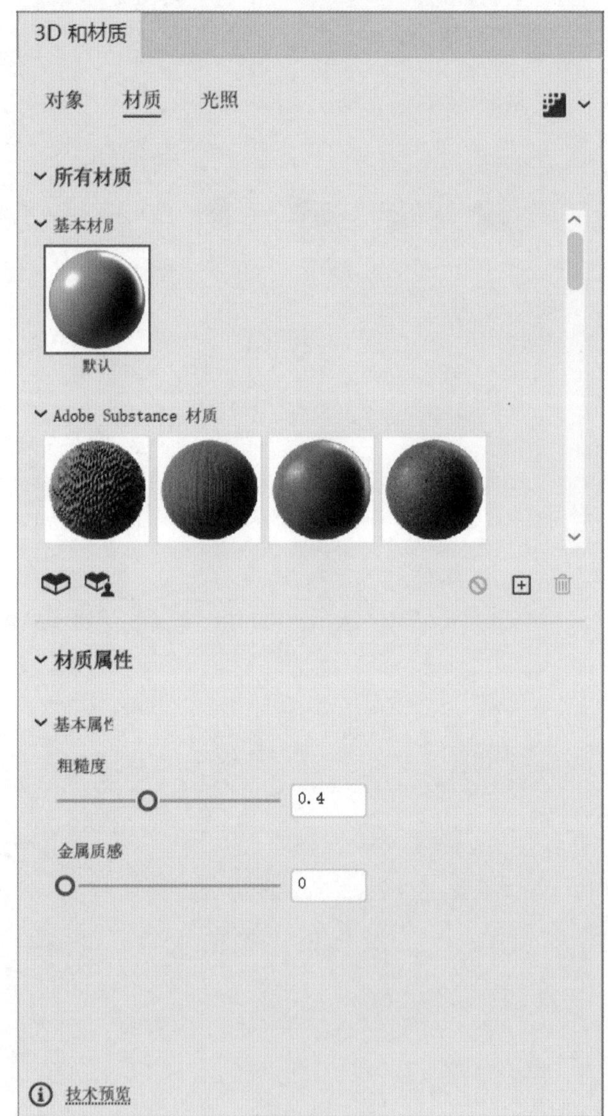

图 B07-12

◆ 所有材质：应用默认的预设材质，包含【基本材质】和【Adobe Substance 材质】。

◆ Substance 3D 资源 ：单击此按钮，可查找更多 Substance 3D 资源。

◆ Substance 社区资源 ：单击此按钮，可查找更多 Substance 社区资源。

◆ 添加新材质 ：可将本地材质添加到面板。

- 材质属性：当选中某一材质时，可看到该材质的【粗糙度】和【金属质感】属性，属性值范围为 0 ～ 1。每种 Adobe Substance 材质的属性各不相同。

B07.5 光照

在设置完对象的【3D 类型】和【材质】后，可进行光照设置，单击【光照】选项，可看到以下参数面板，如图 B07-13 所示。

- 预设：预设分为 4 种，可快速地应用到图形对象中，4 种预设分别为【标准】【扩散】【左上】和【右】，效果如图 B07-14 所示。

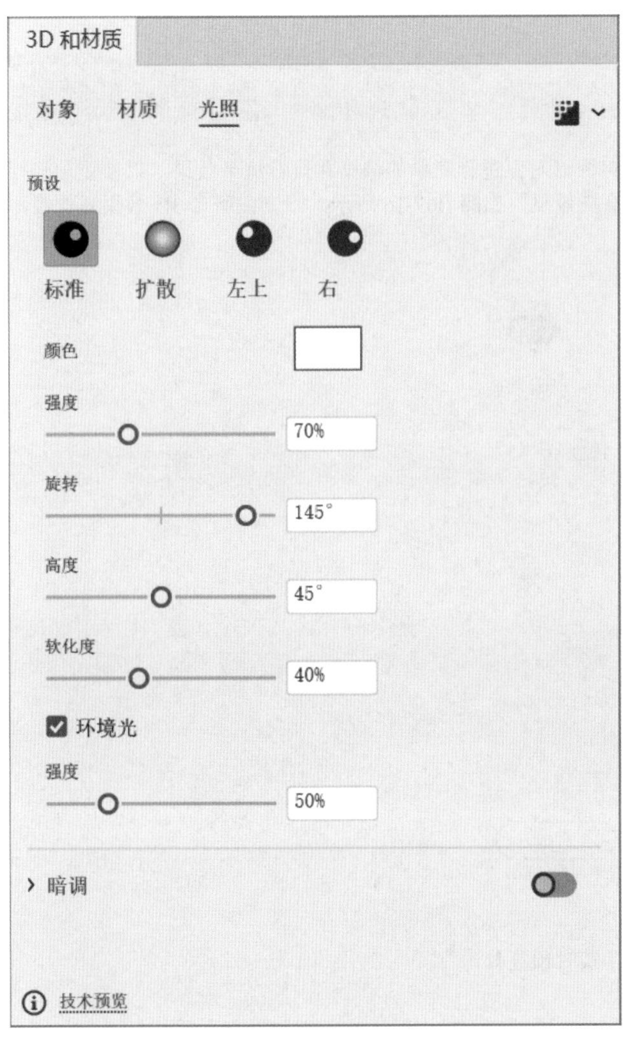

图 B07-13

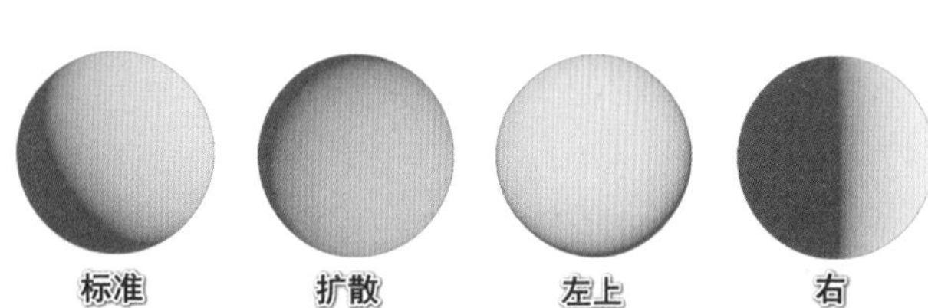

图 B07-14

- 颜色：指光照颜色。
- 强度：即光线的亮度，范围为 0 ～ 100%。
- 旋转：即旋转对象的光照角度，旋转值范围为 -180° ～ 180° 。
- 高度：可调节光线的阴影长短，若阴影较短，可将光线靠近对象，其范围均为 0 ～ 90° 。
- 软化度：指定光线的扩散程度。
- 环境光：选中该复选框，即可控制全局光照强度，范围为 0 ～ 200° 。
- 暗调：也称为阴影，开启【暗调】时，阴影将应用于图稿中，如图 B07-15 所示。

图 B07-15

B07.6　渲染

在完成所有的 3D 效果设置后，可以结合渲染与光线追踪，对图形对象进行简单的渲染并查看渲染效果，以便更加轻松地创建更逼真、更高品质的 3D 图形图稿。单击按钮即可查看渲染效果，如图 B07-16 所示，建议在所有 3D 效果完成后再查看渲染效果，若一直开启渲染效果可能增加软件的运行负担。

图 B07-16

◆ 光线追踪：开启即可使用【光线追踪】进行渲染，关闭则为【实时预览】。
◆ 渲染为矢量图：渲染不受分辨率影响的外观。

B07.7　3D 经典

1．凸出和斜角（经典）

执行【效果】-【3D 和材质】-【3D 经典】-【凸出和斜角（经典）】菜单命令，弹出【3D 凸出和斜角选项】对话框，可以设置对象的位置、凹凸厚度、光源等参数，单击【确定】按钮即可完成 3D 对象的创建，如图 B07-17 所示，效果如图 B07-18 所示。

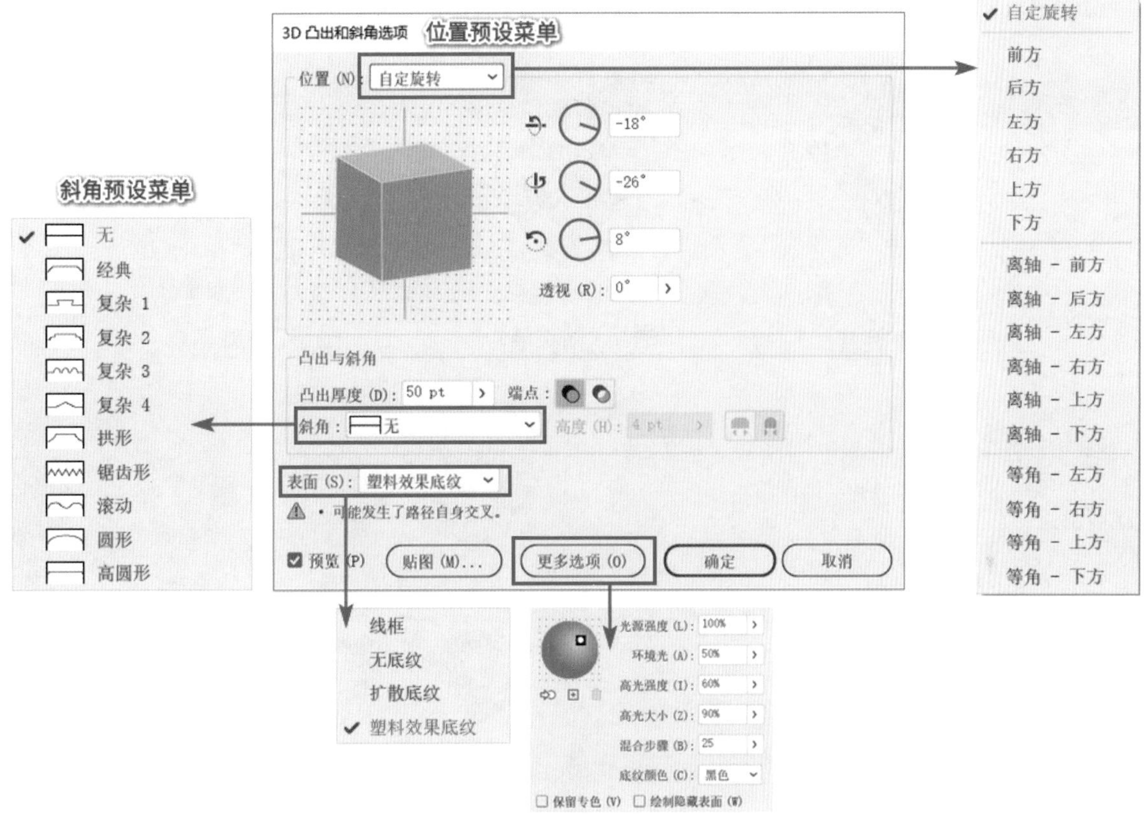

图 B07-17

图 B07-18

◆ 位置：设置对象的透视角度，可以选择预设的角度也可以自由调整。

可以手动拖动调整立方体透视角度和表面旋转，对象的正面用蓝色表现，上表面和下表面为浅灰色，两侧为中灰色，背面为深灰色，如图 B07-19 所示。

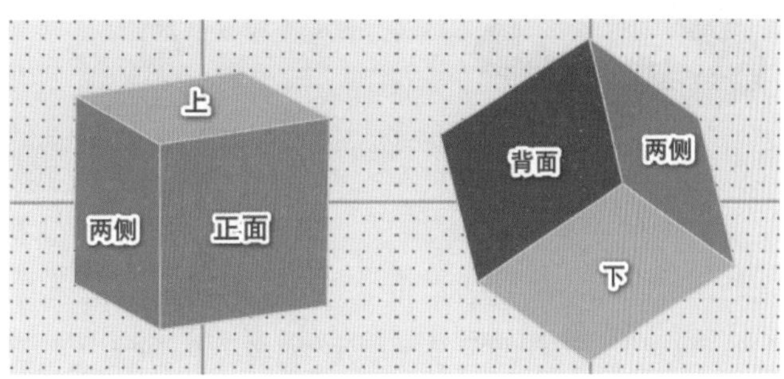

图 B07-19

想要沿一条全局轴旋转，则按住 Shift 键进行水平或垂直旋转。当指针变成有弧度的双箭头时，可以限制对象围绕一条轴旋转。红色边缘表示 X 轴，绿色边缘表示 Y 轴，蓝色边缘表示 Z 轴，如图 B07-20 所示。

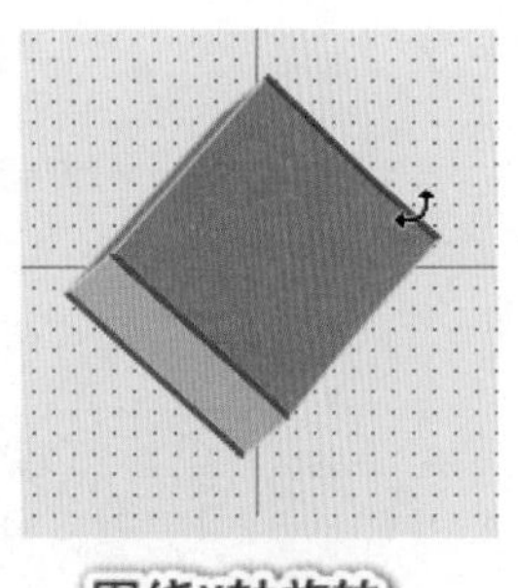

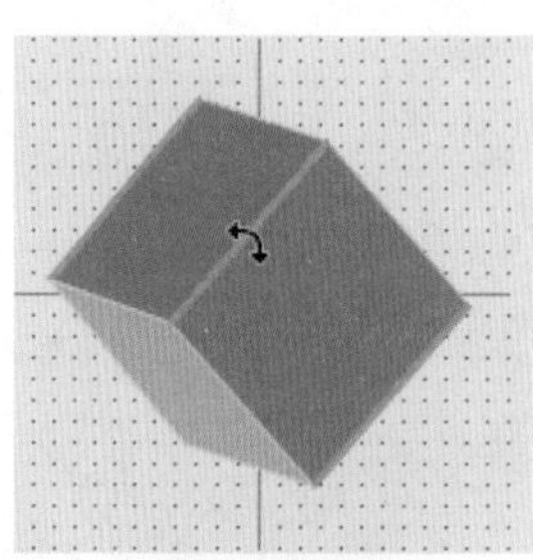

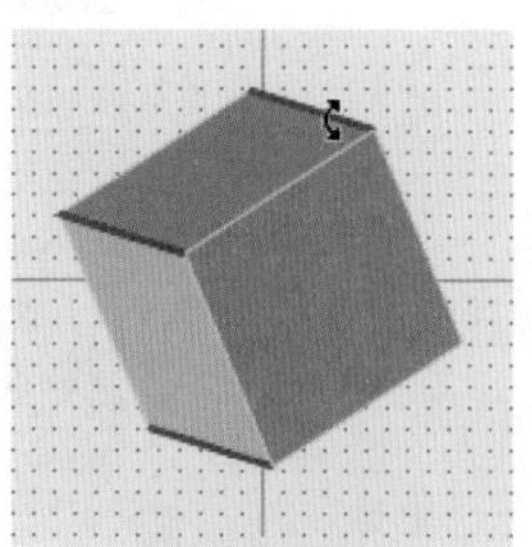

图 B07-20

输入参数可设置透视角度，在水平（X）轴、垂直（Y）轴、深度（Z）轴输入 -180° ～ 180° 的参数进行调整，如图 B07-21 所示。

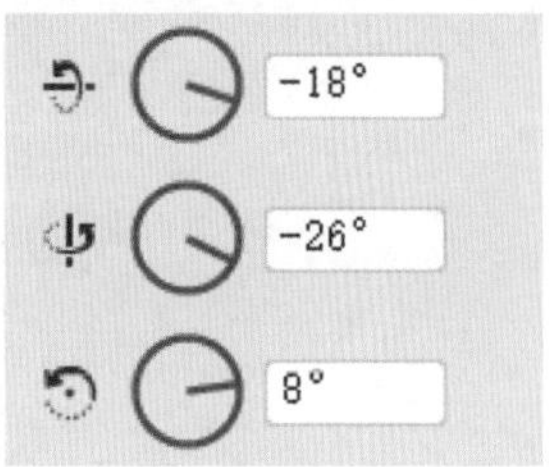

图 B07-21

- 透视：可以调整透视的角度。
- 凸出厚度：设置 3D 对象的凸出厚度。
- 高度：指定斜角高度。斜角外扩是指将斜角添加至对象的原始形状。斜角内缩是指将对象的原始形状砍去斜角。
- 端点：建立实心外观或建立空心外观，如图 B07-22 所示。

图 B07-22

- 斜角：即 3D 对象剪裁的斜角边缘类型，如图 B07-23 所示。

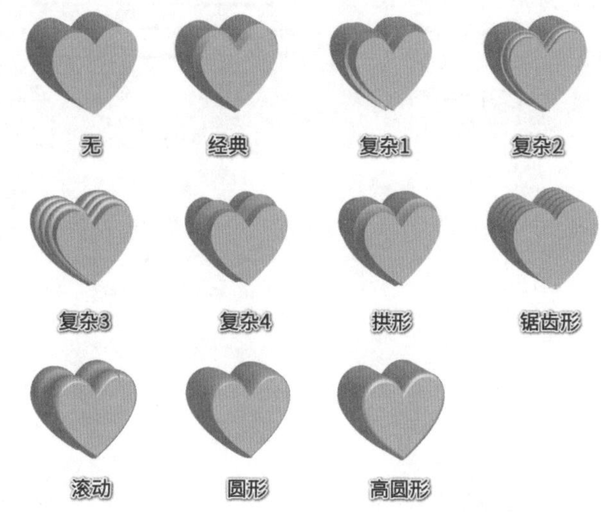

图 B07-23

- 表面：创建表面的底纹，即 3D 对象显现出来的材质。【线框】用来绘制对象几何形状的轮廓，是一种透视效果，使每个表面结构透明；【无底纹】即不添加任何新的表面属性，与平面图形对象具有相同颜色；【扩散底纹】是以一种柔和扩散的方式显示高光面；【塑料效果底纹】是以一种明亮、强烈的方式显示高光面，呈现塑料的质感，如图 B07-24 所示。

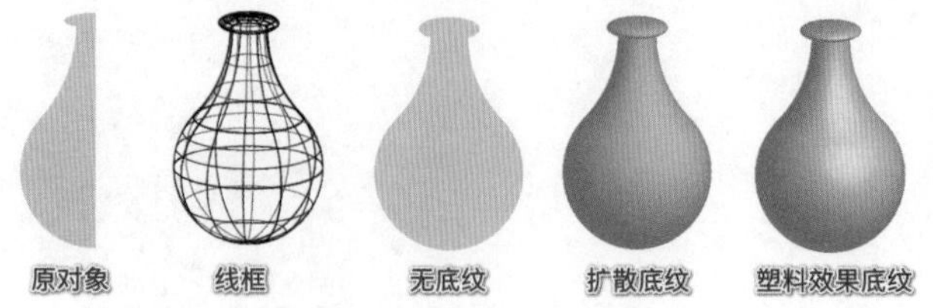

图 B07-24

- 更多选项：单击【更多选项】按钮可显示隐藏的其他参数，包括增加光源、调整光源强度、调整高光强度、设置混合步骤、设置底纹颜色等。

- 前 / 后移光源：是指将所选光源移动到对象后，是指将所选光源移动到对象前面。
- 新建光源：添加一个新光源，默认情况下，新建的光源出现在球体正前方的中心位置。
- 光源强度：指定所选光源的亮度范围为 0 ～ 100%。
- 环境光：控制全局光，统一改变所有对象的表面亮度。
- 高光强度：控制对象的反射光强度。数值越低，表面越暗淡；数值越高，表面越光亮。
- 高光大小：用来指定高光的大小。
- 混合步骤：指定为表面添加底纹的路径数。
- 底纹颜色：为对象添加底纹。
- 保留专色：选中该复选框，会保留对象中的专色。
- 绘制隐藏表面：显示对象的隐藏表面，在对象为透明或展开对象并将其拉开的情况下，可以看到对象的背面。

2. 绕转（经典）

【绕转】是指围绕 Y 轴进行绕转使其做圆周运动，从而创建 3D 对象。选择要绕转的对象，执行【效果】-【3D】-【绕转】菜单命令，弹出【3D 绕转选项】对话框，如图 B07-25 所示；可设置绕转的位置、角度、光源等参数，同【凸出与斜角】的参数基本相同，完成后单击【确定】按钮，如图 B07-26 所示。

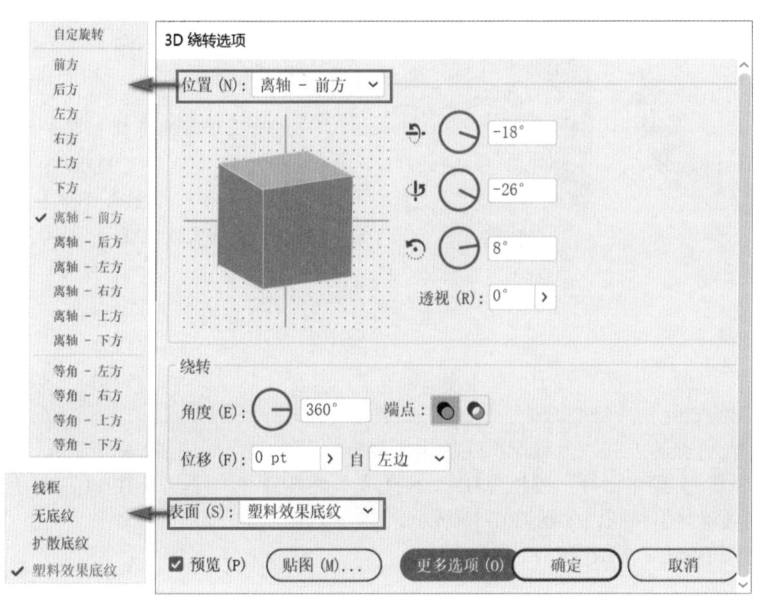

图 B07-25

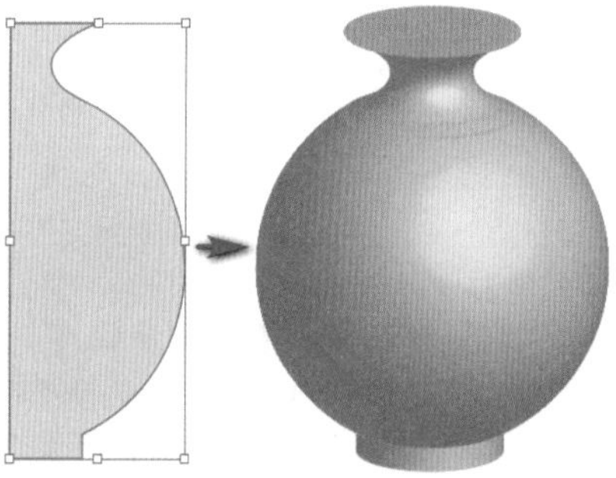

图 B07-26

- 位置：设置对象旋转及透视的角度。
- 角度：设置 0 ～ 360° 的路径绕转度数，如图 B07-27 所示。

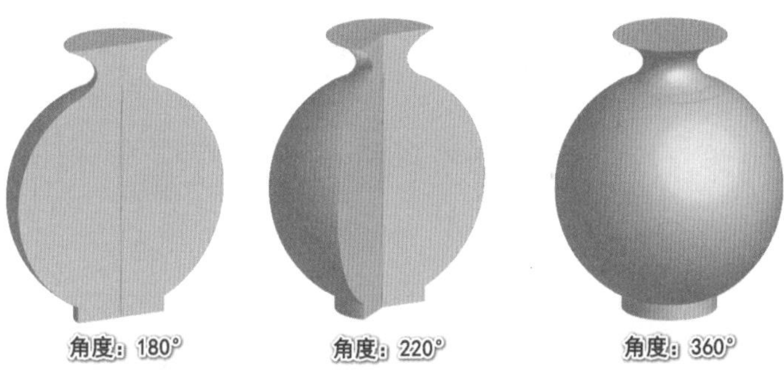

图 B07-27

- 端点：建立实心外观或建立空心外观，如图 B07-28 所示。

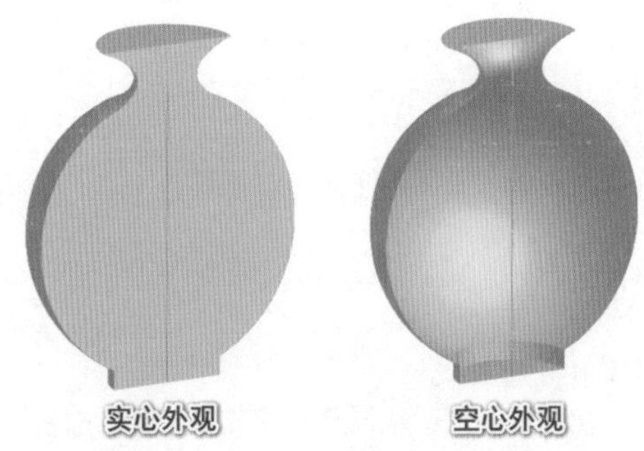

图 B07-28

- 位移：在绕转轴和路径之间增加距离，可以选择对象自左边缘或者自右边缘绕转，如图 B07-29 所示。

图 B07-29

> SPECIAL 扩展知识
>
> 光源选项取决于所选择的功能。当对象只使用了3D旋转效果，则【表面】的选项只有【扩散底纹】和【无底纹】。

3. 旋转（经典）

【旋转】是将对象任意角度旋转，只能设置表面旋转方向，没有厚度。选中需要旋转的对象，使用 3D 旋转工具，执行【效果】-【3D 和材质】-【3D 经典】-【旋转（经典）】菜单命令，弹出【3D 旋转选项（经典）】对话框，如图 B07-30 所示。设置旋转方向及表面底纹，完成参数设置后单击【确定】按钮，如图 B07-31 所示。

旋转效果可在【外观】面板中进行编辑，如图 B07-32 所示。

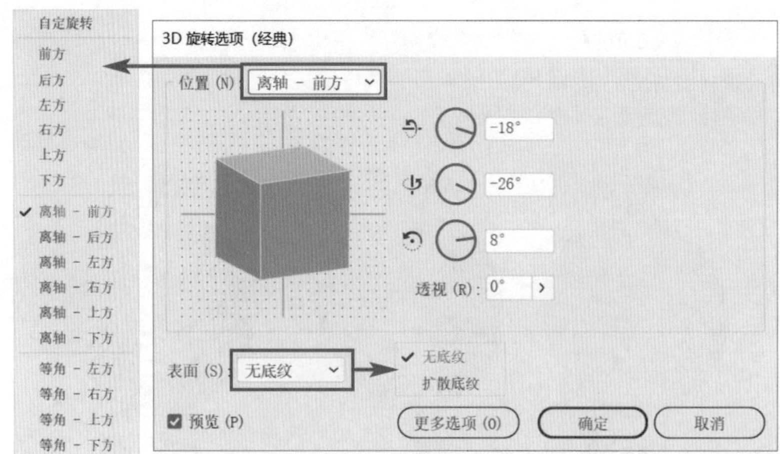

图 B07-30

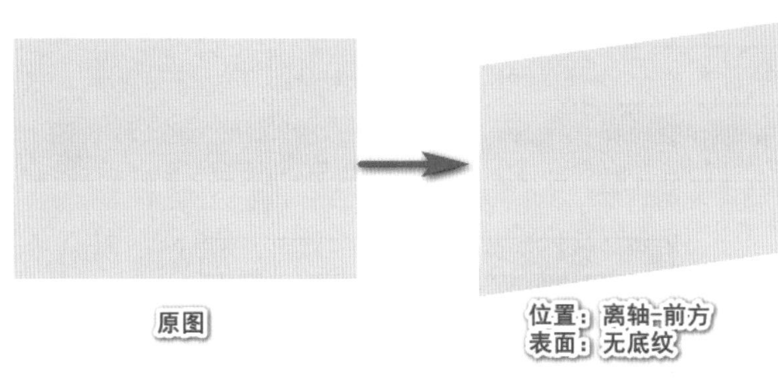

图 B07-31

图 B07-32

B07.8 将图稿映射到 3D 对象上

所有的3D对象均由多个表面组成。例如，将矩形创建成3D效果后变成一个立方体，立方体共有6个表面，分别为正面、背面和4个侧面，那么2D的图稿可以贴到3D对象的每个表面上。此时需要通过【符号】面板工具完成，符号可以是任何图稿对象，包括路径、复合路径、文本等。

选中对象，执行【效果】-【3D】-【绕转】菜单命令，弹出【3D绕转选项】对话框，设置【位置】为【离轴-前方】,【位移】为0pt，【自】为【右边】，如图B07-33所示。

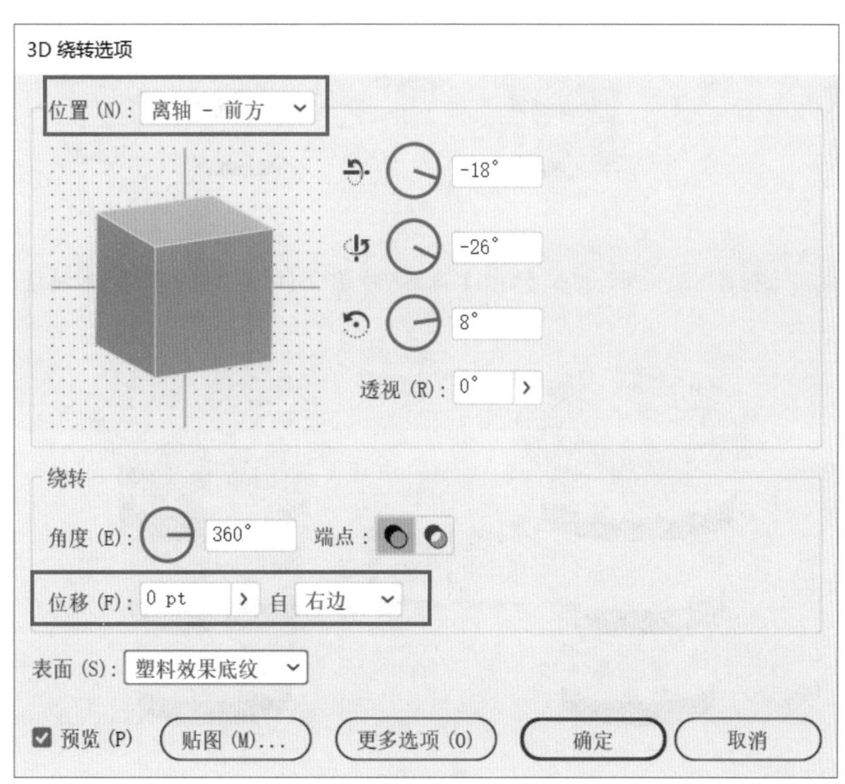

图 B07-33

单击【贴图】按钮，弹出【贴图】对话框，从【符号】菜单中选择准备贴到所选表面的图稿，在【表面】中选择第一个表面，在【符号】中找到设置好的符号，单击【缩放以适合】按钮，该图稿就会在3D效果中显示，如图B07-34所示。

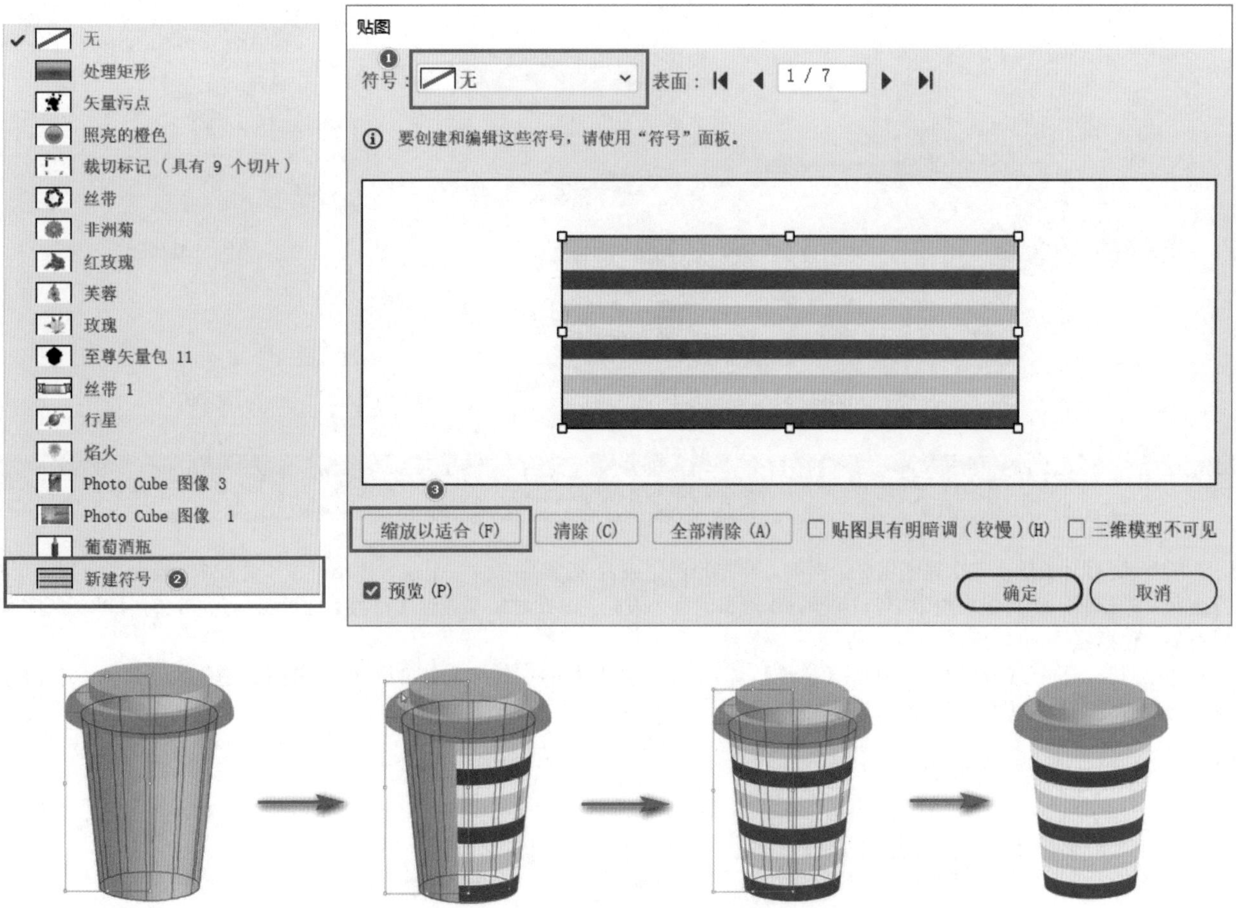

图 B07-34

如果想让贴图后的对象拥有明暗效果，可在【贴图】对话框中选中【贴图具有明暗调（较慢）】复选框，如图 B07-35 所示。

图 B07-35

- 表面：⏮代表第一个表面，◀代表上一个表面，▶代表下一个表面，⏭代表最后一个表面。
- 缩放以适合：缩放符号以适合当前表面。
- 清除：从当前表面中删除符号。
- 全部清除：从所有表面中清除贴图所用符号。

- 贴图具有明暗调（较慢）：选中该复选框，映射的图稿将显示与对象相同的底纹，并带有明暗效果。
- 三维模型不可见：选中该复选框，所选对象的三维模型将不显示。

SPECIAL 扩展知识

符号的位置是相对于对象表面的中心位置，如果表面的几何形状或图稿发生变化，符号也会相对于对象的新中心重新用于贴图。

B07.9 实例练习——烫金立体字

本实例练习最终完成的效果如图 B07-36 所示。

图 B07-36

制作步骤

01 新建文档，设置尺寸为 A4，【颜色模式】为【RGB 颜色】。

02 制作地面。使用【矩形工具】创建宽和高均为 178 毫米的正方形，颜色为黑色。执行【效果】-【3D 和材质】-【凸出和斜角】菜单命令，打开【3D 和材质】面板，在该面板中选择【对象】-【3D 类型】-【平面】选项，再选择【旋转】-【预设】-【等角 - 下方】，参数及效果如图 B07-37 所示。

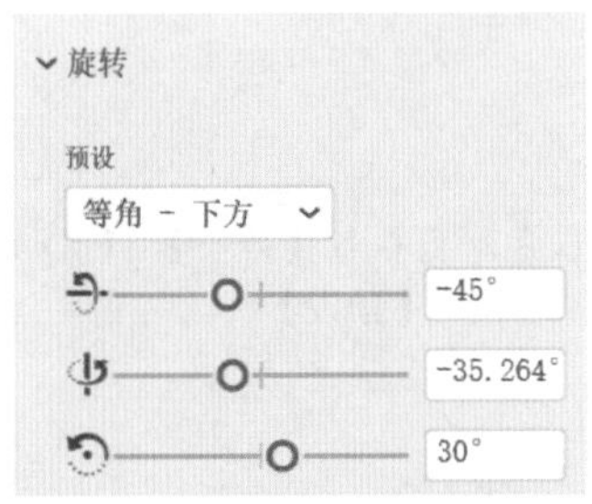

图 B07-37

03 在【3D 和材质】面板中选择【材质】，为正方形添加材质效果。选择【Adobe Substance 材质】中的【英式白蜡木镶板】材质并调整【材质属性】，设置【木材颜色变化】为 0.38，【纹理对比度】为 1，【木材粗糙度】为 0.45，【剪切】为树冠，【纤维】为 0.5，【技术参数】及效果如图 B07-38 所示。

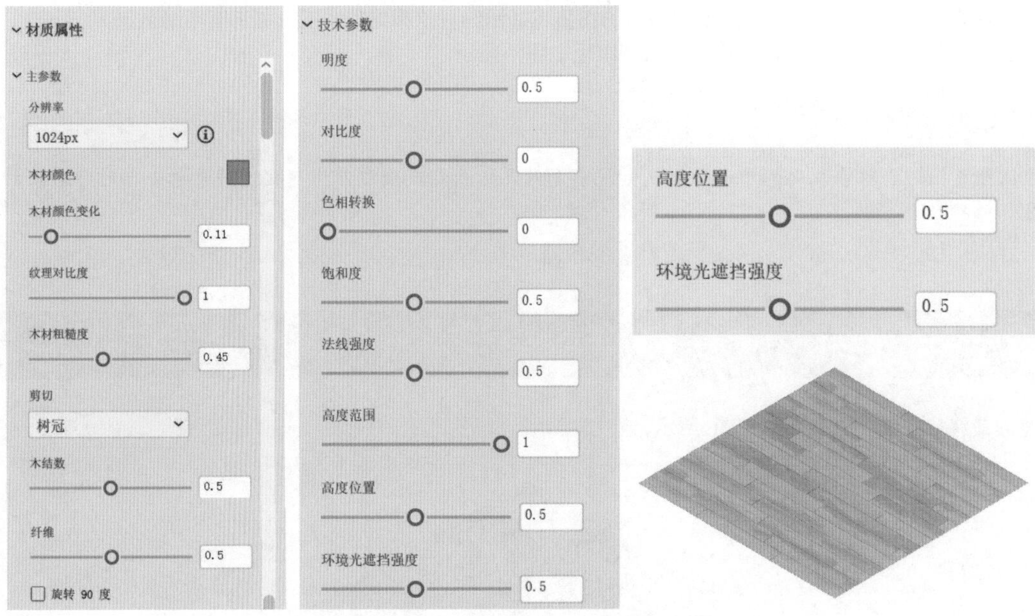

图 B07-38

04 为地面设置【光照】效果，如图 B07-39 所示。

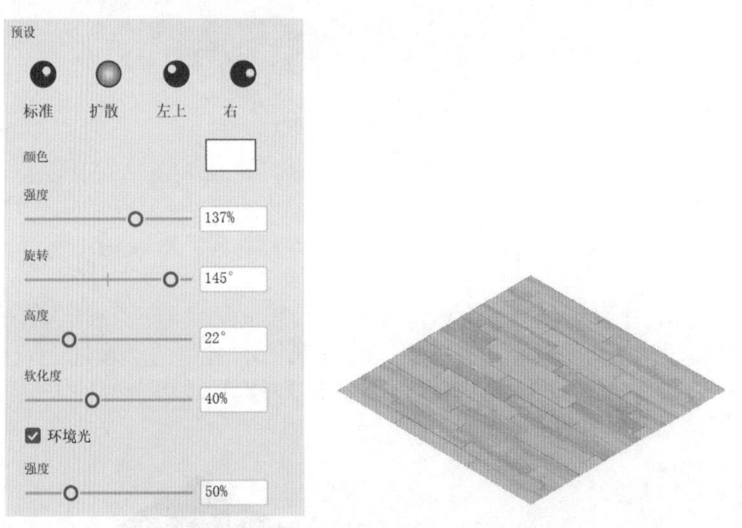

图 B07-39

05 制作文字。使用【文字工具】T 创建文字“Ai 教程”，填充白色，再执行【效果】-【3D 和材质】-【凸出和斜角】菜单命令，设置【对象】-【3D 类型】为【凸出】，【深度】为 6 px，【旋转】-【预设】为【等角 - 上方】，参数及摆放位置如图 B07-40 所示。

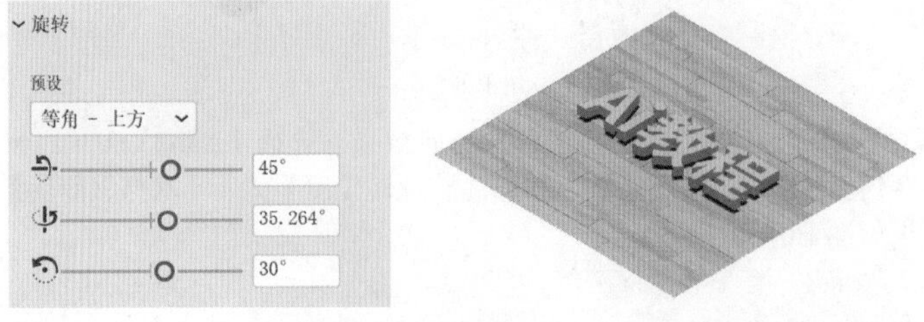

图 B07-40

06 为文字添加【材质】和【光照】效果。选择【Adobe Substance 材质】中的【菱形覆盖的混凝土拼贴】材质并调整【材质属性】,【主参数】设置如图 B07-41 所示。【技术参数】设置如图 B07-42 所示,【位置】密度为 100，设置【光照】效果参数，如图 B07-43 所示，最后文字效果及摆放位置如图 B07-44 所示。

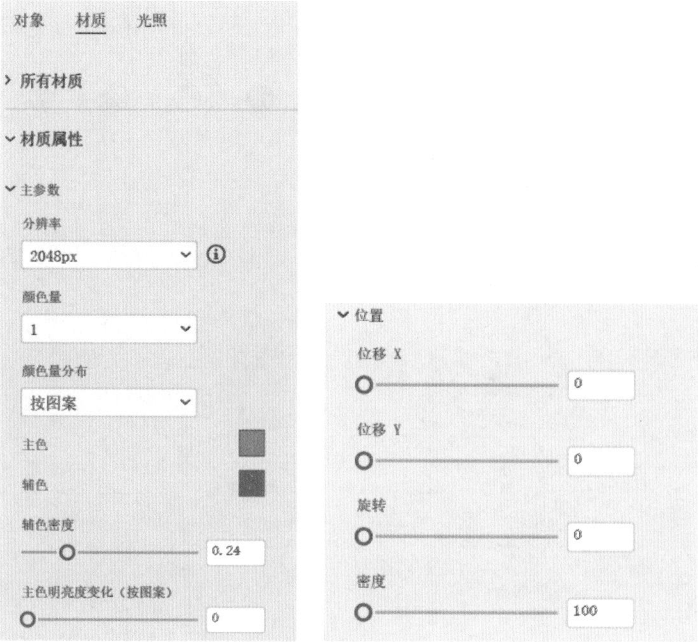

图 B07-41

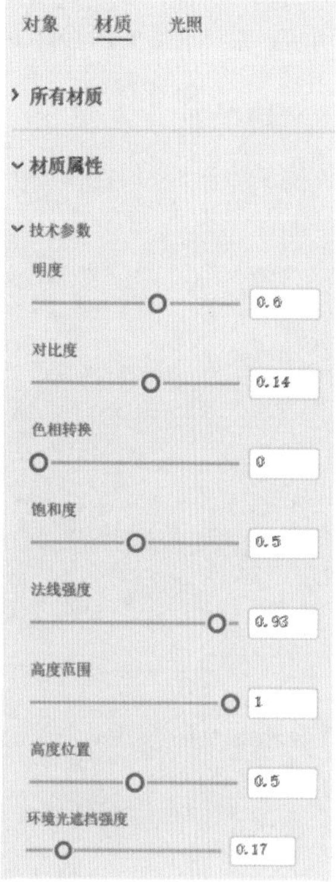

图 B07-42

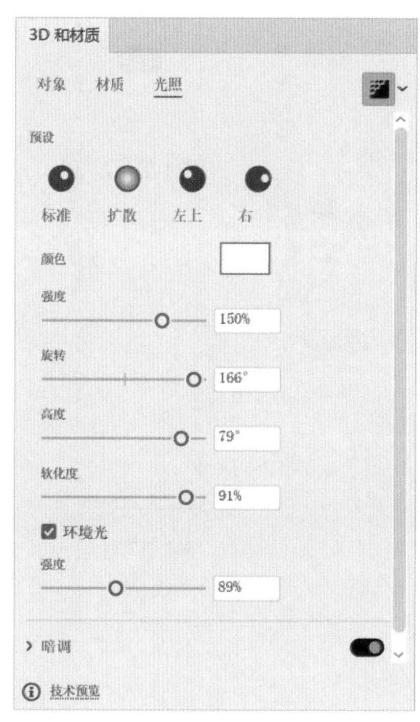

图 B07-43

图 B07-44

07 按 Ctrl+C 快捷键复制文字，按 Ctr+F 快捷键原位粘贴，在【3D 和材质】面板中调整【3D 类型】的凸出深度，设置【深度】为 1。设置【材质】为【金色叶片褶皱】,【位置】密度为 100,【主参数】和【技术参数】设置如图 B07-45 所示。设置【光照】参数，如图 B07-46 所示，摆放位置及效果如图 B07-47 所示。

08 分别选中对象，单击【3D 和材质】面板中的【渲染设置】按钮，使用光线追踪进行渲染，参数设置如图 B07-48 所示，最终效果如图 B07-36 所示。

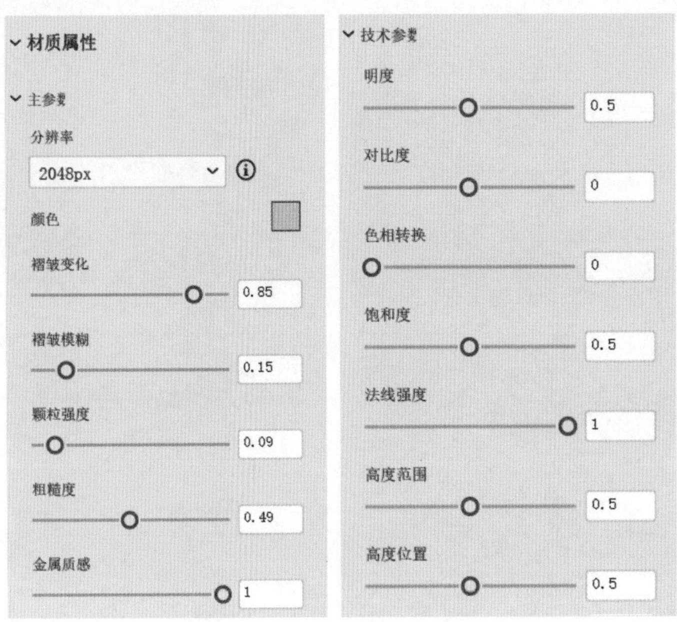

图 B07-45

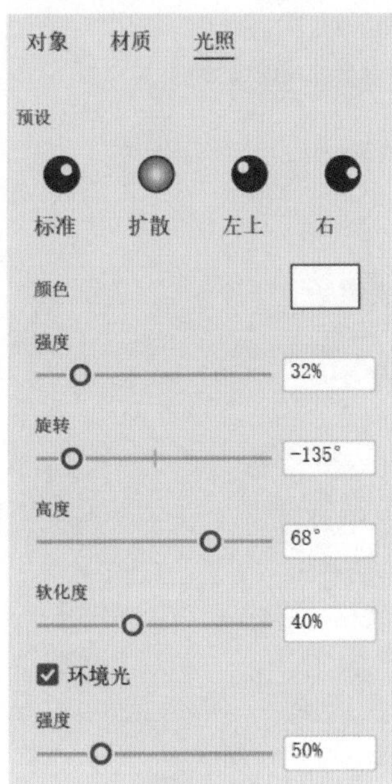

图 B07-46

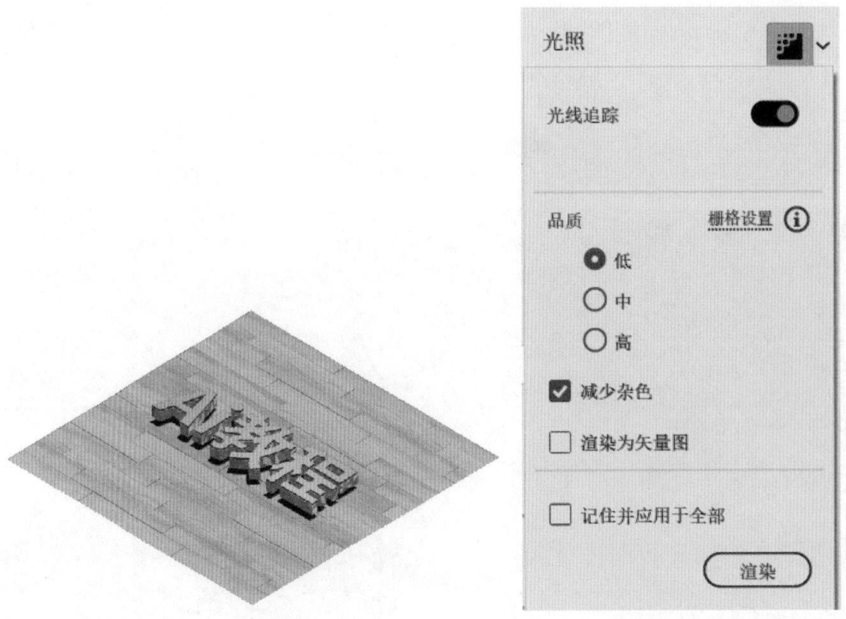

图 B07-47

图 B07-48

B07.10 综合案例——巧克力蛋糕制作

本综合案例最终完成的效果如图 B07-49 所示。

图 B07-49

制作步骤

01 新建文档，设置尺寸为宽 100 毫米、高 100 毫米,【颜色模式】为【RGB 颜色】,【光栅效果】为【高（300ppi）】，如图 B07-50 所示。

宽度
100 mm
毫米
高度
100 mm
方向
画板
1
出血
上
0 mm
下
0 mm
左
0 mm
右
0 mm
高级选项
颜色模式
RGB 颜色
光栅效果
高 (300ppi)

图 B07-50

02 使用【圆角矩形工具】创建一个宽、高均为 80 毫米，圆角半径为 4 毫米的正圆角矩形，【填色】为蓝色，如图 B07-51 所示。为了后续方便绘制，选择刚刚绘制的圆角矩形，按 Ctrl+2 快捷键将该对象锁定。

图 B07-51

03 绘制蛋糕的切面。使用【圆角矩形工具】创建一个宽 36 毫米、高 21 毫米、圆角半径为 3 毫米的圆角矩形，【填色】为棕色。使用【直接选择工具】拖动矩形中除右上之外的其他圆角的控制点，使其变为直角，如图 B07-52 所示。

图 B07-52

04 制作蛋糕切面层。使用【矩形工具】绘制一个宽 33.5 毫米、高 2.8 毫米的矩形，【填色】为棕黄色。按 Ctrl+Alt 快捷键向下移动并复制矩形，再按 Ctrl+D 快捷键进行重复操作（重复按 3 次），如图 B07-53 所示。

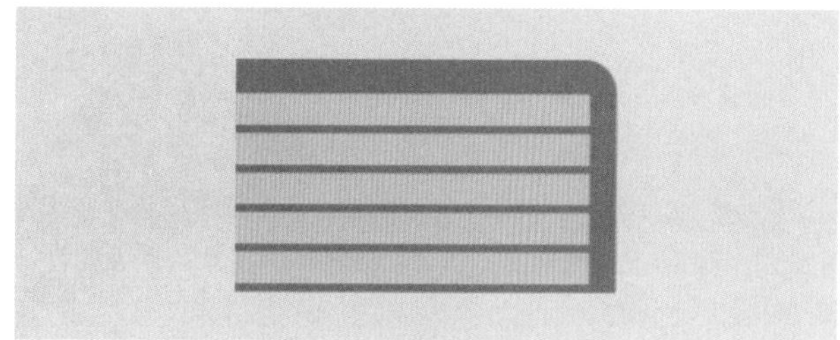

图 B07-53

05 使用【椭圆工具】按钮 绘制 3 个宽 3.5 毫米、高 3.5 毫米的圆形，【填色】为棕色，如图 B07-54 所示，蛋糕的切面绘制完成。

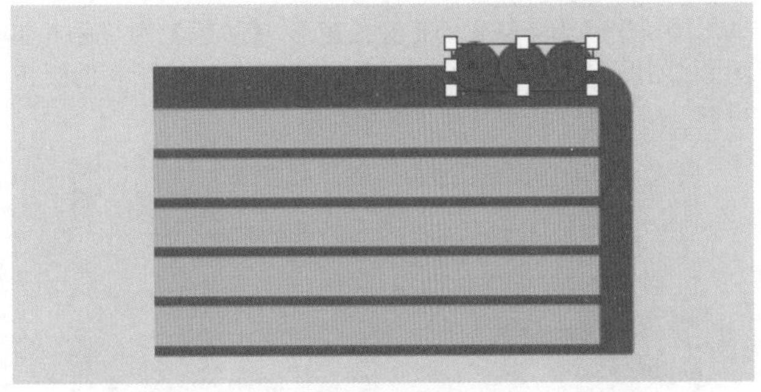

图 B07-54

06 选择绘制的“蛋糕切面的巧克力层”，右击，选择【编组】选项。执行【效果】-【3D】-【绕转】菜单命令，在【3D 绕转选项（经典）】对话框中将【角度】设置为 30°，调整并增加光源，设置【混合步数】为 100，如图 B07-55 所示。

07 单击【确定】按钮，蛋糕制作完成，添加盘子、文字素材，调整排列顺序，最终效果如图 B07-49 所示。

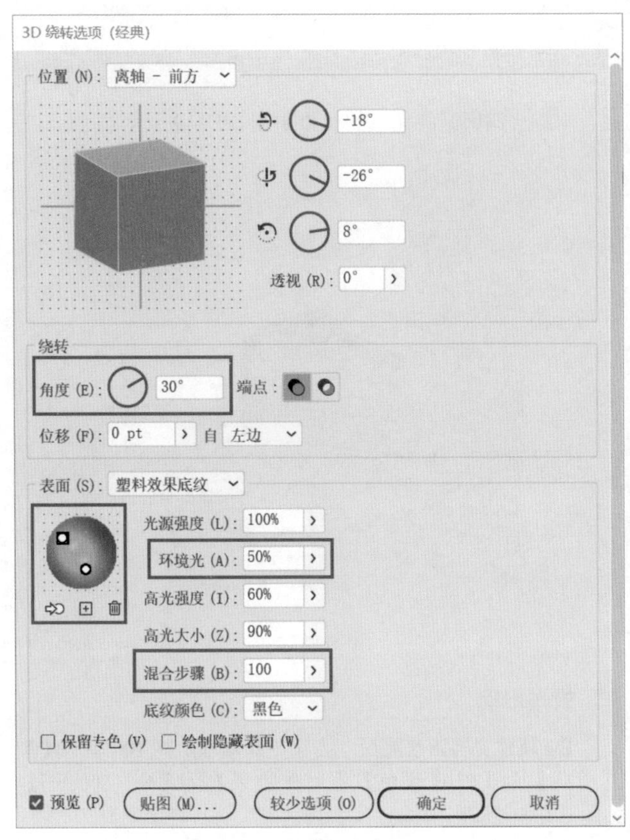

图 B07-55

B07.11 作业练习——立体房子绘制

本作业练习最终完成的效果如图 B07-56 所示。

图 B07-56

作业思路

使用【矩形工具】【椭圆工具】【多边形工具】【3D 和材质】对场景进行搭建。首先绘制房子的底座，然后将房子的结构分为两部分，使用【凸出和斜角（经典）】等绘制下半部分，再绘制上半部分，将两部分组合。最后为建筑添加一些装饰素材，如绿植、路灯、阳台、围栏等，装点画面，完成作业。

总结

本课讲解了 3D 功能的使用方法，通过该功能可以快速做出立体效果，如 3D 广告文字、3D 书籍、3D 包装盒等，我们可以把 3D 对象比作雕塑，将 2D 对象比作绘画，它们都是设计师需要掌握的技能，多加练习，才能做出更好的作品。

读书笔记

B08课

应用效果

为对象加特效

Illustrator 中的【效果】与 Photoshop 的【滤镜】有相似之处，可以对某个对象、组或图层应用特殊效果，改变其特征，使对象内容更加丰富多彩。

展开【效果】菜单，可以看到有很多类型的效果可选，如图 B08-1 所示，它们分为两大类，分别是【Illustrator 效果】和【Photoshop 效果】。

图 B08-1

B08.1 应用效果

1. 添加效果

选择要添加效果的图像，以执行【效果】-【风格化】-【投影】菜单命令为例，弹出

【投影】对话框，调整投影相关参数，单击【确定】按钮，即可为图像添加投影效果，如图 B08-2 所示。

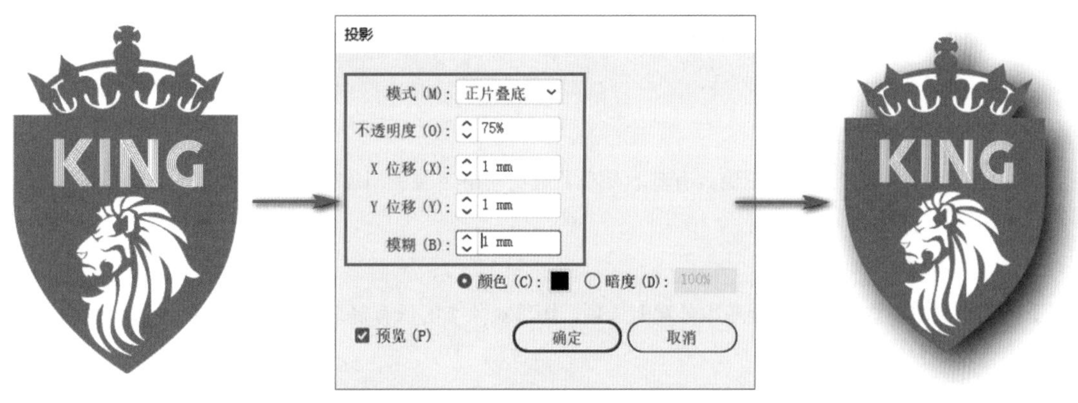

图 B08-2

扩展知识

如果要再次应用上次使用的效果，可执行【效果】-【应用“效果名称”】菜单命令；要设置上次应用的效果，可执行【效果】-【效果名称】菜单命令。

2. 使用【属性】面板添加效果

选择一个对象，执行【窗口】-【属性】菜单命令，在【外观】中单击【选取效果】按钮 fx，弹出【效果】菜单，选择相应的效果即可，如图 B08-3 所示。

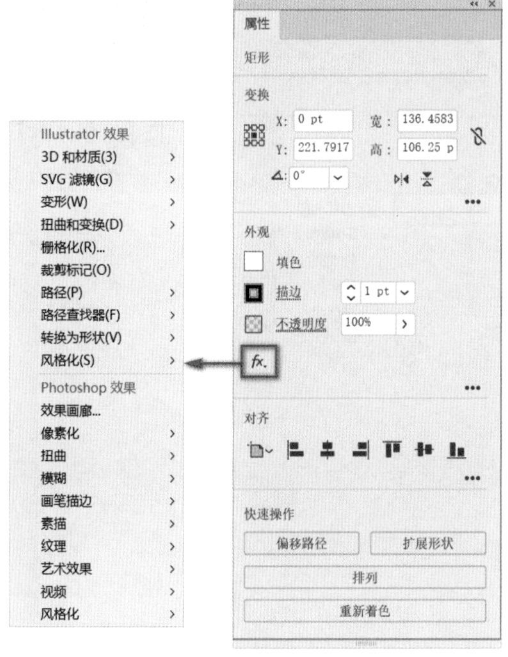

图 B08-3

3. 使用【外观】面板添加效果

选择一个对象，执行【窗口】-【外观】菜单命令，打开【外观】面板，单击【添加新效果】按钮 fx，弹出【效果】菜单，选择相应的效果即可，如图 B08-4 所示。

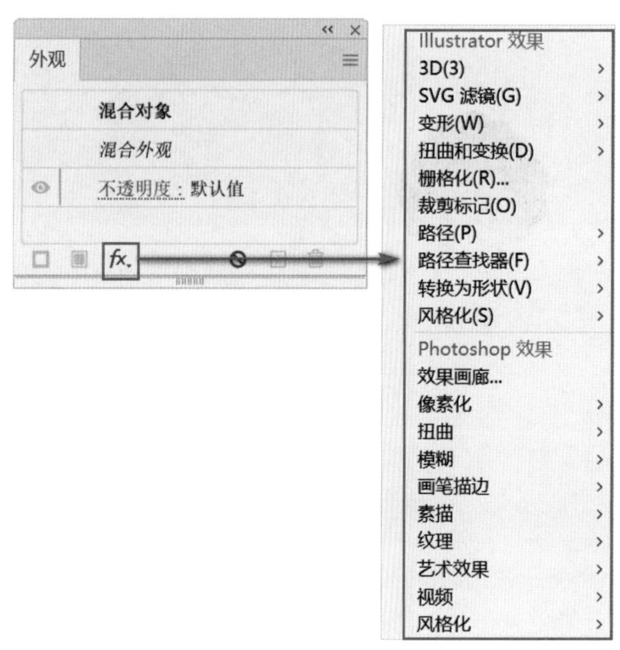

图 B08-4

扩展知识

在【图层】面板中，定位图层图标●是灰色的，说明该图层具有外观属性，单击即可被定位。

◆ 新建图稿具有基本外观

在【外观】的面板菜单中选择【新建图稿具有基本外观】选项，将当前所创建的外观属性应用到新对象上，基本外观只包括【填色】和【描边】。

◆ 简化至基本外观

在【外观】的面板菜单中选择【简化至基本外观】选项，图稿对象上的所有复杂外观（如 3D、变形、风格化等效果）都将被清除，只保留【填色】和【描边】。

B08.2 修改或删除效果

1. 编辑已有效果

◆ 在【属性】面板中编辑已有效果

选择已添加效果的对象，在【属性】面板的【外观】中单击效果名称，即可弹出该效果的参数调整对话框，在此更改参数即可，如图 B08-5 所示。

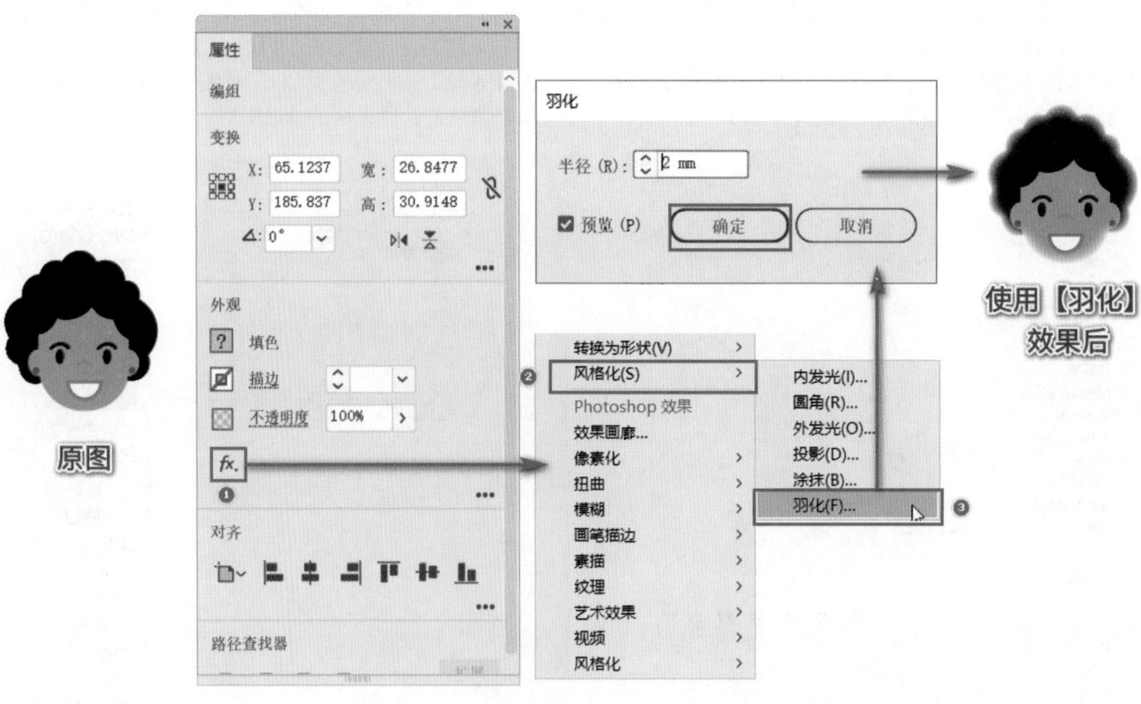

图 B08-5

◆ 从【外观】面板编辑已有效果

选择已添加效果的对象，在【外观】面板中单击效果名称，即可弹出该效果的参数调整对话框，在对话框中进行调整即可，如图 B08-6 所示。

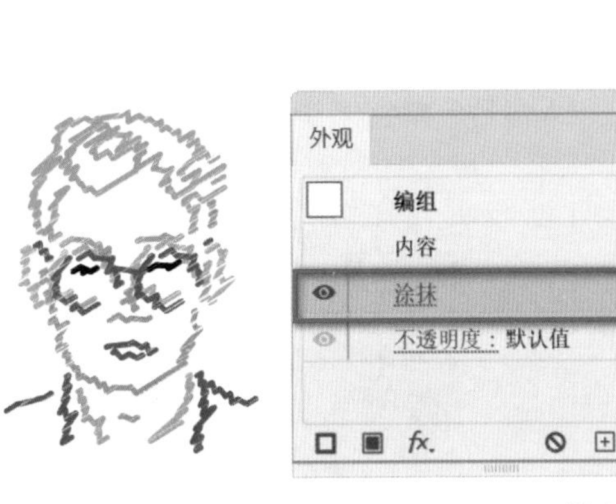

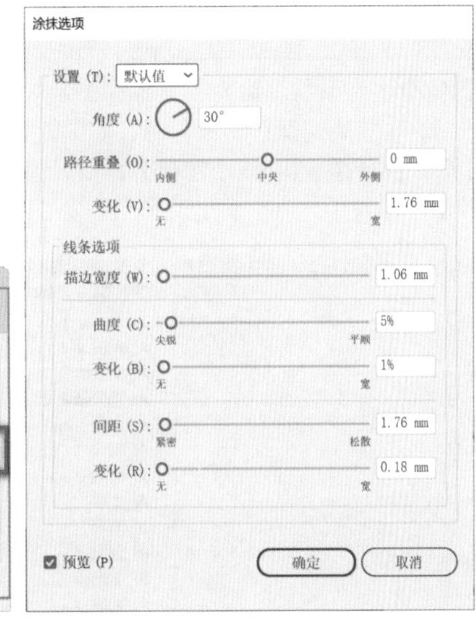

图 B08-6

2. 删除效果

选择已添加效果的对象，在【属性】面板的【外观】中单击【删除效果】按钮，即可删除效果。或者在【外观】面板中选择该效果，单击【删除所选项目】按钮，如图 B08-7 所示。

图 B08-7

B08.3 Illustrator 效果

【效果】菜单中上半部分的效果是矢量效果，即 Illustrator 效果，在【外观】面板中，这些效果只能应用于矢量图形或某个位图的填色或描边，可以同时应用于矢量和位图的效果有 3D 效果、SVG 滤镜、变形效果、变换效果、投影效果、羽化效果、内发光及外发光效果。

1. 3D 效果

执行【效果】-【3D】菜单命令即可创建不同的 3D 效果，如【凸出和斜角】【绕转】及【旋转】，如图 B08-8 所示，具体操作可参考 B07 课。

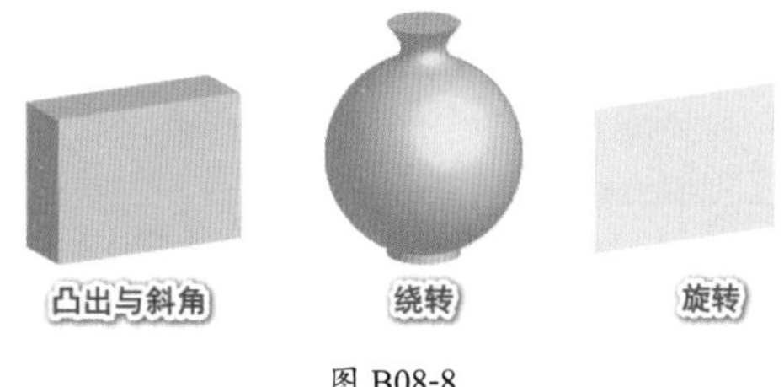

图 B08-8

2. SVG 滤镜

SVG 是将图像描述为形状、路径、文本和滤镜效果的矢量格式，执行【效果】-【SVG 滤镜】菜单命令，即可弹出子菜单，我们可以使用这些效果的默认属性，还可以编辑 XML 代码以生成自定义效果，或者导入新的效果，如图 B08-9 所示。

选择一个图形，执行【应用 SVG 滤镜】命令，弹出【应用 SVG 滤镜】对话框，如图 B08-10 所示；选择一个效果，或直接在【SVG 滤镜】子菜单中选择一种效果即可，如图 B08-11 所示。

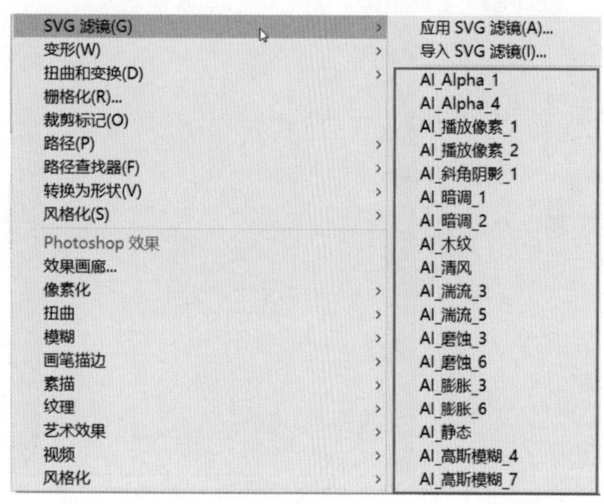

图 B08-9

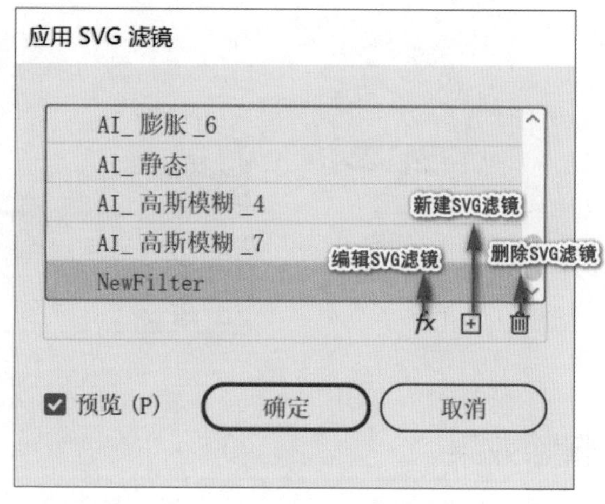

图 B08-10

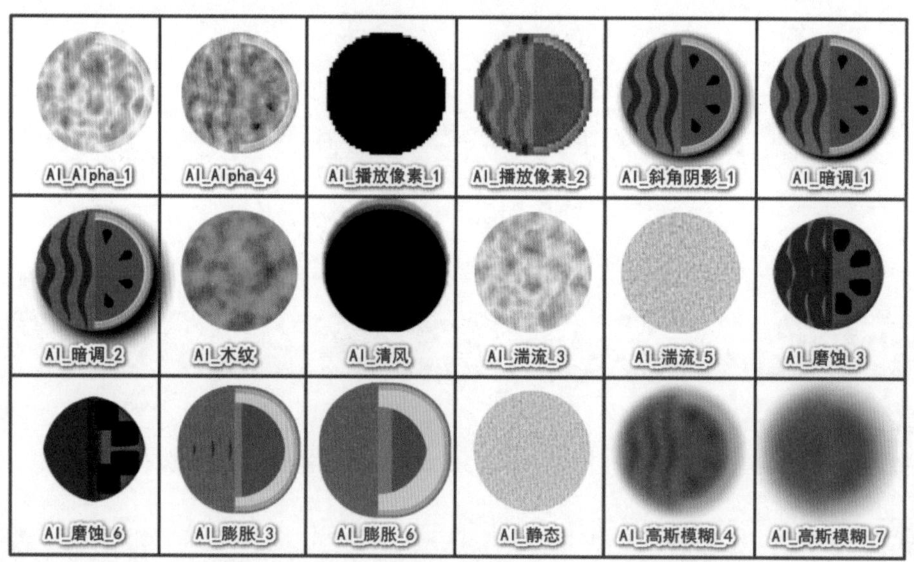

图 B08-11

- 编辑 SVG 滤镜 fx：选择一个滤镜并单击该按钮，即可编辑所选滤镜。
- 新建 SVG 滤镜 ⊞：单击该按钮，输入代码，即可创建新效果。
- 删除 SVG 滤镜 🗑：选择一个滤镜，单击该按钮，即可删除所选滤镜。

3. 变形

【效果】中的【变形】与【对象】-【封套扭曲】-【用变形建立】菜单命令的功能是相同的（参考 A07.4 课）。选择一个对象，执行【效果】-【变形】命令，在弹出的菜单中选择一种变形类型，弹出【变形选项】对话框，进行参数设置即可，如图 B08-12 所示。

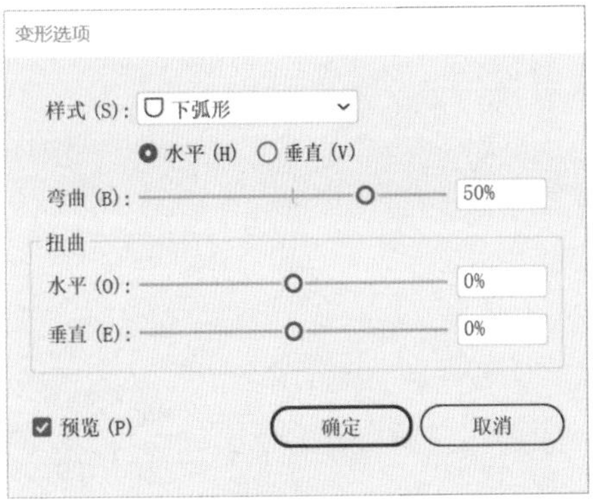

变形选项

样式 (S)：下弧形

水平 (H)　垂直 (V)

弯曲 (B)：50%

扭曲

水平 (O)：0%

垂直 (E)：0%

预览 (P)　确定　取消

图 B08-12

4. 扭曲和变换

执行【效果】-【扭曲和变换】菜单命令，展开扭曲和变换效果菜单，如图 B08-13 所示。

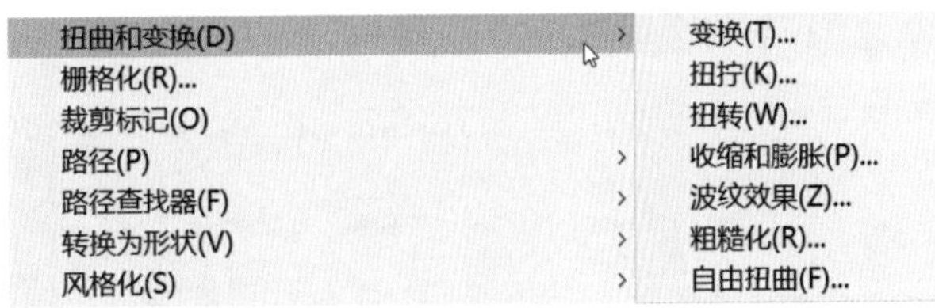

图 B08-13

◆ 变换

通过重设大小、移动、旋转、镜像（翻转）和复制的方法改变对象的形状。选择一个图形，执行【效果】-【扭曲变换】-【变换】菜单命令，即可弹出【变换效果】对话框，设置相应参数，单击【确定】按钮即可，如图 B08-14 所示。

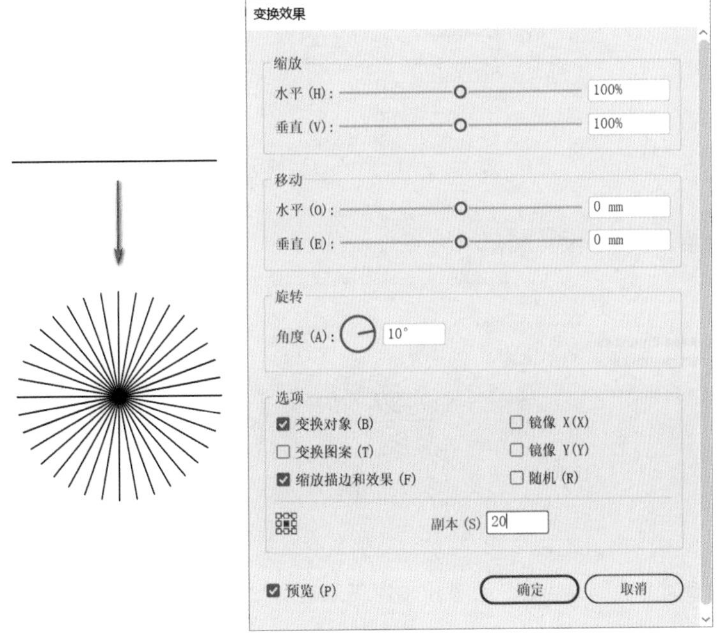

图 B08-14

- 变换对象：选中该复选框，则会根据设定参数进行变换。
- 变换图案：对带有图案的对象进行变换时，选中该复选框，会保持图案不变，如图 B08-15 所示。

图 B08-15

- 镜像 X/Y：选中该复选框，则会将该对象进行 X 轴或 Y 轴的镜像对称。
- 随机：选中该复选框，可对要变换的对象进行随机变换。
- 定位器▩：用于调整变换对象的中心点。
- 副本：调整变换对象变形后的图形副本数量。

◆ 扭拧

将对象随机地向内或向外弯曲和扭曲路径，如图 B08-16 所示。

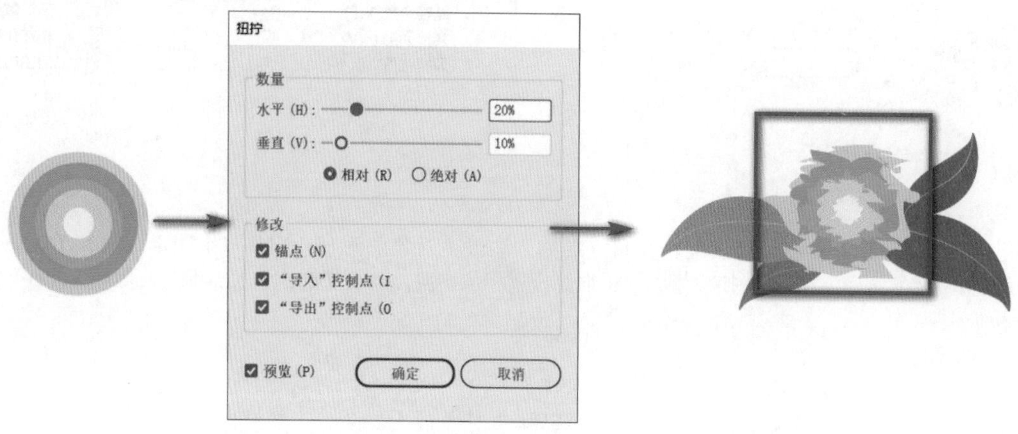

图 B08-16

◆ 扭转

顺时针或逆时针扭转对象，如图 B08-17 所示。

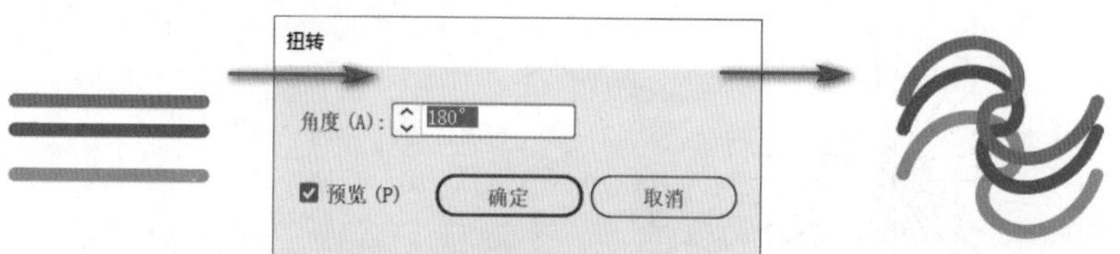

图 B08-17

◆ 收缩和膨胀

针对对象的中心，对对象进行收缩或膨胀，如图 B08-18 所示。

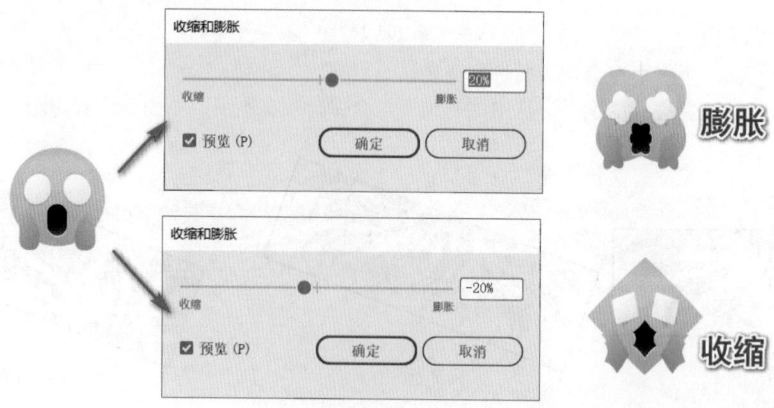

图 B08-18

◆ 波纹效果

将对象路径段变换为同样大小的平滑或尖锐的波纹效果，参数设置对话框如图 B08-19 所示。

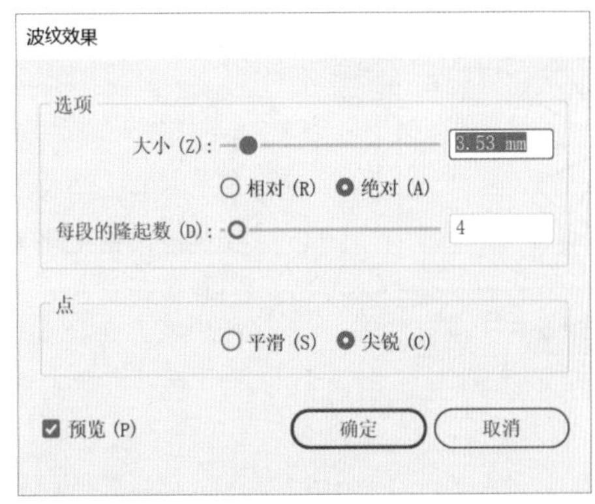

图 B08-19

- 大小：波动的大小。
- 每段的隆起数：设置每个路径段的隆起的数量。
- 点：波纹效果，选中【平滑】复选框，变换的对象呈波形边缘；选中【尖锐】复选框，变换的对象呈锯齿边缘，如图 B08-20 所示。

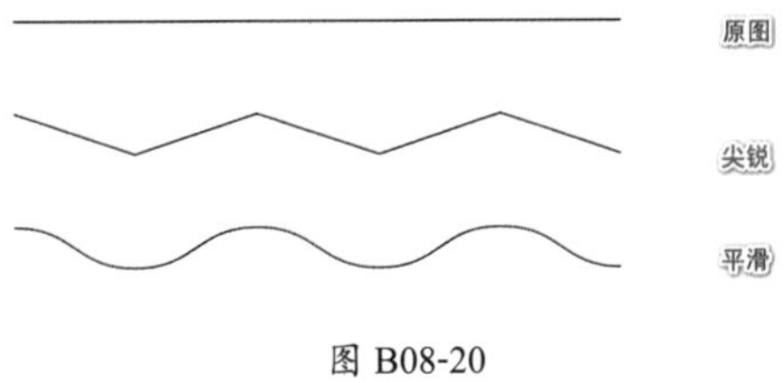

图 B08-20

◆ 粗糙化

将对象的路径段变形为各种大小的尖峰和凹谷的锯齿数组，如图 B08-21 所示。

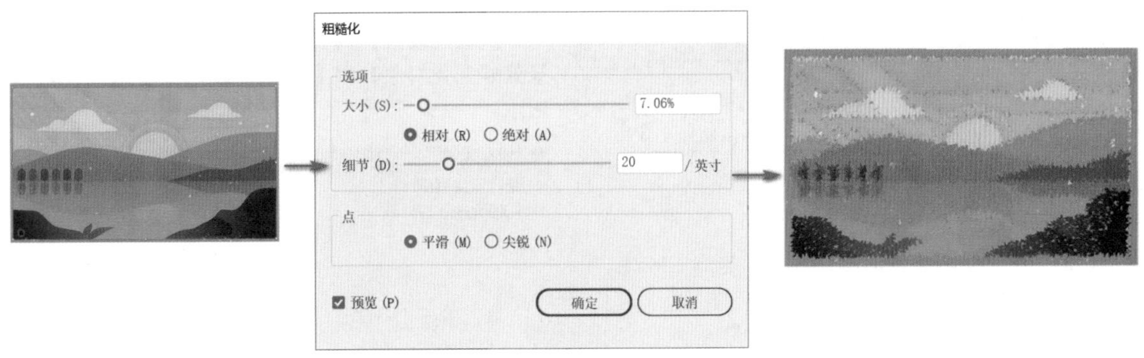

图 B08-21

- 大小：设置变换对象的相对 / 绝对的路径段的最大长度。
- 细节：设置变换对象的锯齿密度。
- 点：设置变换对象的边缘，选中【平滑】复选框，呈现圆滑边缘；选中【尖锐】复选框，呈现尖锐边缘。

◆ 自由扭曲

可以任意拖动四角控制点以改变对象的形状，如图 B08-22 所示。

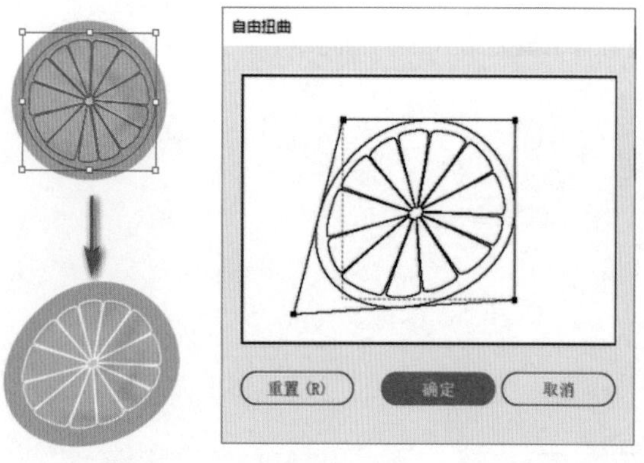

图 B08-22

5. 栅格化

执行【效果】-【栅格化】菜单命令，即可将对象生成像素的效果，其参数对话框如图 B08-23 所示，还可以通过【外观】面板对其参数进行更改。而【对象】-【栅格化】菜单命令是指将矢量图形转换为位图，具体参考 A07.6 课。

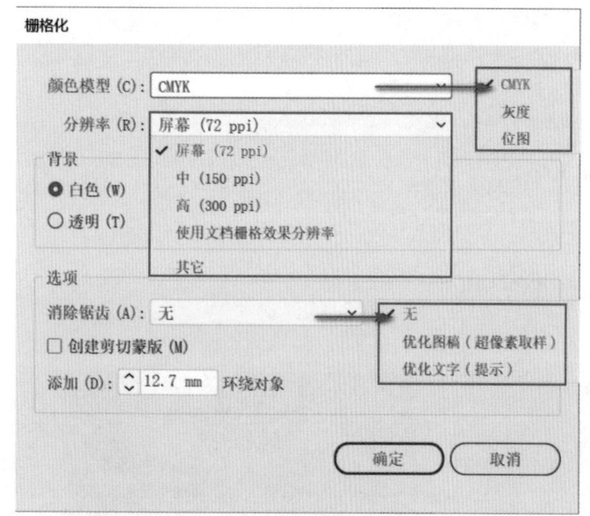

图 B08-23

- 颜色模型：即栅格化对象的颜色模型，包含 CMYK、位图及灰度 3 种。
- 分辨率：确定栅格化图像中的每英寸像素数。
- 背景：栅格化图像的背景。选中【白色】单选按钮即可用白色像素填充；选中【透明】单选按钮，则背景为透明。
- 消除锯齿：栅格化图像的锯齿边缘外观。选择【无】，不会消除锯齿效果；选择【优化图稿（超像素取样）】，可应用最适合无文字图稿的消除锯齿效果；选择【优化文字（提示）】，即可应用最适合文字的消除锯齿效果。
- 创建剪切蒙版：选中该复选框，栅格化图像的背景显示为透明的蒙版，但如果在【背景】中选择【透明】，则不需要再创建剪切蒙版。
- 添加环绕对象：为栅格化对象添加边缘填充或边框。

SPECIAL 扩展知识

若执行【对象】-【栅格化】菜单命令，命令一旦被执行，则无法再更改该对象；若执行【效果】-【栅格化】菜单命令，这个【栅格化】只是一种效果，它只是在外观上转换成位图效果，但实际上还是矢量图，因此还可在【外观】面板中将其删除。

6. 裁剪标记

用于创建具有实时效果的裁剪标记，效果如图 B08-24 所示。

图 B08-24

7. 路径

执行【效果】-【路径】菜单命令，其中包含【偏移路径】【轮廓化对象】和【轮廓化描边】3 种效果，如图 B08-25 所示。

图 B08-25

◆ 偏移路径

与【对象】-【路径】-【偏移路径】菜单命令效果相同（参见 A07.6 课），都是将图形路径向内收缩或向外扩展。不同的是，【对象】菜单中的【路径】-【偏移路径】命令是将原对象复制一层进行的变换，而【效果】菜单中的【路径】-【偏移路径】命令是在原对象上进行变换，它是一种效果，并且在【外观】面板中可以对其进行编辑、调节，如图 B08-26 所示。

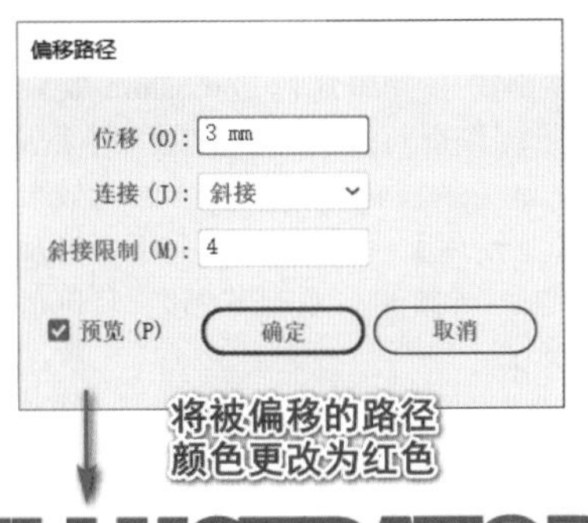

图 B08-26

◆ 轮廓化对象

若执行【效果】-【路径】-【轮廓化对象】菜单命令，则该命令是用于位图的，在【外观】面板中为位图添加一个描边，然后执行【轮廓化对象】命令，这个描边效果才能显示出来。

◆ 轮廓化描边

若执行【效果】-【路径】-【轮廓化描边】菜单命令，则此效果是使用在位图中的，对位图执行【轮廓化对象】后，添加描边，再把一个单一路径变成一个形状。

8. 路径查找器

与【路径查找器】面板中的功能相同，即将两个及两个以上对象的重叠部分进行分割和裁切，请参考 A07.5 课，【路径查找器】子菜单如图 B08-27 所示。

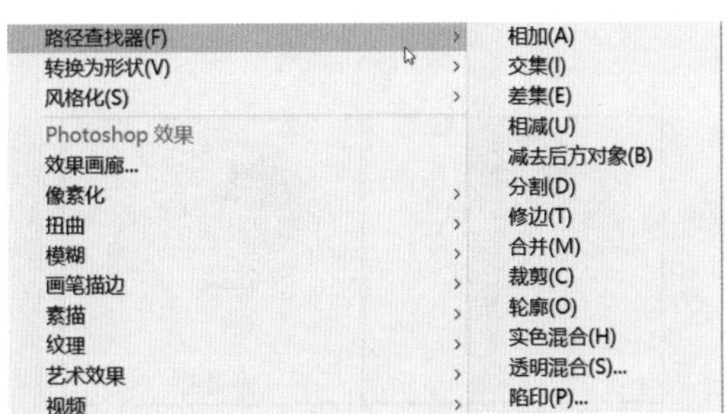

图 B08-27

9. 转换为形状

将矢量对象的形状转换为矩形、圆角矩形及圆形，使用绝对尺寸或相对尺寸设置形状的尺寸，如图 B08-28 所示。

执行【效果】-【转换为形状】-【圆角矩形】菜单命令，弹出【形状选项】对话框，如图 B08-29 所示。

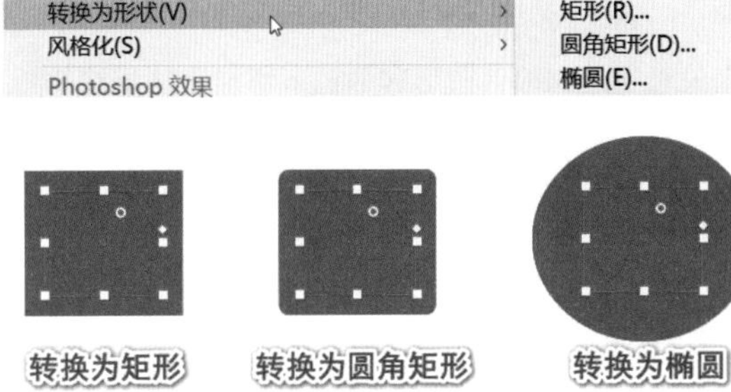

图 B08-28

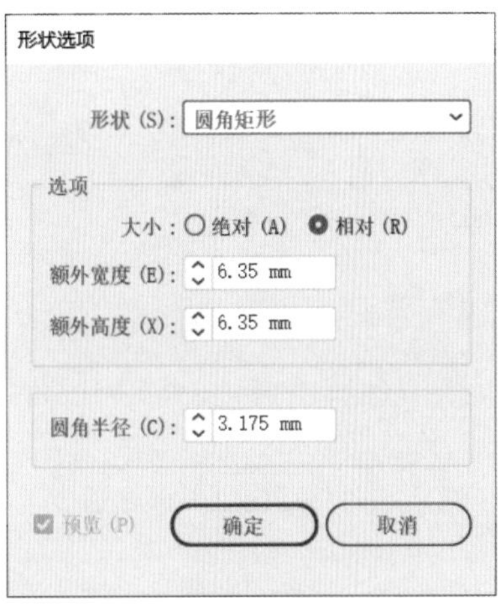

图 B08-29

10. 风格化

为对象添加发光、圆角、投影、涂抹等风格的外观。打开【效果】-【风格化】子菜单，如图 B08-30 所示。

图 B08-30

◆ 内发光、外发光、圆角、投影

内发光、外发光、圆角和投影的应用效果如图 B08-31 所示。

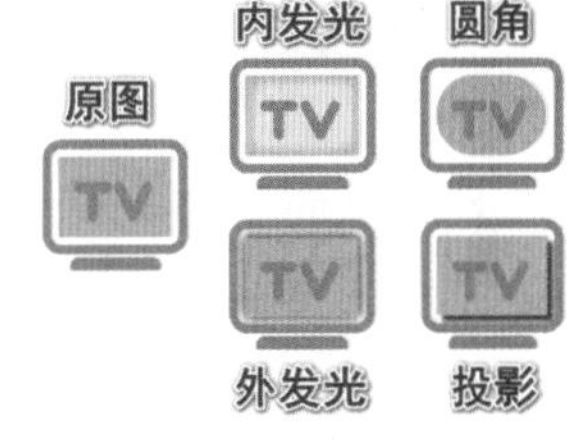

图 B08-31

◆ 涂抹

为矢量图形在原有图形和颜色下添加涂抹风格的效果，如图 B08-32 所示，调整参数，单击【确定】按钮即可。

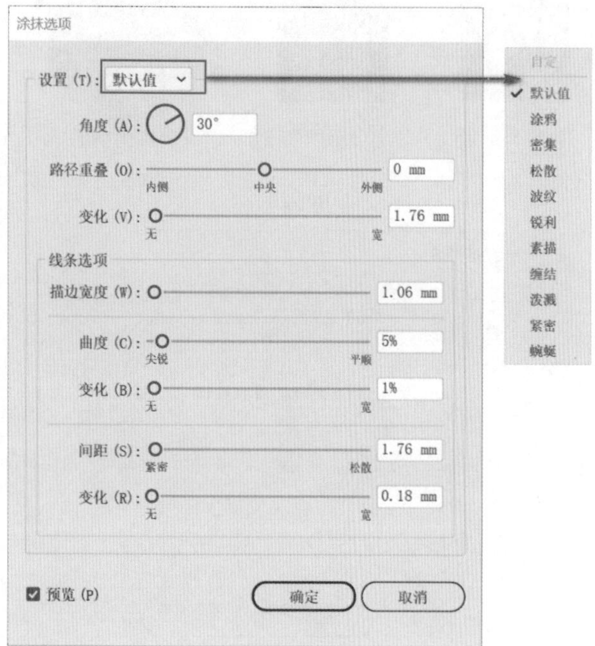

图 B08-32

◆ 设置：设置涂鸦效果，如图 B08-33 所示。

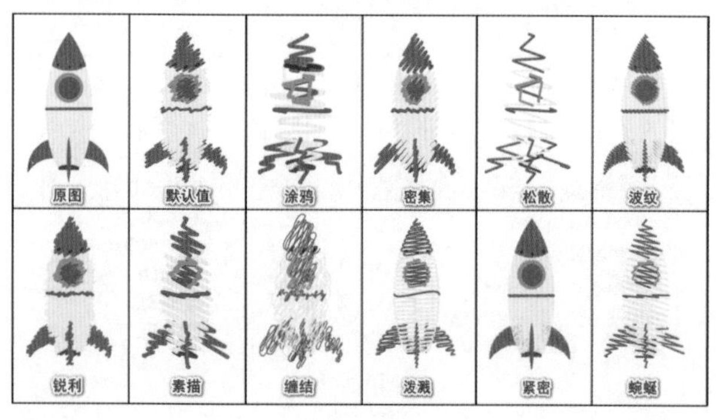

图 B08-33

◆ 羽化

为对象的边缘添加羽化效果，【半径】是指从不透明渐隐到透明的过渡距离，如图 B08-34 所示。

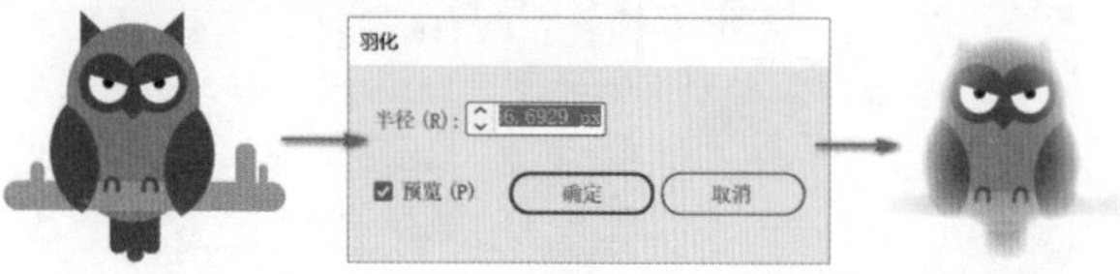

图 B08-34

B08.4 Photoshop 效果

【效果】菜单的下半部分为 Photoshop 效果，即栅格化效果，可以用于制作不同的纹理效果，应用于矢量图形及位图，与 Photoshop 中的滤镜相似，其中的【效果画廊】也与 Photoshop 的【滤镜库】大致相同。关于“Photoshop 效果”的详细使用方法，请参阅本系列丛书之《Photoshop 从入门到精通》的 B08 课。

1. 效果画廊

【效果画廊】中集合了很多效果，如风格化、画笔描边、扭曲、素描、纹理、艺术效果等。

选择一个图像，执行【效果】-【效果画廊】菜单命令，即可打开【滤镜库】对话框，如图 B08-35 所示。

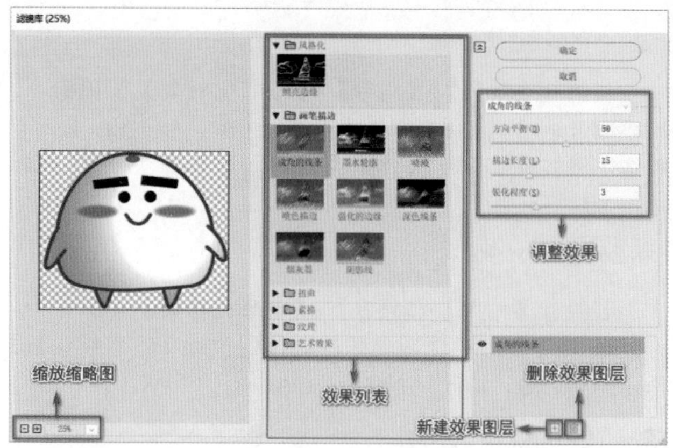

图 B08-35

2. 像素化

将图像变换成颜色相近的像素集结块，如图 B08-36 所示。

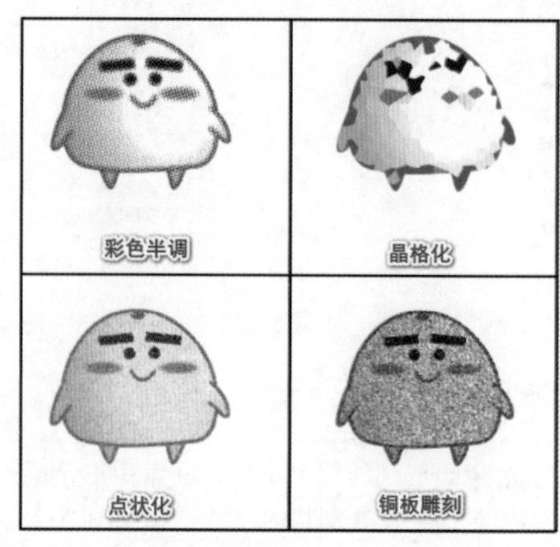

图 B08-36

- 彩色半调：将图像转换为网点印刷效果，可设置网点大小，网点颜色根据每个通道颜色转换。
- 晶格化：将图像转换为方形马赛克拼贴效果。
- 点状化：将图像的颜色转换为随机的网点，使用背景色作为网点之间的区域。
- 铜板雕刻：将图像转换为高饱和度的点状或线状的风格。

3. 扭曲

选择一个图形，打开【效果】-【扭曲】子菜单，3 种效果如图 B08-37 所示。

原图

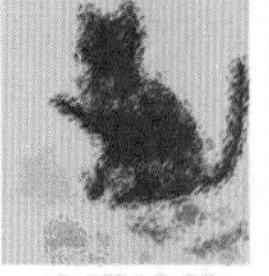

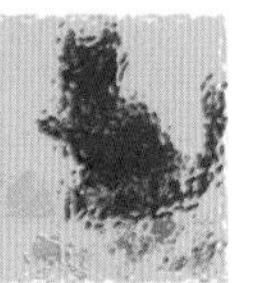

扩散亮光　海洋波纹　玻璃

图 B08-37

- 扩散亮光：为图像增加白色的柔光，并从图像中心向外渐隐。
- 海洋波纹：使图像产生海洋波纹的效果。
- 玻璃：使图像产生玻璃纹理的效果。

4. 模糊

选择一个图像，打开【效果】-【模糊】子菜单，3 种效果如图 B08-38 所示。

原图

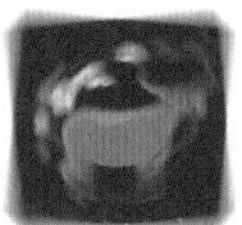

径向模糊　特殊模糊　高斯模糊

图 B08-38

- 径向模糊：产生缩放或旋转的模糊效果。
- 特殊模糊：精确地模糊对象，可以指定半径、阈值和模糊品质。
- 高斯模糊：是常用的模糊效果，使图像产生一种朦胧的效果，可以调整模糊强度。

5. 画笔描边

选择一个图像，打开【效果】-【画笔描边】子菜单，有 8 种不同风格的绘画效果，如图 B08-39 所示。

图 B08-39

- 喷溅：模拟喷溅喷枪的效果，为画面增加颗粒感。
- 喷色描边：使用图像的色彩制作喷溅的颜色线条效果。
- 墨水轮廓：以钢笔画的风格，用纤细的线条在原细节上重绘图像。
- 强化的边缘：强化图像的边缘，使图像的边缘发光。
- 成角的线条：使用对角描边的风格绘制图像，亮部和暗部用不同方向的线条绘制。
- 深色线条：用短线条绘制图像中接近黑色的暗区；用长的白色线条绘制图像中的亮区。
- 烟灰墨：就像卷烟纸上全是湿画笔的黑墨一样，柔化模糊边缘，使其带有浓重的黑色。
- 阴影线：保留原稿图像的细节和特征，同时使用模拟的铅笔阴影线添加纹理，并使图像中彩色区域的边缘变粗糙。

6. 素描

素描效果多数以黑白色重新绘制图像，如图 B08-40 所示。

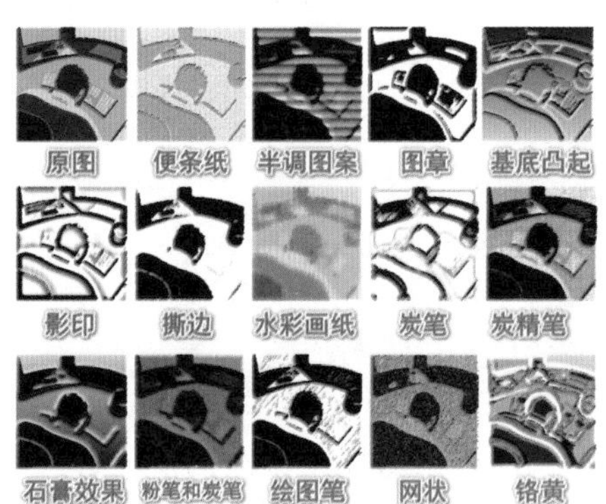

图 B08-40

- 便条纸：使图像呈现灰度的浮雕效果。
- 半调图案：在图像的形状上呈现黑白直线、圆形或网点的效果。

- 图章：对图像进行简化，呈现黑白效果。
- 基底凸起：使图像模拟浮雕效果，并呈现光照变化的表面。
- 影印：模拟黑白灰的影印效果，类似图章。
- 撕边：模拟纸张撕裂的效果，并使用黑色和白色为图像上色。
- 水彩画纸：利用有污点的画笔，在湿润而有纹的纸上涂抹，产生颜色渗出并混合的效果。
- 炭笔：模拟黑色炭笔效果，用粗线条绘制边缘，中间则以对角描边进行素描。
- 炭精笔：模拟浓黑和纯白的炭精笔纹理质感的效果，对暗区使用黑色，对亮区使用白色。
- 石膏效果：模拟石膏质感的效果。
- 粉笔和炭笔：模拟将粉笔和炭笔相结合的纹理效果，用白色粉笔绘制中间调，用黑色炭笔绘制阴影。
- 绘图笔：使用纤细的线条绘制带有草图的效果。
- 网状：绘制颗粒感效果，暗部呈结块状，高光区呈轻微颗粒状。
- 铬黄：模拟擦亮的铬黄的金属质感效果。

7. 纹理

选择一个图形，打开【效果】-【纹理】子菜单，其中有6种不同质感的纹理选项，如图 B08-41 所示。

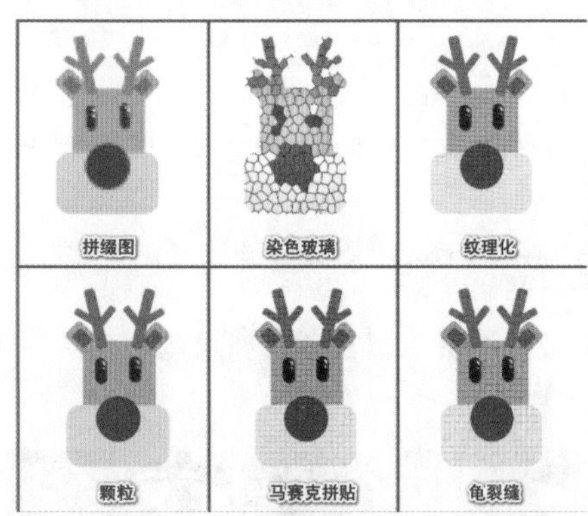

图 B08-41

- 拼缀图：将图像分解成若干个方块，方块的颜色根据图像的颜色决定。
- 染色玻璃：将图像分解成若干个带边框的不规则单元格效果。
- 纹理化：为图像创建画布、砖形、粗麻布及砂岩等类型的纹理效果。
- 颗粒：为图像创建常规、柔和、喷洒、结块、强反差、扩大、点刻、水平、垂直或斑点等类型的颗粒质感纹理效果。
- 马赛克拼贴：为图像创建小碎片拼贴纹理效果。
- 龟裂缝：为图像创建网状龟裂的纹理效果。

8. 艺术效果

选择一个图像，打开【效果】-【艺术效果】子菜单，其中有各种艺术风格的滤镜，如图 B08-42 所示。

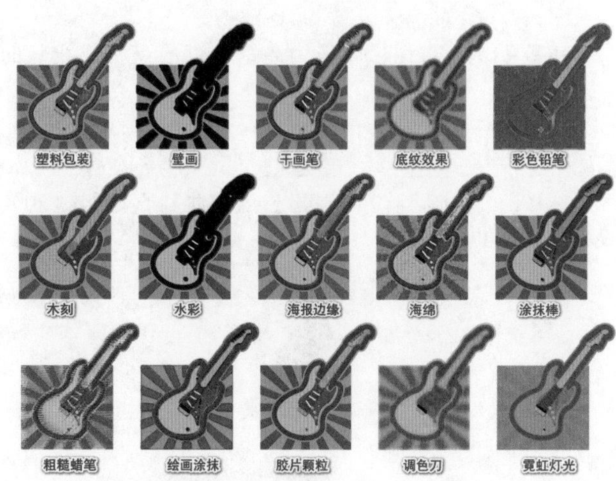

图 B08-42

- 塑料包装：将图像模拟出塑料质感的包装效果。
- 壁画：以粗糙的绘画风格对图像进行重新绘制，绘制出的效果如壁画质感。
- 干画笔：介于油彩与水彩之间的艺术效果。
- 底纹效果：为图像创建画布、砖形、粗麻布及砂岩等类型的纹理效果。
- 彩色铅笔：模拟彩色铅笔效果。
- 木刻：将图像模拟成以简化分层的色块组成的图像。
- 水彩：将图像模拟成水彩风格的效果。
- 海报边缘：将图像模拟出手画海报质感的效果，并为图像边缘绘制黑色线条。
- 海绵：将图像模拟成海绵质感的效果。
- 涂抹棒：将图像模拟成涂抹效果，使图像变模糊，失去细节。
- 粗糙蜡笔：模拟粗糙蜡笔绘制的效果。
- 绘画涂抹：创建绘画效果，可以控制画笔粗细。
- 胶片颗粒：为图像创建出颗粒质感的胶片效果。
- 调色刀：减少图像细节，并可显示纹理。
- 霓虹灯光：为图像增加霓虹灯光效果，可以选择发光颜色。

9. 视频

【视频】效果是对从视频或电视画面中捕捉的图像进行优化处理。

- NTSC 颜色：是电视标准的色彩空间，为图像保留更多细节，防止过于饱和。
- 逐行：通过消除【奇数行】或【偶数行】，使图像变得更平滑。

10. 风格化

【风格化】中只有【照亮边缘】一种滤镜，用于增加图像边缘类似霓虹灯的光亮，其他区域则会变成黑色。

> SPECIAL 扩展知识
>
> 本课提到的Photoshop效果是指【效果】菜单中的Photoshop效果，并非Photoshop软件。Photoshop效果虽然是位图效果，但是也可以应用于矢量图形。

B08.5 实例练习——剪纸效果制作

本实例练习最终完成的效果如图 B08-43 所示。

图 B08-43

制作步骤

01 新建文档，设置宽和高均为 150 毫米，【颜色模式】为【RGB 颜色】。

02 使用【矩形工具】创建背景颜色，设置【填色】色值为 R：255、G：210、B：170，按 Ctrl+2 快捷键锁定背景。

03 制作“云朵”组合剪影。先使用【椭圆工具】创建多个正圆，设置【填色】色值为 R：200、G：180、B：165，使用【路径查找器】-【合并】将这些正圆组合，如图 B08-44 所示。

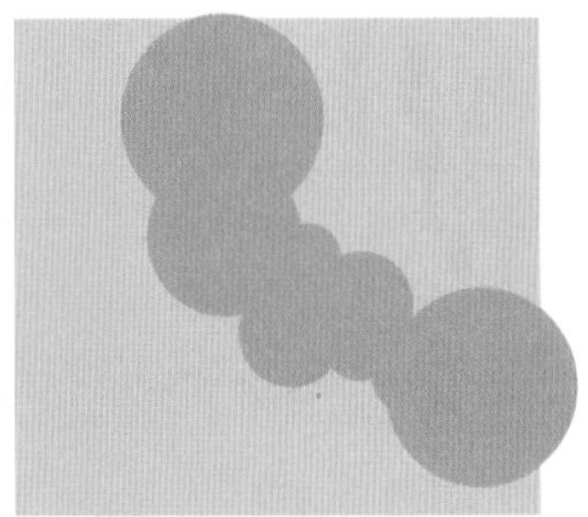

图 B08-44

04 重复之前的操作，再创建一个“云朵”组合，设置【填色】为 R：255、G：225、B：205，如图 B08-45 所示。

图 B08-45

05 为这两个“云朵”添加效果。执行【效果】-【投影】菜单命令，参数设置及效果如图 B08-46 所示。

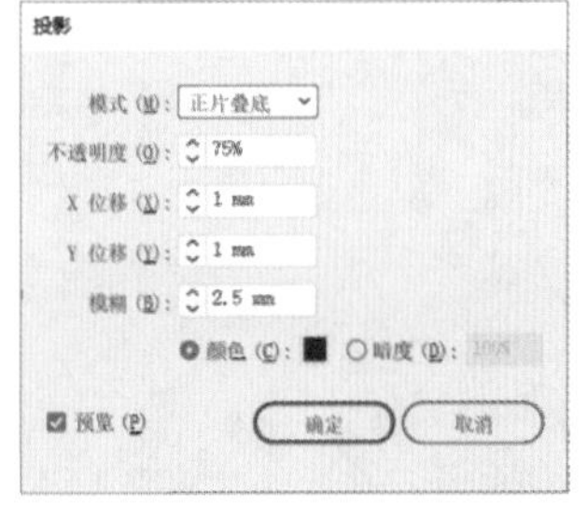

图 B08-46

06 制作“地面 1”效果。使用【椭圆工具】创建椭圆，设置【填色】色值为 R：48、G：165、B：190，并添加【投影】效果，摆放位置如图 B08-47 所示。

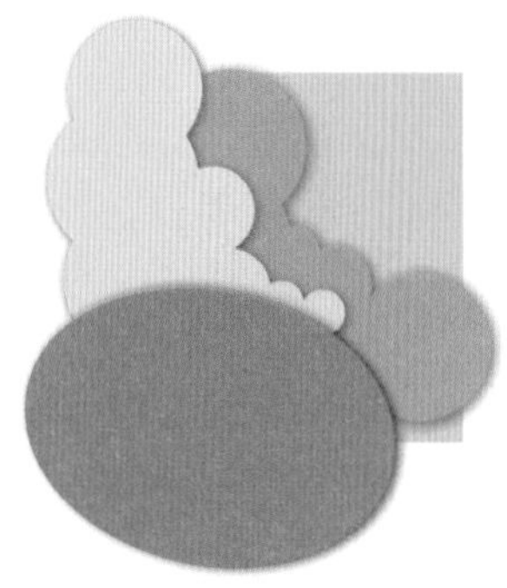

图 B08-47

07 创建“树”图形。使用【多边形工具】创建一个三角形，按 Alt 键向下移动，复制出两个三角形，将这 3 个三角形编组，然后执行【效果】-【路径查找器】-【合并】菜单命令，再添加【投影】效果。最后复制出一个“树”，并将这两个“树”置于“地面”的后一层，如图 B08-48 所示。

图 B08-48

08 为了使“剪纸”具有层次感，使用【椭圆工具】再次创建“地面 2”“地面 3”，设置【填色】为浅蓝色，添加【投影】效果，再复制出两个“树”图形，调整大小，放在“地面 1”的前面，如图 B08-49 所示。

图 B08-49

09 置入“音符”“人”“燕子”素材，使用【椭圆工具】创建正圆，设置【填色】为红色，为所有对象添加【投影】效果，如图 B08-50 所示。

图 B08-50

10 使用【矩形工具】创建一个与背景相同大小的正方形，并使其与背景对齐，选中所有对象，右击，在弹出的菜单中选择【建立剪切蒙版】选项，效果如图 B08-51 所示。

图 B08-51

11 创建剪纸外框。复制一个与背景相同大小的矩形，填充白色，按 Shift+Ctrl+] 快捷键将其置于顶层，使用【椭圆工具】再创建一个宽、高均为 143 毫米的正圆，使用控制栏中的【水平居中对齐】和【垂直居中对齐】使正圆与矩形对齐，选中矩形和正圆，右击，在弹出的菜单中选择【建立复合路径】选项，效果如图 B08-52 所示。

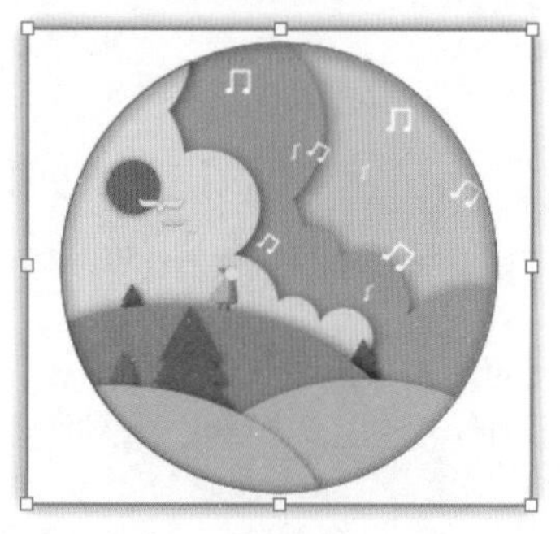

图 B08-52

12 为复合路径添加【投影】效果，参数设置如图 B08-53 所示，最终完成的效果如图 B08-43 所示。

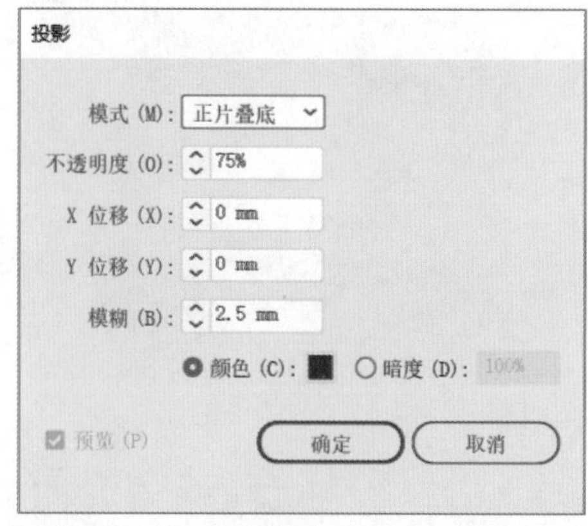

图 B08-53

B08.6 综合案例——霓虹灯牌制作

本综合案例最终完成的效果如图 B08-54 所示。

图 B08-54

制作步骤

01 新建文档，置入“红砖”背景素材，放在画板中心位置。使用【矩形工具】创建一个矩形，设置【填色】为黑色，调整【不透明度】为 95%，如图 B08-55 所示。

图 B08-55

02 使用【椭圆工具】创建椭圆，设置【填色】为淡粉色，设置【混合模式】为【柔光】，【不透明度】为 45%，再执行【效果】-【高斯模糊】菜单命令 3 次，参数设置如图 B08-56 所示。然后复制一个椭圆，设置【不透明度】为 100%，将两个“椭圆”组合，效果如图 B08-57 所示。

图 B08-56

图 B08-57

03 使用【矩形工具】创建边框，在控制栏中设定【描边】为浅蓝色、1pt，【画笔定义】为【5 点圆形】；使用【添加锚点工具】在矩形边框上添加锚点；使用【形状生成器工具】对添加锚点的路径按 Alt 键进行减选；最后执行【效果】-【风格化】-【外发光】菜单命令，参数设置及效果如图 B08-58 所示。

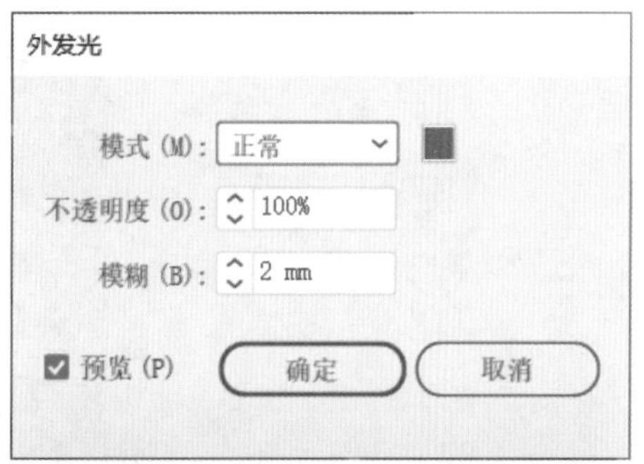

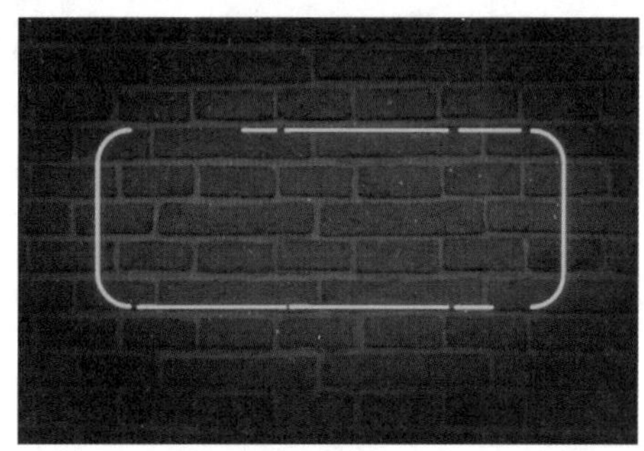

图 B08-58

04 使用【文字工具】创建灯牌标题 CAKE，设置【描边】为粉色、5pt。再复制出一个灯牌标题，设置【描边】为浅蓝色、2pt。选中所有文字，右击，在弹出的菜单中选择【创建轮廓】选项，然后添加【外发光】效果，设置颜色分别为粉色和紫色，【模糊】为 2 毫米，效果如图 B08-59 所示。

图 B08-59

05 导入“小圆点”“星球”“蛋糕”“独角兽”和“星星”矢量素材，使用【高斯模糊】和【外发光】效果组合制作霓虹灯效果，最终效果如图 B08-54 所示。

B08.7 作业练习——主题插画海报

本作业练习最终完成的效果如图 B08-60 所示。

图 B08-60

作业思路

使用【椭圆工具】、【混合工具】、【效果】-【粗糙化】组合创建出“熊猫”的外轮廓，使用【符号喷枪工具】添加一些“草”素材，使用【文字工具】【剪切蒙版】创建文字信息并调整文字与“熊猫”的前后顺序，最后置入“竹子”素材，如图 B08-60 所示。

总结

一般矢量图形具有简洁、精确、明快等特点，但在光影、肌理、特效方面会有各种不足，而通过添加各类效果可以将矢量图形设计得如位图般多彩，而且可以保持高度的精确性和可编辑性。添加效果是后期工作的重要环节，可以使作品更加完善，丰富视觉效果，提升作品质量。

动作是指为单个对象或多个对象执行一系列动作。对动作可以进行记录、编辑、自定义和批处理，记录动作后可以将其应用到其他对象，以便快速、便捷地完成复杂的操作，提高工作效率。

关于“动作和批处理”的详细介绍，可以参阅本系列丛书之《Photoshop 从入门到精通》的 A28 课。

B09.1 动作

1. 动作面板

执行【窗口】-【动作】菜单命令，即可打开【动作】面板，【动作】面板主要用来记录、播放、编辑和删除各种动作，如图 B09-1 所示，可以看到面板中已有一些默认动作。

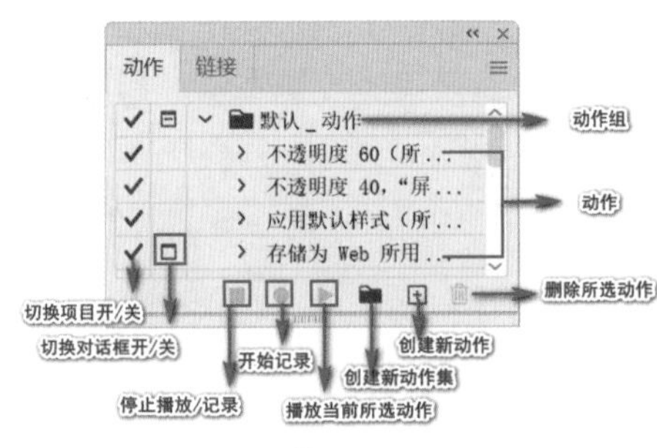

图 B09-1

- 切换项目开 / 关✓：如果动作组、动作以及命令前显示该图标，代表可以执行该动作，如果没有该图标，则不可执行。
- 切换对话框开/关⊟：如果在执行该命令前显示该图标，表示动作执行到该命令时会暂停，并弹出相应对话框，可修改命令的参数，单击【确认】按钮即可继续执行后面的动作。
- 停止播放 / 记录■：停止或播放记录动作。
- 开始记录●：单击此按钮开始录制动作。
- 播放当前所选动作▶：在选择一个动作组或动作后，单击此按钮，可以播放该动作。
- 创建新动作集▇：单击该按钮，可创建一个新动作组，所有的动作将保存在动作组中。
- 创建新动作⊞：单击该按钮，可以创建一个新动作。
- 删除所选动作🗑：选择动作组或动作，单击该按钮，可以将其删除。
- 面板菜单☰：单击该按钮，弹出【动作】面板菜单，如图 B09-2 所示。

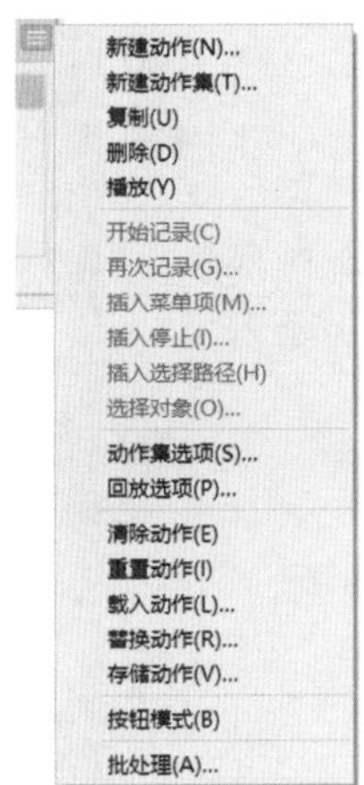

图 B09-2

B09课

动作和批处理

自动化的生产力

例如，选择【不透明 60（所选项目）】这个动作（如果你的 Illustrator 没有这个动作，随意选择其他动作也可以），单击面板下方的【播放当前所选动作】按钮▶，即可看到所选对象已经变为 60% 的不透明度，如图 B09-3 所示。

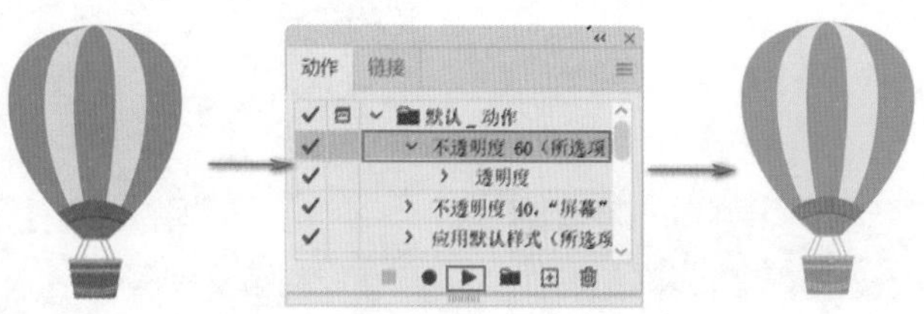

图 B09-3

> SPECIAL 扩展知识
>
> 在【动作】面板菜单中选择按钮模式时，再次选择该模式即可返回到列表模式。注意在按钮模式中不能查看个别的动作命令或动作组。

2. 记录动作

存储副本后，单击【动作】面板下方的【创建新动作集】按钮，弹出【新建动作集】对话框，设置动作集名称，单击【确定】按钮，即可完成新动作集的创建，如图 B09-4 所示。然后开始创建动作，选择【动作集 1】，单击面板上的【创建新动作】按钮，命名为“动作集 1”，单击【开始记录】按钮●，动作面板的记录功能就开启了，此刻【开始记录】按钮变成红色，接下来所有的操作都会被记录。

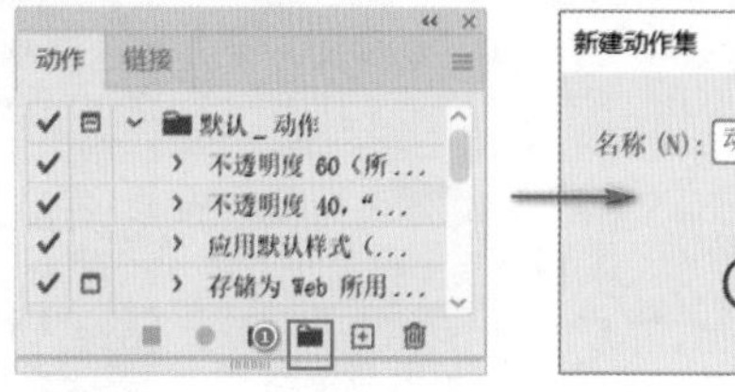

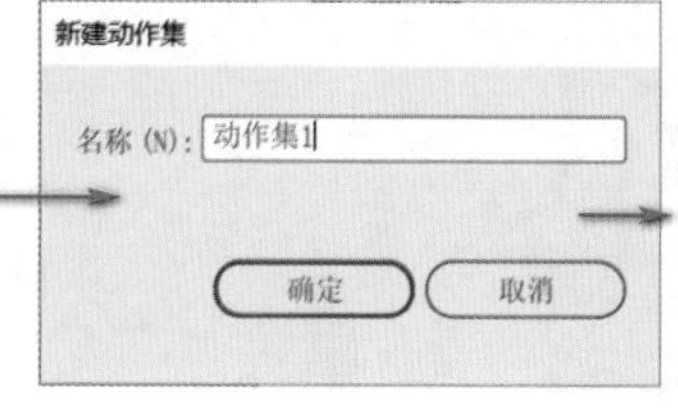

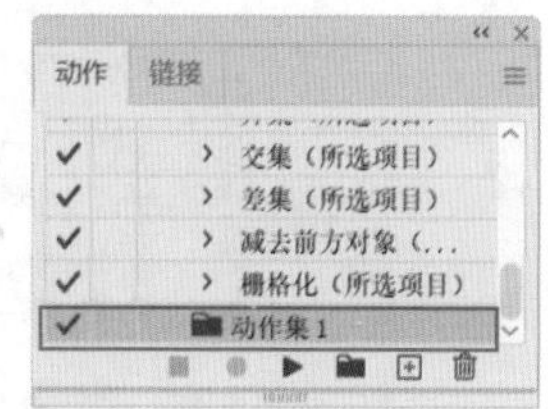

图 B09-4

例如，选择一个对象，按 Ctrl+Alt 快捷键，拖动对象，即可复制并移动对象，如图 B09-5 所示。

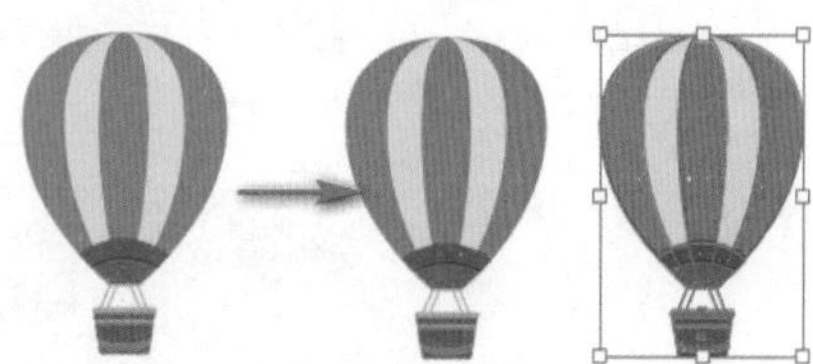

图 B09-5

这时【动作】面板就会把刚刚的操作记录下来，如图 B09-6 所示。

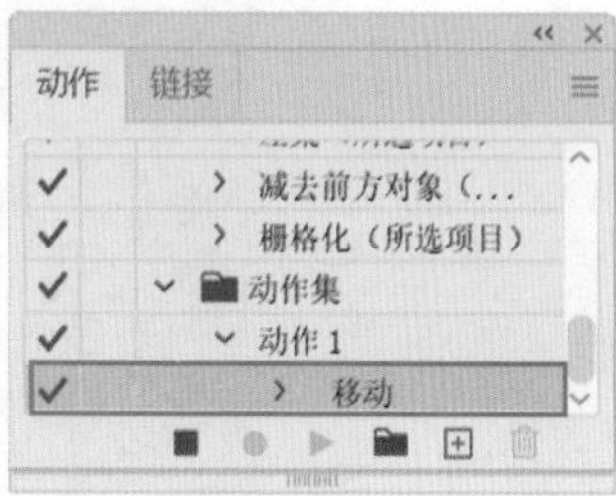

图 B09-6

按 Ctrl+D 快捷键再次进行变换，再次重复操作，此时“热气球”已被复制出 3 个，如图 B09-7 所示。

在图形上右击，在弹出的菜单中选择【变换】-【镜像】选项，在弹出的【镜像】对话框中选择【水平】单选按钮，单击【确定】按钮，如图 B09-8 所示。

图 B09-7

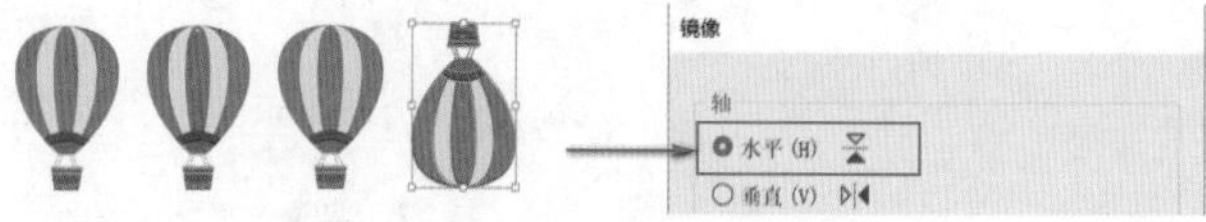

图 B09-8

此时再看【动作】面板，刚刚的操作已经被记录下来，如图 B09-9 所示。

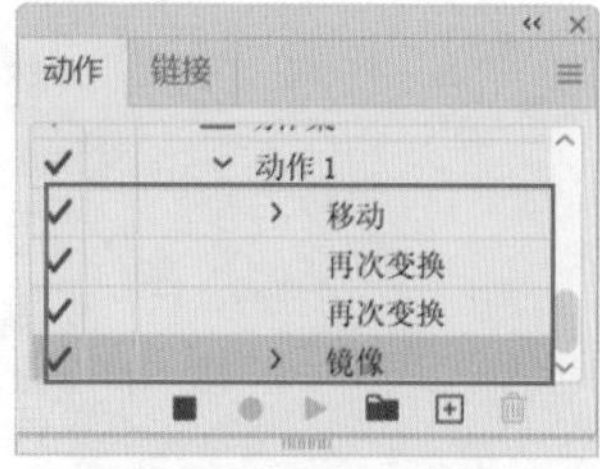

图 B09-9

单击【动作】面板的【停止播放 / 记录】按钮■，停止记录。如果想继续追加记录，再次单击面板上的【开始记录】按钮●即可。选择某条记录，单击【删除所选动作】按钮🗑，即可删除该记录。

3. 播放动作

现在使用另一个对象，选择刚才创建的【动作集】，单击【播放当前所选动作】按钮▶，即可看到选择的这个对象根据刚才创建的系列动作快速地进行了变换，如图 B09-10 所示。

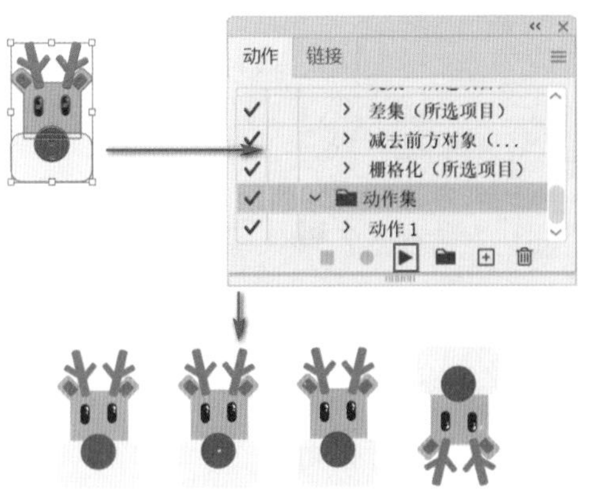

图 B09-10

还可以单击面板菜单按钮≡，选择【回放选项】，弹出【回放选项】对话框，如图 B09-11 所示。可以在该对话框中设置动作的播放速度。

图 B09-11

扩展知识

不是所有的任务都能直接被记录。例如，对于【效果】和【视图】菜单中的命令、用来显示或隐藏面板的命令，还有使用【选择工具】【钢笔工具】【画笔工具】【铅笔工具】【渐变工具】【网格工具】【吸管工具】【实时上色工具】和【剪刀】等工具的手动绘制操作，【动作】面板都无法进行记录。

4. 存储动作集

选择一个动作集，在【动作】面板菜单中选择【存储动作】选项，并为动作集命名，选择一个存储位置，单击【保存】按钮即可。注意，在【动作】面板中只可以存储动作组的完整内容，不能存储单独动作，如图 B09-12 所示。

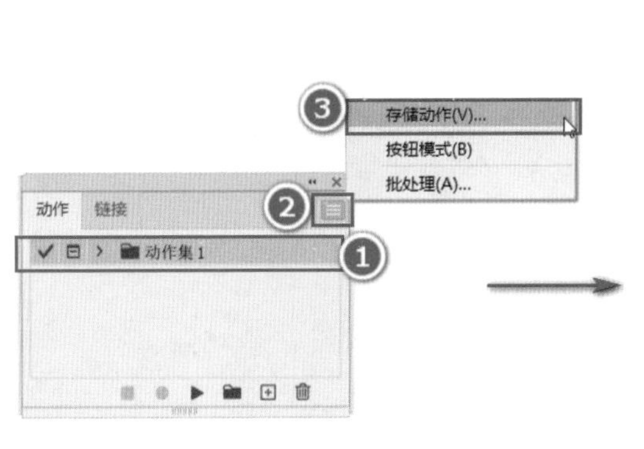

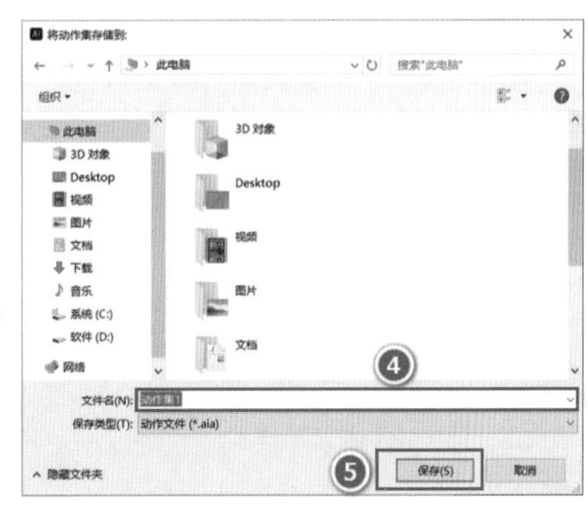

图 B09-12

B09.2 批处理

【批处理】命令可以对大量的文件播放动作，从而实现批量化的文件处理。

在【动作】面板菜单中选择【批处理】选项，如图 B09-13 所示，即可弹出【批处理】对话框，如图 B09-14 所示。

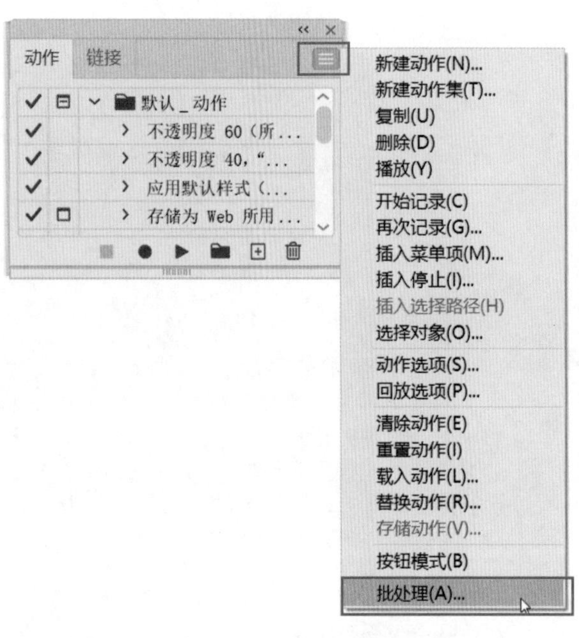

图 B09-13

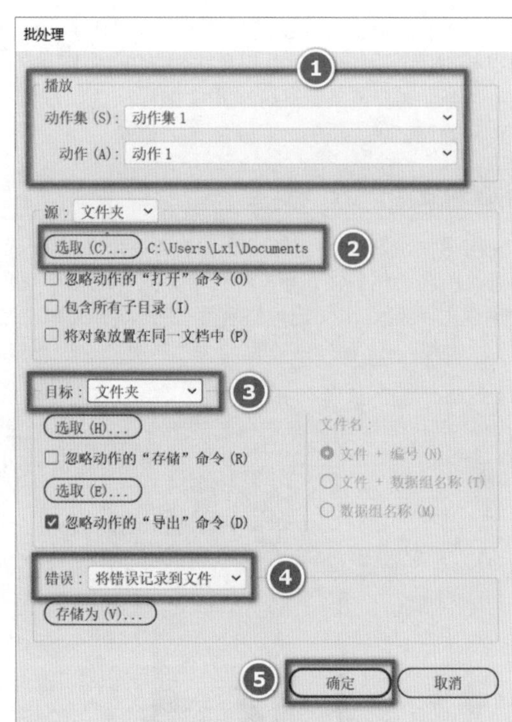

图 B09-14

- 源：指选择要播放动作的文件夹或数据组。
- 选取：单击该按钮可弹出【选择批处理源文件夹】对话框。
- 忽略动作的"打开"命令：从指定的文件中打开文件，并且忽略记录所有【打开】命令。
- 包含所有子目录：操作指定文件夹中的所有文件夹和文件。
- 目标：已处理文件的操作设置。在保持文件不存储并为打开状态时，选择【无】；在当前位置保存并且关闭文件时，选择【存储并关闭】；将文件存储到其他位置时，选择【文件夹】。
- 忽略动作的"存储"命令：将已经批处理的文件存储在指定的目标文件夹中，不是单独存储在动作中记录的位置上。
- 忽略动作的"导出"命令：将已经批处理的文件导出到指定的目标文件夹中，不是单独存储在动作中记录的位置上。
- 文件＋编号：从原文档中提取文件名，去掉扩展名，并写入一个与数据相应的数字，从而生成文件名称。
- 文件＋数据组名称：从原文档中提取文件名，去掉扩展名，同时写入一个下画线并加上该数据组的名称，从而生成文件名称。
- 数据组名称：将数据组的名称生成为文件名称。
- 错误：当动作出现错误时，可选择【出错时停止】以停止当前动作。也可在动作出现错误时，选择【将错误记录到文件】。

◆ 批处理流程

①选择要播放的【动作集】及【动作】。

②选择待处理的文件。

③设置【目标】，如果需要将处理后的文件放置在同一文件夹，可选择【文件夹】。

④完成以上设置，单击【确定】按钮即可开始进行批处理工作。

总结

本课讲解了如何应对大量重复性的工作。例如，对图形的尺寸大小、位置、不透明度等进行批量化统一调整。动作和批处理是非常方便的功能，熟练地应用这两个功能，可以帮助我们节省大量时间，也比人工重复操作具有更高的准确性。

B10.1 切片工具

切片是使用 HTML 表或 CSS 图层将图像划分为若干较小的图像，这些小图像可以在网页上重新组合。通俗地讲，就是把一张大图切成若干小图，在网页中显示的时候，通过代码重新进行构建。在 Illustrator 或 Photoshop 中都需要使用【切片工具】进行操作，把图片分割成小图有利于加快加载速度，并且可以在小图上添加 URL 地址，变为链接按钮。

1. 创建切片

置入一张素材，选择工具栏中的【切片工具】，快捷键为 Shift+K，直接可以将图片划出矩形区域。例如，框选一个球体，即可生成切片，如图 B10-1 所示。

还可以使用【矩形工具】创建一个无填充、无描边的矩形，执行【对象】-【切片】-【建立】菜单命令也可以创建切片，如图 B10-2 所示。

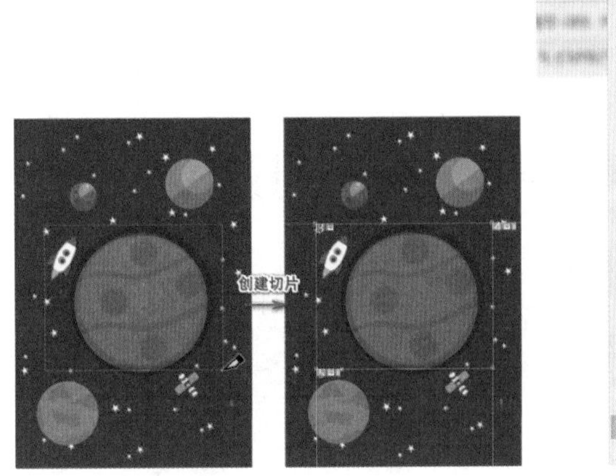

图 B10-1

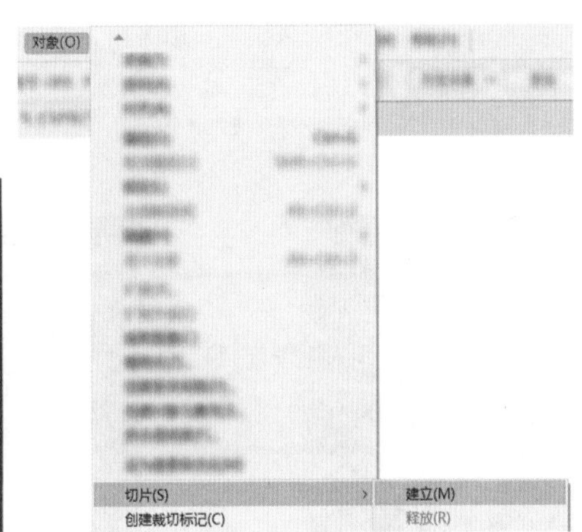

图 B10-2

2. 移动及调整切片

右击工具栏中的【切片工具】，弹出切片工具组，选择【切片选择工具】，将光标移动到切片上，拖动即可移动切片；还可以将光标移动到切片边框上，光标变成双箭头，拖动即可调整切片大小，如图 B10-3 所示，按住 Shift 键拖动可以锁定缩放比例。

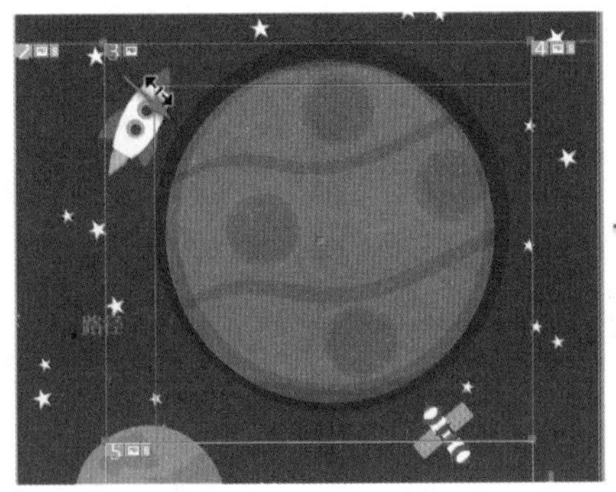

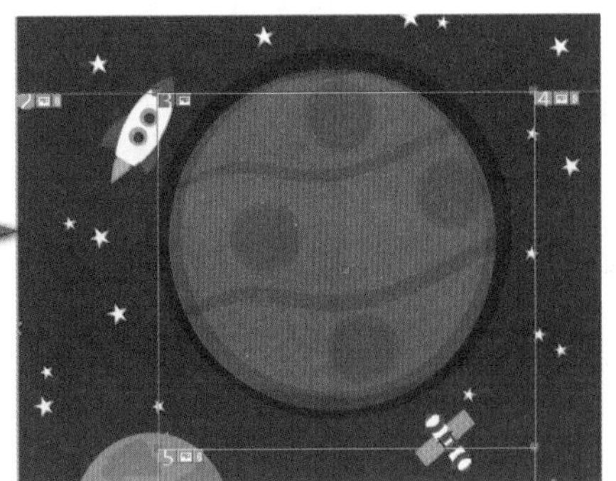

图 B10-3

文件输出

打包收工啦！

3. 组合切片

使用【切片选择工具】后，选择切片，执行【对象】-【切片】-【组合切片】菜单命令，即可将所有切片合并成一个切片，如图 B10-4 所示。

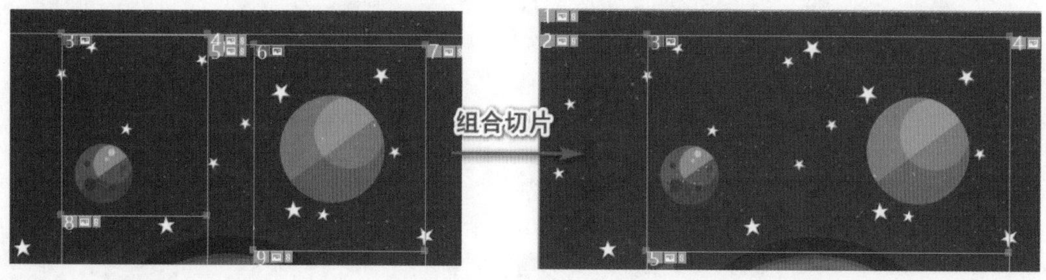

图 B10-4

4. 复制切片

使用【切片选择工具】后，选择多个切片，执行【对象】-【切片】-【复制切片】菜单命令，即可复制出相同大小的切片，如图 B10-5 所示。

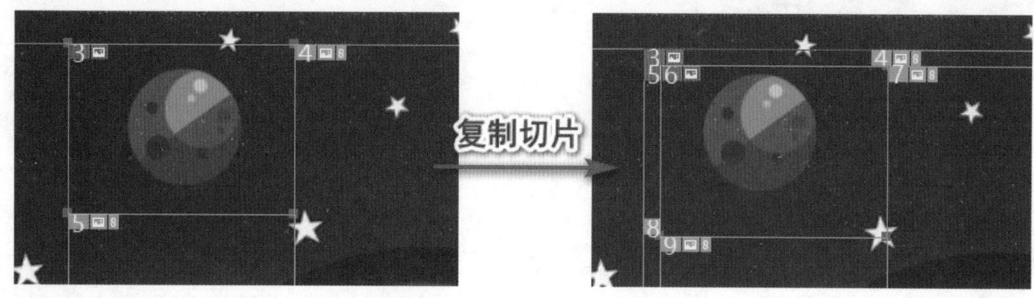

图 B10-5

5. 锁定切片

为了防止意外更改切片，可以将切片进行锁定。执行【视图】-【锁定切片】菜单命令，即可锁定全部切片，如图 B10-6 所示。

在【图层】面板的切片所在的编辑列单击【切换锁定】按钮即可锁定所选切片，如图 B10-7 所示。

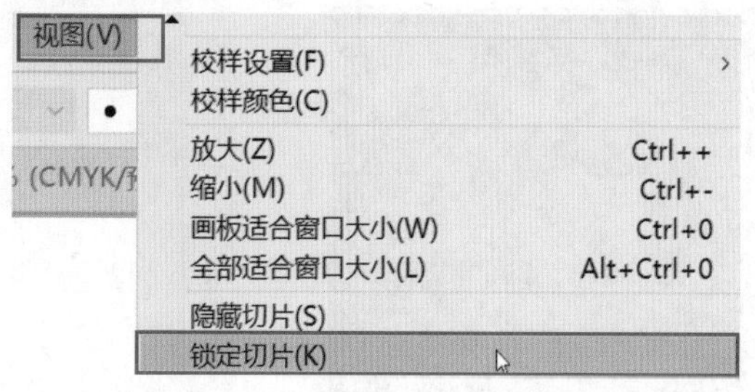

图 B10-6

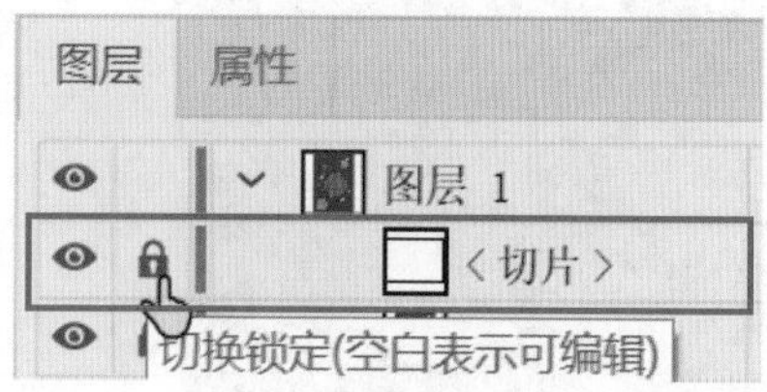

图 B10-7

6. 删除与释放切片

使用【切片选择工具】，选择要删除的切片，按 Delete 键删除即可。

还可以执行【对象】-【切片】-【全部删除】菜单命令，删除全部切片；执行【对象】-【切片】-【释放】菜单命令，可将切片释放成一个矩形路径，如图 B10-8 所示。

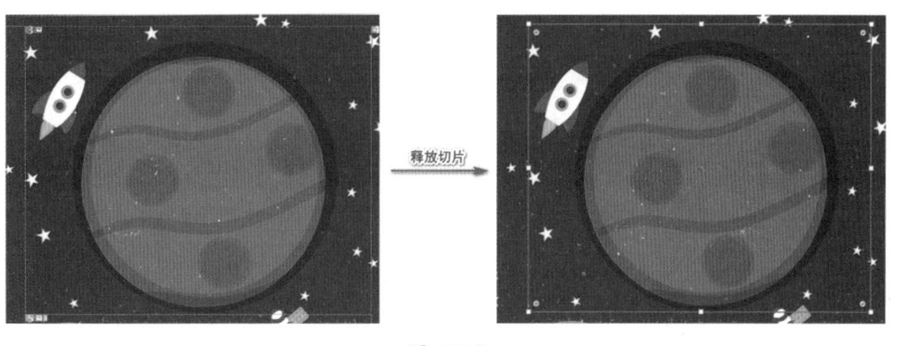

图 B10-8

7. 切片选项

选择一个切片，执行【对象】-【切片】-【切片选项】菜单命令，如图 B10-9 所示，即可打开【切片选项】对话框，如图 B10-10 所示，通过【切片选项】可确定切片内容如何在网页中显示。

图 B10-9

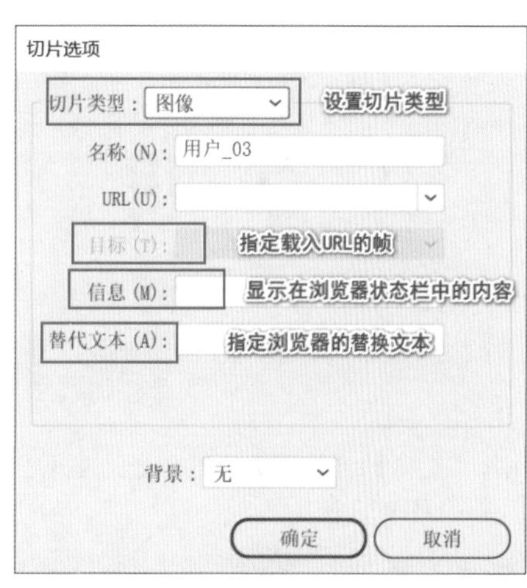

图 B10-10

8. 导出切片

创建切片后，执行【文件】-【导出】-【存储为 Web 所用格式（旧版）】菜单命令，弹出设置窗口，调整相关参数（具体操作参见 B10.3 课），单击【确定】按钮，即可看到导出切片的图像文件，如图 B10-11 所示。

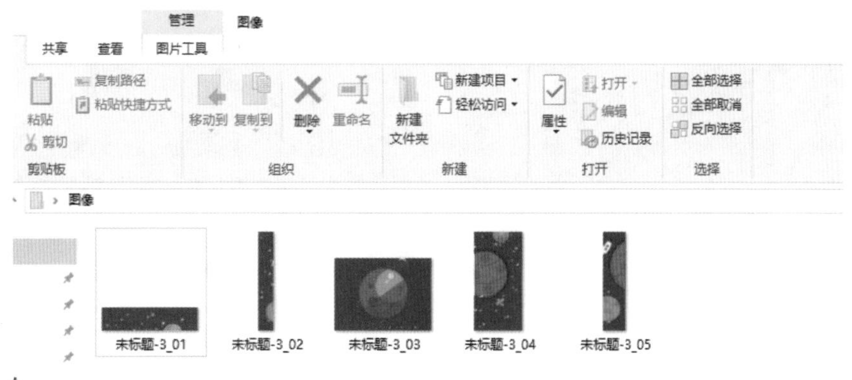

图 B10-11

B10.2 实例练习——网页切片

本实例练习最终完成的效果如图 B10-12 所示。

图 B10-12

制作步骤

01 执行【文件】-【打开】菜单命令，打开“世界读书日”素材，如图 B10-13 所示。

图 B10-13

02 使用【切片工具】绘制“主题”切片。按住鼠标左键，向右下角拖动，松开鼠标后得到切片，如图 B10-14 所示。

图 B10-14

03 重复上面的操作，完成其他切片的绘制，如图 B10-15 所示。

图 B10-15

04 执行【文件】-【导出】-【存储为 Web 所用格式（旧版）】菜单命令，如图 B10-16 所示，在弹出的对话框中选择全部切片，设置格式为 JPEG，单击【存储】按钮。

05 弹出【将优化结果存储为】对话框，如图 B10-17 所示，设置文件名称、位置，单击【保存】按钮即可完成，如图 B10-18 所示。

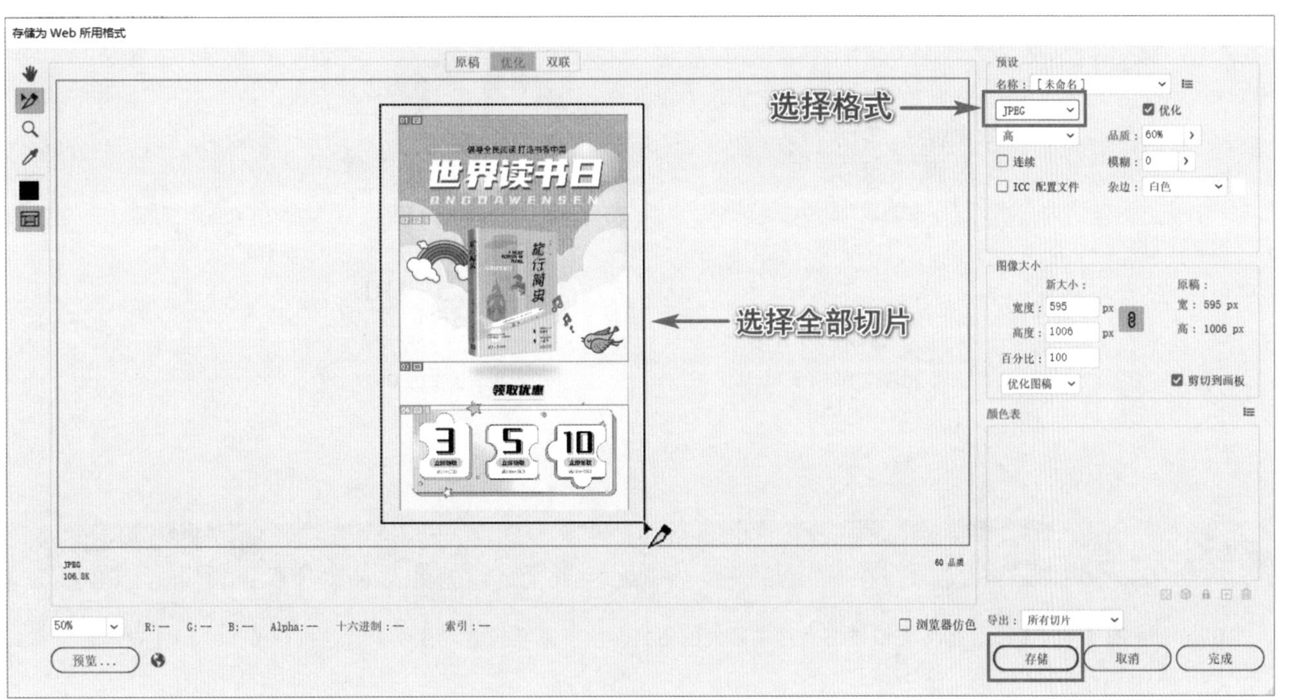

图 B10-16

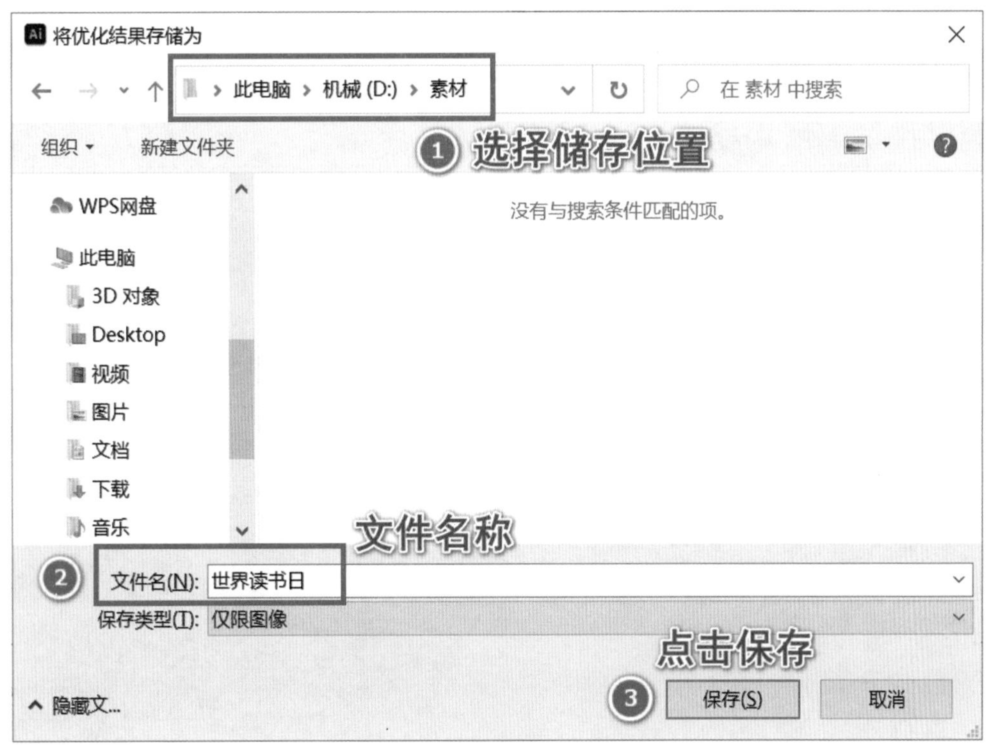

图 B10-17

图 B10-18

B10.3 导出文件

Illustrator 的【导出】命令是将文档导出为更多其他的格式，便于兼容其他软件或平台。执行【文件】-【导出】菜单命令即可看到 3 种方式，如图 B10-19 所示。

图 B10-19

1. 导出为多种屏幕所用格式

格式包括 PNG、JPG、SVG、PDF。执行【文件】-【导出】-【导出为多种屏幕所用格式】菜单命令，弹出【导出为多种屏幕所用格式】对话框，可以对文件的导出画板范围、位置、格式等参数进行设置，单击【导出画板】按钮即可完成，如图 B10-20 所示。

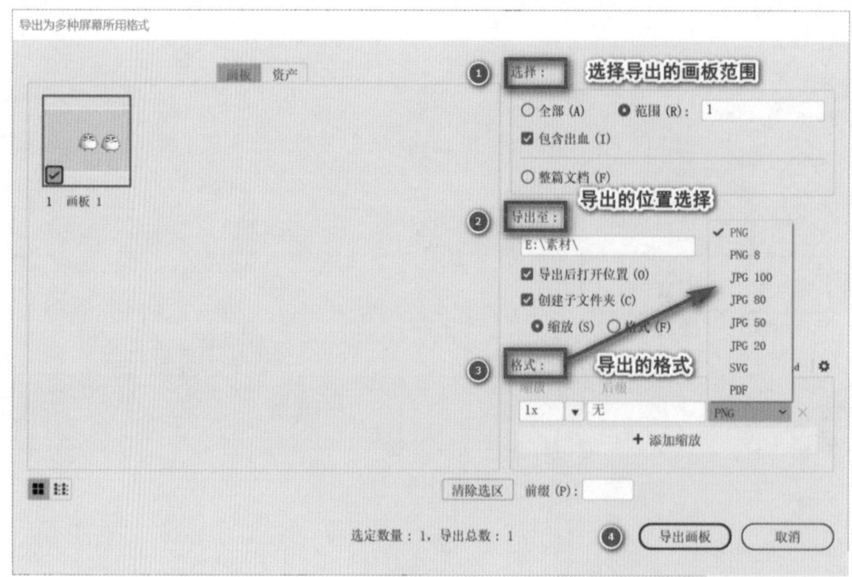

图 B10-20

2. 导出为

执行【文件】-【导出】-【导出为】菜单命令，弹出【导出】对话框，对文件名称、保存类型进行设置后，单击【导出】按钮即可完成，如图 B10-21 所示。

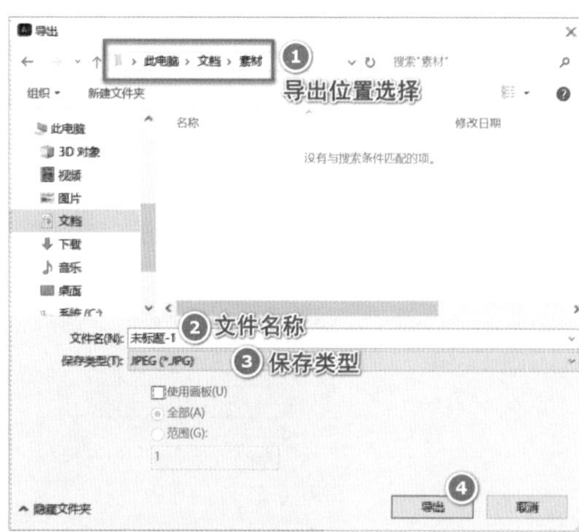

图 B10-21

3. 存储为 Web 所用格式（旧版）

此种导出方式主要用于网络传输，生成的图片容量较小，对图像质量也可以灵活控制。执行【文件】-【导出】-【存储为 Web 所用格式（旧版）】菜单命令，弹出【存储为 Web 所用格式】对话框，如图 B10-22 所示，设置输出参数后，单击【存储】按钮，弹出【将优化结果存储为】对话框，对文件名、保存位置进行设置后即可完成。

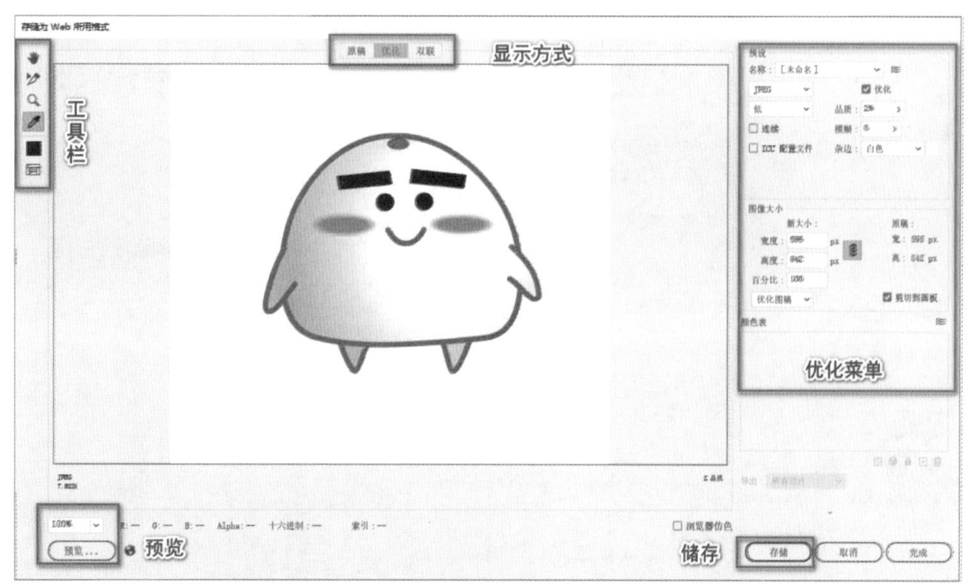

图 B10-22

B10.4 打包

打包功能可以将当前文档中使用的链接形式的素材、字体放置在一个文件夹里，便于文件集中管理、传输、编辑。

先存储文档，然后执行【文件】-【打包】菜单命令，弹出【打包】对话框，选择位置、设置文件夹名称，单击【打包】按钮，如图 B10-23 所示。弹出对话框提示文件包已成功创建，可以单击【查看文件包】按钮进行查看，或单击【确定】按钮关闭对话框。

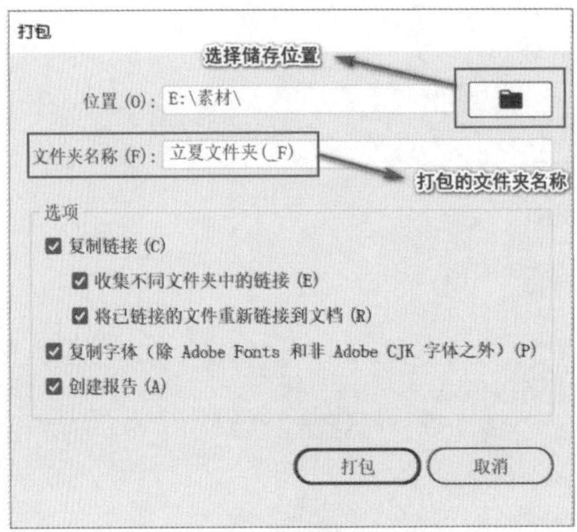

图 B10-23

B10.5 打印设置

打开用于打印的文档，执行【文件】-【打印】菜单命令，弹出【打印】对话框，可以进行打印设置。【常规】页面可以对打印机型号、打印份数、打印面板、介质大小、打印图层、缩放进行参数设置，如图 B10-24 所示。

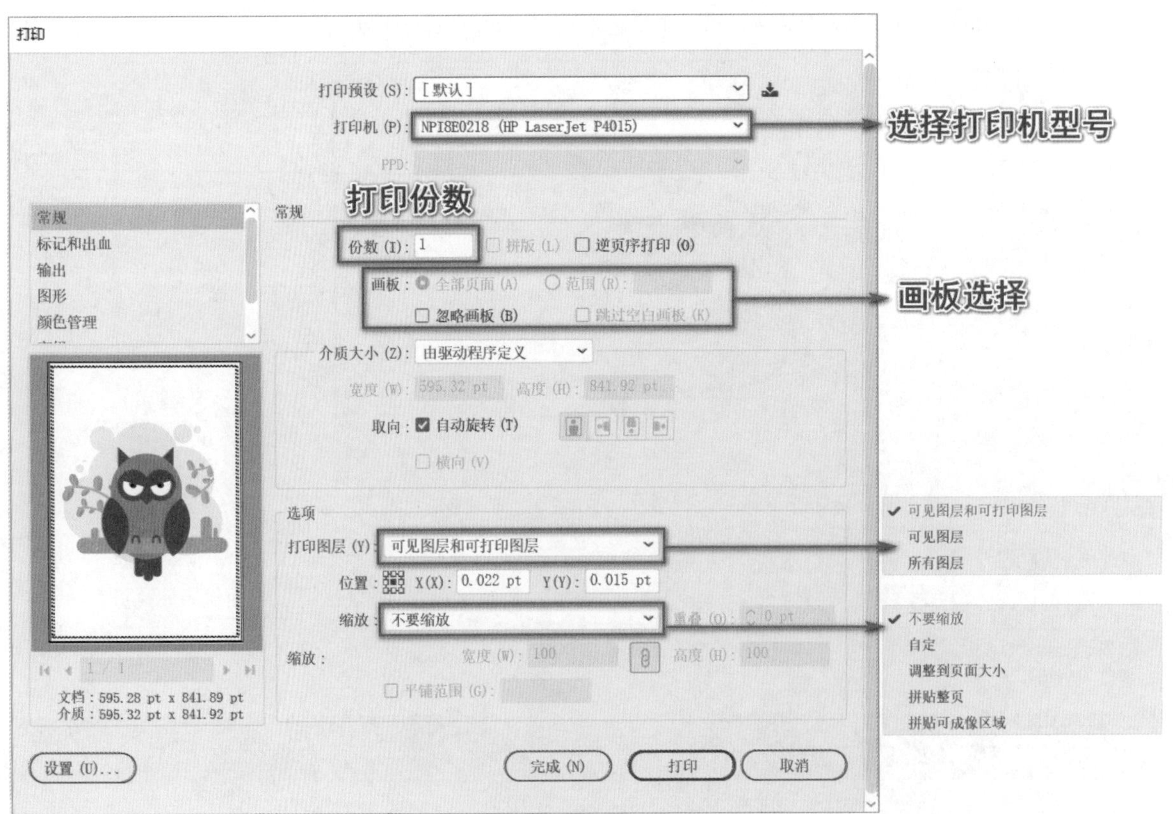

图 B10-24

首先选择连接的打印机，在【份数】栏中输入需要打印的份数，如果有多个画板，则需要在【画板】选项组中选择需要打印的画板范围；然后在【介质大小】中选择打印纸张的尺寸，在【打印图层】中选择需要打印的图层，如果需要缩放，则在【缩放】中选择所需选项即可。

在【打印】对话框左侧打开【标记和出血】页面，如图 B10-25 所示，在【标记】中选中需要的标记形式，在【出血】中可以选中【使用文档出血设置】复选框，也可以重新设置。

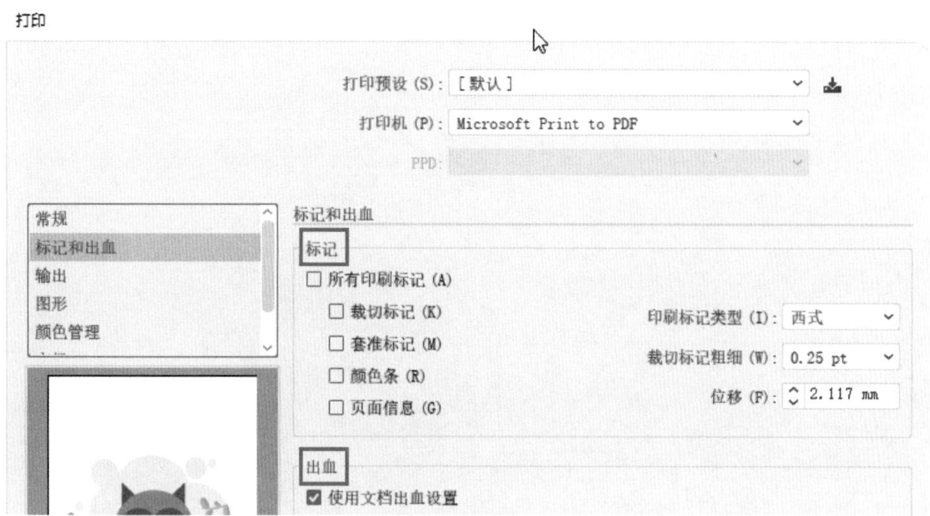

图 B10-25

总结

本课讲解了【切片工具】的使用方法，还介绍了 Illustrator 导出更多其他格式的功能。工作项目告一段落以后，可以使用【打包】命令将项目整理得井井有条。

至此，Illustrator 的系统化课程基本结束，相信你已经掌握了 Illustrator 软件的用法，并动手设计、制作了不少的作品，请再接再厉，继续练习。接下来的 C 篇将是更加复杂的综合类案例，请配合视频讲解学习，实现对软件的精通和熟练。

读书笔记

C 创意篇

综合案例 创意欣赏

本篇将讲解具有代表性的 Illustrator 案例，本篇案例的综合度较高，过程较为复杂，操作耗时较长，需要学完 A 篇和 B 篇，熟练掌握 Illustrator 的基础操作，且具备相关行业的设计能力后才可以动手实践。建议读者先根据步骤概要进行操作，再扫码观看视频，了解详细制作过程。对于本篇内容，读者应重点学习案例的思路，并做到举一反三，将所学应用到实际工作中。

C01课

综合案例

设计演出海报

本综合案例最终完成的效果如图 C01-1 所示。

图 C01-1

制作思路

01 确定海报主题，设置海报版式，确定主（副）标题位置、主体星球位置及其他星球元素位置，调整星球的造型，并设计颜色方案，包括纯色、渐变色、透明色的合理搭配。

02 添加海报信息，丰富元素内容。

主要技术

- 椭圆工具。
- 文字工具。
- 渐变工具。
- 路径查找器。
- 效果（模糊效果、3D 效果）。

步骤概要

01 制作主体星球。使用【椭圆工具】创建一个大正圆，并使用【渐变工具】中的【径向渐变】填充渐变，制作球体效果。再创建多个小圆，根据颜色关系，使用【渐变工具】制作星球表面凹凸不平的效果，如图 C01-2 所示。

图 C01-2

02 制作星环，创建两个椭圆，将其与主体星球交叉放置。调整椭圆描边的粗细，填充颜色，注意前后位置的处理，星球的基础形状制作完成，如图 C01-3 所示。

03 使用【文字工具】创建一组文字并创建轮廓，将其放到【符号】面板中。然后复制一个星环，执行【效果】-【3D 和材质】-【凸出和斜角】菜单命令，单击【贴图】，将文字符号贴入星环效果中，将文字缩放到合适大小，并取消 3D 效果，如图 C01-4 所示。

04 为主体物星球绘制高光，添加投影效果，完成星球的制作，摆放位置如图 C01-5 所示。

图 C01-3

图 C01-4

图 C01-5

05 制作标题。使用【文字工具】创建标题并填充渐变颜色，使用【美工刀】分割文字的一角，将被分割的一角旋转到合适的角度，制作出文字翻折的效果，摆放位置如图 C01-6 所示。

06 制作其他小星球元素，与主体星球的制作方法相同，制作完成后为小星球添加模糊效果，如图 C01-7 所示。

07 绘制流星扫尾效果。使用【圆角矩形工具】创建多个圆角矩形，添加并调整渐变效果，制作流星效果，摆放位置如图 C01-8 所示。

图 C01-6

图 C01-7

图 C01-8

08 使用【文字工具】在海报左下角添加文案，在右下角添加主办方 Logo，最终效果如图 C01-1 所示。

本综合案例最终完成的效果如图 C02-1 所示。

图 C02-1

制作思路

01 画出草图，将图形分成多个区域进行制作，并分别设计基础色调。
02 对房屋建筑进行细节刻画，调整造型，并设计颜色搭配。
03 添加文字信息和其他元素，丰富画面内容。

主要技术

- 椭圆工具组、矩形工具组。
- 自由变换工具。
- 效果（模糊、外发光）。
- 剪切蒙版、路径查找器。

步骤概要

01 创建背景，然后使用【椭圆工具】创建月亮的形状，填充颜色并添加外发光、内发光效果，摆放位置如图 C02-2 所示。

图 C02-2

02 根据中国古代建筑结构，使用【矩形工具】【形状生成器】等工具，依次分层绘制房屋形状并填充颜色。然后深入刻画细节，如石柱上的渐变效果、窗户的交叉纹理等，渲染出中国建筑的精致感和复杂性，制作完成的效果如图 C02-3 所示。

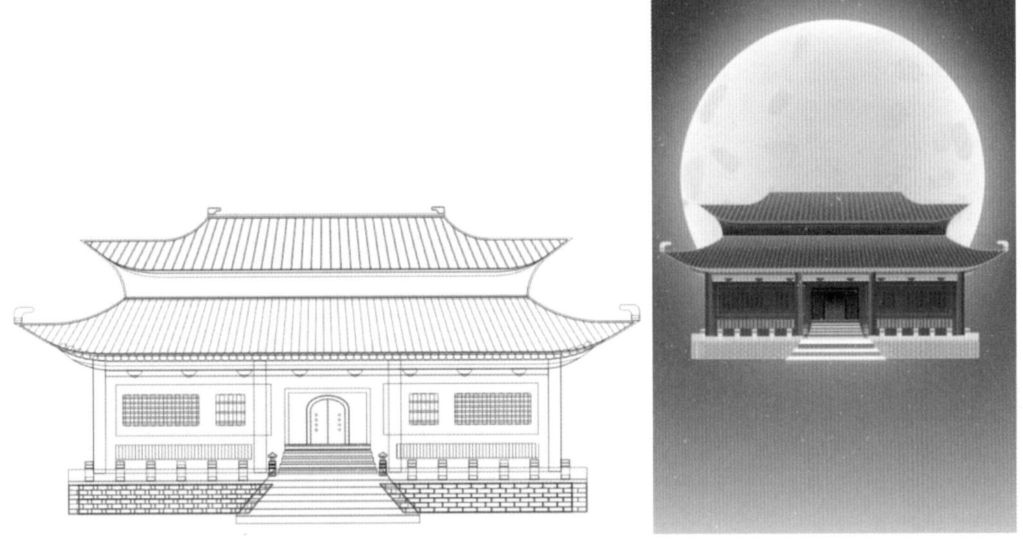

图 C02-3

03 在房子的底部使用【椭圆工具】【变形工具】制作水波纹效果。然后使用【矩形工具】【矩形网格工具】及【自由变换工具】等工具绘制建筑正前方的路，并制作近大远小的透视关系，使画面层次更加清晰，完成的效果如图 C02-4 所示。

04 加入云、山和烟的效果素材，调整图层顺序，增强画面的空间感。还可以继续丰富画面，如添加荷花、宫廷路灯、孔明灯等素材，并根据近实远虚的关系调整素材的清晰度，如图 C02-5 所示。

图 C02-4

图 C02-5

05 为插画添加主题文案，最终效果如图 C02-1 所示。

C03课

综合案例

动漫徽标插画

本综合案例最终完成的效果如图 C03-1 所示。

图 C03-1

制作思路

01 画出多种形态的豆包动漫形象及搭配素材。

02 确定整体色调，设定描边宽度大小，并对图案进行细节刻画，调整造型。

主要技术

- 钢笔工具。
- 宽度工具。
- 颜色组、重新着色图稿。
- 形状生成器。

步骤概要

01 使用【钢笔工具】【美工刀】等制作岩石质感的底座，用来支撑所有形态的豆包；再绘制多个石块，调整描边宽度；最后为岩石底座和石块效果上色，添加水管、铁环等装饰素材，丰富岩石底座，效果如图 C03-2 所示。

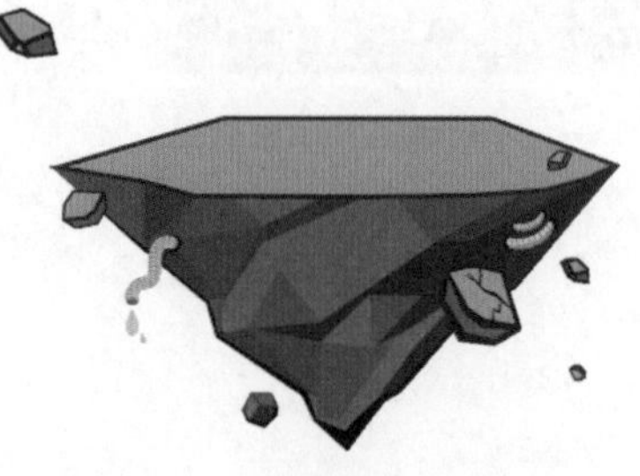

图 C03-2

02 使用【椭圆工具】【钢笔工具】等绘制披着斗篷的主体豆包以及其他各种形态的豆包，如身着披肩的豆包、扛键盘的豆包、拎油漆桶的豆包、看书的豆包等，并将它们组合摆放，效果如图 C03-3 所示。

图 C03-3

03 添加更多元素，如画笔、调色盘、尺子、灯泡、色板等，并绘制一些爆炸云元素，使徽标具有冲击力，如图 C03-4 所示。

图 C03-4

04 刻画所有豆包的细节，如投影、高光等，添加 Ai 软件图标，最终效果如图 C03-1 所示。

C04课

综合案例

鞋型设计

本综合案例最终完成的效果如图 C04-1 所示。

图 C04-1

制作思路

01 在纸上画出鞋型草稿，使用【钢笔工具】勾出鞋子轮廓，使用【形状生成器】减选多余区域。

02 确定整体色调后，在鞋子上划分出上色区域以及无图案区域。

03 绘制鞋子上的图案主题及图形。

主要技术

- 钢笔工具。
- 偏移路径。
- 形状生成器。

步骤概要

01 在纸上画出鞋子的形状，使用【钢笔工具】绘制鞋子的基本轮廓，使用【矩形工具】绘制鞋底，然后使用【形状生成器】减选多余区域，使鞋子的每一块变成一个独立的面。确定主体色调并为每一块区域填色，如图 C04-2 所示。

图 C04-2

02 以怪兽为主题，绘制不同的怪兽图案。使用与主体色调相似的颜色做出陷印效果，并放置在鞋子的紫色部分处。如果有多余出来的边缘，可复制一个区域块，置于顶层，使其与怪兽图案建立剪切蒙版，如图 C04-3 所示。

图 C04-3

03 为了让图案更具连续性，使用基础的形状工具组，组合绘制一些辅助图案，放在怪兽图案的周围，如图 C04-4 所示。

图 C04-4

04 绘制鞋子每个部分的走针线。选中鞋子的一个面，执行【对象】-【偏移路径】菜单命令，参数设置如图 C04-5 所示。在控制面板中选择【描边】，选中【虚线】复选框，调整虚线间隙。最后用相同的方法，完成其他部分所有走针线的绘制，最终效果如图 C04-1 所示。

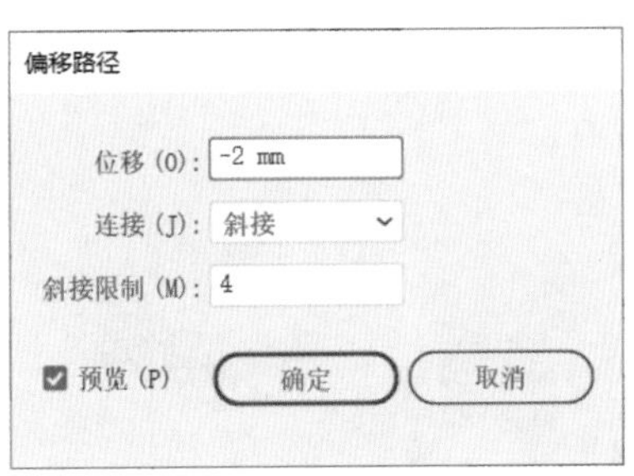

图 C04-5

C05课

综合案例

2.5D插画设计

本综合案例最终完成的效果如图 C05-1 所示。

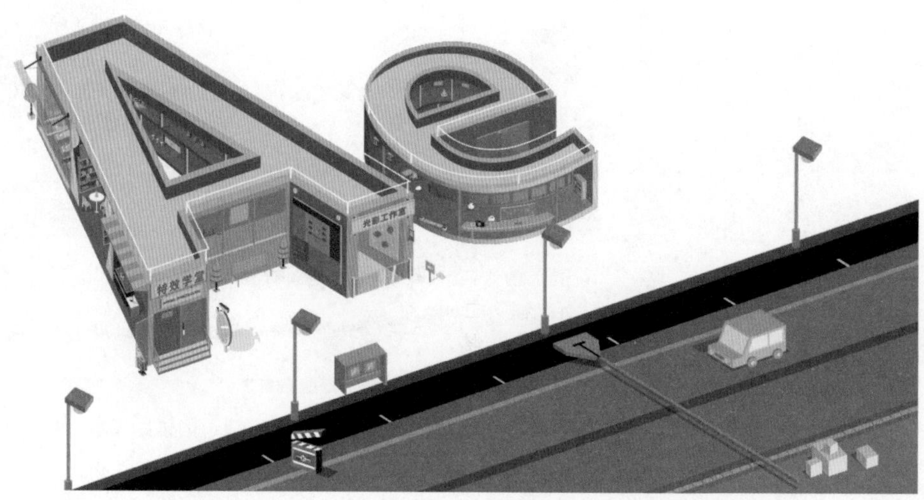

图 C05-1

制作思路

使用 3D 效果制作字母"Ae"的形状，再使用基础形状工具精准地绘制多个造型，注意合理构图，和谐搭配颜色，并注意透视关系。

主要技术

- 钢笔工具。
- 自由变换工具。
- 渐变工具。
- 不透明蒙版。

步骤概要

01 创建"Ae"字母，执行【效果】-【3D 和材质】-【凸出和斜角】菜单命令后扩展对象，依次为每个形状填色，效果如图 C05-2 所示。

02 使用【剪切蒙版】【矩形工具】制作字体凹槽效果以及围栏效果，并填充颜色，为了方便以后调整路径对象的先后顺序，需要对凹槽效果路径进行编组，如图 C05-3 所示。

图 C05-2　　图 C05-3

03 使用基础的形状工具绘制"A"的分隔板，如图 C05-4 所示。再使用基础形状工具以及不透明度等工具绘制与字母"A"相同透视角度的元素对象。

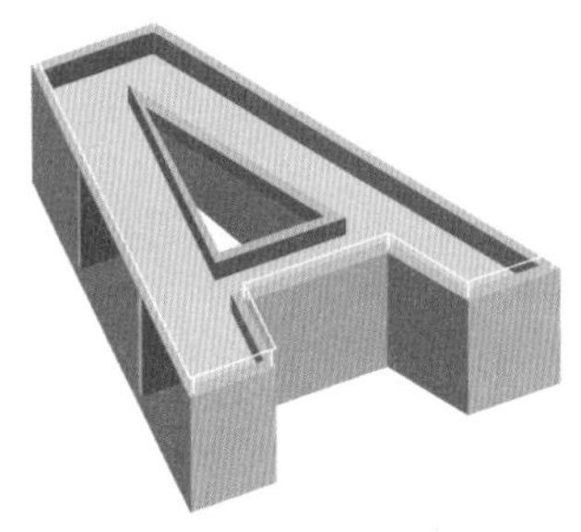

图 C05-4

04 在第一个空间中绘制“教室”场景，创建黑板、讲台、桌子、电脑等元素并分别编组；在第二个空间中绘制“图书室”场景，创建书柜、书、窗帘、桌椅等元素并分别编组；在第三个空间中绘制“小餐厅”场景，创建酒柜、酒杯等元素并分别编组，如图 C05-5 所示。

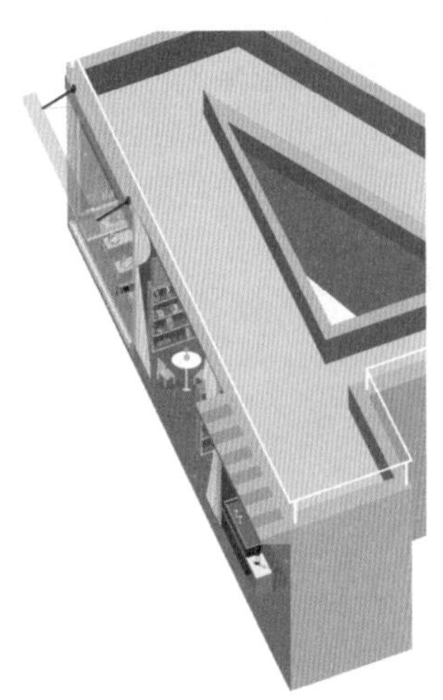

图 C05-5

05 根据剩下的面绘制不同的场景元素组合，如特效学堂、光影工作室、走廊、电子屏等。在绘制的过程中需要注意每个元素之间的透视角度以及前后关系的和谐统一，如图 C05-6 所示。

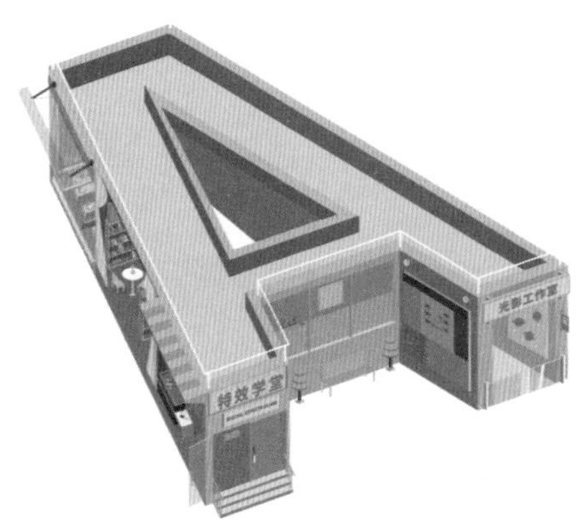

图 C05-6

06 绘制“A”的天井部分。使用【剪切蒙版】【不透明度】【钢笔工具】等完成内部元素如椅子、石柱、播放器、摄像机等的绘制，如图 C05-7 所示。

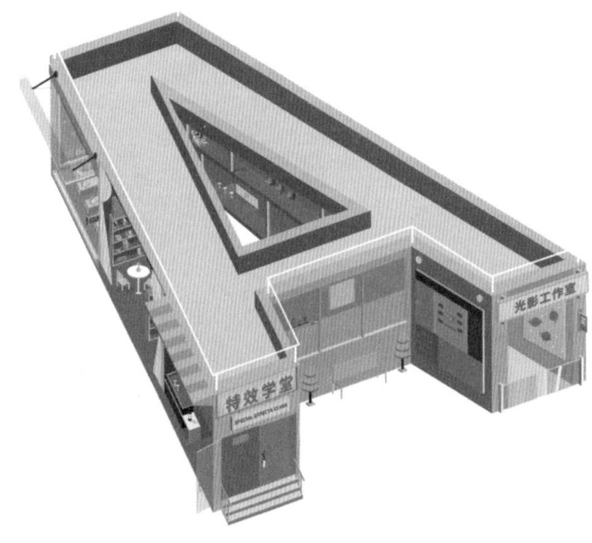

图 C05-7

07 绘制“e”的内部结构，如图 C05-8 所示。然后绘制内部的装饰元素，如柱子、课桌、椅子、电脑屏幕、胶卷、自动售货机、喷泉、电动门等，对每个元素分别编组并调整图层的前后位置，如图 C05-9 所示。

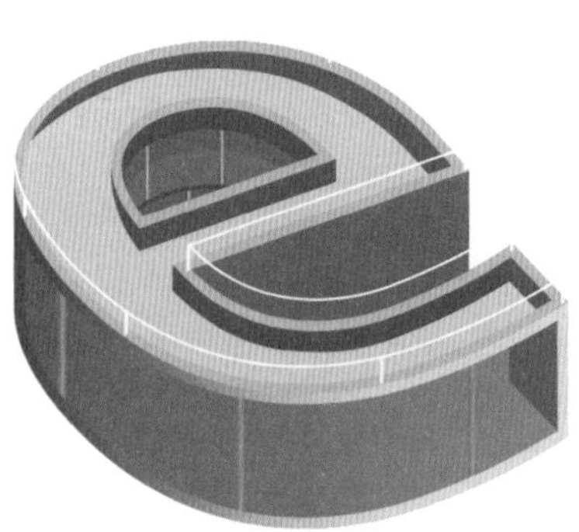

图 C05-8

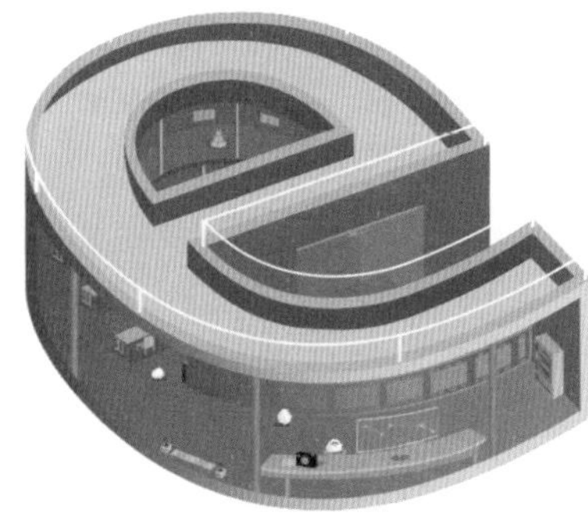

图 C05-9

08 根据时间轴的造型，绘制一段“公路”，包含路灯、亭子、路障、打板、小汽车等元素，如图 C05-10 所示。然后绘制多个“豆包”和其他道具，使画面具有趣味性，最终完成效果如图 C05-1 所示。

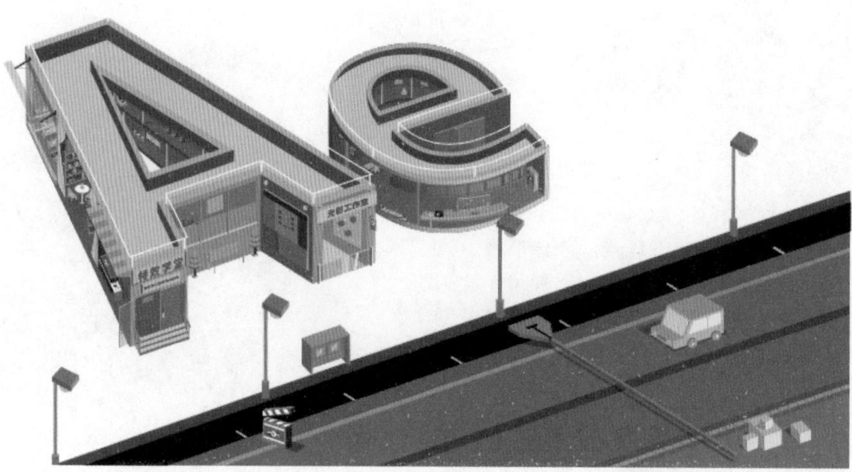

图 C05-10